時間生物学事典

石田直理雄
本間研一
[編集]

朝倉書店

はじめに

　時間生物学 chronobiology は主に概日（サーカディアン）リズムを扱う学問である．もちろん，生物には概月リズムや概年リズムも存在するが，概日リズムに比してまだ現象論の域を出ていない．この概日リズムは長い間外因性の環境リズムを反映したものと考えられ，さらに実用的価値が低いと誤解されたため，この分野の進展を阻害してきたと思われる．しかし，ショウジョウバエで一遺伝子の変異が様々な行動の日周期性を狂わせることが証明されて以来，内因性のリズム発生機構を疑う者はいなくなった．さらに，哺乳類の時計遺伝子の変異が概日リズム睡眠障害，睡眠相後退型（睡眠相後退症候群）や睡眠相前進型（睡眠相前進症候群）のような遺伝的疾患を説明できる時代となり，実用的価値も高まってきた．一方，光や食事の時間などの外因性のリズムはわれわれの体内の中枢時計ばかりか末梢時計にも影響を与え，これら環境の変化に対して実に見事に適応するシステムをほとんどすべての器官や細胞がもっていることが明らかになりつつある．リズムの本質は波であるので，位相と周期の区別も重要である．

　最近の科学の専門化・細分化は進む一方で，社会の科学に対する不安感はこれに連動している．このような時期に社会に対する科学者の説明責任は重く，遺伝子から行動や環境・社会心理までを扱う真の学際領域である時間生物学の事典の役割は大きいと考えられる．この本が，時間生物学の分子機構の爆発的発展を受け，体内時計，生物時計，日周リズム，サーカディアン等の言葉が一般の書籍やマスコミで取りざたされることが増えてきたこの時期に刊行される意義は大きく，この分野の入門書や事典として長く愛用されることを心から願う次第である．最後に，東京に何度かお越しいただいた本間研一先生と，位相のそろわない多くの原稿を辛抱強く編集いただいた朝倉書店編集部に心より御礼申し上げる．

（石田）

　このたび，石田直理雄先生の情熱と時間生物学の第一線で活躍されている多数の研究者のご協力，そして朝倉書店編集部のご支援により，『時間生物学事典』を上梓することができた．監修に携わったものとして，深く感謝申し上げる．

はじめに

　時間生物学は生物の多様なリズム現象を扱う学問で，観察されるリズムは生体機能の恒常性維持に重要な意義をもつと考えられている．対象とする生物は様々で，研究の切り口も分子細胞レベルのリズム発現機構の解析から，医療における診断や治療の最適化と多岐を極め，最も学際的な学問の1つと思われる．したがって，時間生物学を正しく理解し，その恩恵に浴するには，共通の言語と概念が必要である．その意味で，『時間生物学事典』は言語と概念の共通化に大いに貢献するものと思われる．しかしどの学問もそうであるが，定説は常に覆され，新しい考え方が勃興してはまた廃れることの繰り返しで，自然現象の解釈は時代の産物ともいえよう．それだからこそ，分子レベルであろうと集団レベルであろうと，自然現象を正確に捕らえ，正しく記述する必要がある．『時間生物学事典』には多くの現象と解釈が記載されているが，本書はこの分野における十数年間の成果を随所に取り入れており，現在最も信頼できる事典であると考えている．

　時間生物学分野の研究者には座右の書として，学生諸君や初学者，他分野の研究者には便利な解説書として重用していただければ，監修者としてこれに勝るものはない．　　　　　　　　　　　　　　　　　　　　　　　　　　（本間）

2008年4月

石田直理雄
本間　研一

編　集　者

石田直理雄　産業技術総合研究所生物機能工学部門・上席研究員，グループ長
本間　研一　北海道大学大学院医学研究科・教授

執　筆　者
(五十音順)

青木　摂之	名古屋大学大学院情報科学研究科	大石　　正	奈良佐保短期大学
青木　　亮	東京慈恵会医科大学医学部	大井田　隆	日本大学医学部
安倍　　博	福井大学医学部	大川　匡子	滋賀医科大学医学部
安保　　徹	新潟大学大学院医歯学総合研究科	大塚　邦明	東京女子医科大学東医療センター
飯郷　雅之	宇都宮大学農学部	大戸　茂弘	九州大学大学院薬学研究院
池田　正明	埼玉医科大学医学部	大富美智子	東邦大学理学部
池田　真行	富山大学大学院理工学研究部	大西　芳秋	産業技術総合研究所生物機能工学部門
石田直理雄	産業技術総合研究所生物機能工学部門	岡野　俊行	早稲田大学先進理工学部
伊藤　　洋	東京慈恵会医科大学附属青戸病院	岡村　　均	京都大学大学院薬学研究科
井上　愼一	山口大学時間学研究所	小曽根基裕	東京慈恵会医科大学医学部
井深　信男	聖泉大学	小野　公代	筑波大学大学院生命環境科学研究科
岩崎　秀雄	早稲田大学先進理工学部	影山龍一郎	京都大学ウイルス研究所
内山　　真	日本大学医学部	黒澤　　元	科学技術振興機構 ERATO 合原複雑数理モデルプロジェクト
裏出　良博	大阪バイオサイエンス研究所	香坂　雅子	石金病院
海老澤　尚	東京警察病院	神山　　潤	東京北社会保険病院
海老原史樹文	名古屋大学大学院生命農学研究科	小林　敏孝	足利工業大学工学部
遠藤　拓郎	(医)スリープクリニック調布	小山　恵美	京都工芸繊維大学大学院工芸科学研究科
大石　勝隆	産業技術総合研究所生物機能工学部門	三枝　　徹	北海道大学創成科学研究機構流動部門

坂本　克彦	(株)三菱化学生命科学研究所
桜井　　武	金沢大学大学院医学系研究科
佐々木三男	太田総合病院記念研究所附属診療所
塩田　清二	昭和大学医学部
志賀　　隆	筑波大学大学院人間総合科学研究科
重吉　康史	近畿大学医学部
篠原　一之	長崎大学大学院医歯薬学総合研究科
柴田　重信	早稲田大学先進理工学部
清水　　勇	京都大学生態学研究センター
霜田　政美	農業生物資源研究所制御剤標的遺伝子研究ユニット
下村　和宏	ノースウエスタン大学
白川修一郎	国立精神・神経センター精神保健研究所
白川　哲夫	日本大学歯学部
杉田　義郎	大阪大学保健センター
鈴木　健修	日本大学医学部
高橋　清久	藍野大学
高橋　敏治	法政大学文学部
高橋　正洋	大垣病院
高橋　正也	労働安全衛生総合研究所
田ヶ谷浩邦	北里大学医療衛生学部
内匠　　透	大阪バイオサイエンス研究所
竹田真木生	神戸大学大学院農学研究科
竹村　明洋	琉球大学熱帯生物圏研究センター
谷村　禎一	九州大学大学院理学研究院
玉置　寿男	山梨大学医学部附属病院
田村　義之	旭川医科大学医学部
千葉　　茂	旭川医科大学医学部
千葉　喜彦	山口大学名誉教授
土谷　佳樹	京都大学大学院生命科学研究科
程　　　肇	(株)三菱化学生命科学研究所
寺尾　　晶	北海道大学大学院獣医学研究科
藤堂　　剛	大阪大学大学院医学系研究科
登倉　尋實	香港理工大学応用科学及紡織学院
富岡　憲治	岡山大学大学院自然科学研究科
冨田辰之介	産業技術総合研究所生物機能工学部門
中尾　光之	東北大学大学院情報科学研究科
中島　芳浩	産業技術総合研究所セルエンジニアリング研究部門
西川　圭一	山梨大学大学院医学工学総合研究部
西田　栄介	京都大学大学院生命科学研究科
沼田　英治	大阪市立大学大学院理学研究科
長谷川建治	北里大学院医療系研究科
花井　修次	産業技術総合研究所生物機能工学部門
浜田　俊幸	北海道大学大学院医学研究科
原田　哲夫	高知大学教育学部
広田　　毅	カリフォルニア大学サンディエゴ校
深田　吉孝	東京大学大学院理学系研究科
福田　一彦	福島大学共生システム理工学類
本多　和樹	(株)ハムリー筑波研究センター
本間　研一	北海道大学大学院医学研究科
本間　さと	北海道大学大学院医学研究科
前村　浩二	東京大学医学部附属病院
増渕　　悟	カリフォルニア大学アーバイン校
松本　　顕	九州大学高等教育開発推進センター
三池　輝久	熊本大学大学院医学薬学研究部
三島　和夫	国立精神・神経センター精神保健研究所
溝口　　剛	筑波大学遺伝子実験センター
宮崎　　歴	産業技術総合研究所生物機能工学部門
宮﨑　俊彦	札幌市立新陵中学校
三輪五十二	茨城大学理学部
村上　　昇	宮崎大学農学部

本橋	豊	秋田大学医学部	山田	尚登	滋賀医科大学精神医学講座
元村	直靖	大阪教育大学学校危機メンタルサポートセンター	吉原	俊博	北海道大学大学院歯学研究科
森田	雄介	(医)介護老人保健施設ふれあい	吉村	崇	名古屋大学大学院生命農学研究科
八木	朝子	太田総合病院記念研究所附属診療所	米山	重人	国立病院機構西札幌病院
山田	和男	東京女子医科大学東医療センター	渡辺	和人	獨協医科大学医学部

目　次

第1部　時間生物学

1. 時間生物学　〔本間研一〕　2
2. 概日リズムと環境適応　〔千葉喜彦〕　6
3. 生物リズムと病気　〔高橋清久〕　10
4. 集団としてのリズム　〔清水　勇〕　14
5. 生物時計遺伝子　〔石田直理雄〕　18

第2部　サーカディアンリズムの基礎

6. 短周期リズム―分節時計―　〔影山龍一郎〕　22
7. 生殖リズム―高等脊椎動物―　〔吉村　崇〕　24
8. 生殖リズム―下等脊椎動物（魚類を例として）―　〔竹村明洋〕　26
9. 概潮汐リズム　〔清水　勇〕　28
10. 概月周リズム　〔竹村明洋〕　30
11. 概年リズム　〔沼田英治〕　32
12. リズムパラメータ　〔本間さと〕　34
13. フリーランとスプリッティング　〔安倍　博〕　38
14. マスキング　〔谷村禎一〕　42
15. 位相反応曲線　〔本間さと〕　44
16. 温度補償性　〔土谷佳樹・西田栄介〕　46
17. アショフの法則　〔村上　昇〕　48
18. 履歴効果　〔遠藤拓郎〕　50
19. 光周性　〔沼田英治〕　52
20. リズム同調　〔大石　正〕　54
21. 内的脱同調　〔本間研一〕　58
22. 同調因子　〔柴田重信〕　62
23. 断眠実験，シフト実験　〔小林敏孝〕　66
24. 時計とレム睡眠　〔森田雄介〕　70
25. 時計とノンレム睡眠　〔寺尾　晶〕　72

第3部　生物リズムの研究法

26. アクトグラフ　〔富岡憲治〕　76
27. リズム解析法　〔本間研一〕　80
28. 睡眠脳波　〔八木朝子・伊藤　洋〕　82
29. QTL（量的形質座位）　〔下村和宏〕　84
30. 血中ホルモン　〔花井修次〕　86
31. MUA　〔井上愼一〕　90
32. マルチ電極アレイディッシュ法　〔本間さと〕　92
33. 発光レポーター　〔中島芳浩〕　94
34. 完全光周期，枠光周期　〔坂本克彦〕　96
35. 恒常条件　〔大石　正〕　98
36. LD比，T実験　〔吉村　崇〕　100
37. 光パルス　〔飯郷雅之〕　104
38. 温度パルス　〔飯郷雅之〕　106
39. ナンダ・ハムナー・プロトコールなど―光周性研究のためのツール―　〔竹田真木生〕　108
40. 位相マップ　〔大塚邦明〕　112
41. コンスタントルーチン　〔内山　真〕　114
42. 脱同調プロトコール　〔内山　真〕　116
43. 時間隔離実験　〔本間研一〕　118
44. アカパンカビ　〔中島芳浩〕　120
45. ミドリゾウリムシ　〔三輪五十二〕　122

46.	線　虫	〔長谷川建治・三枝　徹〕	124	50.	鳥　類	〔海老原史樹文〕	134
47.	ショウジョウバエ	〔松本　顕〕	128	51.	哺乳類―げっ歯類―	〔池田正明〕	136
48.	コオロギ	〔富岡憲治〕	130	52.	哺乳類―ヒト―	〔池田正明〕	140
49.	ゼブラフィッシュ	〔藤堂　剛〕	132				

第4部　生　物　時　計

53.	視交叉上核	〔重吉康史〕	144	62.	給餌性概日リズム	〔吉原俊博〕	168
54.	松果体	〔飯郷雅之〕	148	63.	メタンフェタミン誘導性概日リズム		
55.	網　膜	〔吉村　崇〕	152			〔増渕　悟〕	170
56.	視床下部の神経結合			64.	2振動体仮説と理論	〔中尾光之〕	172
	―SCNとの関係―	〔塩田清二〕	156	65.	リミットサイクル	〔黒澤　元〕	176
57.	末梢時計	〔大石勝隆〕	158	66.	季節行動	〔井深信男〕	178
58.	光受容体	〔海老原史樹文〕	160	67.	体温とリズム	〔登倉尋實〕	180
59.	光同調経路	〔海老原史樹文〕	162	68.	概日時計と社会性昆虫		
60.	E/M振動体	〔渡辺和人〕	164			〔青木摂之〕	182
61.	多振動体構造	〔白川哲夫〕	166				

第5部　サーカディアンリズムの分子機構

69.	哺乳類の時計遺伝子	〔岡村　均〕	186	81.	フィードバックループ		
70.	植物の時計遺伝子	〔溝口　剛〕	188			〔岩崎秀雄〕	210
71.	花成と時計	〔小野公代〕	190	82.	入力系	〔柴田重信〕	212
72.	昆虫の時計遺伝子	〔霜田政美〕	192	83.	出力系	〔池田真行〕	214
73.	シアノバクテリアの時計遺伝子			84.	血清ショック	〔広田　毅〕	216
		〔岩崎秀雄〕	194	85.	クロマチン	〔大西芳秋〕	218
74.	*Period* 遺伝子	〔程　肇〕	196	86.	セロトニン	〔大富美智子〕	220
75.	*Clock* 遺伝子	〔宮崎　歴〕	198	87.	GABA	〔浜田俊幸〕	222
76.	*Bmal1* 遺伝子	〔池田正明〕	200	88.	オレキシン	〔桜井　武〕	224
77.	*Cry* 遺伝子	〔岡野俊行・深田吉孝〕	202	89.	プロスタグランジン	〔裏出良博〕	226
78.	核内受容体と時計	〔内匠　透〕	204	90.	ヒスタミン	〔裏出良博〕	228
79.	接着分子と時計	〔志賀　隆〕	206				
80.	生物時計の分子システム						
		〔黒澤　元〕	208				

第6部　リ ズ ム 障 害

91.	概日リズム睡眠障害，時差型			94.	概日リズム睡眠障害，睡眠相後退型		
	（時差症候群）	〔高橋敏治〕	232		（睡眠相後退症候群）	〔伊藤　洋〕	238
92.	交代勤務	〔高橋正也〕	234	95.	概日リズム睡眠障害，自由継続型		
93.	概日リズム睡眠障害，睡眠相前進型				（非24時間睡眠覚醒症候群）		
	（睡眠相前進症候群）	〔海老澤　尚〕	236			〔大川匡子〕	240

96. 昼夜逆転 〔高橋正洋・山田尚登〕 242		104. 薬物とリズム 〔大戸茂弘〕 258	
97. 季節性うつ病 〔遠藤拓郎〕 244		105. がんと時計 〔宮崎 歴〕 262	
98. 概日リズム睡眠障害，不規則睡眠覚醒型（不規則型睡眠・覚醒パターン） 〔香坂雅子〕 246		106. 糖尿病 〔大塚邦明〕 264	
		107. 循環器とリズム 〔前村浩二〕 266	
		108. 認知症とせん妄 〔田村義之・千葉 茂〕 270	
99. 脱同調症候群 〔小曽根基裕・青木 亮〕 248		109. 気分障害 〔玉置寿男・山田和男〕 272	
100. 高照度光療法 〔田ケ谷浩邦〕 250		110. 自律神経障害とリズム 〔安保 徹〕 274	
101. メラトニン 〔冨田辰之介〕 252			
102. ビタミンB_{12} 〔杉田義郎〕 254		111. 月経前緊張症 〔元村直靖〕 276	
103. 時間療法 〔大塚邦明〕 256		112. 喘息とリズム 〔西川圭一〕 278	

第7部　ヒトとリズム

113. 光環境 〔小山恵美〕 282		122. 性差とリズム 〔篠原一之〕 302	
114. メラトニン光抑制試験 〔本橋 豊〕 284		123. 運動と概日リズム 〔宮﨑俊彦〕 304	
		124. 事故とリズム 〔鈴木健修・大井田 隆〕 306	
115. 24時間型社会 〔原田哲夫〕 286			
116. 不登校 〔三池輝久〕 290		125. 食事とリズム 〔白川修一郎〕 308	
117. 朝型一夜型 〔神山 潤〕 292		126. 睡眠薬とリズム 〔内山 真〕 310	
118. サマータイム 〔佐々木三男〕 294		127. 衣服と女性のリズム 〔登倉尋實〕 312	
119. 老化と概日時計 〔三島和夫〕 296		128. 宇宙と生体リズム 〔本間研一〕 314	
120. 発達期の時計 〔福田一彦〕 298		129. 南極におけるヒト概日リズム 〔米山重人〕 316	
121. レム-ノンレムサイクル 〔本多和樹〕 300			

索　引　319

1. 時間生物学

1 時間生物学
—— Chronobiology

　時間生物学（chronobiology）とは，広義には生物機能を時間の関数として理解する学問であるが，狭義には周期的な環境に対する生体の適応機構を理解する自然科学であり，その中心的課題は生物時計の理解にある．

1. 生物時計

　生物時計は，内因性自律振動により生体機能に周期性を与え，環境周期に同調することによって，周期的に変動する環境条件に対応して生体機能の最適化をはかっている．環境周期として，地球の自転により生じる昼夜変化，公転により生じる季節変動，月の公転により生じる潮の満ち干き は，地球上のほぼすべての生物に影響するものであり，バクテリアからヒトに至るまで，生物はこの自然環境に適応する過程で生物時計を進化させた[1]．生物時計は自然周期に対応して，概日時計（circadian clock），概潮時計（circatidal clock），概月時計（circalunar clock），概年時計（circannual clock）とよばれる（図1）．一方，生体機能はこれら以外の内因性リズムを示す．たとえば，心拍や呼吸，ホルモン分泌は周期的に変動し，数ミリ秒から数分，数時間単位の内因性リズムを示す．しかし，これらのリズムは自然周期に対応した生体リズムと異なり，その周期は動物種によって変化し，とくに種の体重との相関が強い（図2）．また，環境温度など外部因子の影響を受けやすく，環境周期への適応の意義は少ない．時間生物学が対象とするテーマは，生物時計の構造と機能，生理・生態学的意義，社会や産業とのかかわり，生物時計の機能不全と疾病，生体リズム障害の治療と予防，臨床医学など，広範である．

　生物が示すリズムが昼夜変化などの周期的環境因子の直接的な結果ではなく，内因性の性質をもつことが判明したのは，文献的には17世紀に行われたDe Mairanのオジギソウの研究である[7]．オジギソウは昼に葉を開き，夜に閉じる．De Mairanはオジギソウの鉢を地下室に移し，24時間暗闇の中に置いても，葉の開閉運動は24時間の周期で繰り返されることを示した．しかし，近代的な生物リズムの研究が始まったのは20世紀になってからである．Richterは，ヒトを含めた哺乳類の様々なリズムの記載と振動局在の探索に関して先駆的な研究を行った[8]．さらに，AschoffやPittendrighによる生体リズムの系統的解析，Bünningによる広範なリズム現象の記載，Halbergによるリズム現象の定義と命名，リズム解析方法の開発など，個体レベルの現象学的記載はほぼ終了し，その成果は1960年に行われたCold Spring Harborシンポジウムに結実した[9]．隔離実験室を用いたヒトの生物時計の研究が始まったのもこの頃である（図3）．その後，様々な生物で生物時計の局在が探索され，1970年代初頭に，哺乳類における生物時計の局在としての視交叉上核が発見された．さらに，行動リズムが消失する遺伝子変異のショウジョウバエから，行動リズムの発現に決定的な役割をもつ遺伝子 Period (Per) が発見され，時計遺伝子の第1号となった．同じ頃，夜行性げっ歯類の行動リズムに関する詳細な解析から，生物時計の機能構造が明らかにされた．この一連の論文[11]は，現在でも時間生物学を学ぶ者の必読書となっている．1980年代になると，生物時計の機能不全による睡眠障害や行動障害がさかんに報告されるよう

1 時間生物学

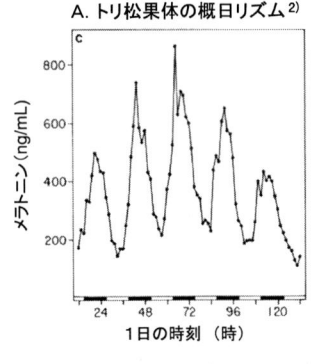

A. トリ松果体の概日リズム[2)]

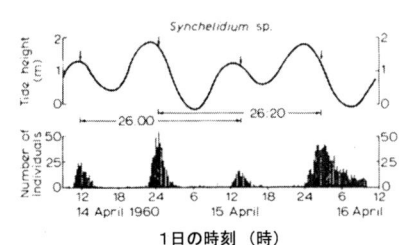

B. 海岸に棲む動物の概潮汐リズム[3)]

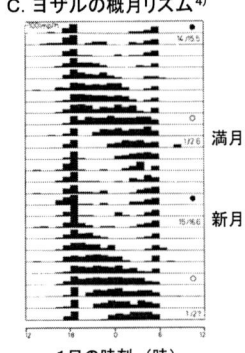

C. ヨザルの概月リズム[4)]

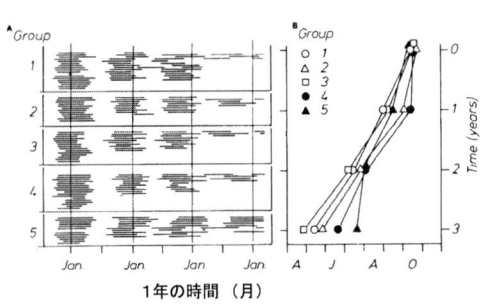

D. ジリスの冬眠概年リズム[5)]

図1 4種類の概リズム

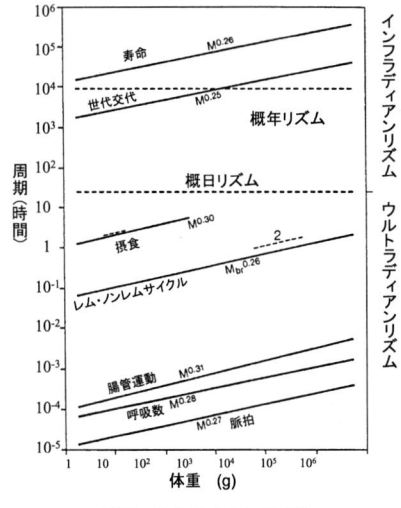

図2 生体リズムと体重[6)]

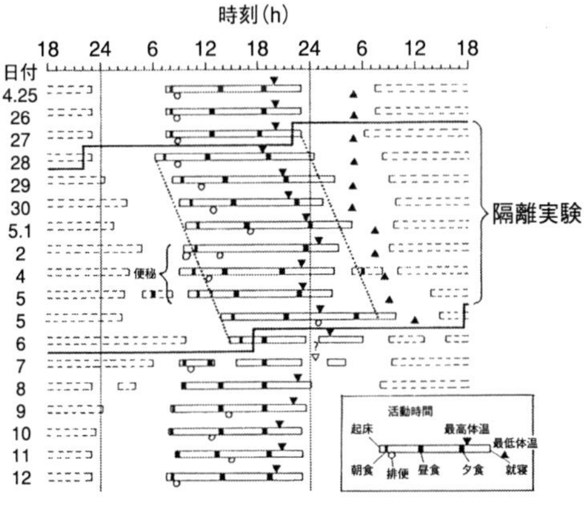

図3 ヒトのフリーランニングリズム[10)]

になり，時間生物学の医学への応用が急速に進んだ．時差症候群や概日リズム障害への光パルス療法が試みられるようになったのもこの頃である．1990年後半には，哺乳類で時計遺伝子が相次いで発見され，生物時計の分子生物学的研究の幕が切って落とされた．なお，時計遺伝子の発見や機能解析には多くの日本人研究者が貢献している．その結果，24時間に近い概日周期をつくり出す仕組みとして，時計遺伝子 *Per* をめぐる転写・翻訳のオートフィードバックループ仮説（図4）が提唱され，現在に至っている．さらに今世紀に入って，視交叉上核以外の組織や細胞も自律性の振動機構をもつことが発見され，末梢時計という概念が定着した．すなわち個体における生物時計は，視交叉上核に存在する中枢時計とその他の組織に存在する末梢振動体からなる階層的な多振動体構造をもつことが明らかとなった（図5）．

このように，生物時計の理解はこの世紀を跨いだ10年間で大きく進んだ．しかし，一方では，「24時間社会」の言葉に代表されるように，生物時計の機能不全を誘発しかねない環境が地球レベルで生じており，時間生物学と社会科学，環境科学，予防医学との連携も模索され始めている．

2. 概日リズム（circadian rhythm）

約24時間周期の内因性リズムを概日リズム（circa-：概，-dian：日）という．Halbergによって初めて用いられた．教科書によっては24 ± 4時間の周期をもつリズムと定義されているが，必ずしも機械的に定義されるものではなく，条件によってはこの範囲外の周期を示すことがある．また，24時間の整数倍，整数分の1の周期に変化することもある．一方，生体リズムのなかで，リズム周期が数日以上のものをインフラジアンリズム（infradian rhythm），数時間以下のものをウルトラジアンリズム（ultradian rhythm）という．文献には，circatrigintan rhythm, circase-ptan rhythm などの cira-の付された用語を散見するが，多くの場合内因性であることの証明がなく，発現機構も不明である．一部のリズム学派でしか使用されていない．

3. 学問の発展

時間生物学の発展を支えたものとして，国際的な学会活動をあげることができる．前述の Cold Spring harbor シンポジウム以来，時間生物学に関連する学会が各国で設立され，研究者も急速に増加した．1973年には欧米の研究者が中心となって，International Society for Chronobiology を設立し，機関誌 "*Chronobiology International*" を発刊している．また，1979年には Gordon Research Conference の1分野に時間生物学が取り入れられた．さらに，1987年には，アメリカの研究者を中心に，Society For Research on Biological Rhythms が設立され，機関誌 "*Jaurnal of Biological Rhythms*" が発刊されている．日本では，1980年代に全国的な組織として生物リズム研究会（1984年）と臨床時間生物学研究会（1986年）が相次いでつくられ，さらに1995年に2つの研究会が合併して日本時間生物学会が設立された[12]．また，2002年には，世界各国の時間生物学関連の学会を統合する時間生物学会世界連合（World Federation of Societies for Chronobiology）が設立され，第1回世界大会（World Congress of Chronobioloy）が日本で開催された（2003年）．なお，日本からは日本睡眠学会英文機関誌として "*Sleep and Biological Rhythms*" が刊行されている（図6）．

（本間研一）

文献

1) Aschoff, J. ed : *Handbook of Behavioral Neurobiology*, Vol. 4 *Biological Rhythms*, Plenum Press, 1981.
2) Takahashi, J.S. et al. : *Proc. Natl. Acad. Sci. USA*, 77, 2319-2322, 1980.
3) Enright, J.T. : Orientation in time : en-

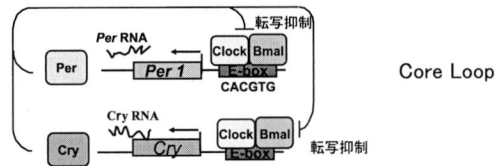

Core Loop

Dec loopが連動するモデル

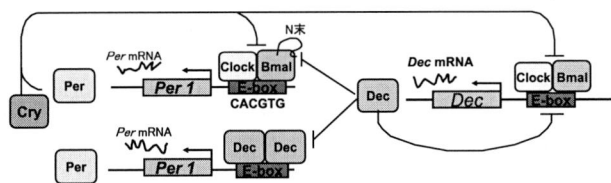

図4 概日リズム発振の分子モデル

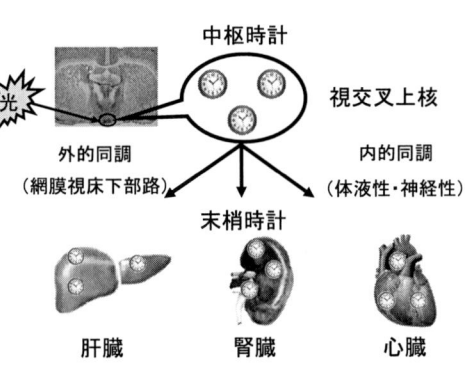

図5 哺乳類生物時計の階層的多振動体構造

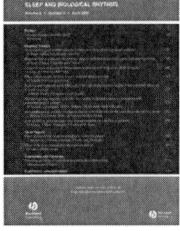

図6 日本睡眠学会英文機関誌 "Sleep and Biological Rhythms"

dogenous clock. In Kinne, O. ed : Marine Ecology, Vol. II. Physiological Mechanisms, Willey, 1975.
4) Erkert, H.G. : Oecologia (Berl.), 14, 269-287, 1974.
5) Pengelley E.T. et al. : Comp. Biochem. Physiol., 53A, 273-277, 1976.
6) Gerkema, M.P. and Daan, S : Ultradian rhythms in behavior : the case of the common vole (Microtus Arvalis). In Schulz, H. and Lavie, P. eds : Ultradian Rhythms in Physiology and Behavior, pp. 11-31, Springer-Verlag, 1985.
7) De Mairan : Histoire de L'Academie Royale des Sciences, pp. 35-36, 1729.
8) Richter, C. P. : Comp. Psychol. Monogr, 1, 1-55, 1922.
9) Biological Clocks : Cold Spring Harbor Symposium, Quant Biol, Vol. 25, 1960.
10) Aschoff, J. : Science, 148, 1427-1432, 1965.
11) Pittendrigh, C. S. and Daan, S. : J. Comp. Physiol., 106, 223-355, 1976.
12) 日本時間生物学会 (http://wwwsoc.nii.ac.jp/jsc/index.html)

2 概日リズムと環境適応
—— Circadian Rhythm and the Environmental Adaptation

環境適応とは，自然環境のもとで生活していくうえでの役割のことである．概日リズム（以下，リズム）の環境適応性を，初めて実験的に明快に示したのは Hoffmann であるといわれている．鳥には，渡りの際に太陽を目印にして決まった方向に飛ぶ習性をもつものがある．時々刻々方位を変える太陽を目印にするのであるから，飛行方向を一定に保つためには時刻を知る仕組みが必要である．そのために概日時計（リズムの根底の仕組み）を使っていることを，彼は鮮やかな手法で示すことに成功した[1]．

1. 環境の変化を予知する

リズムの働きのなかでとくに注目すべきは，環境の変化を予知することである．夜行性の動物には，コウモリのように昼間，光の届かない洞窟の深部で休息しているものがある．夕方が近づくと概日時計の働きで自律的に活動性が高まり洞窟の入り口との間を往復運動しながら，外が適当な明るさになるのを待つ．これはライトサンプリング (light sampling) とよばれる行動で，あたかも適当な環境の到来を予知しているかのように事前に活動性が高まるのである．それは，外部が好適な環境になるのを待ってすかさずしかるべき行動をとるための準備といえる．この夜行性動物が光を最も強く受けるのは，昼間の暗い場所から外に出るとき（夕方）とそこに戻る朝方の，おそらく2回である．そこにあるのは，極端にいえば恒暗条件のなかで1日2回だけ，昼と夜の境として短時間の光があるような環境サイクルである．リズムが適応機能を発揮するためには，まず1日の環境サイクルに同調しなければならない．同調は普通日没と日の出の急激な明るさの変化によって起こるが，恒暗条件下で日没，日の出に相当する時刻に短時間の光パルスを与えること（枠光周期）によっても起こることが実験的にわかっている．

動物には一生一度のことが，1日の決まった時刻に起こることがある．たとえば昆虫の羽化がそうで，これは早朝起こることが多い．羽化直後は体表（外骨格）が軟弱で体の水分が蒸発しやすい．早朝の高湿度はそれを防いでくれる．体表は，日中には十分硬化して乾燥に耐えうる状態になるというわけである．ところで，ハエの幼虫は成熟すると土に潜り，そこで蛹になる．それが数日後きちんと早朝羽化するのは，リズムの周期が24時間に非常に近く，幼虫が環境サイクルと同調していたときの位相を，変化の乏しい地下環境のなかでも保ち続けるためと思われる．羽化して地上に出るとそこは朝なのである[1]．一般に，夜行性，昼行性を問わずリズムは恒暗条件で安定持続する．これは自然界で恒暗は存在するが恒明はほとんどありえないことに対する適応だという考えがある．

予知が可能なのは，相手が周期的だからである．周期的な変化は，その規則性に関する知識をもとに予知できる．生物は，進化の過程でその「知識」（概日リズム）を身につけたのである．そして，環境のなかで一番規則的なサイクルを描く光に最も強く同調することによって，予知の誤差を最小限にとどめている．参考までに，環境の不規則な時間的変動に対してはホメオスタシス（恒常性）が進化した．

2. 位相あるいは波形の可塑性

変温動物には，温度によって夜行性になったり昼行性になったりするものが珍しくない．その仕組に関して Heckrotte

2 概日リズムと環境適応

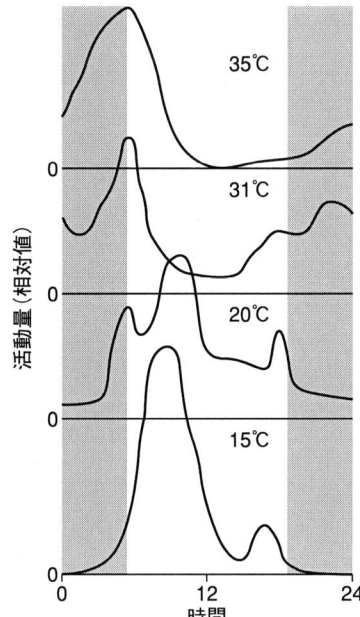

図1 シマヘビの一種（変温動物）が，温度によって夜行性にもなるし昼行性にもなることを示した実験結果（Heckrotte, 1975[2]）を改変）
温度は恒温．灰色の部分は暗期．

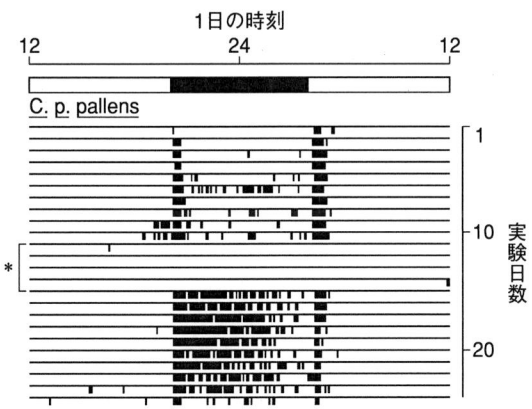

図2 アカイエカ雌が交尾によって夜行性を強めることを示す実験結果[3]
実験10日目まで処女．その後数日間，記録装置から雄のいる箱に移して交尾させ，再び（実験14日目）装置に戻した．白黒の横棒は光サイクル：黒は暗期．気温25℃．

(1975)がシマヘビの一種を用いておもしろい実験をしている。ヘビは、明暗12：12（LD 12：12）のもとで、温度を選ぶ余地のまったくない恒温条件に置かれたが、あたかも温度サイクルのなかで適温時刻を選ぶかのような行動をみせる（図1）。これは環境の季節変化に対する適応ともみることもできる。ちなみにリズムは、日長を測る仕組み（光周性）とも密接に関係しており、その意味でも季節適応的といえる。

生殖サイクルがリズムの波形を変えることも知られている。アカイエカは夜行性の蚊であるが、交尾すると雌では精液中の物質によって夜行性がさらに強まり活動時間が長くなる。雌は交尾のあとで吸血するのが普通である。夜行性が強まることは、餌（吸血源）を探す目的に適っていると考えられる（図2）。

もう1つの例は鳥である。日頃昼行性なのに、渡りの時期には夜行性になる鳥がいる。北米産のスズメ科の鳥で調べたところによると、どちらの活動も内因性であって恒常環境で持続する。ホシムクドリでも似た現象がある。雄でわかったことだが、リズムが成熟するに従って単峰性から双峰性に変わり、これには男性ホルモンの1つテストステロンが関係している。この変化は、性的成熟に伴う行動の変化と何らかの関係があると思われる（図3）。

3. 生態系維持機構としてのリズム

人畜を宿主としてリンパ系に寄生する動物に糸状虫（フィラリア）がある。雌はミクロフィラリアとよばれる仔虫を生みだし、これがリンパ系から血液に入るが、活動時間に日周期性があって、1日の決まった時間帯に末梢の血液中に現れる（図4）。そして、その時間に活動する吸血昆虫に血液とともに吸い込まれ、この中間宿主から感染が広まる。生態系の成立に、その成員（ここでは宿主、中間宿主、寄生虫）のリズムが深く関係している可能性が強い。このことは、病原体が24時間の倍数の周期で同調分裂し、その都度発熱するマラリアの場合にもあてはまる（図4）。

4. なぜその時刻を選ぶのか（時間生物学の課題）

リズムには安定性と可塑性が同居しており、両者相俟って環境適応性を高めている。周期は、温度補償性と同調性によって安定しており、この安定性の枠内で、位相あるいは波形が内外の状況に応じて変わるのである。50年以上前に、ショウジョウバエの羽化のタイミングに関してPittendrighが提唱した2振動体説は、まさに安定性と可塑性に対応して別々の機構が存在し、行動のタイミングを直接支配するのは可塑性のほうである、とするものであって、今も光を失っていない[1]。げっ歯類でも、体内時計の部位である視交叉上核の電気的活動のピークが、夜行性、昼行性を問わず昼間にくるという川村らの研究がある[7]。「比較」は生命現象解明の基本的手法の1つである。異種間の問題ではあるが、この研究も安定性と可塑性の背景に別々の生理学的機構が存在する可能性を示している。

一方、生態学者の間には多くの動物が進化の過程で夜行性から昼行性に変わったという考えが古くからあり、サル類の歴史からみるとヒトの場合もそうだという説がある[8]。河合によると、この昼行性の進化がヒトの進化の道を開いたという[8]。あるいはまた、コウモリの夜行性は、空中空間を昼行性の鳥と時間的に棲み分けた結果だという考えもある。決まったタイミングで行動する目的は、索餌、性行動、不適な湿度の回避など様々であろうが、なぜそれが夜あるいは昼といった特定の時間帯でなければならないのか？ なぜそうなってきたのか？ 環境適応論を深めるためには進化の観点から、自然環境に密着した生態学的研究がもっと行われるべきであろう。最後に、かつてリズム研究をリードしたAschoffの言葉を紹介する。概日リズムは

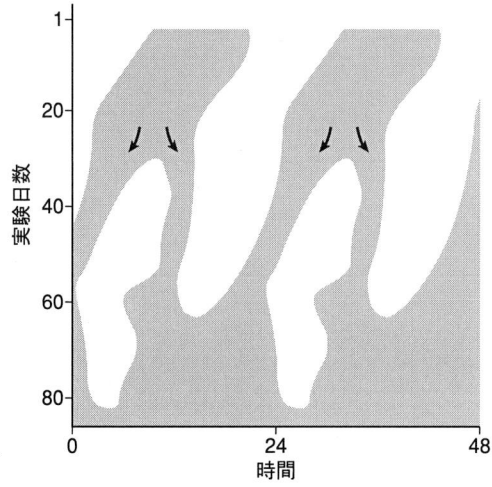

図3 ムクドリ雄の恒明（0.7ルックス連続照明）90日間の活動記録（Gwinner, 1974[4]を改変）
灰色の部分が活動時間．図を読みやすくするため，同じ図を左右2つ1日分だけ上下にずらして貼り合わせている．1つだった活動時間帯が実験30日目頃から2つに分かれ（矢印），リズムスプリッティングに似た現象が起こる．最後はそれぞれの活動時間帯が伸びて1日中活動するようになる．これは精巣の発達に伴う変化である．別の実験で，幼若雄の概日活動のピークがテストステロン注射によって2つに分かれることが確かめられている．

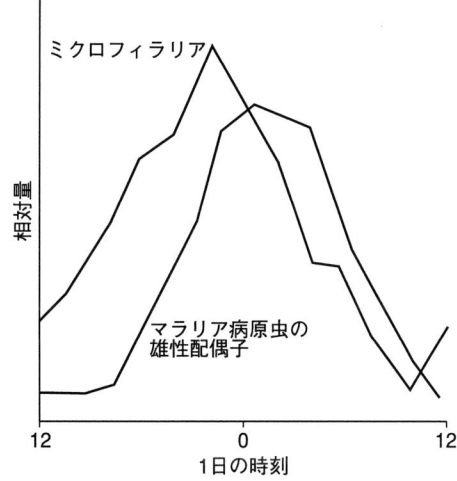

図4 イヌに寄生するある種のミクロフィラリア量の体表静脈中での密度（Gubler, 1966[5]を改変）とサルに寄生するマラリア病原虫の雄性配偶子の血中密度（Hawking, 1970[6]を改変）の日周変動
ピーク時に活動する夜行性吸血昆虫によって感染が広まる．

「正しい時刻に正しい行動」を起こす仕組みである．　　　　　　　　　　（千葉喜彦）

文献

1) 千葉喜彦：生物時計—サーカデアンリズムの機構—，岩波書店，1975.
2) Heckrotte, C.：*J. interdisciplinary Cycle Research*, 6, 279-290, 1975.
3) Chiba, Y. *et al.*：*Physiol. Entomol.*, 17, 213-218, 1992.
4) Gwinner, E.：*Science*, 185, 72-74, 1974.
5) Gubler, D.J.：*J. Med. Ent.*, 3, 159-167, 1966.
6) Hawking, F.：*Sci. Am.*, 222, 123-131, 1970.
7) 川村　浩：脳とリズム，朝倉書店，1989.
8) 河合雅雄：人間の由来（上），小学館，1992.

3 生物リズムと病気
—— Diseases Related to the Biological Rhythms

　病気の成因や病態に生体リズムが深くかかわっていることは容易に想像できる．時間生物学の進展に伴い，多様な観点から生体リズムと病気との関係が調べられており，臨床にも応用されている．

1. うつ病の生体リズム仮説

　躁うつ病にはその発症の周期性や気分の著明な日内変動の存在などから生体リズムとの関係に関心がもたれてきた．これまでにビート仮説，位相前進仮説，振幅低下仮説，位相不安定仮説など多くの仮説が唱えられてきた．しかし，前二者は実証性が乏しく現在は否定的である．深部体温リズムの測定から，体温リズムが睡眠中の低下度が低いために振幅が低下していること，また，うつ病相では体温リズムの位相が不安定で寛解期には健常者と同じ位相で安定する（図1）ことから，後二者の仮説は実証性が高い．しかし，これらの現象はうつ病の成因ではなく，2次的な現象である可能性がある．

2. 季節性感情障害

　うつ病のなかでも生体リズムと密接に関連があると思われるのは季節性感情障害（SAD）である．季節性感情障害は冬季うつ病ともよばれ，秋から冬にかけてうつ状態になり，春から夏にかけて正常気分になるものである．一般的なうつ病と異なり，炭水化物渇望，過眠，過食と非定形症状が特徴的である．この障害が生体リズムと関連している可能性は光療法が有効であることによる．朝の光照射は生体リズムの位相を変化させる．さらに光照射の時刻によりその効果が異なることが知られている．このように効果に時刻差があることは生体リズムとのかかわりを示唆している．筆者が体験した一例を簡略図式化して図2に示す．患者は18歳頃から冬季にうつ状態になり，これが10年間続いた．その間，一度だけ冬季に人類文化学の研究補助のためにバリ島で過ごした年は冬季のうつ状態が起こらなかったという．10年目の1月から光療法を開始し，それまでのうつ状態は軽減した．それ以降，うつ状態になれば光療法を行えばよいという安心感からうつ状態は軽減している．

3. 体内時計の機能異常によるリズム障害

　1972年に哺乳類で視交叉上核に自律性振動体が存在することが明らかにされ，生物リズムをつくり出す時計遺伝子もいくつか同定されている．その体内時計の固有のリズム周期は地球の自転による自然界の昼夜の24時間周期とは異なっている．それが外界の同調因子の周期に同調しているために24時間周期の生活が送れるわけだが，その同調機構に障害があるために概日リズム異常と総称される病気が同定され，治療法の開発研究が進められている．概日リズム睡眠障害，自由継続型（非24時間睡眠覚醒症候群，Non-24），睡眠相前進型（睡眠相前進症候群，ASPS），睡眠相後退型（睡眠相後退症候群，DSPS）等があり，睡眠相前進型はすでに時計遺伝子の点変異によることが報告されている．患者数が多く，社会生活上問題となるのは自由継続型と睡眠相後退型である．前者は睡眠覚醒リズムが毎日後退していくものであり，後者はそのリズムが後退したまま固定しているため，社会のリズムと同調した生活が送れなくなる．その典型的なパターンを図式化して図3に示す．

4. 症状の好発時間帯

　多くの疾患においてその症状は1日のなかで変化する．図4に種々の疾患や症状が

3 生物リズムと病気

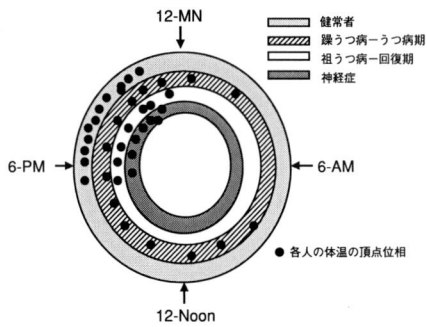

図1 位相不安定仮説（気分障害の成因仮説）

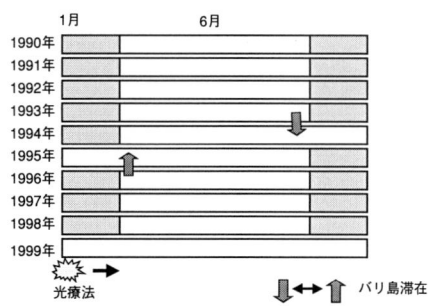

図2 季節性気分障害の一例（白：正常気分，グレー：うつ病相）

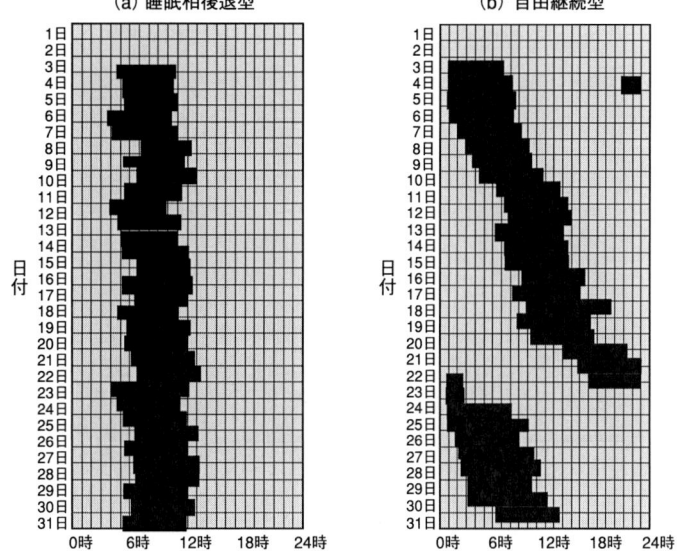

図3 概日リズム睡眠障害の2つのタイプ

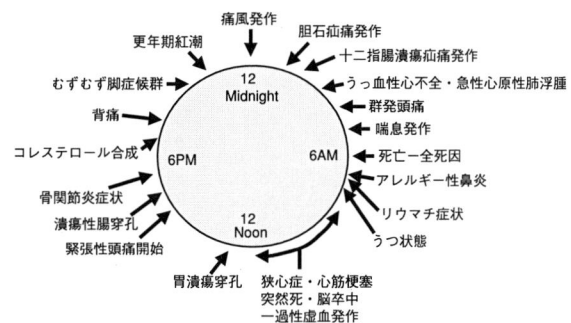

図4 各種疾患・症状の好発時間帯（Smolensky and Lamberg, 2001[1] を改変）

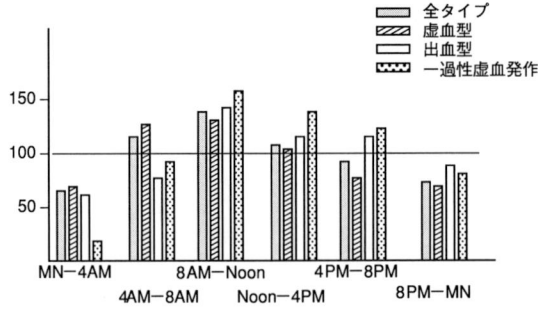

図5 各時間帯における脳卒中の予測発生率の分布 (Elliott, 1998[2]) を改変)

多発する時間帯を示す．そのなかで広く研究されているのが脳血管障害や心疾患である．図5は31編のレポートをもとに（メタアナリシス）発症危険率を推定し，その4時間ごとの分布を示したものである．虚血性（脳梗塞），出血性（脳出血），一過性脳虚血発作の3種の脳卒中について調査したものであるが，そのいずれも午前8時から正午までの4時間に最も多く認められている．心筋梗塞の発症の時間帯差をみた最近の報告でも同様である（図6）．このような時刻差が生じる要因は完全には解明されていないが，この副交感性神経系優位の状態から，交感神経系優位の状態に変化する時期に相当している．おそらくこの時期に心循環器系の機能変化が生じ，負荷がかかるのであろう．喘息発作は副腎皮質系ホルモンの分泌動態と関連しており，血中ホルモンレベルが最低になる時刻と一致する．リウマチには朝の間接のこわばり (morning stiffness) が特徴的だが，これはインターロイキン6の日内変動との関係が示唆されており，さらにその背景にはコルチゾールやメラトニン分泌のリズムが関与するという．

5．時間薬理学

生体の薬物に対する感受性に時刻差があることはよく知られたことであるが，その背景には様々な生体機能のリズムが関連しあって，感受性の周期的変化をきたしているもの考えられている．この領域の学問は時間薬理学として知られている．抗がん剤，中枢作用薬，降圧剤等多様な薬物に関する研究成果が報告されているが，すでに臨床に応用されているものもある．図7はアンジオテンシン転換酵素の阻害薬を朝食後あるいは夕食後に服用した際の降圧効果を比較したものであり，朝服用時に24時間を通じて降圧効果が見られるが，夕食後の服用ではそのような効果がみられず，明らかな時刻差があることが示されている．表1に薬物療法などに時刻差が報告されているものを示した． （高橋清久）

文献

1) Smolensky, M. H. and Lamberg, L.: *Body Clock Guide to Better Health*, Henry Holt and Co., 2001.
2) Elliott, W. J.: *Stroke*, 29, 992-996, 1998.
3) Smolensky, M. H. and Haus, E.: *A.J.H.*, 14, 280 S-290 S, 2001.
4) Singh, R. B. *et al.*: *Biomed. Pharmacother.*, 58, Suppl. 1, 111-115, 2004.

3　生物リズムと病気

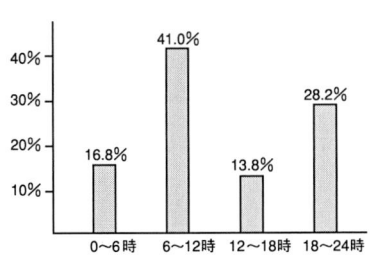

図6　急性心筋梗塞の発症のタイミング[4]

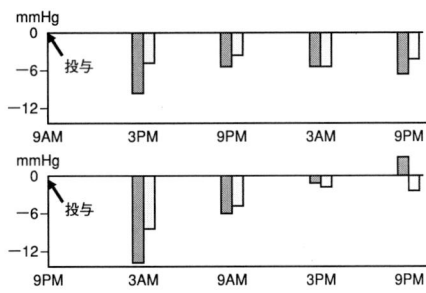

図7　投与時間による降圧効果の差（Smolensky and Haus, 2001[3] を改変）
上段は朝食後，下段は夕食後服用したもの．濃いアミは最高血圧，薄いアミは最低血圧を示す．

表1　生体リズムに応じた種々の治療法のタイミング

治療法	タイミング	対象疾患	目的
コルチコステロイド療法	朝	リウマチ，喘息等	副腎皮質機能抑制予防
コルチコステロイド療法	先天性副腎皮質機能亢進症		副腎皮質機能抑制
コルチコステロイド療法	朝　高用量 夕　低用量	アジソン病	内因性リズムの確保
HMG-CoA リダクターゼ拮抗剤	夕	高コレステロール血症	コレステロール低下作用の増加
H2受容体拮抗剤	夕	夜間胃潰瘍，逆流性食道炎	
NSAID	夕	朝のリウマチ症状	
ADH	就床前	夜尿	
テオフィリン	夕	喘息，慢性閉塞性肺疾患	
ベラパミル	夕	24時間降圧効果	
メラトニン 光療法	夕 朝	時差症候群	
光療法	朝	季節性感情障害	
抗がん剤	副作用の最小時間帯		

4 集団としてのリズム ── Population Rhythm

　ある生物種の発生過程や生活史を通じて，一生に一度しか観察されない現象は，たいてい概日性の振動体によって支配されており，1日の定まった時刻に起こることが多い．たとえばこれらの現象は哺乳類における出産，鳥の孵化（hatching），昆虫の羽化（eclosion）や脱皮（molting），植物の開花（flowering）などがあげられる．これを時間生物学的に研究するには，発育段階の異なる多数の個体が混ざった集団を実験材料として，そのリズム（population rhythm）を調べることになる．歴史的には昆虫の羽化などを支配する時計機構が集団としてのリズム（以下，集団リズムという）をみる方法でさかんに研究されている．集団リズムは，個体レベルでの繰り返しのリズムに比較して，リズムの継続性，波形，ピークあるいは頂点位相が比較的はっきりしており，研究目的によっては優れた実験系となりうる．集団リズムが最もよく研究された例は，ウスグロショウジョウバエ（*Drosophila pseudoobscura*）の羽化リズムについての研究である．この種を用いたPittendrighらの体系的実験により，フリーラン（free-running），同調性（entrainment），位相反応（phase response），温度補償性（temperature compensation）など，概日性リズムのもつ様々な特性についての基盤的知見が得られた．

　ウスグロショウジョウバエの位相反応曲線（phase response curve：PRC）はWinfreeのタイプ0型を示し，主観的夜の前半に光パルスを与えると位相後退が，後半あるいは主観的昼の初めに光パルスを与えると位相前進が起こる（図1）．主観的昼の半ばから後半では位相変位はみられない．ここで位相前進は数サイクルの移行期を経て定常的な状態になるが，この現象は次のように説明されている．この昆虫の集団羽化リズムには2つの振動体が関与しており，1つは光感受性のあるA振動体で，もう1つは温度感受性で羽化を直接支配するB振動体である．A振動体がB振動体を支配しており，B振動体がA振動体へ同調する過程が，位相前進における移行期であると解釈されている（図1）．

　光パルス実験で位相変位を測定することにより概日振動体の位相を知ることができる．ウスグロショウジョウバエでは位相後退と前進を引き起こす光パルスに関する作用スペクトルはほとんど変わらないが，光パルスの明から暗の切り替えシグナル（light-off signal）が集団リズムの位相後退を引き起こし，暗から明へのシグナル（light-on signal）が位相前進を引き起こすことが，この種やカイコの集団羽化リズムの実験で明らかになっている．

　温度補償性は一般的に生物の概日リズムの特徴であるが，集団リズムにおいても際立った特徴として知られている．たとえば明暗（LD）12：12の明暗サイクルの下，異なる温度環境で飼育したショウジョウバエの集団を，恒暗条件（DD）に移して羽化リズムのフリーランニング周期（free-running period）を比較してみると，Q_{10}は1.02で温度によるリズムの周期に対する影響はほとんどみられない（図2）．

　連続した強光の恒明条件（LL）下では，ショウジョウバエの集団羽化リズムは次第に減衰してリズム性がなくなることが知られている．この状態の集団をDD条件に移すと，サーカディアン時刻12時（CT 12）からリズムが再開するようにみえる（図3）．このようにショウジョウバエでは長い

4 集団としてのリズム

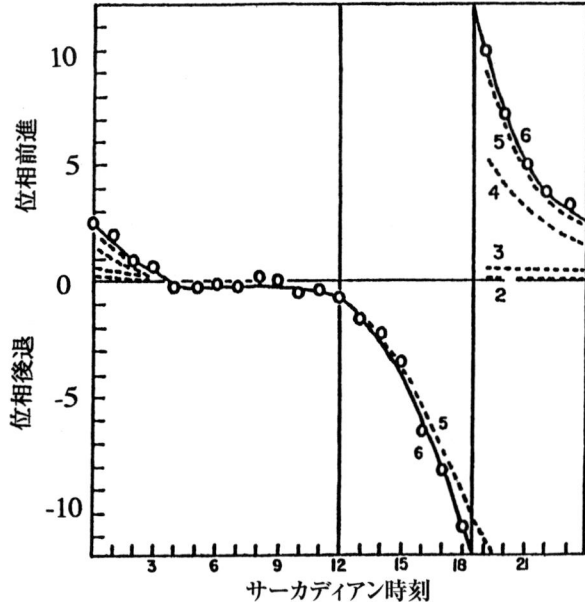

図1 ショウジョウバエの羽化リズムの位相反応曲線（PRC）（Saunders, 2002[1]）を改変）
DDで羽化リズムがフリーランする集団に，15分の光パルスを与えて生ずる位相の前進や後退を測定した．点線は2〜5日目，実線は6日目で観察された位相反応曲線を表す．縦軸は位相前進と後退の時間を，横軸はサーカディアン時刻を表す．

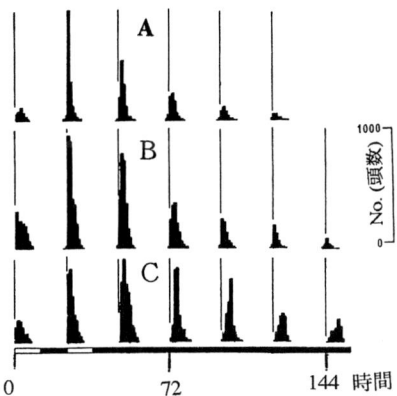

図2 ショウジョウバエの概日性羽化リズムの温度補償性（Saunders, 2002[1]）を改変）
LD 12：12の明暗サイクル下，(A) 26℃，(B) 21℃，(C) 16℃で飼育した集団を，そのままの温度環境でDD条件に移し羽化の自由継続リズムを観察した．温度の相違によるピーク位置の変動は，ほとんどみられないことがわかる．

LLでリズムはなくなるが，カイコを用いた研究によるとLL条件でも継続的な羽化リズムが観察されており，種によってLLでの概日振動体の挙動は違っている（図4）．

発生段階の異なる集団を用いたリズム研究はゲート（gate）という概念を生み出した．これは個体の発生あるいは発育段階にかかわらず，概日的に現れる1日の許容時間帯（ゲート）においてのみ孵化や羽化などの現象が起こるという概念である．生物リズムは適応現象とみなされるが，集団リズムの生態適応的な例の1つとして，ゲートに支配された羽化の直後に交尾する昆虫の雄と雌の行動的同期性があげられる．

集団リズムにおける遺伝的研究はあまりないが，ショウジョウバエでは*period*遺伝子の変異が個体の活動リズムと集団の羽化リズムの両方に同じ影響を及ぼすことが知られており，2つのリズムの遺伝的基盤は共通していることが示唆されている．また野外で採取されたショウジョウバエの集団羽化の概日リズムに関するいくつかのパラメータについて，緯度依存的に地理的変異があることが報告されており，その適応的な意味が論じられている．

集団リズムの研究は，概日時計そのものの特性や機構を明らかにしただけではなく，昆虫の休眠などにかかわる光周性反応（photoperiodism）のメカニズム研究にも重要な知見を与えた．光周性反応のメカニズムについては，明暗のサイクルに同調した概日時計の位相と光の関係で決まるというBünningの仮説を嚆矢として，様々なモデルが提唱されてきた．PittendrighとMinisは光パルスによる暗期中断による休眠阻止効果を説明するために，外的符合モデルを提唱した．それによると概日振動体の特定の位相 ψ_i に光が当たると休眠が阻止され，当たらなければ休眠が誘導されるというものである．彼らはワタアカミムシの集団羽化リズムが起こる時刻の5時間前に ψ_i があると考え，光パルス実験によって羽化時刻のシフトと休眠率の変動が対応していることを明らかにし，外的符合モデルの妥当性を主張した．Saundersもニクバエを用い，同様に光パルス実験における羽化パターンと光周時計の位相反応の比較から，光周性反応に概日振動体が関与していることを示唆した．一方，Trumanはサクサンの集団羽化リズムを解析し，暗期の初めから始動する砂時計的なプロセスと羽化を支配する時計との相互作用から，蛹休眠の光周反応の特性を説明した．

集団リズムの研究は，このように概日時計や光周時計の動的なメカニズムの解明におおいに貢献したが，実験研究の面で不利な点もある．まず集団レベルのリズム研究においては，当然のことながら多数の個体を準備しなければならず，これには多くの労力を必要とし材料を制限する．また実験は個体を単離せずに，まとめて行うことが多いので，1つの個体の行動や刺激が隣の個体に影響を及ぼす可能性があり，得られた結果が個体レベルでの振動体の挙動を真に表しているのかどうかが問題となる．集団リズムの研究はこれらのことを配慮して行う必要がある． 　　　　（清水 勇）

文 献

1) Saunders, D.: *Insect Clocks*, Elsevier, 2002.
2) Pittendrigh, C. S.: *Handbook of Behavioral Neurobiology 4* (Aschoff, J. ed.), pp.95-124, Plenum, 1981.
3) Shimizu, I.: *Circadian Clocks and Ecology* (Hirosige, T. and Honma, K, ed.), pp 160-174, Hokkaido University Press, 1989.

4 集団としてのリズム

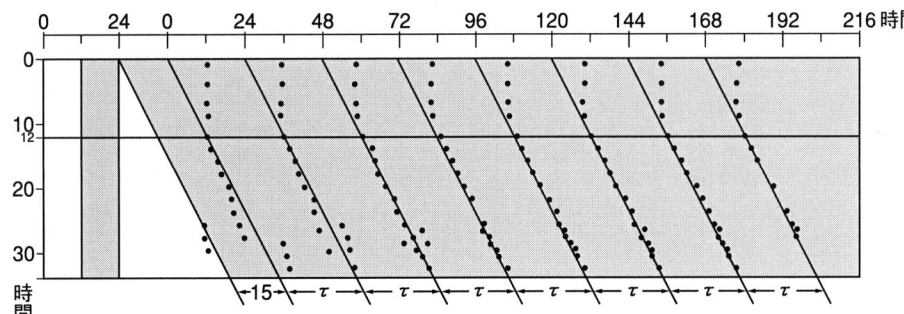

図3 ショウジョウバエの集団羽化リズムの長い明期での挙動(Pittendrigh, 1981[2])を改変)
LD 12：12で飼育し，最後の明期の長さを33時間まで段階的に変化させてDDに移し，それぞれ羽化リズムのパターンを記録した．実験結果は明期が12時間以上になると，見かけ上，羽化時計がサーカディアン時刻12時(CT 12)で停止し，さらにその後の暗から明への切り換えシグナルにより時計が再始動することを示している．斜線部は暗期を示す．

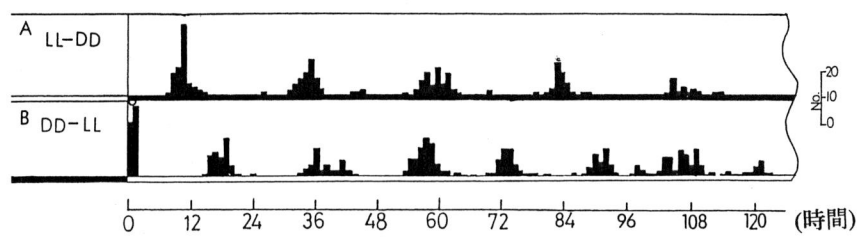

図4 カイコの集団羽化リズム(Shimizu, 1989[3])を改変)
(A)はLLからDDに，(B)はDDからLLに移したときのフリーランニングリズムを表す．LLではDD条件より短い周期でのフリーランがみられた．

5 生物時計遺伝子

—— Circadian Clock Genes

　概日リズムは長い間，外因性であると信じられてきた時代があった．その反証として初期には20数世代暗黒化で育てられた周期の異なるキイロショウジョウバエが祖先の周期を維持すること，種固有の周期性をもつこと（マウス23.6時間，ラット24.3時間，ヒト24.8時間）等が示されていた．これらの結果でも地球上の自転の影響が排除できないことから地球自転の反対方向で回るターンテーブルの上で飼ったハエの周期が親の周期を遺伝することを示す実験も行われた．最近では，スペースシャトルにアカパンカビを胞子状態で乗せ，これを宇宙環境で発芽させて約24時間の周期性（胞子形成リズム）を示したことなどから地磁気など外因性要因でドライブされているという仮説は棄却された．

　24時間のリズムを司る遺伝子の存在が最初に示された生物はキイロショウジョウバエである．1971年にKonopkaとBenzerが蛹から成虫へ羽化するリズムの変異体を分離し，これらの活動リズムも短周期，長周期，無周期の3つの表現形に分離され，すべてがX染色体上の1つの原因遺伝子によると推定した．この推定は1984年にYoungやHallの独立の研究グループによりこの原因遺伝子（Period = per）が単離され配列決定されその正当性が証明された．詳細は69「哺乳類の時計遺伝子」や74「Period遺伝子」を参照されたい．このことは，行動を司る遺伝子が一般的に多因子と考えられてきた時代に常識を打ち破る画期的研究となった．その後，ヒトを含む哺乳動物では1997年以後このper遺伝子の存在が明らかにされ，PER蛋白を中心とする様々な転写調節因子や，これらを修飾する蛋白修飾遺伝子群（リン酸化，分解合成等）が次々と明らかにされ様々なフィードバックループが明らかにされてきた[1~4]（詳細は第5部「サーカディアンリズムの分子機構」を参照）．

　アカパンカビではFrequency（= Frq）とよばれる転写調節因子が（44「アカパンカビ」参照），シアノバクテリアではKai geneを中心としたフィードバックモデル（73「シアノバクテリアの時計遺伝子」参照）が提唱されている．植物では，TOC1遺伝子を中心にしたフィードバックモデルが提唱されている（70「植物の時計遺伝子」，71「花成と時計」参照）が，今後シアノバクテリアとの共通機構が明らかになる可能性もある．植物の時計遺伝子はその出力として花の形成や実のなる時期等の応用範囲も広く実用的にも注目されている．さらに，概日時計が概年時計をどう制御するかという分子機構の点でも植物は興味深い．これら時計遺伝子の研究が進んでいる生物とその時計遺伝子のリストを表1に示した．生物リズムの遺伝子研究が比較的遅れている生物としてコオロギ，ホヤ，ミドリゾウリムシ，線虫，ユーグレナ，コケ，パープルバクテリアなどがあげられるが，いずれも今後生物時計の進化を考えるうえで重要な生物である．　　　（石田直理雄）

文　献
1) 石田直理雄：生物時計のはなし—サーカディアンリズムと時計遺伝子—（実験医学バイオサイエンス），羊土社，2000.
2) 井上愼一：脳と遺伝子の生物時計—視交叉上核の生物学—，共立出版，2004.
3) Dunlap, J. C.：*Cell*, **96**, 271-290, 1999.
4) Ishida, N. *et al.*：*Proc. Natl. Acad. Sci. USA*, **96**, 8819-8820, 1999.

5 生物時計遺伝子

表1 時計遺伝子の明らかにされている生物

ショウジョウバエ	マウス	アカパンカビ	シロイヌナズナ	シアノバクテリア
period	mPeriod 1 mPeriod 2 mPeriod 3	Frg	Toc 1	KaiA
Timeless Timeout/timeless 2	— mTimeless	wc-1	LHY	KaiB
Cryptochrome（ハエでは入力）	mCryptochrome 1 mCryptochrome 2	wc-2	CCA 1	KaiC
clock (Jrk)	Clock NPAS 2/MOP 4			Sas A
cycle	Bmal 1/MOP 3 Bmal 2/MOP 9			Rpu A
doubletime	casein kinase 1 epsilon casein kinase 1 delta			Lab A
shaggy	GSK 3 β			
protein phosphatase 2 A				
slimb	β-TrCP1, β-TpCP2			
vrille	E4BP4			

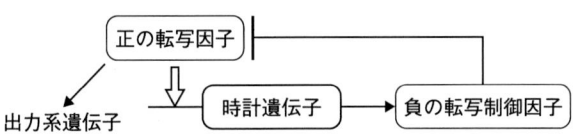

	正の転写因子	負の転写制御因子
シアノバクテリア	Kai A	Kai C
シロイヌナズナ	TOC1	LHY, CCA1
アカパンカビ	WC-1, WC-2	Frq
ショウジョウバエ	Clock, Cycle	Period, Timeless
哺乳類	Clock, NPAS2, Bmal1 Bmal2	Period1, Period2, Cryptocrome1, Cryptocrome2, E4BP4

図1 時計遺伝子のフィードバックによる分子時計

2. サーカディアンリズムの基礎

6 短周期リズム ― 分節時計 ―
―― Rhythm with Short Periodicity (Segmentation Clock)

　発生過程では，幹細胞があらかじめプログラムされたタイミングで細胞増殖と分化をし，臓器を形成していく．この正確なタイミングを制御する生物時計の存在が以前から示唆されていたが，その実体は長らく不明であった．最近になって，分節過程を制御する新たな生物時計（分節時計，segmentation clock）の実体が明らかにされてきた．分節時計は短周期リズムを刻み，体節形成以外でもいろいろな細胞で働く．短周期リズムを刻む代表例として，この分節時計について述べる．

　体節は椎骨，肋骨，骨格筋，皮下組織のもとになる構造物で，神経管の両側に頭側から尾側に向かって順番に左右1対ずつ形成される．体節形成は，尾側に存在する未分節中胚葉の頭端がある一定時間ごとにくびれ切れることにより起こる（図1▶と◀）．このくびれ切れる過程を分節といい，マウスでは2時間ごとに，ヒトでは8時間ごとに，ゼブラフィッシュでは30分ごとに起こる．このように周期的に起こる分節過程を制御する生物時計を分節時計とよぶ．分節時計の周期は概日時計よりも短く，しかも動物種によって異なる．

　分節過程では，塩基性領域・ヘリックス・ループ・ヘリックス（basic region-helix-loop-helix：bHLH）ドメインをもつ転写抑制因子Hes7の発現が周期的に変動する（図1）．はじめ未分節中胚葉の尾側に強く発現するが（phase I），発現領域はすぐに頭側に移動し（phase II），未分節中胚葉の頭端から1体節分手前のところで止まる（phase III）．この直後に分節が起こるが（図1の矢頭の部分），頭側での発現は消え，尾側で新たな発現が始まる（phase I に戻る）．このようにHes7の発現領域の変化と一致して（マウスでは2時間ごとに）分節が起こる．個々の細胞に注目すると尾側に比べて頭側ほど遅い位相でHes7の発現がオシレーションするので，全体としてはHes7の発現領域は尾側から頭側に移動するようにみえる（図1）．遺伝子改変マウスの解析から，Hes7の発現変動が周期的な分節に必須であることが明らかにされている．Hes7を欠損すると分節過程が著しく乱れ，体節が激しく癒合する[1]．一方，Hes7を持続発現させても分節過程が乱れ，体節が激しく癒合する．したがって，Hes7の発現は周期的にオシレーションすることが規則正しい分節に必須である．

　未分節中胚葉内の細胞ではNotchシグナルが活性化され，Hes7の発現が誘導されている（図2）．Hes7は転写抑制因子で，分節をコントロールする標的遺伝子Lfngおよび自分自身の発現を抑制する．このネガティブフィードバックによってHes7プロモーターは抑制されるが，Hes7や標的遺伝子産物は非常に不安定なのですぐに分解されて消失する．Hes7がなくなるとネガティブフィードバックは解除されるので，Notchシグナルによって新たなHes7および標的遺伝子の発現が誘導される[2]．このように，Hes7はネガティブフィードバックを介して自律的に発現オシレーションを示す（図2）．このことは，Hes7が分節時計の本体であることを示している．

　Hes7と同じ遺伝子ファミリーに属するHes1はいろいろな種類の細胞に発現し，Hes7と同様に2時間周期でオシレーションする[3]．このHes1のオシレーションもネガティブフィードバックを介している．

6 短周期リズム—分節時計—

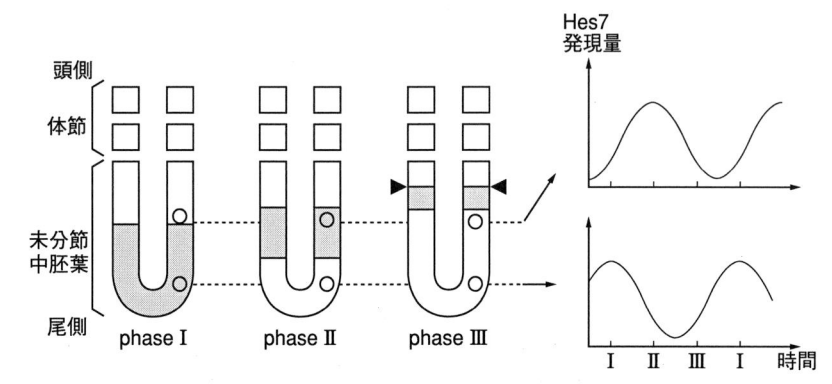

図1 体節形成過程における周期的な Hes 7 の発現変動

未分節中胚葉の個々の細胞（○）に注目すると，Hes 7 の発現はオシレーションしているが，尾側に比べて頭側ほど位相は遅れている．このため，Hes 7 の発現領域は未分節中胚葉内で尾側から頭側へ移動するようにみえる．

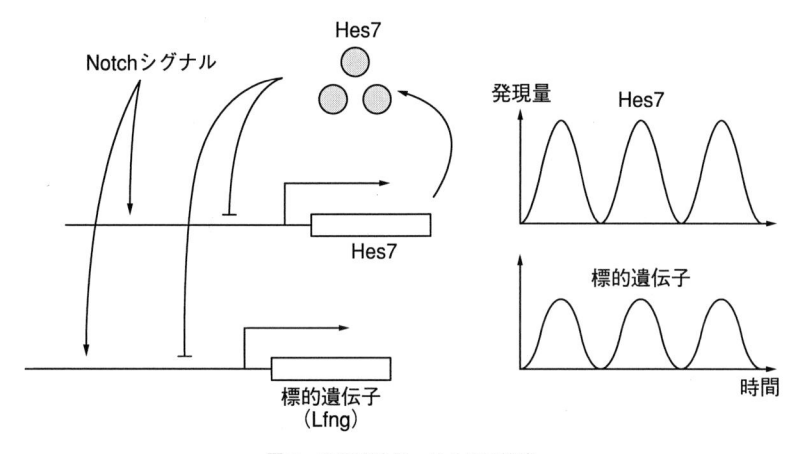

図2 分節時計 Hes 7 の分子機構

Hes 7 およびその標的遺伝子（Lfng）の発現は Notch シグナルによって誘導される．一方，Hes 7 はネガティブフィードバックにより，自身および分節を引き起こす標的遺伝子の発現を周期的に抑制する．

Hes 1 はいろいろな細胞で2時間周期のリズムを刻み細胞分化のタイミングを制御しているが，その詳細はよくわかっていない． 　　　　　　　　　　（影山龍一郎）

文献

1) Bessho, Y. *et al.*: *Genes & Dev.*, **15**, 2642, 2001.
2) Bessho, Y. *et al.*: *Genes & Dev.*, **17**, 1451, 2003.
3) Hirata, H. *et al.*: *Science*, **298**, 840, 2002.

7 生殖リズム―高等脊椎動物―
―― Reproductive Rhythm (Higher Vertebrates)

　動物の生殖活動はライフサイクルのなかで妊娠・哺乳あるいは産卵などの大きな負担に耐えうる期間に行われる．つまり，高等脊椎動物の雌は成長の過程において一定の時期になると急激に卵巣が発達して性成熟 (puberty) を迎え，生殖リズムを繰り返した後，老化して卵巣機能が停止する．雄においても雌の初排卵とほぼ同時期に精巣機能が高まり，やがて老化とともに造精機能が低下する．生殖リズムには性周期 (estrous cycle) と季節繁殖 (seasonal reproduction) などの現象が知られており，いずれも24時間よりも長い周期を刻んでいる．

1. 性周期
　哺乳類の場合，卵胞発育，排卵，受精，着床，妊娠，分娩，哺育を周期的に繰り返すことを完全生殖周期 (complete reproductive cycle) という．完全生殖周期は外部環境の影響が著しく，哺乳期間中は吸乳刺激によって卵胞発育が抑制される．たとえば，授乳しないヒトでは出産後1～2カ月で最初の排卵が始まるが，授乳期間によっては2，3カ月から3，4年後に排卵が回帰する．このように完全生殖周期は周期的な活動とはいえ，雄の存在と受精によって初めて成立し，周期も環境要因によって大きく変化するため，概日リズムのような自律振動する周期活動とは質的に区別する必要がある．一方，交尾の機会がないか，交尾が不妊に終わった場合に，以後の経過を経ずに再び卵胞発育に戻る周期を不完全生殖周期 (imcomplete reproductive cycle) とよぶ．不完全生殖周期における周期の長さ，排卵される卵の数は種によって固有であり，この発情，排卵，月経 (霊長類に特有) からなる周期は性周期 (estrous cycle)，発情周期あるいは月経周期 (menstrual cycle) とよばれている．不完全生殖周期においては排卵の起こり方，黄体の形成という観点から次の3つのタイプに分類される (図1)．まず，黄体形成ホルモン (luteinizing hormone : LH) サージ (一過性大量分泌) によって排卵が起こるものを自然排卵動物といい，排卵に交尾刺激が必要なものを交尾排卵動物 (ウサギ，ネコ) とよぶ．自然排卵動物はさらにヒトやウシのように3～4週間の長い周期を回帰する完全性周期動物と，マウスやラットのように4～5日の短い周期を回帰する不完全性周期動物に分類される．性周期は発情前期 (proestrus) ―発情期 (estrus) ―発情後期 (metestrus) ―発情休止期 (diestrus) に分けられ，発情前期から発情後期は卵胞期 (follicular phase)，発情休止期は黄体期 (luteal phase) とよばれる．性周期の長さに著しい種差が存在するのは主に排卵によって形成される黄体の機能の違いに起因している．性周期は固有の周期で自律振動し，フェロモンによって同期することが報告されているが，それ以外の光，温度，潮汐周期など環境因子には同調しない．したがってヒトの月経周期は約28日であるが，月の満ち欠けには関連がないとされている．

2. 季節繁殖
　雨期と乾期の存在する熱帯地方も含め，四季の存在する地域に生息する多くの動物は子孫が生存や成長に適した季節に産まれるように交尾をある特定の季節に行うが，これを季節繁殖という．とくに春から夏にかけて繁殖活動をするウマ，ハムスター，ウズラなどの動物を長日繁殖動物 (long day breeder)，秋から冬にかけて繁殖活動

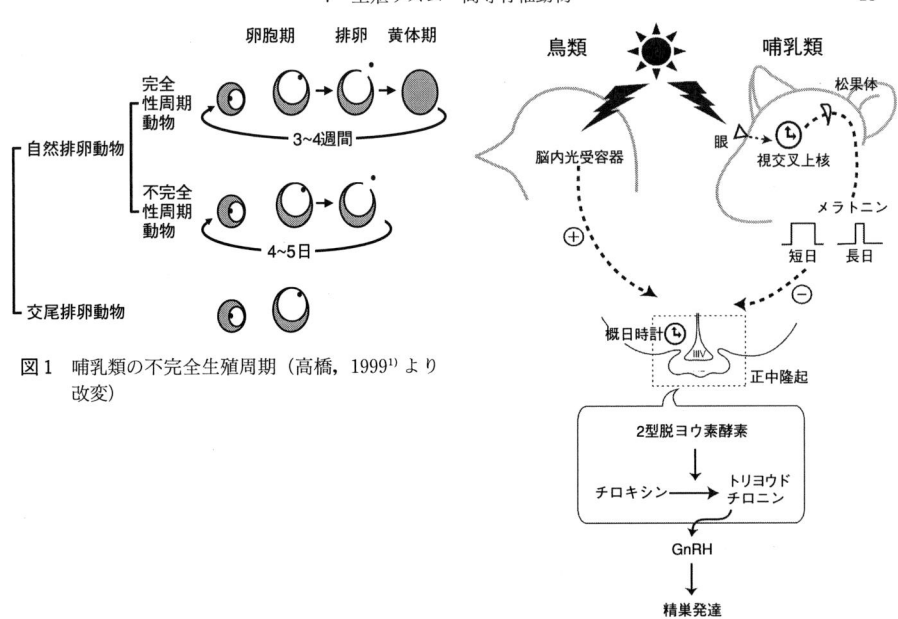

図1 哺乳類の不完全生殖周期（高橋，1999[1]）より改変）

図2 鳥類と哺乳類の季節繁殖の制御機構（海老原，2005[2]）より改変）

をするヒツジ，ヤギ，シカなどの動物を短日繁殖動物（short day breeder）とよぶ．一方，ヒト，ウシ，ブタ，マウスなどのように繁殖行動にとくに季節の偏りのないものを周年繁殖動物とよぶ．長日性，短日性は妊娠（孵卵）期間によって決まっていると考えられている．つまり妊娠期間が約1年の動物や交尾から出産までが数週間で完了する動物においては長日刺激によって繁殖活動が誘起され，妊娠期間が約半年のものでは短日刺激で繁殖活動が促される．いずれの場合においても子は餌が豊富な春から夏にかけて産まれるようにプログラムされている．季節繁殖動物においては生殖腺の重量や機能が繁殖期に比べ非繁殖期では低下する．この変化は哺乳類よりも鳥類で特に顕著であるが，これは飛ぶための適応戦略であると考えられている．動物は日長の情報を手がかりとして繁殖時期を決定しているが，日長の測定に概日時計が関与し

ていることが知られている．哺乳類では網膜で受容された光情報は視交叉上核を介して松果体へ伝えられ，夜間松果体から分泌されるメラトニンによって季節繁殖が制御される．一方，鳥類ではメラトニンは季節繁殖の制御にはかかわっておらず，脳内に存在する脳深部光受容器で受容された光情報によってメラトニンを介さずに季節繁殖が制御されている．長年，鳥類と哺乳類の間で，季節繁殖の制御機構は異なるものと考えられてきたが，最近，いずれにおいても長日刺激による脳内での甲状腺ホルモンの局所的な活性化が鍵を握ることが明らかになってきた（図2）．　　　　　（吉村　崇）

文　献

1) 高橋迪雄編：哺乳類の生殖生物学，学窓社，1999．
2) 海老原史樹文他：生物物理，45, 185-191, 2005．

8 生殖リズム―下等脊椎動物（魚類を例として）―
―― Reproductive Rhythm (Lower Vertebrates)

　生物には種ごとの繁殖戦略に応じた生殖活性の繰り返しがある．魚類を例にとると，サケ科魚類の多くは河川から海に下り，海洋を回遊した後産まれた河川に回帰して産卵する．ウナギ類の場合，海で産まれた仔稚魚は海流にのって河川にたどり着いたあと遡上し，数年後，成魚は産卵のために海に再び降りる．これらの魚は一生に一度だけ生殖腺を同調的に発達させて産卵後には死亡するため，個体の一生を生殖活性の一周期ととらえることができる．このような一部の例を除いて，生物は1年のある決まった時季（繁殖期，reproductive season）に生殖腺の発達と退縮を繰り返すのが一般的で（図1），1年をかけた繁殖の繰り返しを生殖年周期（annual reproductive cycle）とよぶ．繁殖期に産卵する回数は種によって様々で，メバル類は一度だけ，アイゴ類，スズメダイ類やネンブツダイ類は複数回，そしてメダカ，マダイやベラ類などは毎日産卵することが知られている．

　繁殖期の開始と終息にはいくつかの季節的環境変化が関与している[1]．春から夏にかけて産卵するハゼ科魚類の繁殖の開始と維持には種の繁殖時期に応じた至適水温範囲がある．この場合，生殖腺の活性維持は水温に主に依存しており光周期の影響をほとんど受けない．春や春から夏に産卵する多くの魚では水温上昇に従って繁殖期が始まるが，成熟状態の維持には長日条件が必要となってくる．一方，秋から冬に産卵するサケ科魚類やアユの成熟開始には日長短縮が強く関与している．日長操作による成熟の制御はアユやサケ科魚類の増養殖に広く利用されている．光条件を一定にした成熟至適水温で長期間飼育したインド産ナマズの卵巣重量の変化が，自然条件で飼育した魚のそれとほぼ同期することが知られている[2]．この結果は生殖年周期が季節的な環境変動に同調しているものの，概年リズム（circannual rhythm）がその根元にある可能性を示すものである[1]．

　繁殖期における産卵の繰り返しにも規則的な環境変化が深く関与している（図2）．毎日産卵するキスの産卵時刻の決定には明期の始まりが重要であり，暗期の時間的なずれは産卵時刻に影響を与えない[1]．同じく毎日産卵する熱帯棲ベラ類は昼間の満潮時刻にほぼあわせた産卵を繰り返す[3]．これらの魚では概日性に基づいている産卵周期が短期的な環境周期（明期開始や潮汐）に同調しているようである．サンゴ礁に生息するスズメダイ類やネンブツダイ類は半月周性の産卵を繰り返し，そしてアイゴ類は特定の月齢にあわせた月周性の産卵を行う[2]．これらの魚では卵発達の概半月周リズム（circasemilunar rhythm）や概月周リズム（circalunar rhythm）を月から得られる半月もしくは1カ月周期の環境変動に同調させている可能性がある．

（竹村明洋）

文　献

1) 羽生　功：魚類生理学（板沢靖男・羽生　功編），pp.287-325, 恒星社厚生閣, 1991.
2) Sundararaj, B. I. et al. : Adv. Biosci., 41, 319-337, 1982.
3) 竹村明洋：時間生物学会, 11, 17-22, 2005.

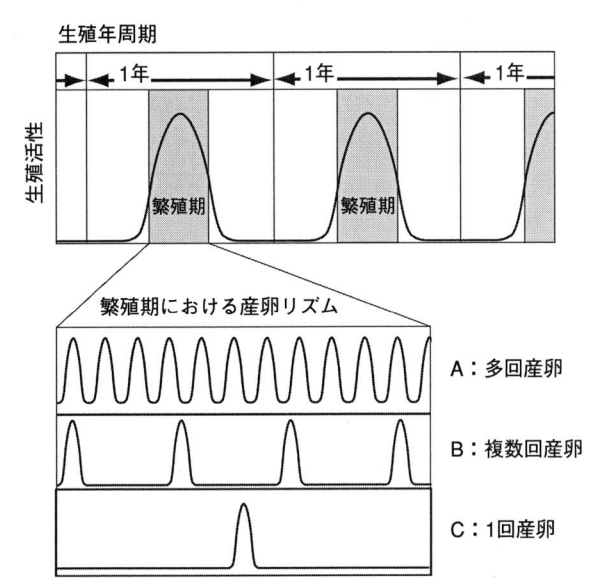

8 生殖リズム―下等脊椎動物(魚類を例として)―

図1　生殖年周期と産卵リズムの関連図
1年のある時季に生殖活性の高くなるとき（繁殖期）がある．繁殖期には種の繁殖戦略に応じて，複数回産卵するもの（AおよびB）や1回だけ産卵するもの（C）がある．

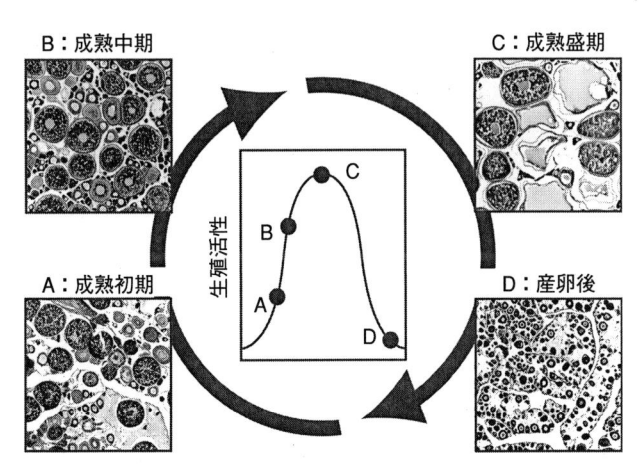

図2　魚類の生殖腺（卵巣）発達の周期性
生殖活性の高まり（AからC）とともに卵巣内にある卵母細胞が発達して卵黄を蓄積して大きさを増す．成熟盛期（C）には成熟卵が認められるようになり，産卵後（D）には未熟な卵母細胞で卵巣は占められる．

9 概潮汐リズム
―― Circatidal Rhythm

　潮汐は主に月や太陽などの起潮力によって，海面が周期的に昇降する現象をいう．潮汐によって海面は約6時間ごとに満潮と干潮の上下運動を繰り返しており，季節や場所によって少しの違いはあるが，潮汐の平均周期は約12.4時間である．潮間帯 (intertidal zone) に棲む生物は昼夜サイクルのほかに，潮の干満の周期にさらされており，この周期的変動に合わせてうまく生活している．

　これらの生物の多くは，潮の影響のない実験室の環境に移され，恒常条件下に置かれると，潮汐周期とほぼ一致した周期でもって行動などの持続的な継続リズムを示すことが知られている．これが外的な刺激によるものではなく，体内の生理的な自律的振動体によることが明らかにされており，このリズムを概日リズム (circadian rhythm) にならって概潮汐リズム (circatidal rhythm) という．概潮汐リズムは概日リズムに比べて継続性が弱く，リズム波形も不安定で解析が困難なケースが多いが，興味ある生態的な適応現象として研究がなされてきた．この研究でよく実験材料とされてきたのはスナガニ科のシオマネキであるが，シオマネキの一種 *Uca minax* は，潮汐の影響がない実験室の恒常条件で，活動の潮汐リズムを1カ月以上も示すことが観察されている（図1）．

　概潮汐リズムの同調因子として，波による物理的刺激や水圧，温度，塩分などが考えられている．潮間帯に棲むイソギンポの仲間の *Lipophrys pholis* は恒常条件下で遊泳行動の概潮汐リズムを示すが，12.4時間間隔の水圧変動サイクルに同調することが報告されている（図2）．甲殻類のクマ目 (Cumacea) の一種 *Dimorphostylis asiatica* は海底の砂地に生息し，その遊泳活動は概潮汐リズムを示す．これも12.5時間の水圧サイクルに同期し，水圧パルスによって位相が変化することが報告されている．概日リズムで一般的にみられる温度補償性が，ワタリガニの一種 *Carcinus maenas* の概潮汐リズムで報告されている．概潮汐リズムを支配する振動体の場所や同調因子の受容機構についてはあまり研究されていないが，アカテガニでは視葉 (optic lobe) が関係しているという報告がある．

　様々な潮間帯の多くの生物材料で，潮汐リズムが概日リズムと相互作用を示したり入れ替わったりすることが知られており，このような観察に基づいて概潮汐リズムのメカニズムが提唱されている．すなわち約24.8時間周期の振動体2個の組み合わせによって概潮汐リズムが生ずる可能性や，さらに1つの概日性振動体において，180度位相をずらした関係で，2回リズムピークが出力されて概潮汐リズムが生ずるという機構が論じられている．

　潮間帯に棲むダニ (mite) の一種 *Ameronothrus marinus* は岩場の海岸で藻類を食べて暮らしている．ヨーロッパの北海で採取したこの種は，潮汐刺激のない24時間サイクルの明暗環境下で約12.3時間の行動の概潮汐リズムを示す．一方，潮汐のみられないバルト海から採取した同じ種は，明暗サイクルに同期して日周性リズムを示し概潮汐リズムはまったく観察されない．すなわち同じ種でも，その生息域の潮汐の有無によってリズム性が違うということが報告されている．これは潮間帯の生物が表す概潮汐リズムが，環境の変動に対する生態的な適応現象であることを，はっきりと示している．

（清水　勇）

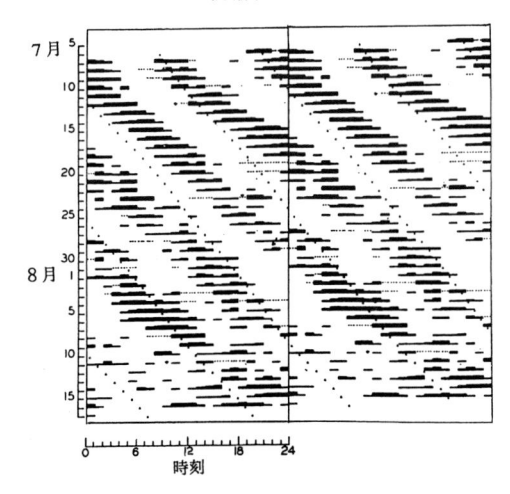

図1 潮汐の影響のない恒明（LL）条件下で測定したシオマネキ（*U. minax*）が示す行動の概潮汐リズム（Neumann, 1981[1]を改変）
斜めの点線はアメリカ東海岸のWoods Hole付近の満潮時を，横軸の時刻は東部標準時刻（EDT）を表す．この図は二重プロットの記録を示す．

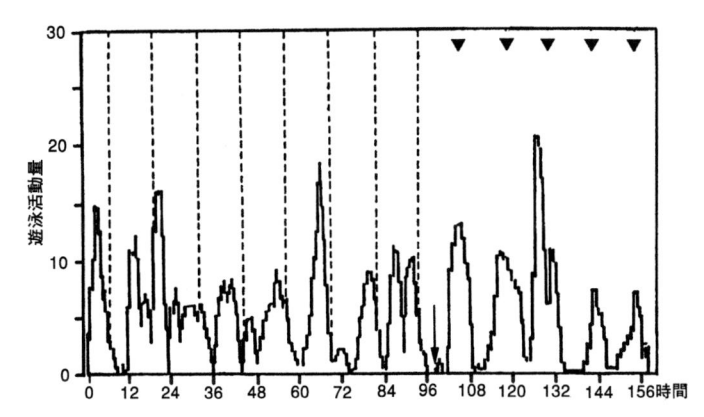

図2 イソギンポ *Lipophrys pholis* が示す遊泳活動の水圧同調と概潮汐リズム（Northcott, 1991[3]を改変）
点線は12.4時間間隔で与えた水圧サイクルの水圧が最大の時刻を表す．矢印の時刻に水圧変動のない恒常条件下に移した．三角印は本来，水圧が最大の時刻を示す．水圧サイクルに同期して水圧の上昇期に活動ピークがみられ，恒常条件下では継続的な概潮汐リズムがみられることがわかる．

文献

1) Neumann, D.: *Handbook of Behavioral Neurobiology 4* (Aschoff, J. ed.), pp.351-380, Plenum, 1981.
2) DeCoursey, P.: *Chronobiology: Biological Timekeeping* (Dunlap, J. C. *et al.* ed.) pp.27-66, Sinauer, 2004.
3) Northcott, S. J.: *J. Fish Biol.*, **39**, 25-33, 1991.

10 概月周リズム

—— Circalunar Rhythm

　月は地球の周りを約27.3日（恒星月）で公転している．この間，月と太陽と地球の位置関係によって，地球からみた月は新月から満月，そして再び新月へと約29.5日（朔望月）で満ち欠けを繰り返す．この周期的な変化に付随して，月が昇ってくる時間，月が夜空を動いていくパターン，夜の明るさ，電磁場や放射電磁界の変化も周期的に起こる．月が地球に及ぼすこれらの変化に伴って繰り返される生物の周期性を月周リズム（lunar rhythm），そして恒星月や朔望月のほぼ半分で繰り返される周期性を半月周リズム（semilunar rhythm）とよぶ．

　海洋生物における月周性／半月周性の活動リズムとしては，イシサンゴ類の満月後の一斉産卵，多毛類パロロ（イソメの一種）の下弦の月前後の生殖群泳，サンゴ礁に生息する多くの魚類にみられる特定月齢での1カ月周期もしくは半月周期の同調産卵や産卵場への移動，そしてウナギ類の新月付近を中心とした生息河川から外洋の産卵場への回遊開始の誘発などが有名である．類似した周期性は多くの陸上生物の活動にもみられる．昆虫の成虫における満月をピークとする飛翔活動周期や，げっ歯類や果食性翼手類の夜の明るさに同調した活動パターンの変化は月周リズムの例である．また，アカテガニやベンケイガニなどの陸棲十脚目甲殻類における水中への幼生放出（放仔）は新月と満月の前後にみられる（図1）．月周性の活動リズムは熱帯・亜熱帯域に生息するか，もしくは同地域に起源をもつ生物に顕著に現れる傾向がある．温帯域から極域と比較して，熱帯・亜熱帯域での温度や日長の変動は少なく，その結果として月が地球環境に及ぼす影響が相対的に大きくなっている．熱帯・亜熱帯域に生息している生物は周期的な営みを月に依存し，月が地球に及ぼす環境変動を子の生存や親の繁殖成功を高めることに利用していると考えられている．

　月周リズムおよび半月周リズムが恒常条件下でフリーランニングリズムを繰り返す場合，それぞれ概月周リズム（circalunar rhythm）および概半月周リズム（circasemilunar rhythm）とよぶ．潮汐の影響を排除した水槽中で長期間飼育されたアイゴ科魚類（ハナアイゴやゴマアイゴなど）は，自然状態と同じ月齢での産卵を産卵期に繰り返す[1]．ウスバカゲロウの一種の幼虫（アリジゴク）の巣の大きさにほぼ1カ月の周期性が認められ，同様の現象が条件を一定にした実験室内でも繰り返される[2]．また，光周期と水温を一定にした実験室内で飼育していたギンザケの成長率やウミメダカの産卵に半月周性が認められる（表1）．これらはほぼ1カ月もしくはほぼ2週間の周期性成立に内因性の時計が関与している可能性を示す例である．

（竹村明洋）

文　献

1) Takemura, A. et al. : *Fish Fisheries*, 5, 317-328, 2004.
2) 富岡憲治他編：時間生物学の基礎，pp.89-106, 裳華房, 2003.
3) Leatherland, J. F. et al. : *Rhythms in Fishes* (Ali, M. A. ed.), pp.83-107, Plenum, 1992.

10 概月周リズム

上弦の月
・ゴマアイゴの同調産卵
・アマミイシモチの産卵（小潮）

太陽

新月
・ウナギの降河行動誘発
・クサフグの産卵（大潮）
・アカテガニの幼生放出（大潮）
・アミアイゴの同調産卵

上弦の月

地球

下弦の月

満月

満月
・イシサンゴの一斉産卵
・クサフグの産卵（大潮）
・アカテガニの幼生放出（大潮）
・カンモンハタの産卵場への移動・産卵
・昆虫類の飛翔活動周期

下弦の月
・多毛類（パロロ）の生殖群泳
・ハナアイゴの同調産卵
・アマミイシモチの産卵（小潮）

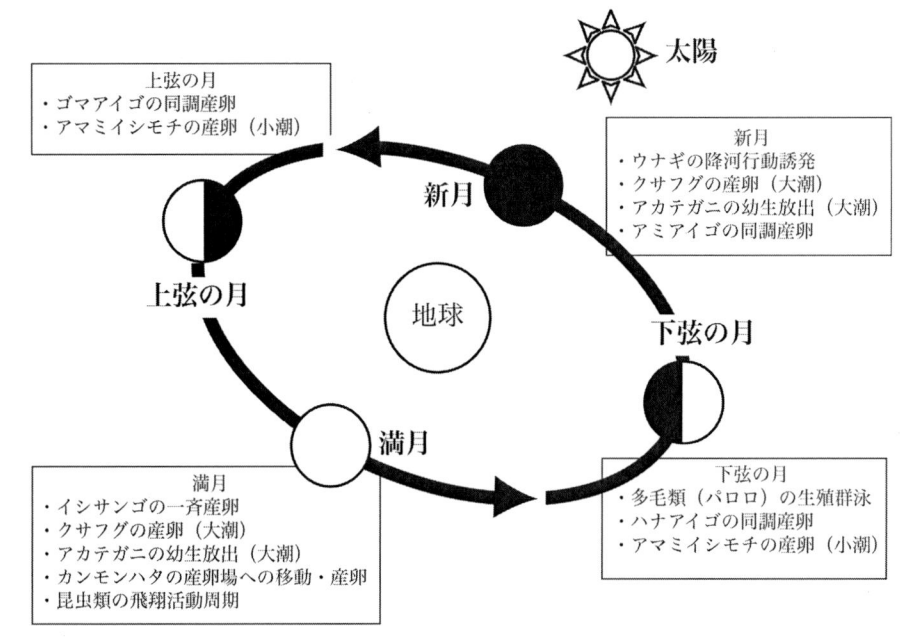

図1　生物の活動にみられる月周性・半月周性の例

表1　魚類における概月周性（L）および概半月周性（SL）の可能性を示す例（Leatherland *et al.*, 1992 を改変）

同調現象	種類	概月周性/概半月周性	月齢[*1]	備　　考[*2]
成長				
体重	ギンザケ	SL	7/22	温度・日長一定の室内
体長	ギンザケ	SL	0/15	温度・日長一定の室内
摂餌	ギンザケ	SL	3/18	温度・日長一定の室内
血中ホルモン量				
甲状腺ホルモン	ニジマス	SL	0/15	温度・日長一定の室内
成長ホルモン	ニジマス	SL	0/15	温度・日長一定の室内
雌性ホルモン	ウミメダカ	SL	0/15	温度・日長一定の室内
コルチゾル	ウミメダカ	SL	13/27	温度・日長一定の室内
生殖				
産卵	ウミメダカ	SL	0/15	潮汐を排除した水槽
	ゴマアイゴ	L	7	潮汐を排除した水槽
	シモフリアイゴ	L	0	潮汐を排除した水槽
	カンモンハタ	L	15	潮汐を排除した水槽

[*1] 同調現象が起こるおおよそのピークを太陰日で表している．新月を0，上弦の月を7，満月を15，そして下弦の月を22としている．
[*2] 同調現象を観察した飼育条件．

11 概年リズム

—— Circannual Rhythm

　概年リズムとは、およそ1年の周期をもつ内因性の生物リズムである。代表的なものに、キンイロジリスの冬眠と体重および摂食量の変化、キタヤナギムシクイの換羽と渡りのいらだち行動、ヒメマルカツオブシムシの蛹化に関するものがあり、脊椎動物、節足動物、軟体動物、刺胞動物、単子葉植物、緑藻植物、渦鞭毛植物で概年リズムが報告されている（図1）。概年リズムでは、多くの場合、一定温度、一定の光周期（明暗12：12など）の下でおよそ1年の周期性が示されることによって内因性のリズムであると結論される（図2）。このような条件下では、1日を示す信号はあるものの1年を示す信号は与えられていないので、内因性のリズムがあると解釈される。

　生物リズムの重要な性質の1つに温度補償性がある。ヒメマルカツオブシムシの蛹化の概年リズムは、様々な一定温度の下で、ほぼ同じ周期を示す。昆虫は変温動物であるので、通常の温度依存性を示す発育ならば、温度が高くなるにつれて著しく発育期間が短くなるはずであるから、このリズムには温度補償性が認められるといえる。

　生物リズムのもう1つの重要な性質として、環境のサイクルに対する同調性がある。概年リズムの代表的な同調因子は日長の変化である。ホシムクドリでは日長の変化が、生殖腺の発達と換羽を調節する概年リズムの同調因子として働く。しかも、この概年リズムは1年よりもずっと短い同調因子の周期（最短で1年の1/5）にも同調することができる。一般に、生物リズムの同調性を表すのに位相反応曲線が使われる。概年リズムでは、ヒメマルカツオブシムシにおいて短日の背景に短期間の長日（長日パルス）を与えることによって、位相反応曲線が得られている（図3）。概日リズムにおける光パルスに対する位相反応曲線と同様に、長日パルスが与えられる位相に依存して、位相変位の方向と大きさが変わる。したがって、ヒメマルカツオブシムシの概年リズムは、概日時計とよく似た性質をもつ振動体である概年時計によってつくり出されていると考えられる。また、シマリスでは、脳内の冬眠特異的蛋白質が概年リズムによる冬眠の誘導にかかわっていることが示された[1]。

　1年の季節変化に対応するために、光周性という、より広範な生物に存在する仕組みがあるにもかかわらず、なぜ概年リズムを進化させた生物がいるのだろうか。日長を感じることができない土のなかに深く潜って冬眠する哺乳類や、日長変化の小さい赤道付近で越冬する渡り鳥の場合には、その意義はわかりやすい。しかし、それ以外にも概年リズムを示す生物は多く知られている。Gwinnerは、高緯度地方に生息する生物や、長距離を移動する生物のように、季節的な時間設定が少しずれても生死にかかわるような場合に、様々な雑音に影響されず、確実に時間設定ができる概年リズムが進化したと考えた[2]。　　（沼田英治）

文　献
1) Kondo, N. *et al.* : *Cell*, 125, 161-172, 2006.
2) Gwinner, E. : *Circannual Rhythms*, Springer-Verlag, 1986.
3) Nisimura, T. and Numata H. : *J. Comp. Physiol. A*, 187, 433-440, 2001.
4) Miyazaki, Y. *et al.* : *J. Comp. Physiol. A*, 191, 883-887, 2005.

11 概年リズム

図1 概年リズムを示す代表的な動物
左:キンイロジリス,右:ヒメマルカツオブシムシ.

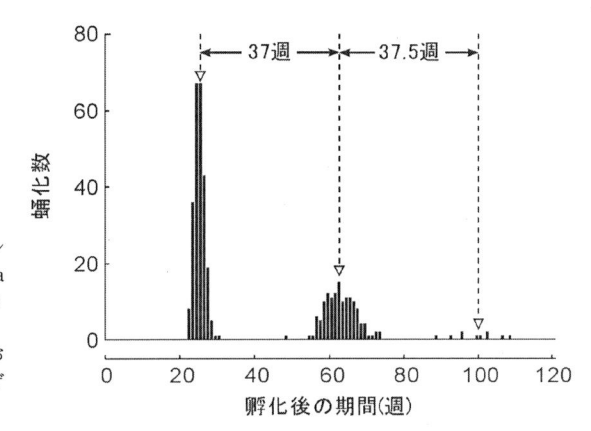

図2 ヒメマルカツオブシムシの概年リズム (Nisimura and Numata, 2001[3] より改変)
20℃,明暗12:12条件下における蛹化の周期性.▽はそれぞれの集団の中央値を示す.

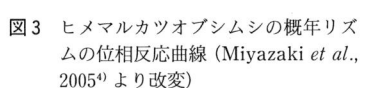

図3 ヒメマルカツオブシムシの概年リズムの位相反応曲線 (Miyazaki et al., 2005[4] より改変)
20℃,明暗12:12条件下で飼育している幼虫を,様々な位相において4週間,明暗16:8条件にさらした場合の位相変位.破線は,位相前進した集団と位相後退した集団に分離したことを示す.

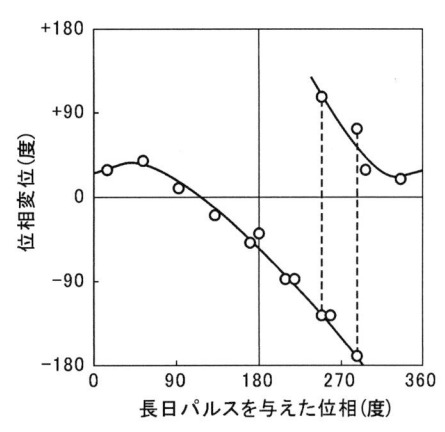

12 リズムパラメータ
―― Rhythm Parameters

　生物リズムは振動現象であり，リズム解析には振動理論で用いられるパラメータが多数使用される．概日リズムに関する多くの知見が，行動リズム解析によって明らかにされてきたため，行動リズム解析に用いられてきたリズムパラメータが多数存在する．これらは，測定リズムの背後にある振動体の機能を知るうえで極めて重要な手がかりとなる．

　周期（period, circadian period, τ）：振動現象の1サイクルの長さをさす（図1）．概日周期は，約1日の語源の通り24±4時間の周期性をさす．恒常条件下でみられる内因性周期（フリーランニング周期）をとくに τ（タウ）とよぶ．周期の算出には，χ 二乗ペリオドグラム，高速フーリエ法，最小二乗法などの周期解析を用いる方法や，サイクルごとの特定位相（たとえば活動開始位相，終了位相，ピーク位相）から回帰直線を算出して求める方法（図2）がある．リズム測定期間が短い場合は（ホルモン，遺伝子発現など），指標となる位相間隔（たとえばピーク間隔）から算出することもある（図1）．

　振幅（amplitude）：本来は正弦波振動の最高値（頂値）と平均値の差をさすが（図1破線），概日リズム領域では最高値と最低値の差をさすことが多い（図1実線）．カーブフィッティングなどの処理を行ったデータから求めることが多いが，鋸歯型やパルス状など，正弦波へのフィッティングが妥当ではないリズムや，振幅が測定できないオン-オフ型のリズムもある（図2，4）．

　位相（phase）：一周期のリズムの特定位置やその状態をさし，リズム解析の指標に用いられる．体温やホルモンリズムなど正弦波型リズムでは，最高値（頂値），最低値，上昇開始，下降終了およびその中点，などの位相が指標となる（図1，図4）．睡眠覚醒や行動リズムなどのオン-オフ型リズムでは，入眠，覚醒，活動期開始，活動期終了などの位相が指標となる（図2）．測定結果を24時間平均値からの大小や任意の閾値の上下で二値化（バイナリ化）し，オン-オフ型リズムに変換して位相解析することも可能である．

　位相（角）差（phase (angle) difference, ϕ, ψ）：2つのリズム間の位相の差を示し，角度（1周期360度）で表したものを位相角差（phase angle difference），時間差で表したものを位相差（phase difference）という．2種類あり，2つのリズム間の位相（角）差は ϕ（ファイ）（図3，5），同調因子と個体のリズム位相との差を ψ（プサイ）で表現する（図6，7）．また，位相変位の大きさを $\Delta\phi$ で表現し，前進変位を＋，後退変位を－で表現する．図3では，自発行動リズムの光パルスによる位相後退（$-\Delta\phi$）および位相前進（$+\Delta\phi$）を，図5ではフリーラン3日目と10日目のメラトニンリズム頂値位相（▲と△），直腸温リズム最低値位相（▼と▽），睡眠開始および終了位相（■と▨）との間の位相差，および3日目の3リズム間の位相（▲と▼と■）および10日目の3リズム間の位相（△と▽と▨）の位相差など，内因性リズム間の位相差を示す．図6，7では，同調因子である明期の開始と活動期開始の位相差（ψ）がL/D比（図6）およびT（図7）に依存して系統的に変化することを示す．ψ が一定であることは，リズム同調の条件である．

12 リズムパラメータ

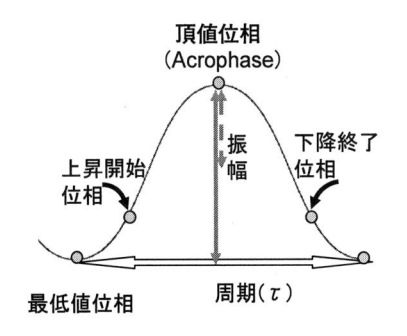

図1 正弦波型リズムにおけるリズムパラメータ

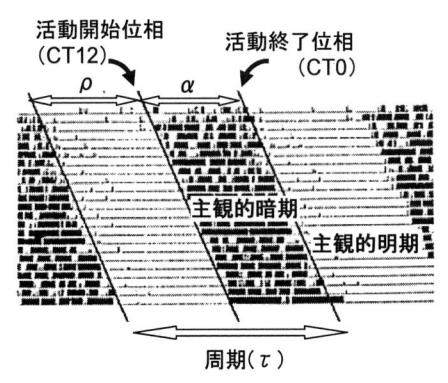

図2 オン-オフ型のリズムにおけるリズムパラメータ
ラット回転輪走行リズムのダブルプロット図（横軸48時間）．行動図中の斜線は，活動期開始位相および終了位相より求めた回帰直線．この傾きから周期が算出される．

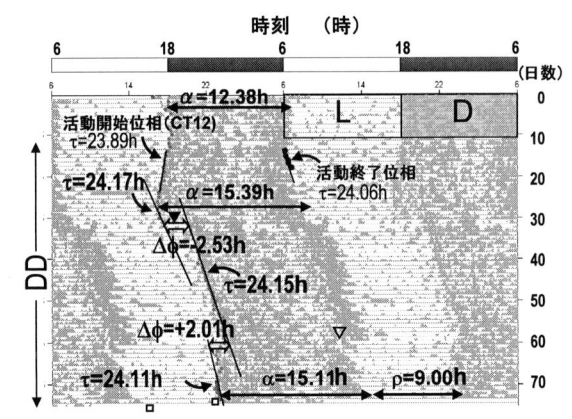

図3 行動リズムパラメータ算出方法（マウス輪回し行動の場合）
1分ごとの回転輪走行量をヒストグラムとしてダブルプロットした図．最初の12日間は明暗条件（LD），その後，恒暗条件（DD）とした．光パルスを▼（CT 14）と▽（CT 22）に当てている．活動開始位相（点）に引いた回帰直線から求めた周期（τ），パルスによる位相変位（⇔，$\Delta\phi$）を示した．
本例ではフリーラン開始から20日くらいは活動開始位相と終了位相の周期が異なり（23.89と24.06時間），安定したフリーランを示すまでαの増大（α decompression）が観察される．

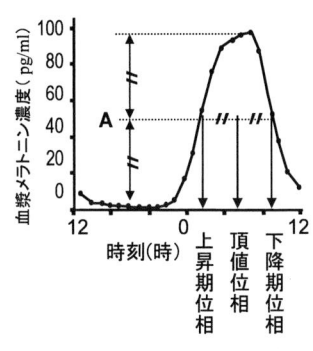

図4 中点2点法によるリズム位相算出法
ホルモンリズムや体温リズムなど，必ずしも正弦波型ではないリズムの場合は，フィッティングを行わず，中点2点法を用いることがある．図は1時間ごとのヒト血漿メラトニン値を，3点移動平均法で平滑化後，振幅の中点に線を引き（A），これを横切る位相を上昇期，下降期位相，両者の中点を頂値位相として算出した例．

頂値位相（acrophase）： コサイナー法によるカーブフィッティングで得られたリズムの頂値位相（図1）．

活動期（activity time, α）： 行動リズムの1サイクルで活動が集中する時間帯，および，睡眠覚醒リズムの覚醒時間をさす（図2, 3, 6, 7）．活動期位相と明暗サイクルとの関係から，昼行性，夜行性，薄暮薄明性（夜明けと夕方に2つの活動ピークをもつ）リズムに分けられる．位相変位の移行期では，活動期開始位相と終了位相が異なる速さで変位するため，α が一時的に短縮したり（α compression）延長したり（α decompression）する現象がみられる．活動期開始と終了部分が，異なる位相反応曲線をもつ2振動体に支配されることを示唆する（図3）．

休息期（rest time, ρ）： 行動リズムの1サイクルで休息が集中する時間を，また，睡眠覚醒リズムでは睡眠時間をさす（図2, 3, 6, 7）．

α/ρ 比（α/ρ ratio）： 活動期と休息期の比．概日機構では α とそれに引き続く ρ の長さには負の相関があり，ホメオスターシス機構では α とそれに引き続く ρ の間には正の相関がある．α/ρ は昼行性種では光量に正比例し，夜行性種では反比例する（circadian rule）．

サーカディアン時刻（circadian time, CT）： 内因性リズムの位相を特定するための時刻．フリーランニング周期を24 CT（または360度）とし，主観的明期の開始をCT 0（または，主観的暗期の開始をCT 12）とする（図3）．1 CT = τ/24（時間）となる．しかし，CTの位相は任意であり，フリーラン条件下のメラトニンピークや，直腸温最低値，睡眠開始，時計遺伝子発現ピークなどの位相に適当なCTを割り当てることができる．CTは内因性リズムの指標であり，恒常条件下のリズムに適応される．CTを用いることにより，周期の異なるリズムの統計解析，施設間でのデータの比較などが可能となる．

ツァイトゲーバー時刻（Zeitgeber time, ZT）： 環境の周期性に規定される時刻をさす．明暗サイクルの1周期を24 ZT，明期開始時刻をZT 0とし，明期開始からの時刻をさす．同調下あるいは同調からフリーランに移行して間もないリズム位相の表示に適応される．

主観的明期（暗期）（subjective day (night)）： 恒常条件下のリズムで同調条件の明期に相当する時間帯をさす．昼行性動物の活動期，夜行性動物の休息期に相当する（主観的暗期はその逆）．

LD比： 明暗サイクルの明期（L）と暗期（D）の比．L>Dを長日，L<Dを短日条件という（図6）．

T： 同調因子の周期．通常24時間以外の様々な周期の同調因子を課す場合に用い，このような実験をT実験，その際の同調因子の周期をTサイクルとよぶ（図7）．

D/A比： 位相反応曲線（PRC）の位相後退相の面積（delay area, D）と位相前進相の面積（advance area, A）との比．一般に τ が24時間よりも短いほどD/Aは大きくなるが例外もある．

特異点（singularity point, または平衡点 point of equilibrium）： リミットサイクルモデルで，リズム振幅が0となり，時計が振動停止状態となる点．特定位相に，ある強度の因子が加わると特異点に落ち込み無周期となり，次の刺激により再び生じるリズムはあらゆる位相をとりうる．

（本間さと）

文献

1) Aschoff, J. ed.: *Handbook of Behavioral Neurobiology, Vol.4. Biological Rhythms*, Plenum, 1981.
2) Dunlap, J.C. et al.: *Chronobiology : Biological Timekeeping*, Sinauer, 2004.
3) 本間研一他：生体リズムの研究，北海道大学図書刊行会，1986.

12 リズムパラメータ

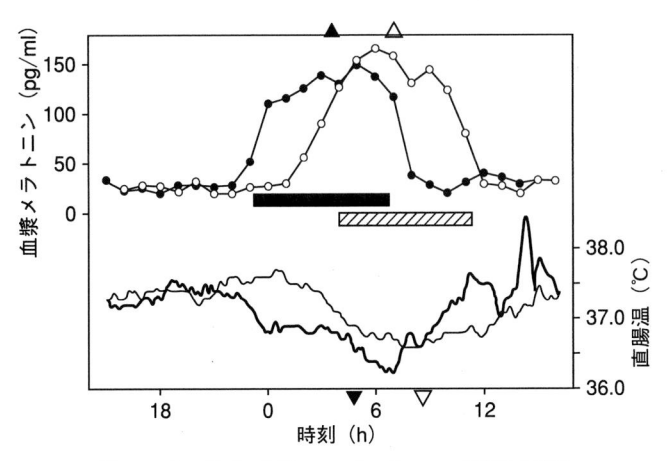

図5 ヒトのリズム位相へのフリーランニング期間の影響
時間隔離3日目と10日目のメラトニン (-●-, -○-)，直腸温 (———, ———)，および睡眠時刻 (■, ▨) をそれぞれプロットした．中点2点法で求めたメラトニン最高値位相を各々▲，△で，直腸温最低値位相を▼，▽で示した．2回の測定間の位相差はフリーランニング周期を反映する．メラトニン，直腸温と睡眠との位相差は，フリーラン3日と10日目で異なり，睡眠位相がより後退している．

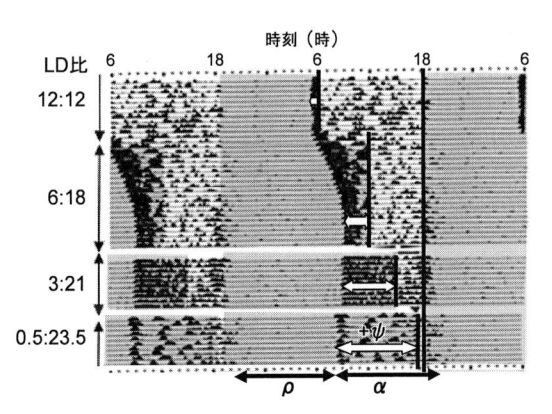

図6 LD比と α, ρ, ψ の関係（シマリス自発行動）
暗期開始を一定とし，T=24でLD比を，12：12から0.5：23.5まで変化させたときのシマリス自発行動リズムの変化．図中の縦線は明期開始と終了位相を，灰色部分は暗期を示す．明期が短縮するに伴い行動リズムのポジティブ ψ (⟺) が大きくなる．この例では，光による行動へのネガティブマスキングが観察される．

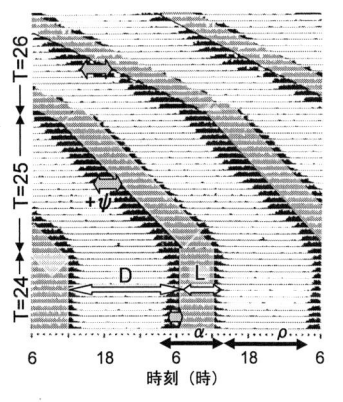

図7 Tサイクルと α, ρ, ψ の関係（シマリス自発行動）
明期を6時間に固定し，T=26（LD 6：20），T=25（LD 6：19），T=24（LD 6：18）と変化させたT実験におけるシマリス自発行動量をダブルプロットしたもの．活動期中の網掛け部分が明期．Tと ψ の間には正の相関がある．

13 フリーランとスプリッティング
―― Freerun and Splitting

1. フリーラン

概日リズムは，環境に明暗サイクルなどの同調因子がまったくない恒常条件（恒明条件や恒暗条件）下でも，途絶えることなく継続する．これを概日リズムのフリーランとよぶ．生物リズムが恒常条件でフリーランすることこそが，それが外因性ではなく，生物時計によって駆動される内因性であることの証拠となる．

恒常条件でのフリーランニングリズムの周期を τ（タウ）とよぶ．多くの場合 τ は24時間ちょうどではなく，24時間よりもわずかに短いか長い．このことがサーカディアン（おおよそ1日，概日）の語源となった．表1に示すように，τ の長さは生物種によって異なる[1]．たとえば，恒暗条件でのラットの τ は24時間よりも長いが，同じげっ歯類のマウスでは24時間よりも短いものが多く，ハムスターでは24時間に近い．ヒトでは24時間よりも長い．また近交系マウスの τ は，系統によって異なる．図1に，恒暗条件におけるC57BL/6J系マウスの輪回し行動リズムのフリーランを示す．この場合 τ は24時間よりも短い．

τ は，個体内でも恒明条件の照度によって変化する．照度が高くなると，夜行性動物では τ が長くなり，昼行性動物では τ が短くなる．これをアショフの法則（Aschoff's law）とよぶが，例外も多いので必ずしもこの法則に従うとは限らない．また，τ は記録する行動パラダイムによっても異なる[1]．恒暗条件でラットのフリーランニングリズムの τ は，輪回し行動で記録した場合ではケージ内移動行動（赤外線センサーなどによる）で記録した場合よりも短くなる．この現象から，活動性レベルが生物時計に影響するという，行動による概日振動体へのフィードバック調節が考えられている．

時計振動体分子機構の研究が発展するにつれて，τ を決定するメカニズムも明らかにされつつある．τ を決める原因としては，① 時計中枢である視交叉上核（SCN）の振動細胞間情報伝達動態，② 個々の振動細胞での時計遺伝子自己調節ループの長さなどが考えられる．ラットSCNの個々の細胞の電気的活動リズムを記録すると，その周期の細胞間ばらつきが分散培養系よりも組織培養系で小さい．また，Per や Cry などの時計遺伝子欠損マウスや Clock ミュータントマウスなどでは，恒暗条件での行動リズムの τ が野生型とは異なる．哺乳類で最初にリズム変異動物として発見された τ ミュータントハムスターは，ホモ型で異常に短い τ（約20時間）を行動リズムに示す．このハムスターの遺伝子解析から，リン酸化酵素のCKIε に変異があることが確かめられ，τ の決定には，時計蛋白の分解時間，リン酸化などにかかわる酵素活性時間の関与が考えられている[2]．また，"なぜ τ が24時間ちょうどではないのか？"というフリーランの生物学的意義を問う古くからの疑問については，同調因子の位相がシフトした場合の新しい位相へのリズム再同調のためなど，様々な適応的意義が考えられてはいるが明快な答えは得られていない．

2. スプリッティング

ハムスターを高照度の恒明条件に置くと，行動のフリーランニングリズムが途中で2つに分割する現象がみられる．これをリズムスプリッティング（リズム分割）とよぶ[3]．図2に，恒明条件でのハムスター

表1 げっ歯類動物の恒暗条件における行動のフリーランニングリズムの周期 (τ)[1]

動物	行動	照明条件	性	τ (h)	SD
ポリネシアラット (Polynesian rat)	移動	DD	♂♀	24.03	0.59
アルビノラット (albino rat)	輪回し	DD	♀	24.09	0.04(SE)
アルビノラット (albino rat)	移動	DD	♂	24.43	0.14
アルビノラット (albino rat)	輪回し	blind	♀	23.60	0.34
	移動	blind	♀	24.21	0.11
ゴールデンハムスター (golden hamster)	輪回し	0.005 lx		23.88	
	移動	0.005 lx		24.10	
ゴールデンハムスター (golden hamster)	輪回し	DD	♂	24.07	0.08
ゴールデンハムスター (golden hamster)	輪回し	blind	♂♀	24.32	0.053(SE)
ゴールデンハムスター (golden hamster)	輪回し	DD	♂	24.07	0.02(SE)
			♀	24.01	0.02(SE)
ゴールデンハムスター (golden hamster)	輪回し	DD	♂	24.01	0.018
	移動	DD	♂	24.05	0.005
ヤマネの一種 (fat dormouse)	輪回し	0.006 lx	♂♀	23.40	0.5
シロアシネズミ (white-footed mouse)	輪回し	DD	♂	24.01	0.09
シカネズミ (deermouse)	輪回し	DD	♂	23.50	0.15
ハツカネズミ (house-mouse)	輪回し	DD	♂	23.36	0.3
モモンガ (flying squirrel)	輪回し	DD	♂	23.84	0.23
			♀	23.72	0.24
シマリス (chipmunk)	輪回し	DD		24.82	0.68
ジリスの一種 (antelope ground squirrel)	輪回し	0.1～100 lx		24.31	0.23

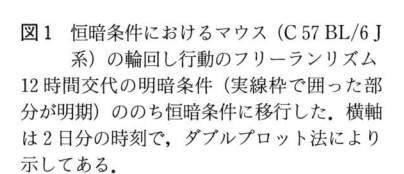

DD：恒暗条件，blind：眼球摘出，輪回し：輪回し行動，移動：飼育ケージ内移動行動，SD：標準偏差，SE：標準誤差．

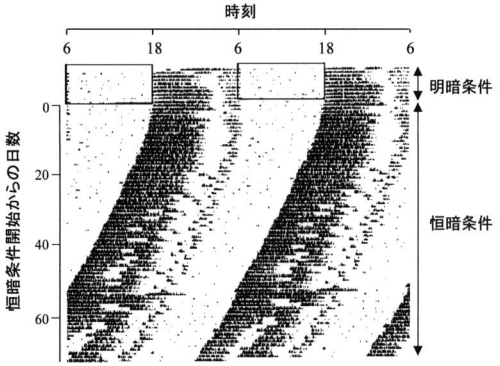

図1 恒暗条件におけるマウス（C 57 BL/6 J系）の輪回し行動のフリーランリズム 12時間交代の明暗条件（実線枠で囲った部分が明期）ののち恒暗条件に移行した．横軸は2日分の時刻で，ダブルプロット法により示してある．

輪回し行動リズムのスプリッティングを示す．恒明条件に移行後，24時間よりも長いτでフリーランするが，途中で活動期の一部が分岐し，以後は分割した2つの活動期が180度の位相角差でフリーランすることがわかる．2つの活動期をそれぞれEvening (E) コンポーネント，Morning (M) コンポーネントとよぶ．

スプリットしていないときの行動リズムは，EコンポーネントとMコンポーネントが結合または重合することで1つの活動期を形成し，それがフリーランすると考える．つまり，スプリットしていないときは，Eコンポーネントは活動期前半部分(活動期開始位相)を構成し，Mコンポーネントは活動期後半部分(活動期終了位相)を構成する．ハムスターでは，恒明条件下に長くおくと，τが次第にEコンポーネントで長くMコンポーネントで短くなり，両者がさらに結合・重合し，やがて交差して離れたのち，位相角差180度(約12時間)になると，同じτでフリーランすると考えられている(図3A，ただしEとMが実際に交差することを示すデータはない)．2つのコンポーネントは，その後再び結合する場合もある(図3B)．

スプリッティングは，ハムスターの場合，恒明条件に移行してすぐには起こらず約50～100日後に起こる．また，スプリッティング後のτは，スプリッティング前のτよりも短くなることが多い．スプリッティングは，体温リズムやホルモン(黄体刺激ホルモンLHの排卵性分泌)リズムでもみられる．また，視交叉上核の電気的活動リズムでも，行動リズムと対応するスプリッティングパターンがみられる．スプリッティングを起こす刺激や条件については，様々なホルモン投与実験などが行われたが，ハムスターの場合，高照度の恒明条件への長期暴露のみが誘因である．また，スプリッティングは，哺乳類ではハムスターのほかにツパイ，トガリネズミ，リス，ラットや近交系マウスの特定の系統でもみられ，昆虫類，鳥類など他の動物種でもみられる[3]．

スプリッティングは，概日時計がEコンポーネントとMコンポーネントを個別に支配する2つの振動体(E振動体とM振動体)により構成されることを示している(生物時計E/M振動体説)．スプリッティングしていないときは，E振動体とM振動体はカップリング(振動共役)することにより行動上に1つのリズムを表すが，ハムスターの場合のように恒明条件などにおかれると，E振動体とM振動体は解離し，それぞれが制御するリズムを行動に表すことにより，スプリッティングが起こると考えられている．E/M振動体とSCNおよび時計遺伝子については別項を参照されたい． 　　　　(安倍　博)

文　献
1) 本間研一他：生体リズムの研究，北海道大学図書刊行会，1989．
2) Lowrey, P. L. et al.: Science, 288, 483-492, 2000.
3) Pittendrigh, C. S. and Daan, S.: J. Comp. Physiol., 106, 333-355, 1976.
4) Earnest, D. J. and Turek, F. W.: J. Comp. Physiol., 145, 405-411, 1982.

13 フリーランとスプリッティング

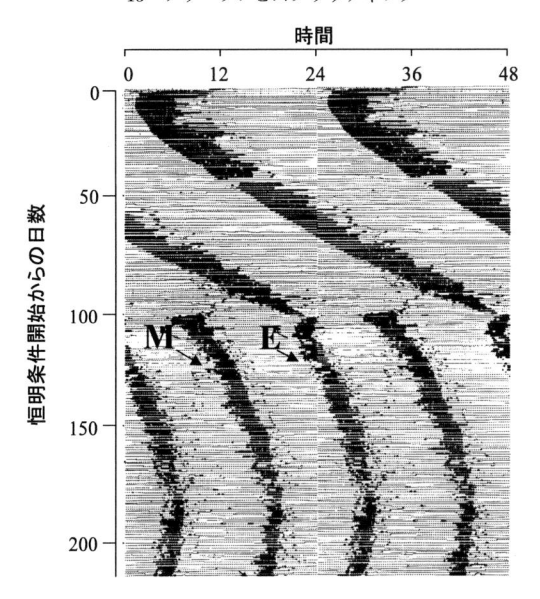

図2 恒明条件におけるゴールデンハムスターの輪回し行動のフリーランニングリズムのスプリッティング（Earnest, 1982[4]）より改変）
横軸は48時間の時間軸で，ダブルプロット法により示してある．M：Morningコンポーネント，E：Eveningコンポーネント．

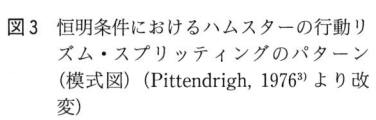

図3 恒明条件におけるハムスターの行動リズム・スプリッティングのパターン（模式図）（Pittendrigh, 1976[3]）より改変）
図の灰色部分が行動リズムの活動期を示す．ダブルプロット法により示してある．M：Morningコンポーネント，E：Eveningコンポーネント．A：スプリッティングしたのち位相角差180度でフリーランするパターン．B：スプリッティングしたのち再結合するパターン．

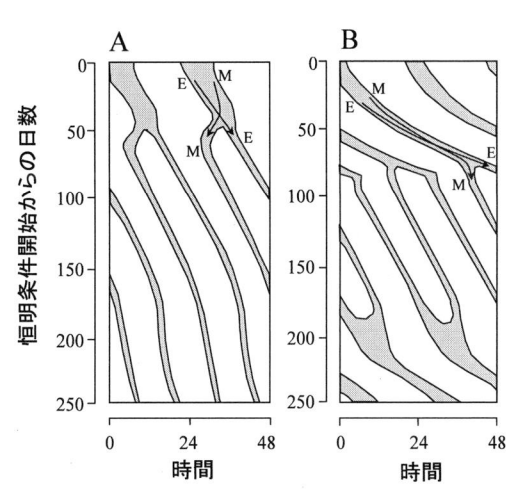

14 マスキング —— Masking

　概日リズムは，生物内外の様々な外的要因により攪乱を受ける．リズムの振動体自体は影響を受けていないが，観察される出力としての振動が修飾されたり，覆い隠されている状態を「マスキング」とよぶ[1]．同調 (entrainment) とは区別される．「マスキング」という言葉からはリズムが抑制されている場合（負のマスキング）が思い浮かぶが，振幅が亢進されたり活動性などの生理現象が引き起こされるなど正のマスキングもある．マスキングによるリズムの変動は，刺激が与えられている間だけ継続するが，一過的に起こる場合もある．また，活動リズム以外の変動，たとえば，睡眠覚醒，体温，血中メラトニン濃度リズムを測定した場合にだけ観察されることがある．

　実験者が測定する何らかの生物のリズムは，マスキングの効果を含んでいる場合があるのでその解釈には常に注意が必要である．しかし，マスキングの関与を評価するには容易でないことがある．そのため，異なる位相で環境因子の変化を与えて，位相角を調べるなど，フリーラン（自由継続）状態から環境因子を与え移行期の存在をみるなどの手順が考えられる．リズムを測定する場合与えられる環境因子は，実験室内での単なる光の点滅であることが多い．しかし，自然状態では光の強さは不規則に変動し，さらに他の環境要因も変動している状態にある．マスキングは生物が環境の一時的あるいは季節変動のような経時的な変化に対してすばやく，適応的に行動するために備わっているメカニズムであると考えられる．

　マスキングは恒常条件下でも生じる．活動リズムのパターンは恒常条件でも照度や温度に依存してしばしば大きく異なる．たとえば，ゴキブリの一種 (*Leucophaea maderae*) では，恒暗条件下では主観的夜の活動ピークに加えてまれに主観的夜明けにも小さなピークを示すが，恒明条件下では夜明けのピークが強くなる．

　マスキングには，上述のような環境因子によって生ずる外的マスキングのほかに，動物体内で生じる内的マスキングも知られている．コオロギの一種 (*Gryllus bimaculatus*) は，幼虫は昼行性であるが，成虫では夜行性に逆転する．しかし，時計そのものの位相は温度に依存した変化を示さない．また，カマドコオロギ (*Gryllodes sigillatus*) では左右の概日時間の脱同調が生じた場合，活動が生じるのは左右の時計が同位相になるときのみで，強いビートが現れる．これは概日時計が主観的昼に活動を強く抑制するためである．このような概日時計の出力レベルでの内的制御でマスキングが生じる例は哺乳類の活動リズムでも知られている．

　マスキングを引き起こす分子機構は明らかになっていないが，光などの環境因により引き起こされた神経活動，あるいはそれに伴う遺伝子発現がかかわっていると考えられる．しかし，それらの振動も時計遺伝子の支配下にあるといった複雑なネットワークの存在があると思われる．　（谷村禎一）

文献

1) Ashoff, J.: *Cold Spring Harb. Symp. Quant. Biol.*, 25, 11-28, 1960.
2) Page, T. L.: *Chronobiol. Int.*, 6, 3-11, 1989.
3) Mrosovsky, N.: *Chronobiol. Int.*, 16, 415-429, 1999.

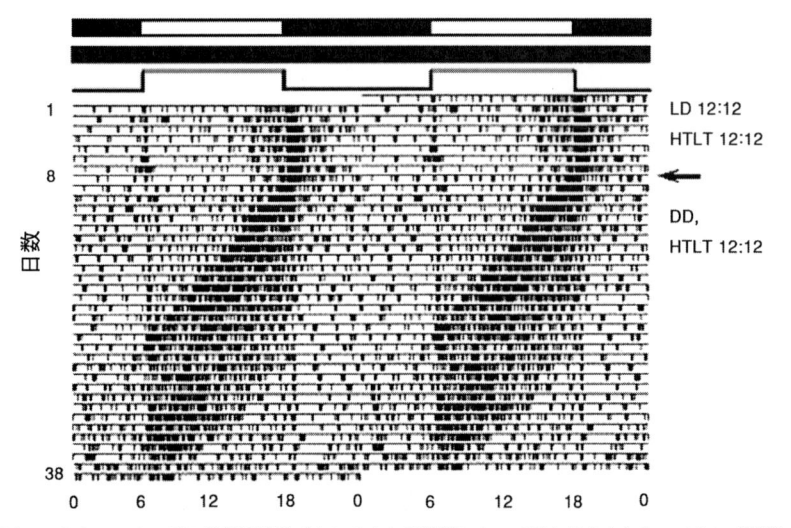

図1 フタホシコオロギの歩行活動リズムにみられる温度によって引き起こされたマスキング効果
最初の8日間は，明暗12：12時間と同じ位相で27℃と23℃（HTLT 12：12）の温度サイクル下に置かれ，その後，恒暗条件下で温度サイクルだけがある条件に置かれた．恒暗条件下では，低温期において活動が抑制され，これは温度サイクルによって引き起こされたマスキングであると考えられる（データ提供：岡山大学・富岡憲治）．

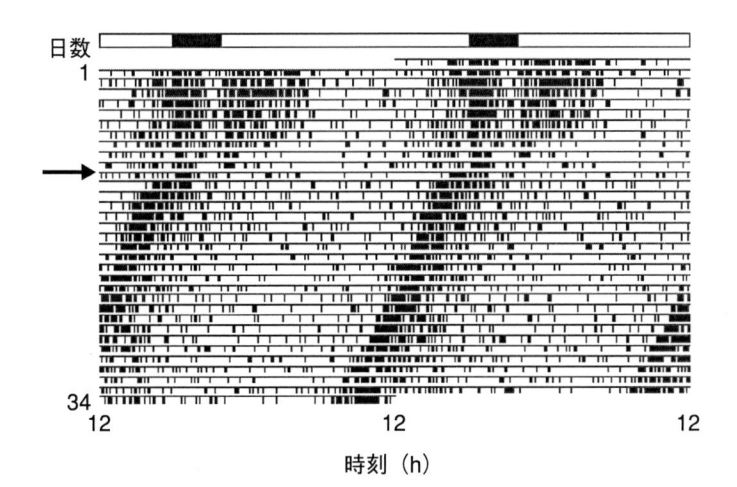

図2 フタホシコオロギ雄の歩行活動リズムにみられるマスキング効果
最初の10日間このコオロギは明暗20：4，25℃の下に置かれ，その後恒暗条件下に置かれた．恒暗に移行後は暗期の活動のみが継続し，明期はじめの活動は消失する．明期開始直後に現れる強い活動ピークは，光による正のマスキング効果であることがわかる（データ提供：岡山大学・富岡憲治）．

15 位相反応曲線
—— Phase Response Curve, PRC

　同調因子を作用させたリズム位相（CT）を横軸に，その後のリズム位相変位量（$\Delta\phi$）を縦軸にプロットしたものを位相反応曲線（PRC）とよぶ．その際，位相前進変位を＋で，位相後退変位を－で表示する．生物時計の位相反応は単純な刺激応答とは異なり，同調因子が作用する位相によって，変位の大きさと方向が異なる．PRCにより，概日リズムのノンパラメトリック同調のほとんどすべてが説明できる．数種あるPRC作成方法のなかで（図1），I法が基本的な方法である．恒常条件下でフリーランしている個体に，光，暗黒，運動，温度変化などの同調因子やその候補因子を外乱としてパルス状に加え，その後のリズム変位を解析する（図2）．組織や細胞に，同調因子の体内，細胞内伝達物質の候補物質を作用させ，PRCの形から同調因子を同定することもできる．II法は同調条件から恒常条件への移行期（フリーラン開始数日以内）にパルスを与える方法であり，内因性リズム測定が不要であるため，長期測定が困難な系(ヒトのリズムなど)や1個体から連続測定ができない系（mRNA量，組織蛋白量など）でしばしば用いられる．PRC作成のための外乱は短時間で作用させる必要があり，長時間作用ではパラメトリック同調因子が混入する．位相反応は，パルス強度や持続時間の増大に比例して一定範囲内で増大する（図2C,D）．PRCには，1回のパルスで位相変位が±180度に及ぶ0型PRCと，数時間以内の1型PRCがある．プロット方法を変え，横軸に与えたパルスの投与前リズムにおける位相を，縦軸に投与後リズムにおける位相をプロットしたものを位相移行曲線（phase transition curve：PTC）とよび（図2D），PTCの傾きが0か1かでPRCの型を分けることができる．0型PRCをもつ系では，リズムがどの位相にあっても1回のパルスで同調が可能である．また，個々の振動体が0型PRCをもつ多振動体では，脱同調により表現リズムが無周期であっても，1回のパルスでリズムが表現される．

　すべての生物にとって，最も強力な同調因子は光であり，光に対するPRCは，単細胞からヒトまで，主観的暗期の前半の光が位相後退を，後半の光が位相前進を来たす点で一致している（図2）．主観的明期の光パルスは，一般に位相変位を生じない（dead zone）．生物時計の位相反応は，ダブルパルス実験から1サイクル以内に完了すると考えられるが，行動リズムなどの表現型リズムでは，光照射後数日～1週間程度，周期が一定しない移行期（transient period）が観察される（図2A）．移行期は，中枢時計と末梢時計間の位相変位の差により生じると考えられ，その長さは，位相前進変位と後退変位で，また活動開始位相と終了位相で異なる．同調因子の周期（T）とフリーランニング周期（τ）の差（$\Delta\psi$）を補正する位相に光を受けることで，同調が生じる（$T=\tau-\Delta\psi$）．完全光周期では，1周期内の2回の照度変化(明→暗，暗→明)の双方で位相調節がなされる．PRCの大きさとリズム振幅には逆相関があり，リズム振幅が低いほど大きな位相変位を生じる．このため，一般に，加齢個体は若年個体より，長期フリーランはフリーラン初期より位相反応が大きい．　（本間さと）

文　献
1) Aschoff, J. ed : *Handbook of Behavioral Neurobiology, Vol. 4. Biological Rhythms*, Plenum, 1981.

15 位相反応曲線

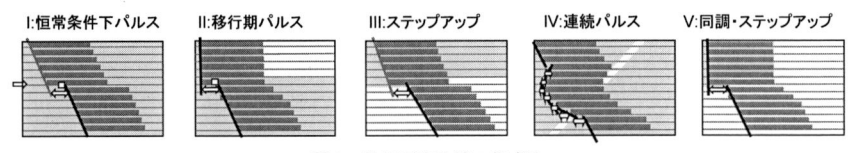

図1 位相反応曲線の作成法
I：恒常条件下でフリーラン中に単一パルスを加える，II：同調からフリーランへの移行数日以内に単一パルスを加える，III：恒暗から恒明へのステップアップ法（または，その逆，ステップダウン法），IV：連続的パルスで，前後の位相変位を毎日測定する方法，V：同調から恒常条件へ，様々な位相から移行する方法．行動図は，夜行性げっ歯類の行動リズムの場合を模式化したもので，白が明期で，網掛け部分が暗期を示す．図左側の⇒はパルス日を，図中の線は活動開始位相より求めた回帰直線．図中の⇔は，位相変位量（Δφ）を示す．

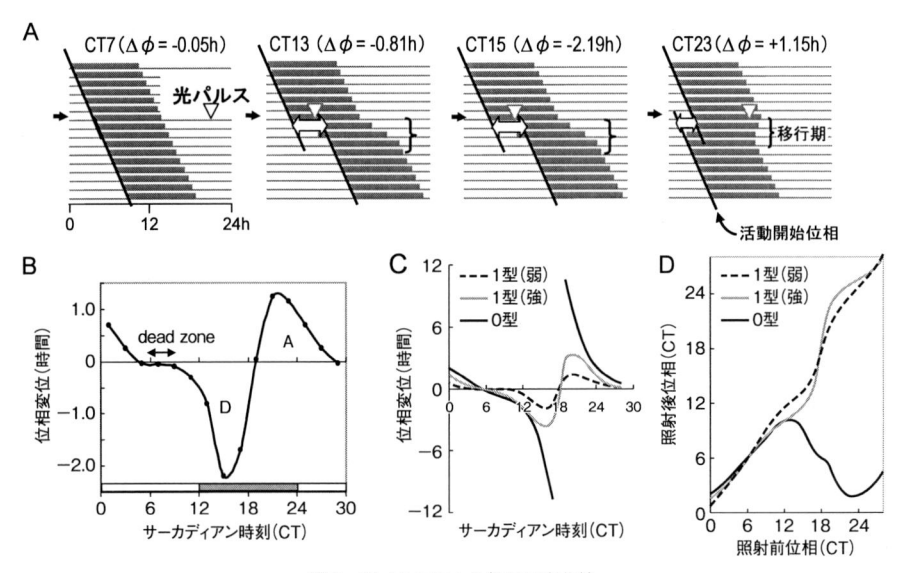

図2 光パルスによる位相反応曲線
A：図1のI法による，夜行性げっ歯類行動リズムの光に対する位相反応曲線作成方法．光パルス照射日の活動開始（主観的暗期開始）位相をCT 12として光パルス照射位相を決定し，照射前後のフリーランニングリズムの位相差（⇔）を，2本の回帰直線を照射翌日に外挿することにより算出する．B：Aのデータをプロットして描いたPRC．横軸上の白線は主観的明期（CT 0-12），黒線は主観的暗期（CT 12-0）を示す．C：位相前進相，D：位相後退相．この図は移行期後の安定したフリーランニングリズム位相を用いた定常期（steady state）PRC．パルス翌日の位相変位を用いた移行期（immediate）PRCは振幅が低く，活動開始位相を指標とした場合と終了位相を指標とした場合でPRCの形が異なる．C：0型と，弱・強の二段階のパルスに対する1型PRC．0型PRCはCT 18付近に不連続点（break point）をもち，1型PRCは連続した曲線で，CT 18付近で位相後退相から前進相への移行点（cross over point）をもつ．1型PRCでは同じ位相変位を生じる位相が2カ所あるが，通常PRCの傾きが緩やかな（移行点から離れた）位相でリズム同調が行われる．PRCの大きさからリズム同調範囲を推定することができる（この例では，τ−1.15～τ+2.19時間）．D：Cのデータを PTC で表示．

2）本間研一他：生体リズムの研究，北海道大学図書刊行会，1986．
3）Dunlap, J. C. et al.: *Chronobiology ; Biological Timekeeping*, Sinauer, 2004.

16 温度補償性
—— Temperature Compensation

　概日リズムの特徴として最も注目すべき性質の1つが温度補償性である．多くの生体内活動や生化学反応は周囲の温度に依存してその反応速度が変化するが，概日リズムはある一定の温度範囲においてその周期長がほぼ一定に保たれている．このような温度変化による影響を補償して生体内活動の速度を一定に保つ性質を温度補償性とよぶ（図1）．

　生物時計が正確な内因性リズムを刻むためには，外界の環境条件に左右されない計時能が必要である．地球上では季節や場所によって外気温が大きく異なるため，温度条件によらず外界の24時間周期の昼夜環境に同調しておくことは，生物にとって非常に重要である．そのため，温度補償性は安定した概日リズムの形成に必要不可欠な性質であると考えられる[1]．

　概日リズムの温度補償性を示す指標としては温度係数 Q_{10} がよく用いられる（図2）．Q_{10} は温度変化に伴う反応速度の変化を表す値で，温度を10℃変化させたときの反応速度の比を表している．温度に依存する多くの生化学反応や細胞周期などの生体内活動の Q_{10} 値はおおよそ2〜3の値をとることが多いが，概日リズムの Q_{10} はほぼ1に近い値をとる．

　概日リズムが温度補償性を備えていることは，1954年にPittendrighによって報告されたショウジョウバエの羽化リズムの研究で明らかにされ，その後哺乳類を含む様々な生物種においても概日リズムの温度補償性が観察されてきた．概日リズムの周期長は，時計遺伝子の転写速度や翻訳速度，時計遺伝子産物の分解速度やリン酸化による修飾，核移行のタイミングなど，様々な要素によって規定されていると考えられているが，温度補償性の詳細なメカニズムは不明である．一般に，酵素反応や蛋白質相互作用などの個々の反応は温度依存的であるため，系全体として温度補償されるような機構になっていると考えられるが，生物種によってリズム生成機構およびその構成因子が異なるため，温度補償機構も共通ではない可能性がある．

　アカパンカビやショウジョウバエでは，周囲の温度条件によって1つの遺伝子から異なる転写産物が生み出されることが，温度補償性の達成に重要であると報告されている．また，哺乳類でも tau 変異が温度補償性に影響するという報告がある．注目すべきは，シアノバクテリアの時計遺伝子であるKaiCのリン酸化リズムが，無細胞系でも温度補償性を示したことである．KaiCリン酸化リズムは系を構成する要素が比較的少ないため，詳細なメカニズムの解明に適した系である．

　また，温度補償性のように複数の要素が影響しあう機構の解明には，個々の反応をパラメータ化し，系全体を数理モデルで表し解析する手法が有効であり，現在までにも様々なモデルが提唱されている[2]．

　以上のように，概日リズムの温度補償性は最近ようやくその分子的基盤が解明され始め，今後の研究で飛躍的に理解が進むことが期待されるテーマの1つである．

〔土谷佳樹・西田栄介〕

文献

1) Johnson, C. H. *et al.* : *Chronobiology : Biological Timekeeping* (Dunlap, J. C. *et al.* ed.), pp.66-105, Sinauer, 2003.
2) Kurosawa, G. and Iwasa, Y. : *J. Theor. Biol.*, 233, 453-468, 2005.

16 温度補償性

温度補償性あり / **温度補償性なし**

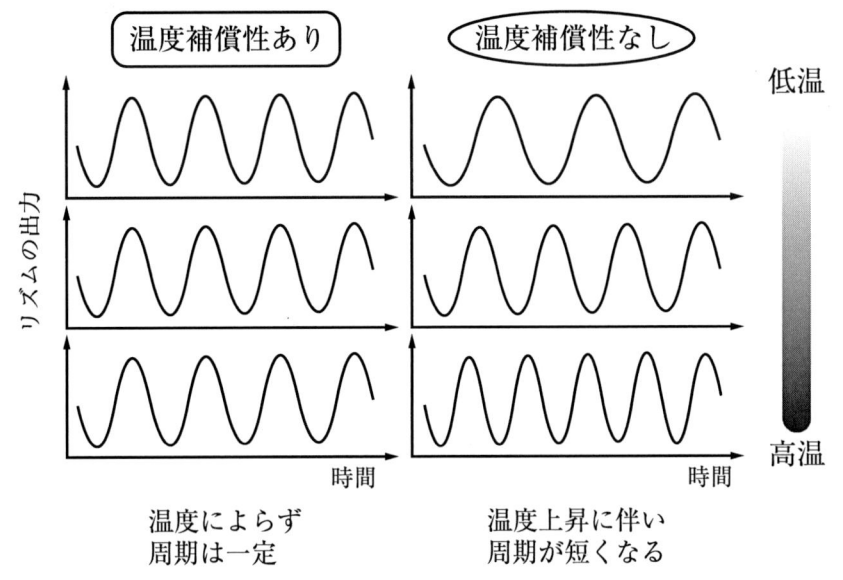

低温 ─ 高温

時間

温度によらず
周期は一定

温度上昇に伴い
周期が短くなる

図1　概日リズムの温度補償性の概念

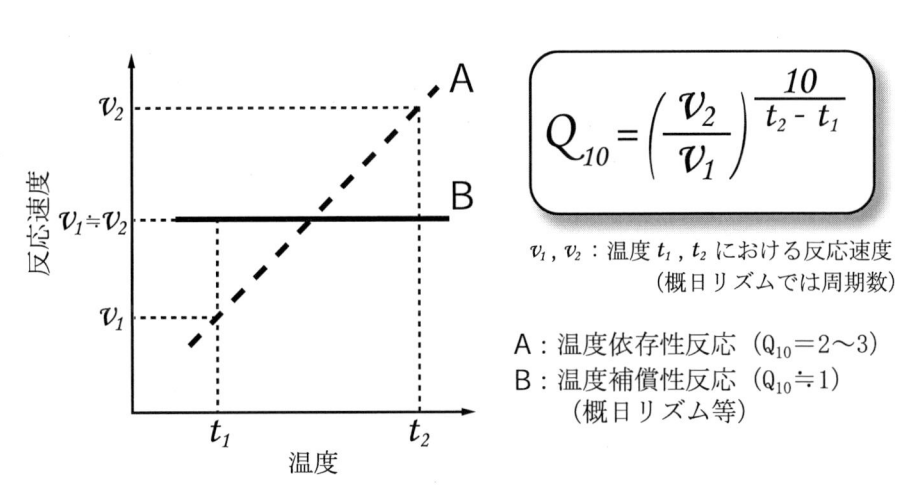

$$Q_{10} = \left(\frac{v_2}{v_1}\right)^{\frac{10}{t_2 - t_1}}$$

v_1, v_2：温度 t_1, t_2 における反応速度
　　　　（概日リズムでは周期数）

A：温度依存性反応（$Q_{10}=2〜3$）
B：温度補償性反応（$Q_{10}≒1$）
　　（概日リズム等）

図2　温度と反応速度の関係および温度係数 Q_{10}

17 アショフの法則

―― Aschoff's Rule

　動物が示す多くの内因性リズムは明暗条件から恒明，あるいは恒暗条件に移しても維持され，フリーランニングリズムを示すが，恒暗下と恒明下ではそのリズムの周期に違いが現れる．1939年Johnsonはシロアシマウス（Peromyscus）を連続照明下に飼育したとき，自発行動リズムの周期が連続照明の照度によって変化することを示した．さらに，1958年にAschoffは多くの動物で，恒常条件下でのフリーランニングリズムの周期（τ）と連続照明の照度との間に一定の関係があることを示した．これによると明期活動型の昼行性動物では恒暗下でのリズムの周期は24時間よりも長く，連続明下に置くと周期が短くなり，その照度を上げると周期はさらに短くなった．一方，暗期活動型の夜行性動物では，逆に恒暗下でのリズムの周期は24時間より短く，連続明下に置くと周期が長くなり，その照度を上げると周期はさらに長くなった．たとえば，夜行性のハツカネズミ（Mus musculus）の行動リズムでは恒暗下での周期は約23.5時間であるが，恒明下では照度に依存して長くなり，100ルックスでは約26.5時間にもなる．このようなフリーランニングリズムの周期と恒明下の照度との関係をアショフの法則という[4]．

　鳥類や哺乳類では毎日のサイクルにおける活動期（α）と活動休止期（ρ）の比率（α/ρ）と1サイクル当たりの活動の全量は，昼行性動物では光の照度が増すにつれて増加し，夜行性動物では逆に減少する．このように恒明の照度と，τ，α/ρ，および活動全量が昼行性動物では正に相関し，夜行性動物では負に相関することを含めて

（つまりアショフの法則を拡大したものを）概日法則（circadian rule）とよんでいる．アショフの法則は魚類，爬虫類，鳥類，哺乳類などの脊椎動物のみならずゴキブリなどの昆虫にも広くあてはまるが，例外もまた認められている．たとえば昆虫では*Aedes aegypti*蚊の飛翔リズムやカゲロウの一種である*Myrmeleon obscurus*のわなづくりリズムなどはアショフの法則と逆になる．脊椎動物では霊長類などでは多くの例外が認められている．

　哺乳類では連続明下でも光の受容に自己調節が可能であり，1つは眼瞼の開閉による調節，あるいは餌箱の下などの遮光部位への移動などによる調節である．このような哺乳動物での自己調節がアショフの法則を混乱させる原因にもなる．つまり連続照明のフリーランニング周期に及ぼす効果を上記の自己調節によりある程度修飾できる可能性がある．事実，飼育ケージ内に自らが遮光できる巣穴のような空間があると，恒明によるフリーランニング周期が延長するという．また恒明下でフリーランニングリズムを示すラットの眼瞼を切除（透明カプセルを被せる）すると周期が変化する．

（村上　昇）

文　献

1) Jhonson, M. S. : *J. Exp/. Zool.*, 82, 315-328, 1939.
2) Aschoff, J. : *Tierpsychol.*, 15, 1-30, 1958.
3) Aschoff, J. : *Cold Spring Harb. Symp. Quant. Biol.*, 25, 11-26, 1960.
4) Pittendrigh, C. S. : *Cold Spring Harb. Symp. Quant. Biol.*, 25, 159-182, 1960.
5) 本間研一他編：生体リズムの研究，北海道大学図書刊行会，p.40, 1989.

17 アショフの法則

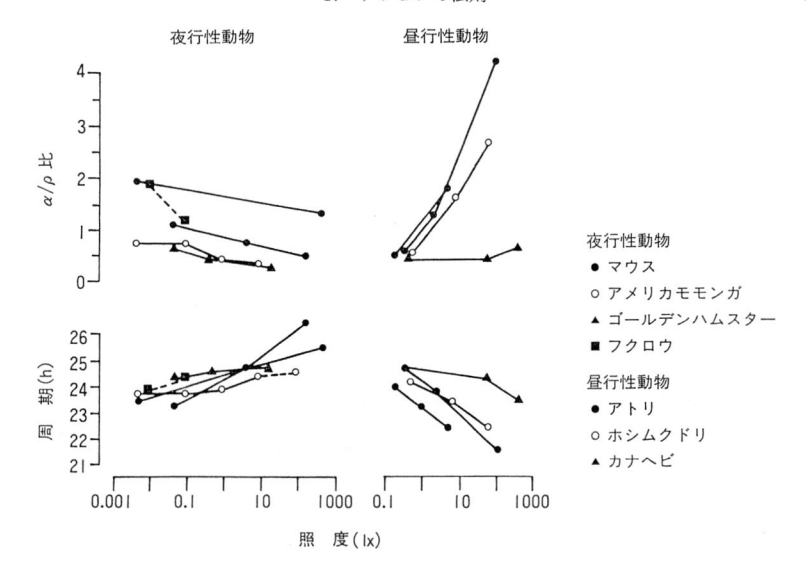

図1 恒明におけるフリーランニング周期と照度との関係，および活動期（α）と活動休止期（ρ）の比率と照度との関係（Aschoff, 1963 を本間らにより改変）[5]
昼行性動物では照度が上がると周期は短くなり，α/ρ が増加する（右図）．夜行性ではその逆になる（左図）．

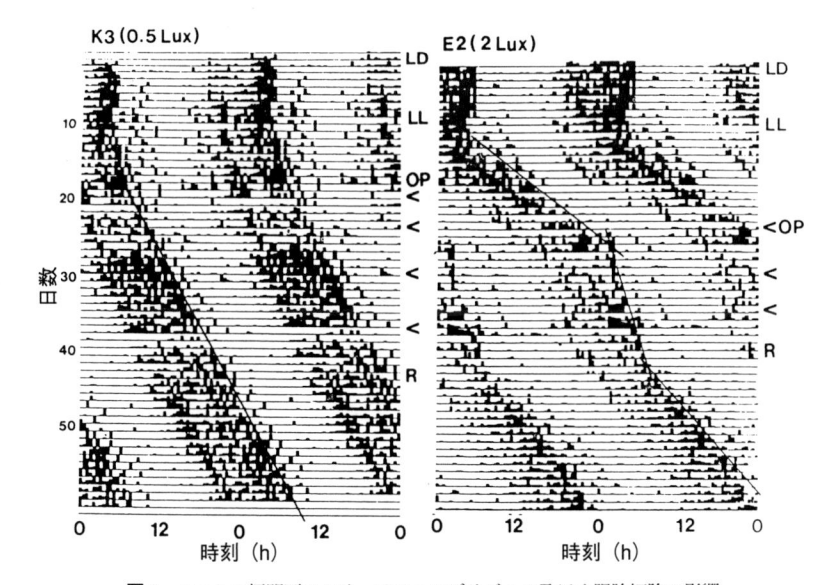

図2 ラットの恒明下のフリーランニングリズムに及ぼす眼瞼切除の影響
左は明暗から恒明（0.5ルックス）でのリズム，右は明暗から恒明（2ルックス）でのリズムを示す．2ルックスのほうが周期は長い．このとき，眼瞼切除を行う（OP）とリズムの周期が変化する．眼瞼が再生すると（R）またもとのリズムの周期になっていく．

18 履歴効果

—— After-Effects

夜行性げっ歯類をある光条件から恒暗条件 (DD) に移した場合，安定したフリーランニング周期 (τ) を得るまでにはかなりの日数を要することがある．これは DD に移される前の光の影響がある一定期間残存し，DD に移された後の τ に影響を与えることにより起こる現象で，履歴効果 (after-effects) とよばれている．履歴効果は 1960 年，Pittendrigh により提唱され[1]，3 種類の前処置により発現する．1 つ目は明暗サイクル (T)，2 つ目は光パルス，3 つ目は恒明条件 (LL) の前処理により発現する．

図 1 は，24 時間の明暗サイクル T から恒暗 DD に移したシロアシネズミの行動リズムにみられた履歴効果である．フリーランニング周期 τ は DD に移された最初の 20〜30 サイクルで大きく変化し，その後定常状態に達するが，個体によっては 60 サイクルを超えても τ が変化している[2]．同様の現象はヒトでも報告されており[3]，1 日 24 時間で生活していた被験者を時間の手がかりのない隔離実験室にて生活させると，τ は隔離初期には 24.6 時間と短いが，徐々に延長し最終的には 25.2 時間となる（図 2）．履歴効果は，T が 24 時間とは異なっているときに顕著に出現し，T が長ければ初期の τ は長く，T が短ければ初期の τ は短い[2]．この影響が消失して本来の τ に戻るには 100 日以上かかる場合もある（図 3）．同じ 24 時間周期の T でも明期と暗期の比（LD 比）が異なると履歴効果が異なり，シロアシネズミでは明期が長いほど τ は短くなる．

恒暗条件 DD でフリーランしている行動リズムに短時間の光パルスを与えると，フリーランニングリズムに位相変化が起こる[1]．光パルスによってリズム位相が変化するときにも履歴効果が現れる．リズム位相が前進する場合は，τ は短縮し，位相が後退する場合は τ が延長する（図 4）．この履歴効果は，DD でフリーランしていた行動リズムが一度明暗サイクル T に同調し，その後，再び恒暗条件でフリーランする際にも認められる[2]．リズム位相が前進して同調した場合は，τ は短縮し，リズム位相が後退して同調した場合には τ が延長する．

履歴効果は，恒明条件 LL で飼育され，恒暗条件 DD に移されたときにも認められ[1]，その効果の大きさは LL の照度に依存する．履歴効果は動物種によって異なるが，同じ動物種では履歴効果の方向性は共通しており，振動体構造の解明にとくに重要である．2005 年には，LL で飼育され行動リズムが無周期性やスプリットしている個体では，視交叉上核 (SCN) の個々の細胞の時計遺伝子 (*Per1*) の発現リズムは，無周期性の場合その位相はばらばらで，スプリットしている場合は 2 群に分かれると報告され，履歴効果は SCN を構成する個々の細胞間のカップリングの変化で説明されている．　　　　　　（遠藤拓郎）

文献

1) Pittendrigh, C. S. : *Cold Spring Harb. Symp. Quant. Biol.*, 25, 159-184, 1960.
2) Pittendrigh, C. S. and Daan, S. : *J. Comp. Physiol.*, 106, 223-252, 1976.
3) Endo, T. et al. : *Jpn. J. Physiol.*, 49, 425-430, 1999.

18 履歴効果

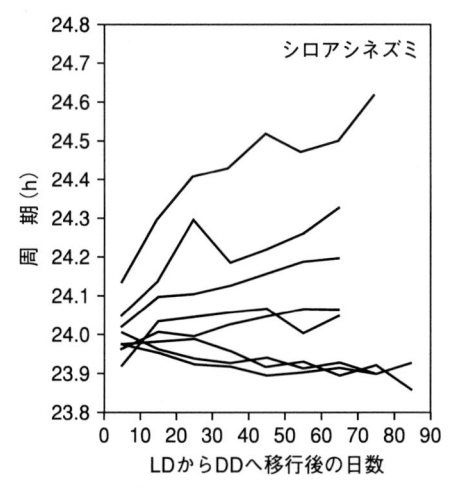

図1 24時間の明暗サイクル T から恒暗 (DD) に移したシロアシネズミのフリーランニング周期 τ の変化[2]

τ は DD に移された最初の 20〜30 サイクルで大きく変化し、その後定常状態に達するが、個体によっては 60 サイクルを超えても τ が変化している。

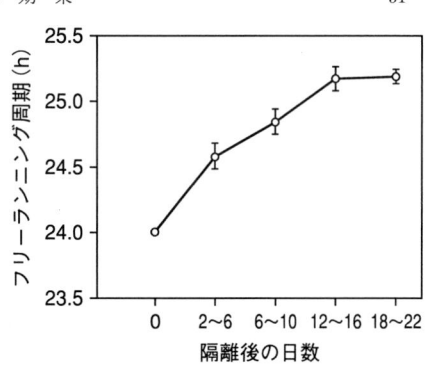

図2 1日24時間で生活していたヒトのフリーランニング周期 τ の変化[3]

被験者を時間の手がかりのない隔離実験室にて生活させると、τ は隔離初期には 24.6 時間で最終的には 25.2 時間となる。

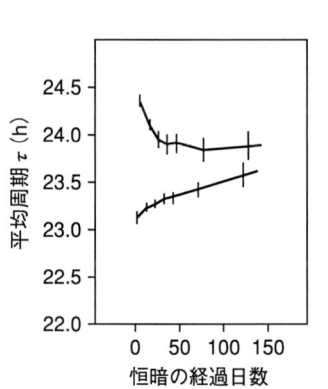

図3 明暗サイクル T＝28 時間（上）と T＝20 時間（下）で飼育したマウスを恒暗 (DD) に移したときの平均フリーラン周期 τ の変化[2]

T が長ければ初期の τ は長く、T が短ければ初期の τ は短く、両群の τ に差がなくなるには 100 日以上もかかる。

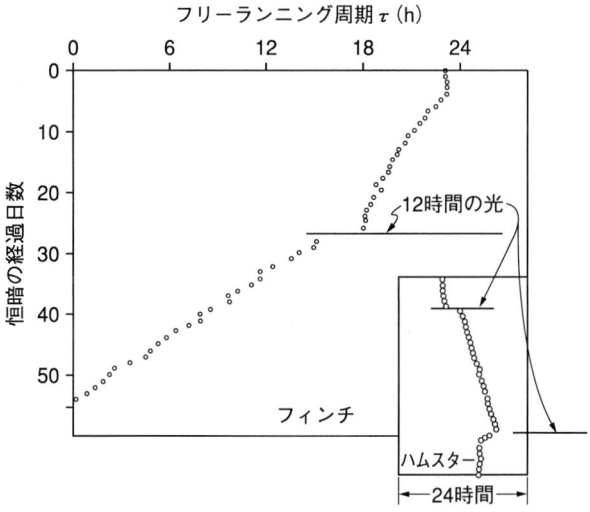

図4 光パルスがフリーランニング周期 τ に与える影響[1]

恒暗 (DD) でフリーランしているフィンチとハムスターに 12 時間の光パルスを与えると、活動開始位相が変化するとともに τ が変化する。リズム位相が前進する場合は、τ は短縮し、位相が後退する場合は τ が延長する。

19 光周性

—— Photoperiodism

　光周性とは，生物が1日のうちの明るい時間もしくは暗い時間の長さに反応する性質である．最初にタバコの花芽形成を調節する光周性が発見されたが，現在では様々な生物の様々な性質が光周性によって調節されていることが明らかになっている．これまでに，少なくとも脊椎動物，節足動物，軟体動物，被子植物，裸子植物，コケ植物，緑藻植物，渦鞭毛植物において光周性が報告されている．

　横軸に明期の長さ，縦軸に個体の割合（休眠率など），あるいはある事象が起こるまでの時間（花芽形成までの時間など）を示した曲線を光周反応曲線とよぶ．図1に示すように，ホソヘリカメムシは長日では生殖を行い，短日では生殖機能を抑制した成虫休眠に入る．光周性における境界の日長を，臨界日長（critical daylength）とよぶ．種によっては，日長が極端に短い条件や全暗条件が，長日と同じ効果をもつことがあり，その場合臨界日長は2つ存在する．そのうち，実際に自然界でみられる日長範囲のものを生態的臨界日長とよび，図1の場合には約13.5時間で，生態学的に意味があるのはこの値である．

　多くの生物は，光周性を使って季節の変動に対応している．その理由として，日長は地球の公転に伴い規則的に変化し，年による違いがまったくないこと，さらに，日長の変化のほうが，気温など他の環境要因の変化に先だってみられることがあげられる．

　光周性を示すためには，光受容器，光周時計（日長を測定する測時機構とその情報を貯えておく計数機構），および出力となる内分泌系の3つの仕組みが必要である（図2）．1936年に，Bünningによって，「環境の光周期に同調した概日時計が決まった位相を示すときに明るいかどうかによって，短日か長日かが判定される」という考え（図3）が提唱され，その後の複雑な光周期を与えて反応を調べる実験から，現在では，一般に光周性には概日時計が関係していることが明らかになっている．

　哺乳類では，光情報は眼の網膜によって受容され，視交叉上核にある概日時計を経由して松果体に伝えられ，松果体におけるメラトニンの合成と分泌を制御する．血液中のメラトニンの濃度は下垂体隆起部において検出され，日長が識別される．鳥類では，脳深部の光受容器が関与することが示されている．ウズラでは，日長の識別は視床下部において行われており，長日刺激によってチロキシンをトリヨードチロニンに変換する酵素が活性化され，生殖腺の発達をもたらすことが明らかになった[1]．昆虫では，複眼によって光が受容されるものと，脳によって受容されるものがあるが[2]，活動などのリズムを調節している脳の概日時計が光周性に関与するかどうかは明らかではない．高等植物では，葉が主な光受容部位であり，光はフィトクロムとクリプトクロムという色素によって受容されている．最近，葉でつくられたFT蛋白質が，茎頂分裂組織に運ばれて花芽を分化させることが示された[3,4]．　　　　　　（沼田英治）

文　献

1) Yoshimura, T. et al.: Nature, **426**, 178-181, 2003.
2) Numata, H. et al.: Zool. Sci., **14**, 187-197, 1997.
3) Corbesier, L. et al.: Science, **316**, 1030-1033, 2007.
4) Tamaki, T. et al.: Science, **316**, 1033-1036, 2007.
5) Kobayashi, S. and Numata, H.: Zool. Sci., **10**, 983-990, 1993.

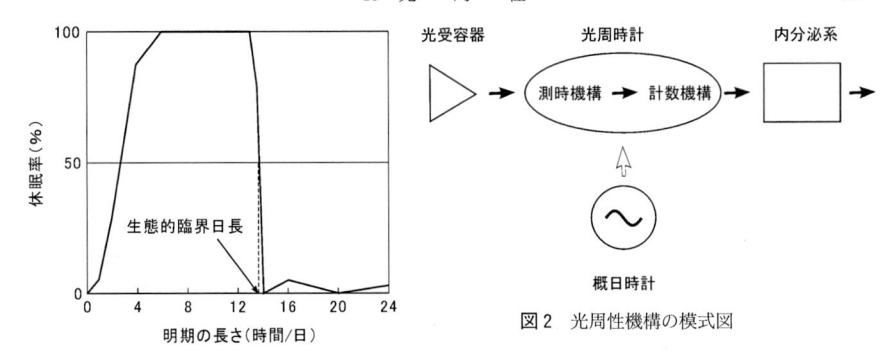

図1 ホソヘリカメムシの成虫休眠誘導の光周反応曲線（Kobayashi and Numata, 1993[5]）より改変）

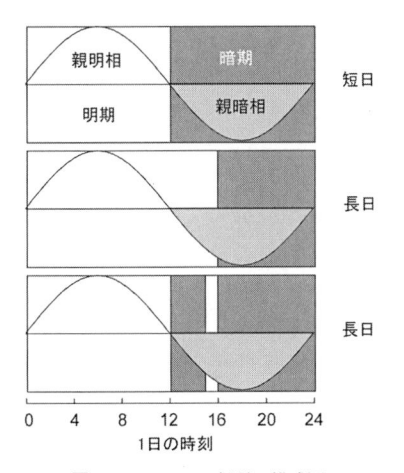

図2 光周性機構の模式図

図3 Bünning の仮説の模式図
概日時計の周期のなかに，親明相と親暗相があり，後者に光が当たると「長日」と出力される．明暗12：12では明期は親明相におさまり，親暗相は光にさらされないので「短日」と出力される．明暗16：8では明期は親明相におさまりきれず，親暗相に光が当たるので「長日」と出力される．暗期の途中に光が当たると，明期を合計した時間が短日と同じでも長日の効果が得られることが説明できる．

20　リズム同調

──── Entrainment

　内因的な時計機構(自律振動体, oscillator)に駆動される代謝や行動などのリズムが外界の環境要因の周期に同調する(synchronize, entrain)こと. 外界の環境要因(同調因子, synchronizer, Zeitgeber, time cue)としては, 光, 温度, 重力, 食事などが重要であると考えられているが, ヒトなどでは社会的要因もリズムを同調させる効果があるようである. とくに, 光, 温度, 重力は, 地球の公転(1年の季節変化), 自転(1日の昼夜の変化), あるいは月の公転(1月の変化あるいは, 潮汐の変化)などの周期的変動を示す地球物理学的環境要因である. これらの周期的変化を生物が体内に時間情報として取り込んだのが, 体内時計と考えられている. したがって, 体内の時計は上記の外的な環境要因へ同調する性質をもっている.

　フリーラン(freerunning, 自由継続)している自律振動体(周期=τ)が同調因子(周期=T)に同調するとき, 自律振動体と同調因子の間には特異的な位相関係が成り立つ. 概日時計(circadian clock)に駆動される概日リズム(circadian rhythm)の自律振動体の周期τは, 通常24時間に近い値をとる. 同調因子の周期Tは, 地球の自転による環境要因の変化の周期(昼夜)であるために正確に24時間である. したがって, 概日リズムの自律振動体の周期とは特異的な位相関係(位相角=ψ)が成り立つ. 図1は, 昼行性のカナヘビの行動リズムを示したものである[1]. 12時間明12時間暗(明暗(LD)12:12)の明暗条件下で24時間に同調しているリズムを恒暗条件下(constant darkness)に移すとリズムがフリーランする様子を示している. 図2では, 明暗周期と温度周期の両方を与えたときのカナヘビの行動リズムを示した. 光と温度の両方がリズムに影響していることがわかる. 最近では, 光に同調する概日振動体, 温度に同調する概日振動体が存在することが報告されている.

　フリーランニングリズムの周期τが24時間より短い短周期の場合と24時間より長い長周期の場合, $\Delta\phi=\tau-T$の位相変異を起こすことにより同調する. τが正確に24時間でないのは, 位相角が24時間に近くなると, τのわずかなゆれが位相角の大きな変化となって現れる. すなわち, 同調が起こりやすくなるためには, τとTは異なっている必要がある. 光による同調が起こるためには, 概日振動体の光に対する反応(位相変異)は, その周期の位相に依存して変化する必要がある. この同調によって, 概日振動体の主観的昼(subjective day)が外界の昼間と主観的夜(subjective night)が外界の夜に一致するようになるわけである. 図3は, この同調機構を位相反応曲線(phase response curve:PRC)によって示したものである[2]. 光パルスをサーカディアン時刻(CT)の種々の位相において与えたとき, 概日リズムの位相の変化をプロットすると位相反応曲線ができあがる. 夜行性(nocturnal)の生物も昼行性(diurnal)の生物も, その位相反応曲線は同様である. 位相反応曲線には, 2つのタイプがあることが知られている. 0型と1型である(図3). この2つのタイプの同調様式は, 同調因子(刺激)の強さによって決まっている. 同調因子の強さ, たとえば光の強さが強くなると, 位相反応曲線の振幅は大きくなり, ある時点で不連続となる(0型). すなわち, 位相のジャンプが起こるのである. しかし, これ

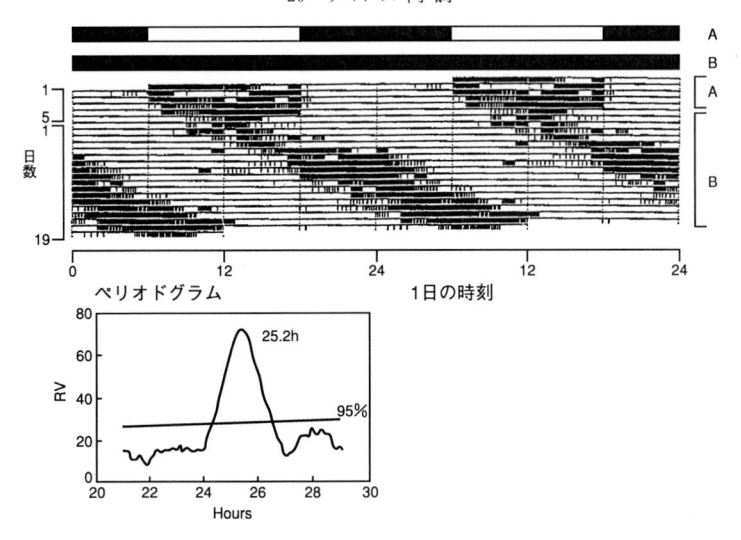

図1　昼行性のカナヘビの歩行活動リズム
明暗周期（明暗（LD）12：12（A））のもとで同調したリズムを示し，恒暗条件（DD（B））下で，フリーランニングリズム（周期＝25.2 h）を示している．

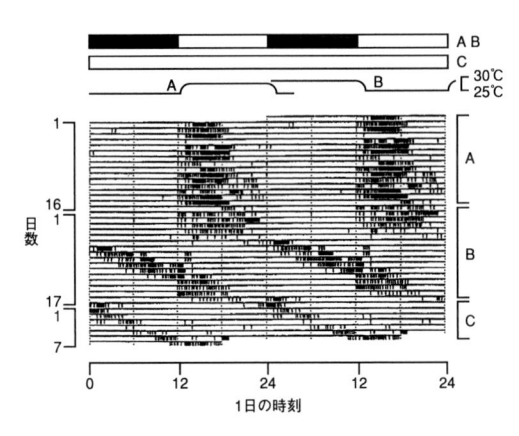

図2　光周期と温度周期を組み合わせた条件でのカナヘビの歩行活動リズム
明期と高温期が一致しているとき（A），リズムは同調しているが，光と温度が逆位相の場合（B），相対的協調（relative coordination）のリズムを示す．恒明（LL）25℃の条件（C）ではフリーランニングリズムを示す．

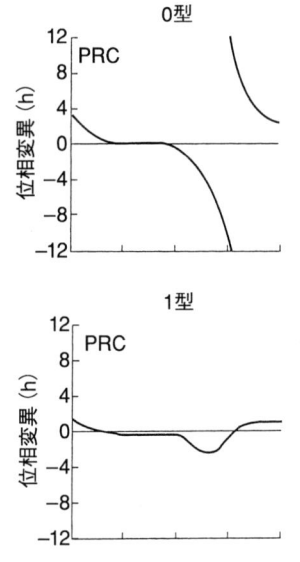

図3　位相反応曲線における2つのタイプ[2]
0型と1型．説明は本文参照．

は光パルスによるときに起こるのであって，完全光周期の時には起こらない．位相角 ψ は，完全光周期（complete photoperiod）と枠光周期（skeleton photoperiod）で異なることが知られている．ショウジョウバエの羽化リズムにおいて，完全光周期では，ψ は，ジャンプしないが，枠光周期では ψ ジャンプが起こる．このことは，枠光周期において刺激のオン，オフなどのノンパラメトリックな刺激による場合と完全光周期におけるパラメトリックな刺激とで，ψ ジャンプが起こるかどうかが決定されていることがわかる．リズム同調の分子機構については，第5部「サーカディアンリズムの分子機構」を参照のこと．

さて，リズム同調のメカニズムについて述べてきたが，自然条件のなかで生物がどのような同調様式を示すかを，野生のアカネズミの歩行活動リズム，水生昆虫の羽化リズムなどで検討した[3]．アカネズミを準自然条件（大学のベランダ）において記録した結果，2つのタイプの同調様式，すなわち，日の出に同調するタイプ（タイプI），日の入に同調するタイプ（タイプII）が確認された．図4に示すようにタイプIは，$\tau > 24$ 時間なので位相反応曲線の位相前進部分に光が当たり，タイプIIでは，$\tau < 24$ 時間なので，位相反応曲線の位相後退部分に光が当たることにより同調していることがわかる．野生において，水生昆虫カワゲラの Sweltsa 属の1種は羽化リズムを示す．天気のよい日と雨天の場合で羽化のパターンは双峰性から単峰性に変化する．午前のピークは内因的なものであることが実験的に確かめられているが，夕方のピークは，天候により変化する．

概日リズムが同調するという場合は，内的な自律振動体が存在し，それが外界の環境因子のリズムに同調する場合をいうが，自律振動体を除去した場合でも外界の環境に同調したリズムを生物は示す．たとえば，アフリカツメガエルにおいて，概日時計が局在している視交差上核（SCN）を除去すると，フリーランニングリズムは消失する（図5）．しかし，明暗条件下に移すと明暗周期に同調したリズムを示す[4]．これは，マスキング効果（masking effect）とよばれ，内的な自律振動体と関係なく，外的な要因に直接反応して起こる現象をさす．

（大石 正）

文 献

1) Oishi, T. et al.: Biol. Rhythm Res., 35, 105-120, 2004.
2) Johnson, C. H. et al.: Chronobiology: Biological Timekeeping (Dunlap, J. C. et al. eds.), Sinauer, 2004.
3) 磯辺ゆう他：遺伝, 52, 15-20, 1998.
4) Harada, Y. et al.: Biol. Rhythm Res., 29, 30-48, 1998.

タイプ I
$\tau > 24$ 時間

タイプ II
$\tau < 24$ 時間

位相反応曲線

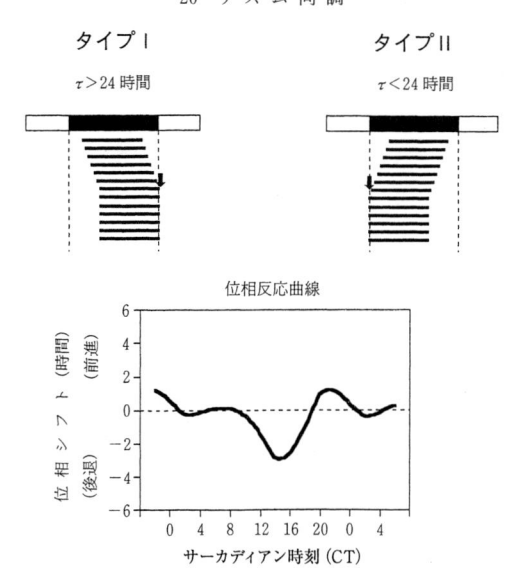

図4 アカネズミのタイプIとタイプIIのフリーランニング周期 (τ) の長さと位相反応曲線との関係[3] CT 12 は主観的夜の開始の時刻である. タイプIでは $\tau > 24$ 時間なので, 24 時間の明暗周期に同調するためには, 位相前進が必要であり, 主観的夜の後半 (活動期の後半) に光が当たる必要がある. そこで, 点灯が活動の後半に当たるような位相で同調が起こる. タイプIIでは $\tau < 24$ 時間なので, 24 時間の明暗周期に同調するためには, 位相後退が必要であり, 主観的夜の前半 (活動期の前半) に光が当たる必要がある. そこで, 消灯が活動の前半に当たるような位相で同調が起こる.

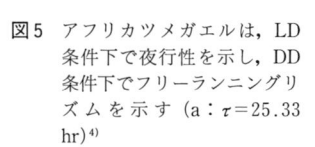

図5 アフリカツメガエルは, LD条件下で夜行性を示し, DD条件下でフリーランニングリズムを示す (a: $\tau = 25.33$ hr)[4]
矢印のところで視交差上核 (SCN) を除去するとリズムは消失した (b). しかし, LD 条件に戻すと, 夜行性活動がみられた. これは, 明暗に対する直接反応 (マスキング効果) である.

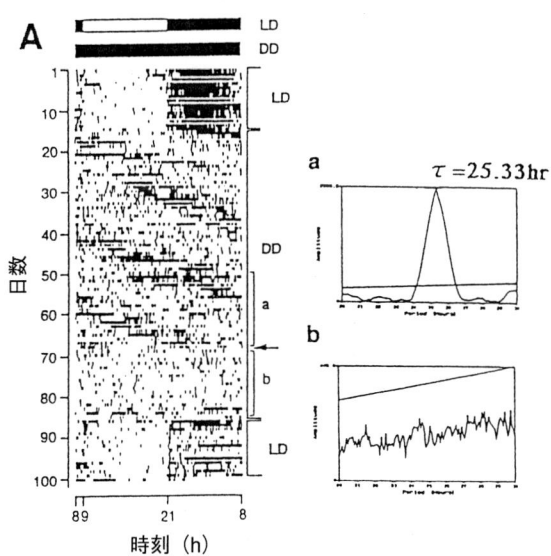

21 内的脱同調 —— Internal Desynchronization

　同一個体内では，異なる機能に現れている概日リズムでも通常は同じ周期を示し，一定の位相関係を維持しているが（内的同調），何らかの理由により一定の位相関係が維持できなくなり，異なる周期で振動することを内的脱同調（internal desynchronization）という．これに対して，概日リズムと昼夜変化などの環境周期との脱同調と外的脱同調という．

　これまで報告されている内的脱同調の多くはヒトの概日リズムである．通常，睡眠覚醒リズムと体温リズムなど，概日リズム間には一定の時間的（位相）関係が確立されており，夜間の体温低下に一致して睡眠が始まり，体温が最低値から少し上昇したときに目覚める．また，松果体から分泌されるメラトニンの血中濃度は体温の最低値時刻より少し前に最高となる（図1(A)）．概日リズムがフリーランすると，睡眠覚醒リズムと体温リズムとの位相関係が変化し，睡眠は体温リズムの最低値位相近くから始まる．さらに，睡眠覚醒リズムと体温リズムが異なる周期で振動し，2つのリズムに一定の時間的関係は認められなくなる．図1(B)はヒト概日リズムの内的脱同調である[1]．脱同調した2種類の概日リズムは完全に独立しているのではなく，脱同調下でも相互に影響している（相対的協調）．たとえば，睡眠開始時間や睡眠の長さは体温リズムの位相に依存する[2]．

　内的脱同調は，睡眠覚醒リズムと血中メラトニンリズム[3]や血中副腎皮質ホルモンリズム[4]の間にも認められており（図2），生体機能の時間的秩序が崩れた状態と考えることができる．内的脱同調に伴い，主観的には熟睡感の喪失，昼間の眠気，全身倦怠，食欲不振，気分の変調，精神運動機能の低下などの症状が出現することがある．これらの症状は時差症状や交代勤務に伴う症状と類似しており，時差飛行や交代勤務の際も睡眠覚醒リズムと概日リズムが脱同調していることから，概日リズムの内的脱同調が時差飛行や交代勤務時にみられる心身の不調の原因であると考えられている．

　内的脱同調には，睡眠覚醒リズムの周期が30時間以上に延長する場合（Ⅰ型）と，20時間以下に短縮する場合（Ⅱ型）が知られている[5]．いずれの場合にも体温リズムの周期は24時間に近い（表1）．Ⅱ型の内的脱同調はⅠ型の脱同調に昼寝が加わった状態とも考えられる．しかし，被験者には昼寝は禁じており，また時間感覚の変容も伴っているので，内的脱同調とみなされる．内的脱同調は，比較的短期間の隔離実験では約20%の被験者で発生するが，長期間の隔離実験ではほぼ全例で認められる．

　ある概日リズムが環境周期に同調し，他の生体リズムがフリーランすることを部分同調（partial entrainment）というが，これも内的脱同調の一種である．これまで，日常生活下で，睡眠覚醒リズムが昼夜変化に同調し，血漿メラトニンリズムがフリーランする例が報告されている[6]（図3）．この場合も2つの概日リズムの位相関係が周期的に変化する．実験室でも類似の部分同調を観察することができる[7]．10ルックス程度の低照度下で，被験者の睡眠覚醒スケジュールを強制的に8時間前進させて，8日間過ごさせると，睡眠覚醒リズムは前進したスケジュールに同調するのに対し，血中メラトニンリズムは同調せずフリーランする．内的脱同調ではないが，内的に同調している2つの概日リズムの同調比が2：

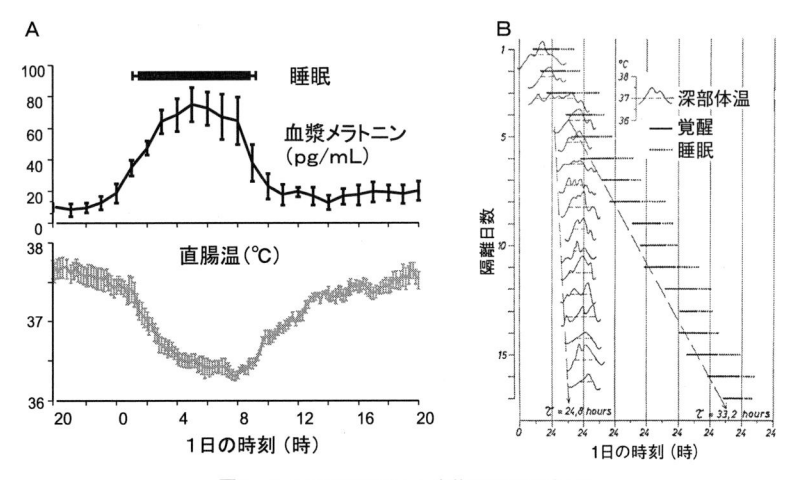

図1 ヒトの同調リズムと内的脱同調リズム[1]

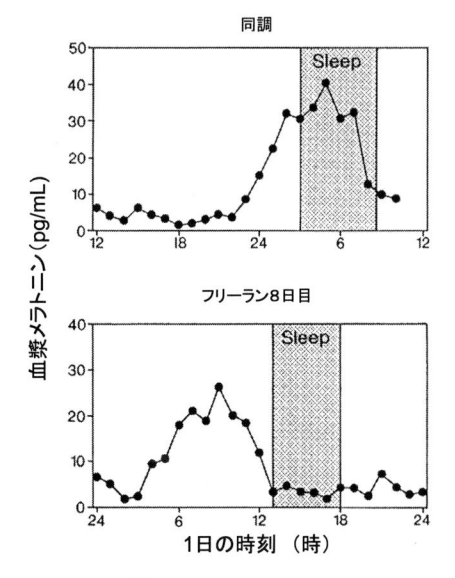

図2 内的脱同調リズム

表1 内的脱同調の2型

	I型 (15人)		II型 (11人)	
	睡眠覚醒リズム	直腸温リズム	睡眠覚醒リズム	直腸温リズム
脱同調前	25.55±0.46		24.47±0.15**	
脱同調後	34.04±2.31**	24.85±0.30**	17.91±1.00**	24.88±0.13**

1となるリズムも知られている[8]。たとえば、時間隔離実験では、睡眠覚醒リズムが約48時間の周期で変動し、一方体温リズムは約24時間の周期で変動することが知られている。この睡眠覚醒リズムは概48時間リズム（circabidian rhythm）という。概48時間リズムが発生すると時間感覚が変容し、いわゆる浦島太郎現象が生じる[9]。

時間感覚の変容は、時間経過を推測させる方法で定量化できる。内的脱同調あるいは概24時間リズムを示す被験者は、1時間の時間経過を過小評価することがわかっている。しかも、過小評価の程度は覚醒時間の長さと正の相関を示す。つまり、覚醒時間の延長を伴った主観的1日の長さが長いほど、時間経過を過小評価する。ただし、時間感覚の変容は覚醒時間が延長した結果ではなく、覚醒が始まる起床時からすでに生じている。この事実は、時間感覚の変容が覚醒時間を延長させ、内的脱同調や概48時間リズムを発現させている可能性を示唆する。時間感覚を決めている機構は不明である。

内的脱同調現象から、ヒトの生物時計は少なくとも2つの異なる振動機構からなると考えられてきた[10]（図4）。つまり、内的脱同調を起こしても24時間に近い周期を維持する体温リズムなどの概日リズムと、リズム周期が大きく変化する睡眠覚醒リズムでは背後にある振動機構が異なり、概日リズムは視交叉上核に存在する概日振動体に存在するが、睡眠覚醒リズムの振動機構は局在も含めて不明である。内的脱同調のモデル動物が報告されており、内的脱同調の機序を理解するうえで有効である。ラットやマウスにメタンフェタミン（methamphetamine）を飲料水に混ぜ、24時間いつでも飲めるようにして慢性投与すると、行動リズムが視交叉上核概日リズムや松果体メラトニンリズムから脱同調する（図5）。大脳皮質や線条体などの脳の他の部位では、行動リズムと同調した概日リズムが認められ、メタンフェタミンにより中枢時計と末梢時計が脱同調を起こしたと考えられる[11]。　　　　　　　　　（本間研一）

文　献

1) Aschoff, J. : *Science*, **148**, 1427-1432, 1965.
2) Czeisler, C. A. *et al* : *Science*, **210**, 1264-1267, 1980.
3) Honma, K. *et al* : *Biol. Signals*, **6**, 307-312, 1997.
4) Weitzman, E. D., *et al* : Sleep-wake, neuroendocrine, and body temperature circadian rhythms under entrained and non-entrained (free-running) condition in man. In Suda, M. *et al* eds : *Biological Rhythms and their Central Mechanism*, Elsevier/North-Holland, pp. 198-227, 1979.
5) Wever, R. A. : *Circadian system of man. Results of experiments under temporal isolation*, Springer-Verlag, 1979.
6) Hashimoto, S. *et al* : *Psychiat. Clin. Neurosci.*, **51**, 109-114, 1997.
7) Hashimoto, S. *et al* : *Sleep Biol. Rhythms*, **2**, 29-36, 2004.
8) Honma, K. *et al* : *Experientia*, **44**, 981-983, 1988.
9) Aschoff, J. : Time perception and timing of meals during temporal isolation. In Hiroshige, T. and Honma, K. eds : *Circadian Clocks and Zeitgebers*, Hokkaido Univ. Press, pp. 3-18, 1985.
10) Moore-Ede, M. C. and Czeisler, C. A eds : *Mathematical Models of the Circadian Sleep -Wake Cycle*, Raven Press, 1984.
11) Masubuchi, S. *et al* : *Eur. J. Neurosci.*, **12**, 4206-4214, 2000.

21 内的脱同調

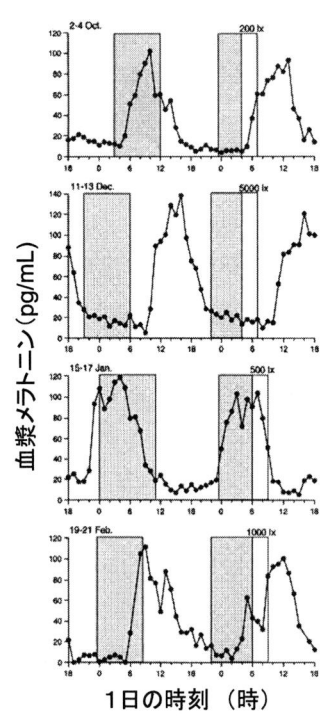

図3 日常生活における生体リズムの内的脱同調

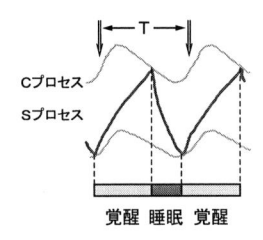

図4 内的脱同調を説明する2つの仮説

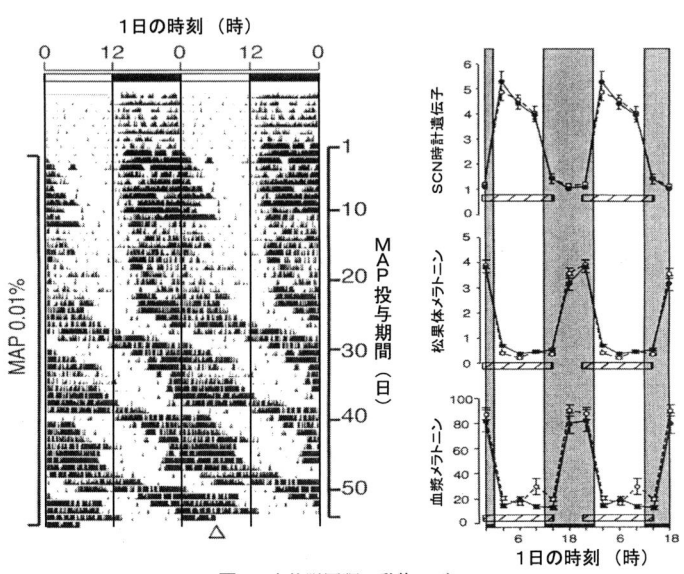

図5 内的脱同調の動物モデル

22 同調因子 —— Entrainment Factors, Zeitgeber, Synchronizer

1. 同調とは

同調とは外界の環境サイクルという振動と内因性の体内時計の振動が相互作用しその結果，体内時計の位相と環境サイクルの位相に一定の関係が保たれた状態でリズムが継続することである．このとき体内時計の周期は外界の環境サイクルの周期に一致するが，両者の位相角差はゼロではない．このように概日リズムを同調させる，繰り返しの刺激を同調因子とよび，以下のような明暗サイクル，食事サイクル，温度サイクルなどが重要な因子として知られている．さらに，母子間，社会的接触，音，匂い，電磁波なども候補としてあがっている．人工的に薬物を一定時刻に投与することにより同調因子として働いている場合もある．

2. 同調因子の条件

1回の刺激でも体内時計の位相を変えうる能力を有する刺激を引き起こす因子が同調因子の必須条件である．この位相変容作用は体内時計の位相によって異なり，同調因子を与える時間によって体内時計を前進させたり，後退させたりすることができる．しかしながら，同調刺激が周期的に繰り返されると，同調因子と体内時計との位相差が固定され，同調が成立することになる．

3. 同調因子の強さ

たとえば同調因子として，明暗サイクルを考えてみる．明暗の照度差を小さくすると，もはや明暗サイクルとして同調できずにフリーランニングリズム（自由継続リズム）を起こす．マウスなどの夜行性動物は照度差が小さくても同調可能であるが，ヒトの同調の場合は照度差が大きい必要がある．このように生物種により同調の強弱は変わってくる．また，明暗サイクルは他の同調因子に比較して強力であるが，照度（強度）をいくら大きくしても天井効果がみられる．

4. 同調因子による同調速度

同調因子による同調は，視交叉上核の細胞レベルでは速やかに起こるが，行動リズムなどに反映されるまでには遅れが生じることが知られている．したがって，培養細胞下で物理刺激，薬物投与などの同調刺激を行うと，速やかに同調する．生体が明暗サイクルに同調する場合，ヒトやハムスターでは位相後退による同調のほうが，前進による同調より速やかに起こる．

5. 同調因子の相互作用

同調因子が相互作用を起こす場合がある．後述する明パルスの同調と暗パルスの同調は打ち消しあう．たとえば光パルスによる位相前進作用は同時に与えたベンゾジアゼピンやセロトニン受容体刺激薬で減弱されたり，時計遺伝子 *Per1*, *Per2* の光による発現増大がベンゾジアゼピン薬物の前投与で抑制されることが知られている．

6. 同調因子の細胞・組織レベルでの作用

視交叉上核の体内時計における同調因子と，それ以外の臓器や細胞レベルでの同調因子について区別して述べる．

1) 視交叉上核の体内時計の同調因子：網膜を通して入力した外界の明暗サイクル情報は視交叉上核に伝達物質の放出を起こし，強力な同調因子として働く．したがって，伝達物質であるグルタミン酸，グルタミン酸受容体のアゴニストである AMPA, NMDA, さらにサブスタンス P, PACAP などが明暗サイクルの同調因子の実体である．これらの化合物を投与すると，光照射による位相反応曲線と類似した，位相反応

(a) 同調因子の種類
明暗変化
温度変化
食事サイクル
母子
社会生活

(b) 明暗同調で位相角差なし(上図)、あり(下図)

(c) 食事サイクル(四角の中)に同調

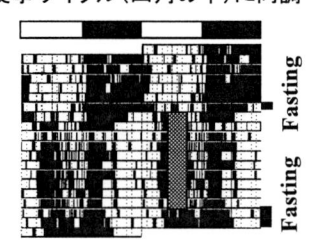

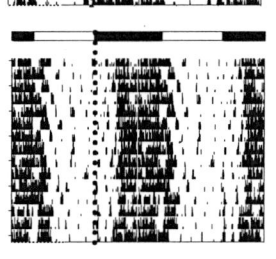

図1 同調因子の種類と光同調や給餌同調の例

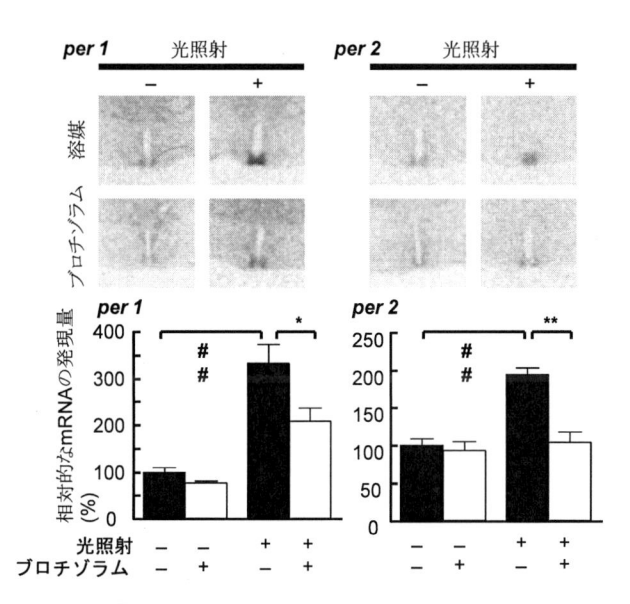

図2 光パルス入力と暗パルス入力の相互作用[1]

曲線を描くことが知られている．一方，恒明条件下に体内時計がフリーランした状態で，一定時間だけ消灯刺激を行うと，この刺激に同調する．先の光刺激による同調を「光パルス同調」とよぶのに対して，消灯刺激の同調を「暗パルス同調」とよぶ．暗パルス同調刺激による位相反応曲線を描くと，光パルスの場合に比較して180度位相を異にしていることがわかっている．暗パルスそのものの実体は不明であるが，暗パルスと同様な位相反応曲線を示す化合物が知られている．外側膝状体から視交叉上核へ投射している伝達物質に関するものでニューロペプチドYとノシセプチンである．また視交叉上核内のGABAに関連したGABAA受容体刺激薬のムシモールやGABAA受容体のアロステリック修飾薬であるベンゾジアゼピン受容体刺激薬のトリアゾラムなどでも暗パルス同調を示すことが知られている．さらに，中脳縫線核から視交叉上核に神経を送っているセロトニン神経系も暗パルス同調を担っていると考えられている．メラトニンも暗パルスと類似した同調作用を示すが，げっ歯類に投与したときに，種差が出現することが知られている．ラットやハムスターでは明確な作用が出現するが，マウスでは一般的に作用が弱い．さらにマウスはメラトニン合成がさかんなC3H，DBA系のマウスでは作用がみられるが，C57 black などでは弱い．ヒトの場合，メラトニンやメラトニン受容体作用薬ロラゼゼムは睡眠薬として，時差ぼけ時の同調促進薬として，また概日リズム睡眠障害，睡眠相後退型（睡眠相後退症候群）の治療などに使われ，作用は顕著に現れる．*Clock*遺伝子のミュータントマウスのDSPS症状が，メラトニンで改善される．

2) 発達期の視交叉上核の同調因子：動物の出産に時刻依存性がみられることから，胎仔と母親の体内時計は同調していると考えられる．しかしながら胎仔期や，目が開く前の幼児期では外界の明暗サイクルは同調刺激とはなりえない．したがって，この時期の体内時計の同調は母親が同調因子として働いている．胎仔の視交叉上核のリズム位相は母親のリズム位相に一致している．ドーパミンが昼間の情報を，メラトニンが夜の情報を伝え，これらの両者がうまく同調因子として働いていると考えられている．生後すぐの目が開く前までは，アセチルコリンのニコチン受容体が，また母乳を通したメラトニンが同調因子として働いている可能性も指摘されている．生後は，母親と仔の接触が重要な同調因子として働いている可能性が，一時的な母子分離実験から指摘されている．

3) 視交叉上核以外の臓器や細胞レベル：培養細胞も時計遺伝子発現リズムを形成することが知られている．この場合，同調刺激薬として数々の物質が候補にあがっている．大きく分けて，グルコースや血清などの栄養因子・代謝系，デキサメサゾン，プレドニゾロンなどのようなステロイドホルモン系，アドレナリンなどのような神経伝達物質系が知られている．細胞内2次メッセンジャー系を考慮すると，細胞内のCaイオン系，c-AMP-PKA系，グルココルチコイド反応因子（glucocorticoide response element）を刺激する系などが，同調因子として働く可能性が指摘されている． （柴田重信）

文献

1) Yokota, S. I. *et al.*: *Br. J. Pharmacol.*, **131**(8), 1739-1747, 2000.

表1 個体レベルの同調因子

視交叉上核依存性リズム		視交叉上核非依存性リズム
光パルス	暗パルス	
光	5 HT 1 A/7	食餌
NMDA	強制運動	覚醒剤
サブスタンス P	NPY	
PACAP	ベンゾジアゼピン	
メラノプシン	ノシセプチン	
	メラトニン	

表2 組織・細胞レベルでの同調因子

(1) 神経性	(2) ホルモン性
ニコチン受容体刺激薬	グルココルチコイド
交感神経刺激薬	アンギオテンシン
(3) 栄養因子	(4) 細胞内シグナル因子
血清	PKC 活性化
グルコース	ホルスコリン
	レチノイ酸

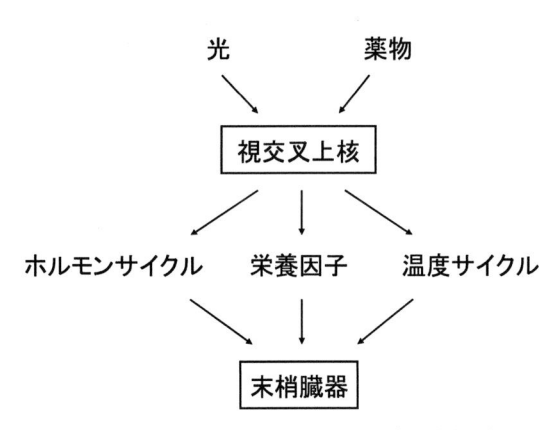

図3 同調シグナルからみた中心時計（視交叉上核）と末梢時計（末梢臓器）の関係

23 断眠実験, シフト実験
―― Sleep Deprivation Experiment, Shift Experiment

断眠 (sleep deprivation) とは長時間にわたって睡眠を奪って眠らせないこと, あるいは睡眠の一部を除去することをいう. 生体の機能を知るための方法論の1つで, いわゆる除去法 (deprivation method) である. 断眠の種類には睡眠を完全に奪う全断眠 (total sleep deprivation), 一定時間の睡眠を奪う部分断眠 (partial sleep deprivation), そして選択的にある特定の睡眠 (たとえばレム睡眠) だけを奪う選択的断眠 (selective sleep deprivation) がある. 生物リズムから断眠という実験的操作をみると, 単に睡眠を奪うという意味よりもむしろ睡眠から覚醒にシフト (shift) させるという意味でシフト実験と考えることができる. 日常生活のなかにも, シフト実験に近い生活スタイルを摂らざるを終えない職業があり, その代表的なものが夜勤を伴う交代勤務者 (shift worker) である. このような人々は社会活動の24時間化に伴い現在急速に増加している. したがって, 断眠が生理機能に及ぼす影響を明らかにすることは現代社会にとって非常に重要なことである.

ヒトで断眠の記録に挑んだ実験があり, 1964年にアメリカで17歳の男子高校生が264時間 (11日間12分) という記録を達成している.

1. 断眠の生理機能への影響

断眠の生理機能への影響を詳しく報告した研究に Rechtschaffen らのラットを使った研究がある[1]. これによると, ラットを長期にわたって (死に至るまで) 全断眠させると, 最初にみられる現象として皮膚のただれや胃に潰瘍ができる. これらは断眠がラットにとって大きなストレスであると同時に, 免疫機能を低下させることを示している. このような状態をさらに続けると, ラットは次第に衰弱し, 運動失調を示し, 体温や体重が減少する. この体重の減少を補うように餌を多量に食べるようになるが, 食べても体重は減り続ける. そして最終的に体温の調節機能が失われ, 死に至る. この実験は, 睡眠が生存に必要な生理機能の維持にいかに重要であるかを示している. 一方, ヒトの断眠実験は1970年代から1980年代に多く行われている. ここにわれわれが行った4日間に及ぶヒトの断眠実験の結果を図1などに示す[2]. これは健康な男子大学生 (22歳) のデータで, 上から気分 (mood) の変動, 単純計算での作業能率 (task performance) の変化, そしてフリッカーフィージョンテスト (Flicker Fusion Test) による視覚系の空間分解能の識別能力の変化を示したものである. 同図をみると, 断眠が進むと, 気分の変動が急に大きくなり, 作業能率と視覚の識別能力は断眠の長さに比例して確実に低下する. また, 断眠が24時間を超えるころから, マイクロスリープ (micro sleep) とよばれる数十秒から数分間持続する瞬間的な睡眠現象が頻繁に出現するようになる. このマイクロスリープの出現動態をみていると, 脳が正常な生理機能を維持するために睡眠を要求し, 睡眠が脳の機能を守る一種の防衛反応として働いているといえる. 数日間の断眠を経て睡眠をとると, 図2に示すように被験者は比較的長い時間の睡眠をとる. これを断眠からの回復睡眠とよぶ. ここでは, 多量の徐波睡眠とレム睡眠が観察される. これは断眠によって脳内に徐波睡眠やレム睡眠を誘発する物質が蓄積するためと考えられている. このように睡眠を誘発する物質を睡眠物質とよ

(a) 気分

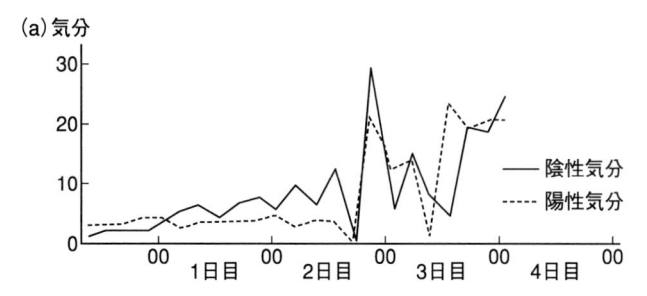

(b) 単純な加算作業の作業能率
(n/min)

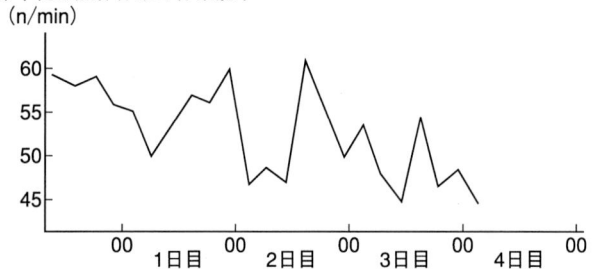

(c) Flicker Fusion Testによる視覚分解能に関する認知機能の変化
(Hz)

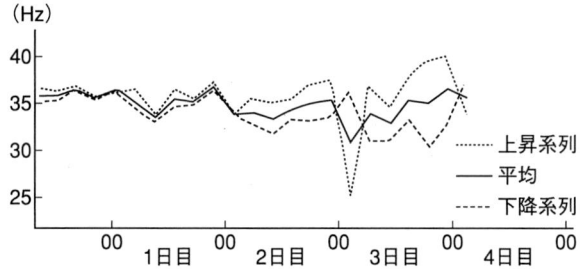

― 陰性気分
---- 陽性気分

······ 上昇系列
― 平均
---- 下降系列

図1 4日間の断眠中の精神生理機能と行動特性の変化
(a) 断眠中の気分（Mood），実線が陽性気分（positive mood），点線が陰性気分（negative mood），(b) 断眠中の単純な加算作業の作業能率（Simple Adding Task），(c) 断眠中の Flicker Fusion Test による視覚分解能に関する認知機能の変化，点線（upward）は光点滅間隔の上昇系列，破線（downward）は光点滅間隔の下降系列，実線が両者の平均で，点線と破線の差が認知誤差を示す．この差が断眠時間に比例して大きくなる．

ぶ．

1980年代から，睡眠の機能を細胞レベルで調べる試みが多く行われようになり，断眠法を使って，神経細胞やシナプスにおける情報処理機能の解明が進んでいる．とくに，最近，記憶や学習の神経モデルとしての神経回路の可塑性が断眠によって障害されることがわかってきた．このように，断眠という手法を使って，睡眠の新たな機能の解明が行われている[3]．

2. 深部体温リズムと断眠

体温リズムは睡眠，運動，食事，温浴などの行動によって影響を受け，本来のリズムの形状を修飾している．体温リズムに対して，睡眠は体温を下げるので負のマスキングを示す．一方，断眠して覚醒すると深部体温は日常の夜に比して高くなるので，断眠は体温リズムに対して正のマスキング効果があると考えられている[4]．さらに断眠を数日間継続すると，1日の平均値は断眠の長さに比例して低下していくのが観察される[5]．断眠を数日間程度継続しても体温リズムのリズム性は強固に維持される．

3. うつ病の断眠療法

断眠はうつ病の治療法の1つとしても認知されている．一晩または夜間睡眠の後半半分を断眠しても，その翌日から数日にわたってうつ症状が軽快する[6]．これをうつ病の断眠療法とよぶ．これは断眠によって翌日の睡眠位相が前進するためと考えられる．内因性のうつ症状患者では体温やホルモン等の多くの概日リズムが睡眠覚醒リズムよりも位相前進している．これは睡眠覚醒リズムが他の概日リズムに対して位相後退していることを意味する．つまり，うつ病患者では睡眠位相が健康な人よりも後退していると考えられる．うつ患者に断眠すると翌日の睡眠時刻が早まるので，睡眠位相が前進することになる．これが断眠のうつ症状を改善する時間生物学的背景と考えられる． 〈小林敏孝〉

文 献

1) Rechtshaffen, A. et al.: Science, 221, 182-184, 1983.
2) 小林敏孝：睡眠環境学(鳥居鎮夫編), pp.39-55, 朝倉書店, 1999.
3) Stickgold, R. et al.: Science, 294(5544), 1052-1057, 2001.
4) Aschoff, J.: J. Therm. Biol., 8, 143-147, 1983.
5) Miro, E. et al.: J. Sleep Res., 11, 105-112, 2002.
6) Schilgen, B. and Tolle, R.: Arch. Gen. Psychiatry, 37, 267-271, 1980.

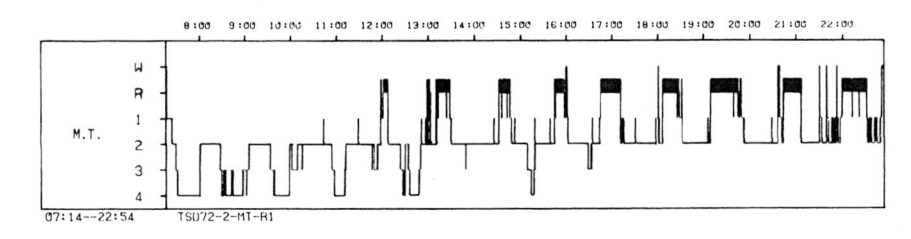

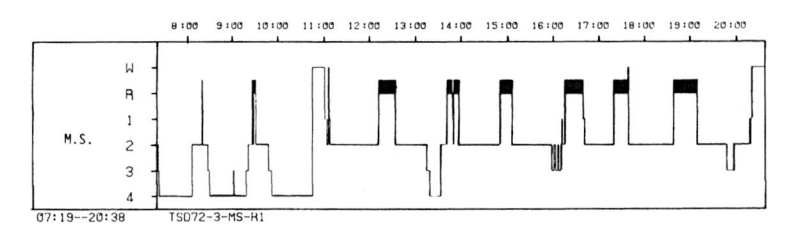

図2 72時間の断眠後の回復睡眠
健康な男子大学生2人(被験者A (20歳) と被験者B (22歳)) に72時間の全断眠を行い，断眠4日目の早朝から回復睡眠を記録した．上段は被験者Aの07：14から22：54までの15時間40分に及ぶ回復睡眠の睡眠経過図である．下段は被験者Bの07：19から20：38までの13時間19分の回復睡眠の睡眠経過図である．上段の被験者Aの回復睡眠では睡眠前半の5つの睡眠周期に多量の徐波睡眠が認められ，ここでは巨大な高振幅の徐波が連続して出現している．そのために最初の4つの睡眠周期ではレム睡眠の出現が徐波睡眠によって抑制されている．そして，後半の5つの睡眠周期では多量のレム睡眠が出現している．また，2人の被験者に同じ72時間の断眠を課しても，回復睡眠には大きな個人差が認められる．

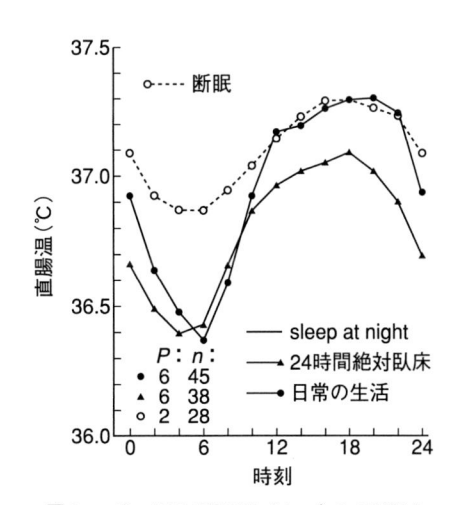

図3 一晩の断眠が体温リズムに与える影響[4]
点線上の〇が断眠をしたときの体温リズム，実線上の●が日常の生活 (normal activity during daytime) での体温リズム，実線上の▲は24時間絶対臥床 (continuous bed rest) のときの体温リズム．縦軸が直腸温 (rectal temperature) (°C)，横軸が時刻 (time of day)．
n：被験者数，P：集計に用いたデータ数．

24 時計とレム睡眠
—— Biological Clock and REM Sleep

　間脳の視床下部視交叉上核（suprachasmatic nucleus：SCN）に存在する時計機構は生物時計（体内時計）（biological clock）といわれ，ヒトおよびその他の哺乳動物のレム睡眠（rapid eye movement sleep：REM sleep）を含む睡眠覚醒，体温，ホルモンなどの概日リズム（circadian rhythm）を駆動している．図1に示すように，外界の光情報は，まず光受容器である網膜で受容され，網膜視床下部路を経由してSCNに入る．SCNでは外界の光情報に同調した概日リズムが時計機構によって駆動され，神経性あるいは体液性経路を経由して脳内や末梢の各臓器へ伝えられる．ヒトでは睡眠覚醒の概日リズムは生後数週間で形成される．実験動物としてよく繁用されるラットでは，生体機能によって異なるが，SCN機能の昼夜変化が胎児期に，体重増加リズムが出生前後から，松果体リズムが生後数日から認められ，自発行動リズムや副腎皮質ホルモンリズムが確認されるのは生後2～3週経ってからである[1]．

　レム，ノンレム睡眠は，脳電図（脳波），筋電図，眼球運動に基づいて定義され，2種類の睡眠が明確に区別される動物は，高等な恒温動物の鳥類と哺乳類に限られる．鳥類の場合，レム睡眠の持続時間は短く，その出現回数も少ない．また，鳥類，哺乳類のなかにはレム睡眠を欠く種類もいる．

　通常，レム睡眠は，覚醒からノンレム睡眠を経た後に出現する．睡眠障害の訴えのないヒト健常成人のレム睡眠は，通常の睡眠覚醒サイクル下において，睡眠開始後60～80分で現れる．その後約90分間隔で1夜の睡眠中に4～5回出現する．1回のレム睡眠の持続時間は1夜の睡眠の後半ほど長く，その出現回数も多くなる．レム睡眠の出現には様々な因子が関与しているが，条件をできるだけ一定にした場合，レム睡眠の出現には時刻依存性，正確には概日リズムの位相に対する依存性がある[2]（図2）．

　夜行性哺乳動物のマウスやラットは，睡眠を夜間に集中してまとめてとるヒトと異なり，24時間のなかで睡眠覚醒リズムを頻回に繰り返す．12時間交代の明暗条件下で飼育すると，明期（休息期）には覚醒に比べて睡眠が多く出現し，とくに明期の前半にはノンレム睡眠が多く，後半にはレム睡眠が多く出現する．マウスやラットのレム睡眠の出現様式も，ヒトの場合と同様に，概日リズムの位相に対する依存性がある．すなわち，レム睡眠は，SCNに存在する概日リズムの時計機構に基づく表現系の1つであると考えられる[2]（図3）．図4は若齢と老齢ラットにおけるレム睡眠の概日リズムを比較している．老齢ラットは，若齢ラットに比べて明期暗期の振幅差が有意に小さくなっている．すなわち，時計機構は加齢による影響を受け，表現系である概日リズムの振幅を減少させる[3]．

〈森田雄介〉

文　献
1）本間研一：サーカディアンリズム睡眠障害の臨床（千葉　茂・本間研一編），pp.12-13，新興医学出版社，2003．
2）本間研一：睡眠学ハンドブック（日本睡眠学会編），pp.129-133，朝倉書店，1994．
3）森田雄介・佐野敦子：*Dementia*, 4(4), 287-294, 1990．

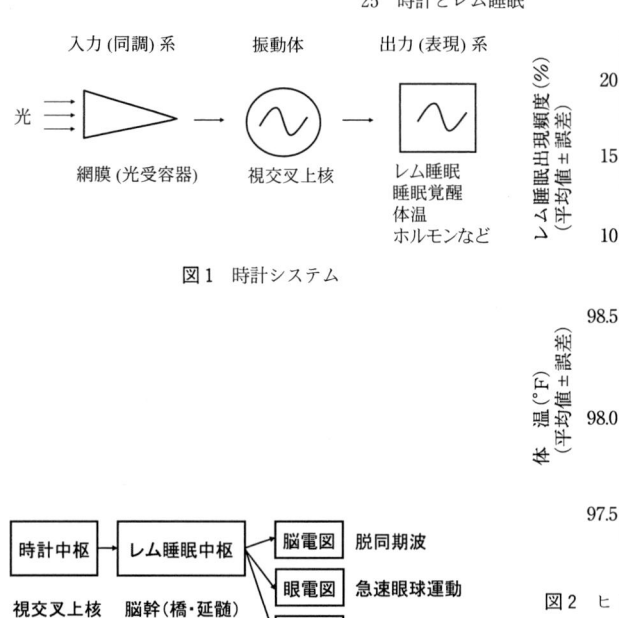

25 時計とレム睡眠

図1 時計システム

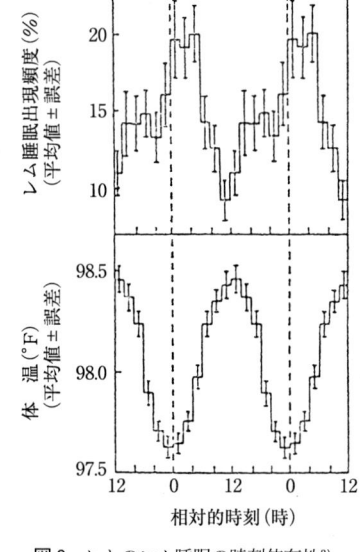

入力(同調)系 — 光 → 網膜(光受容器)
振動体 — 視交叉上核
出力(表現)系 — レム睡眠 睡眠覚醒 体温 ホルモンなど

図2 ヒトのレム睡眠の時刻依存性[2]
内的脱同調下におけるレム睡眠出現頻度と体温リズム位相との関係．横軸：体温リズムの最低値位相を0時とした相対的時刻．

縦軸上：レム睡眠出現頻度(%)(平均値±誤差)
縦軸下：体温(°F)(平均値±誤差)
横軸：相対的時刻(時)

図3 時計，レム睡眠とその表現系

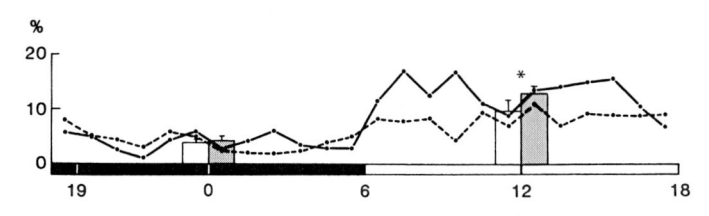

時計中枢(視交叉上核) → レム睡眠中枢(脳幹・橋・延髄) → 脳電図：脱同期波／眼電図：急速眼球運動／筋電図：筋弛緩

図4 若齢および老齢ラットにおけるレム睡眠の概日リズム

実線：若齢ラット8匹（1時間ごとの％レム睡眠量の平均），点線：老齢ラット8匹（1時間ごとの％レム睡眠量の平均），灰色縦棒：若齢ラット（暗期，明期各12時間における％レム睡眠量の平均），白色縦棒：老齢ラット（暗期，明期各12時間における％レム睡眠量の平均），縦軸：レム睡眠出現率，横軸：時間（黒色横棒：暗期12時間，白色横棒：明期12時間）．
＊：明期（休息期）における％レム睡眠量の平均に有意差を認める．

25 時計とノンレム睡眠 —— Biological Clock and NREM Sleep

　欧米など東西方面への海外旅行に出かけると体が疲れているにもかかわらず、なかなか眠れない夜を過ごした経験をもつ人も多い。いわゆる時差ぼけによる一過性の不眠は現地時間と生物時計との時間の不一致により起こる。また時間にまったく手がかりがない場所で昼夜の環境を遮断した「隔離実験」を行っても、被験者はおおよそ1日の周期で睡眠覚醒サイクルを繰り返す。これらは睡眠が生物時計により支配されていることを示すよい例である。

　生物時計は概日リズムを介して睡眠・覚醒の制御をしており、直接覚醒中枢に働きかけ活動期に覚醒信号を送ることで覚醒状態をつくり出し、休息期になるとその信号が弱まり眠気が増大し睡眠状態に至る。一方、眠気は覚醒時間に比例して睡眠負債という形で増え、次第に睡眠圧（睡眠欲求）が高まることからも明らかなように、それ自身がホメオスタシスによる制御を受けている。つまり、睡眠覚醒調節は概日リズムとホメオスタシス機構の両面で制御されているが、これをうまく説明したのが、スイスの睡眠学者 Borbély の提唱した二過程モデルである。このモデルでは睡眠負債による眠気を「プロセスS」、概日リズムによる覚醒シグナルを「プロセスC」とし、眠気は両者の総和からなるとしている[1]（図1）。

　ノンレム睡眠を含む各睡眠段階は明瞭な概日リズムをもつ[2]（図2）が、午後2時頃にも眠気のもう1つのピークがありスペインではこの時間帯に午睡する「シエスタ」という習慣がある。事実、大学生の日中の眠気を反復睡眠潜時測定法により調べると 95% の者が 13 時 30 分～15 時 30 分に集中しているが、夜間の睡眠を十分にとった場合でも午後の眠気を生じることから、午後の眠気はサーカセミディアンリズム（12時間周期リズム）を反映していると考えられる。とくに深いノンレム睡眠段階である徐波睡眠は12時間のリズムをもつことが示されており、午後の眠気は徐波活動を反映している可能性が高い[2]（図2）。

　生物時計の中枢は哺乳類では視床下部の視交叉上核にあると考えられており、ここで概日リズムがつくり出されていると考えられているが、さらに外部環境と同調させることにより正確な24時間周期を示す。近年、概日リズムを形成する分子機構の解明が進み、遺伝子レベルでの発振は時計遺伝子とよばれる一群の遺伝子により行われていることが証明された。概日リズムはまず遺伝子レベルで発振され、細胞レベルで増幅後、個体レベルに至り、睡眠制御に大きな影響を与えている。実際、視交叉上核を電気破壊したマウスや時計遺伝子 *cry1*, 2 ダブルノックアウトマウスでは概日リズムが完全に消失し、睡眠覚醒リズムも平坦化している。これらマウスの睡眠解析を行うとノンレム睡眠量が増加すること、また断眠後のノンレム睡眠にはリバウンドが認められないことから、生物時計は睡眠覚醒リズム制御以外にノンレム睡眠量の調節にも関与していると考えられる。

　以上のことから、ノンレム睡眠のリズムは受動的なものではなく、むしろ生物時計により積極的につくり出されるものであり、それは生物時計中枢である視交叉上核およびリズム発振源である時計遺伝子のレベルで制御されていると考えられる。

〔寺尾　晶〕

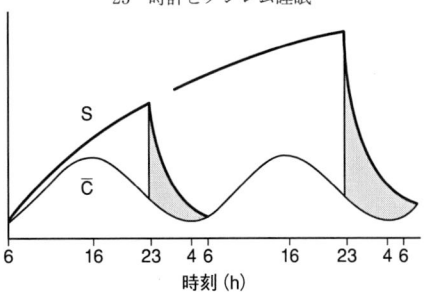

図1 二過程モデル[1]

このモデルでは睡眠負債による眠気を「プロセスS」，概日リズムによる覚醒シグナルを「プロセスC」とし，眠気は両者の総和からなるとしている．入眠すると「プロセスS」は減少し図の斜線で示した部分が睡眠時間となる．1晩断眠すると「プロセスS」は増大するが，「プロセスC」には影響しない．

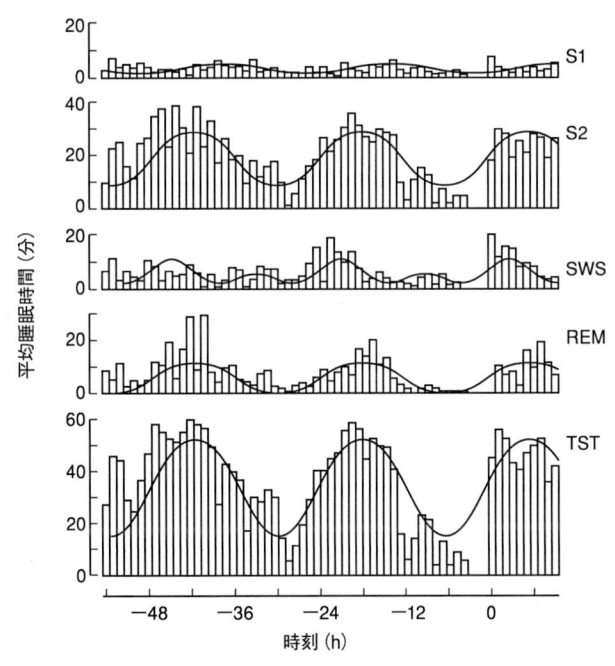

図2 各睡眠段階における健常大学生の平均睡眠量[2]

睡眠の各段階および総睡眠時間は概日リズムを示すが，徐波睡眠はサーカセミディアンリズムを示す．
S1：入眠期，S2：軽睡眠期，SWS：徐波睡眠期，REM：レム睡眠期，TST：総睡眠時間．

文献

1) Borbély, A. A.：*Hum. Neurobiol.*, **1**(3), 195-204, 1982.
2) Hayashi, M. *et al.*：*Clin. Neurophysiol.*, **113**(9), 1505-1516, 2002.

3. 生物リズムの研究法

26 アクトグラフ
—— Actograph

　生物時計の研究では，対象とする生物の生理活動の周期性や波形などを量的に解析するために，しばしばそれらを長期にわたって計測する必要がある．そのため，生物の動きを機械的あるいは電気的手法などにより記録する各種方法が考案されてきた．それらの記録装置をアクトグラフとよぶ．アクトグラフは，生物の動きを検出して電気信号あるいは機械的運動に変換する活動検出部と，それを記録紙やディスクなどに記録する記録部からなる．活動検出部は対象とする生物の生理現象に対応したものが開発されている[1]が，それらは動物の動きそのものを検出する直接方式と，動物の動きに伴って生じる活動箱などの動きを検出する間接方式に大別できる．

　直接方式には光電型，音感型，静電容量型などがある．光電型は，活動箱の一方の壁面から赤外線の光束を投光し，それを反対の壁面上に設置されたフォトトランジスタ，シリコンフォトセル，CdSセルなどで受光する仕組みになっている．動物が動いて光束をさえぎると，センサーの受光量が減少し，それが電気的変化としてとらえられる仕組みになっている（図1）．静電容量型は，活動箱の底部または周辺にコイルを設置することで活動箱にコンデンサー的な役割をもたせ，動物の動きに伴う静電容量の変化を電気信号にする方法である．音感型は，マイクロフォンを利用して，鳴き声や羽音あるいは歩行時に活動箱との摩擦で生じる振動などを検出し，それを電気信号として記録する．これらでは感度を調整すれば，極めて小さな動物の動きでも十分とらえることができる．たとえば，光電型はカやショウジョウバエの飛翔や歩行活動の記録に利用されているし，静電容量型では，ノミ，アリなどの活動や，アザミウマの腹部の運動，ショウジョウバエのはねこすり運動でさえも記録が可能とされている．その一方で，感度が高すぎると，動物の触角の運動などの小さな動きまでとらえることになり，記録がノイジーになり，周期性をあいまいにする危険性がある点に注意せねばならない．

　このほかの直接方式として，ビデオカメラを利用して，動物の動きを画像データとして記録し，コンピュータに取り込んで数値化する方法も用いられている．

　間接方式にはシーソー型，回転輪型などが考案されている（図1）．シーソー型では，活動箱や床板が動物の動きに伴う体重移動で支点を中心にして上下に運動するが，その運動をマグネチックリードスイッチまたは機械的に開閉するスイッチにより電気信号に変える方法が採用されている．回転輪（running wheel）は，輪の回転をマグネチックリードスイッチや光電スイッチなどで電気信号に変えるようになっている．これらの方式は活動箱や回転輪を動かすだけの力をもった，比較的大型の動物に適用される．鳥類ではとまり木にスイッチを設置し，とまり木上でのホッピングを電気信号に変換する方法がしばしば用いられる．植物では，葉の就眠運動を適当な装置によって直にカイモグラフに描かせるやり方も用いられている．これらの活動検出部は，構造が簡単で故障が少なく，長期にわたる記録に適している．

　飲水行動や摂餌行動などの記録には特殊なものが考案されている．飲水行動では，電流回路や光電スイッチで動物の給水口への接近を計測するものや，飲水時に一定の大きさの水滴が滴下するような装置を用い

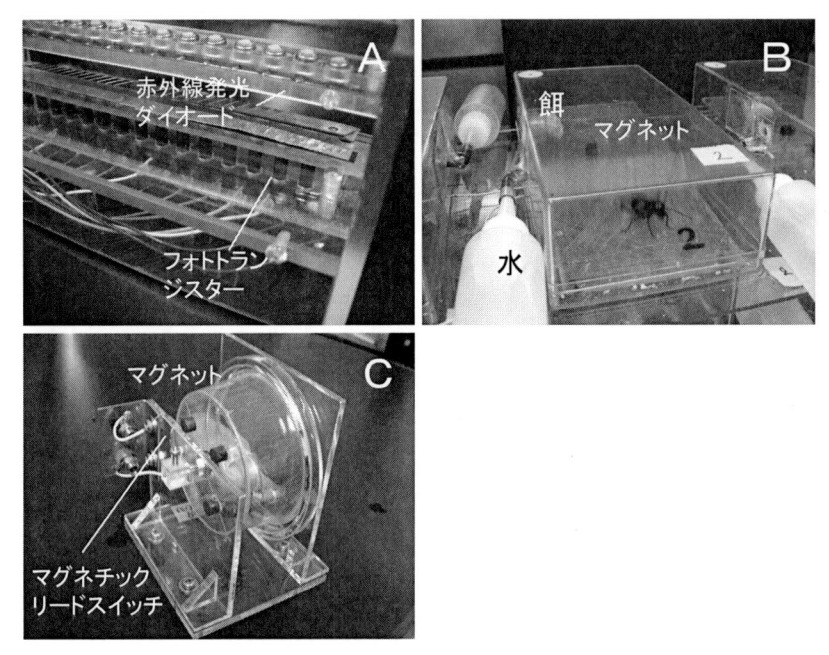

図1 昆虫用活動検出部の例
A:光電型,B:シーソー型,C:回転輪型.

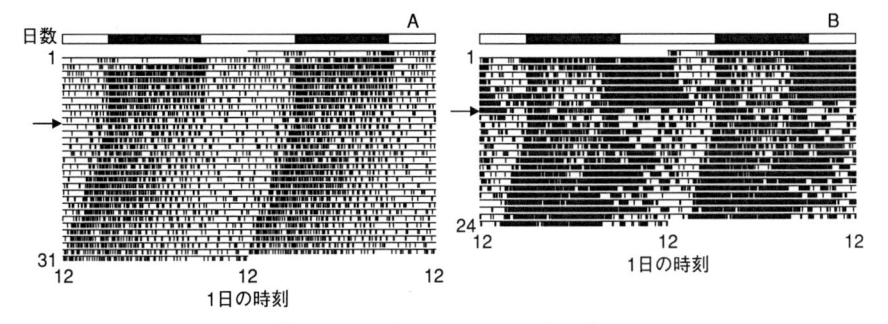

図2 アクトグラフによる活動記録の違い
Aはシーソー型の活動箱での,Bは回転輪を用いた場合のフタホシコオロギ雄成虫の活動リズムのダブルプロットアクトグラム.記録開始後数日間は明暗周期下で記録を行い,その後矢印で示した日の18時に恒暗条件に移行し,引き続き計測を続けた.シーソー型では明瞭な夜行性のリズムを示すのに対して,回転輪型では明期の活動が強く,そのパターンは恒暗条件下でも継続した.

て，その水滴の滴下数をカウントする方式が考案されている．後者では，水滴の大きさをあらかじめキャリブレートしておけば，飲水量を推定することも可能である．摂餌行動の場合にも同様に，動物が餌箱にふれると電流回路が形成され信号が発生する装置や，餌箱の前に光電スイッチを設置したものなどが用いられる．餌場に飼料がなくなると自動的に飼料が餌場に落下するような方式では，摂食量も計測可能である．

活動検出部は，構造や原理が異なるだけでなく，しばしば動物に与える影響も異なる．たとえば，盲目ラットの活動リズムの周期を，静電容量型を用いた記録と回転輪を用いた場合とで比較した場合，回転輪を用いた場合のほうが有意に短く，また個体差も大きくなることが報告されている．またコオロギでは，シーソー型を用いた場合には明瞭な夜行性の活動リズムが記録されるのに対して，回転輪を用いた場合には昼行性の成分が非常に強く現れる（図2）．行動そのものが概日リズムに影響する可能性が指摘されており，こうした点も考慮に入れて記録装置を選ぶ必要があるだろう．

活動記録箱や回転輪などの活動検出部の内部構造も，活動リズムに影響を与える場合がある．例えば，巣箱などの隠れ家がある場合とない場合では活動リズムの周期が異なることが報告されている．このような周期の変化は，動物自身が明暗周期をつくりそれが位相反応曲線に従って周期を変化させると説明されている[2]．同様な理由で，動物自身が光をオン・オフできる場合にも，そうでない場合とはしばしば周期が異なる．

活動検出部を設置する環境も十分考慮する必要がある．通常は光や温度の条件が設定できるインキュベーターや恒温室が用いられる（図3）．光条件の設定にはタイマーに接続した白色蛍光灯が利用される場合が多いが，白色蛍光灯は主として青，緑，赤などいくつかの波長の光を組み合わせることで白色に見えるようになっているものが多い．また，その明るさが点灯時間や温度によって変化する．したがって，こうした点に十分注意するべきである．

記録部には初期にはペンレコーダーが使用された．通常は，24チャンネルのような多数のペンが横に並んだ記録計で，記録紙が1時間に10mm程度動くように設定されていた．動物が動くとペンが1度だけ横にふれ，記録紙上にスパイク状の記録が描かれる．この記録紙を24時間ごとに切り，チャンネルごとに第1日から始めて日ごとにその下に記録を張り合わせていくと（図4），図2のような活動記録図すなわちアクトグラム（actogram）が完成する．最近では，この作業はすべてコンピュータ上で行うことが多くなっている．この場合，センサーで発生した電気信号を，パソコンに取り込んでディスクへ記録する方式が一般的である（図3）．パソコンへの取り込みは，スイッチングボードを介して行う．汎用の多チャンネルのスイッチングボードが市販されており，それに直接シグナルを入れることができる．パソコン側の取り込み用ソフトは自作するか，多少高価にはなるが市販のソフトウエアを用いる．コンピュータ上での作図では，従来型のアクトグラムのほかに，単位時間当たりにどのくらいの活動が生じたかを示すヒストグラム方式のものも頻繁に使われている．

（富岡憲治）

文 献
1) 千葉喜彦：生物時計，岩波書店，1975.
2) Aschoff, J. ed: *Handbook of Behavioral Neurobiology, vol. 4. Biological Rhythms*, Plenum Press, pp.81-93, 1981.
3) 富岡憲治他：時間生物学の基礎，裳華房，2003.

図3 活動記録箱を設置したインキュベーター（左）と自動計測用コンピューター（右）

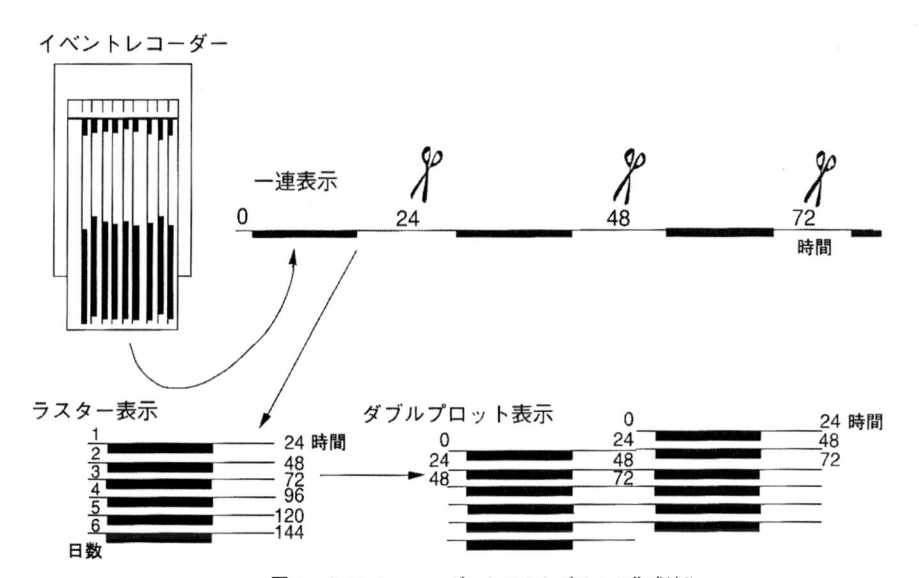

図4 イベントレコーダーとアクトグラムの作成法[3]

一連の時系列データを，24時間ごとに切り，それを縦に並べたラスター表示がよく用いられる．この表示では同じ時刻は縦に並ぶことになる．フリーラン状態ではリズムの開始時刻は日々ずれていくので，そのずれがわかりやすいように同じ記録をコピーして，1日だけずらして張り合わせたものがダブルプロット表示である．

27 リズム解析法

—— Analyses of Circadian Rhythm

時系列標本から生体リズムを抽出しその特徴を数量化する解析方法である．生体リズムの特徴は，リズム周期，リズム振幅，振動レベルなどで表現される．

1. **視察法** (visual inspection)

行動リズムのように数サイクルから数十サイクルにわたり連続的な測定が可能な時系列標本は，ダブルプロット法とよばれる表記法で視覚化される[1]．これはグラフの縦軸に日数，横軸に時刻を2日分（48時間）とり，第1行に1日目と2日目の測定値を，第2行に2日目と3日目の測定値と，順次1日ずつ重複させて記載する方法である（図1）．この方法により，24時間とは異なる周期をもつ生体リズムの推移をより明確にとらえることができる．また，生体リズムが定常状態か移行期にあるかを知ることができ，さらに複数の周期性の存在も確認できる．横軸の長さを24時間でなく，リズム周期に置き換えると，生体リズムの位相は変化せず，グラフ上では垂直に経緯する．これをモジュラー・タウ（modular τ）表記法という．行動リズムの周期計算に，視察法で特定リズム位相を直線で追う方法は，現在でも多くの研究者が採用している．

2. **ペリオドグラム** (periodogram)

行動リズムなど連続して記録された時系列標本の解析に用いられる．周期的に繰り返して増減する標本は，その周期で重ね合わせることによりサイクルごとの標本の変動が最小になることを利用した解析法である．たとえば，ある周期をもつ生体リズムが20サイクル記録されたとする．20時間から28時間まで0.1時間刻の仮周期で，20サイクルの時系列標本を重ね合わせ，標本変動を計算する．グラフの横軸に重ね合わせに用いた仮周期を，縦軸に標本変動を表す指標（たとえば，χ二乗）をとり[2]，その指標が統計的有意水準を超えて最大になるときの仮周期を，時系列標本に含まれる周期とみなす（図2）．

3. **コサイナー法** (cosinor method)

時系列標本を，最小二乗法を用いてコサイン曲線に最適に当てはめ，そのコサイン曲線の周期，振幅，水準をもって時系列標本に含まれるリズムの特性とする．最適化の統計学的有意性は棄却楕円法を用いて検定する[3]．360度を24時間とみなした円に，棄却楕円と平均位相，振幅を示して結果を表示する（図3）．ただし，時系列標本に正弦波的変動がない場合には，誤った解釈をしてしまう危険性がある．

4. **分散分析法** (analysis of variance)

独立した，または同一個体から連続して測定した時系列データに，時刻に依存した変動があるかどうかを調べる方法である．この方法で有意差が出た場合，時系列データに周期性があると判断する．（本間研一）

文献

1) Richter, C. P.: *Comp. Psychol. Monogr.*, 1, 1-55, 1922.
2) Sokolove, P. G. and Bushell, W. N.: *J. theor. Biol.*, 72, 131-160, 1978.
3) Halberg, F. *et al*: Circadian System Phase-An aspect of temporal morphology ; procedure and illustrative example. In von Mayersbach, H. ed: *The Cellular Aspects of Biorhythms*, Springer-Verlag, pp. 20-48, 1967.

27 リズム解析法

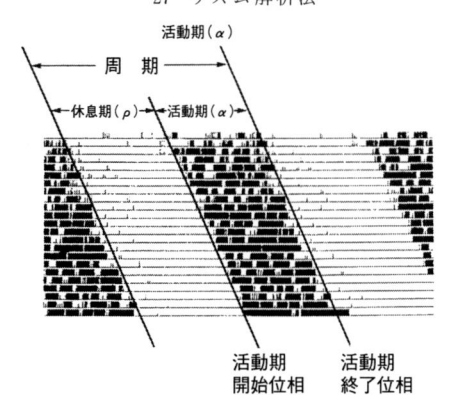

図1 行動リズムのダブルプロット法

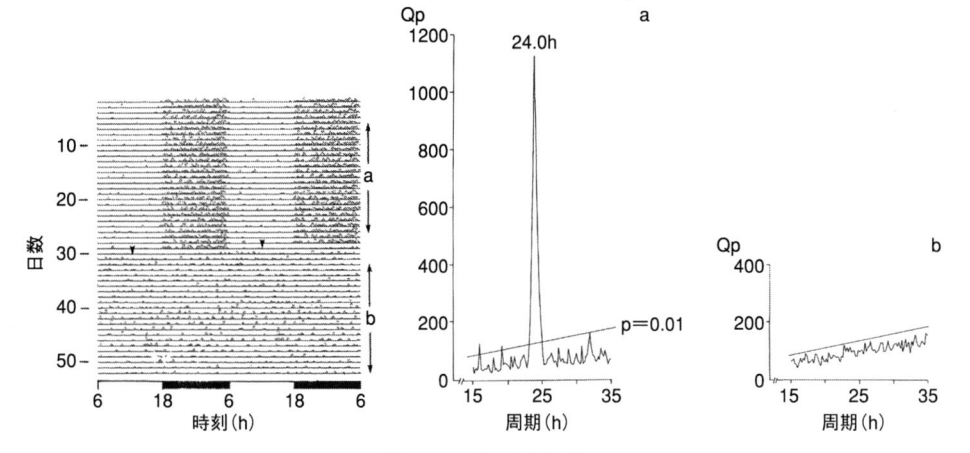

図2 χ 二乗ペリオドグラム

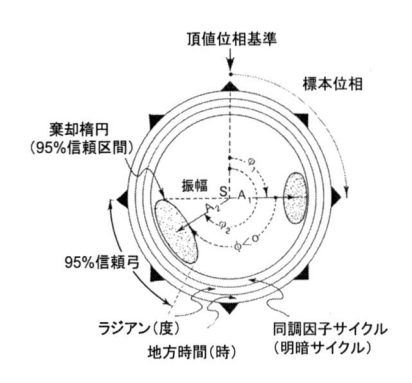

図3 コサイナー法

28 睡眠脳波
—— Sleep Electroencepharograph

動物の進化の過程で獲得された睡眠中の脳波変化とは高振幅徐波の出現である．脳波はとくに大脳皮質の機能状態と密接に関係しており，意識水準と関連して変化する．脳の活動水準が高いほど周波数の高い波（速波）が多くなり，活動が低下すると周波数の低い波（徐波）が多くなる．睡眠脳波の測定は1936年のLoomisらが最も初期に行った．その後1953年にKleitmanらが眼球運動を測定し急速眼球運動パターンを発見したことが，初めてのレム睡眠の記述となり，ヒトの睡眠研究の基礎となった．

1. 睡眠脳波の記録法

1968年にRechtschaffenとKalesらによってまとめられた方法[1]が標準化され，現在まで国際的な睡眠脳波測定および判定法とされている．この方法（通称R＆K法）では，睡眠中の複数の生体現象を同時に記録する手法（睡眠ポリグラフィ）を用いて，脳波，眼球運動および筋電図が必須な測定項目とされている．脳波では，基準電極を左右耳朶または乳様突起に置く．導出部位は頭頂部（脳波電極配置10/20電極法のC3またはC4）で，この2カ所が最低限必要とされるが，後頭部（O1またはO2）からも同時導出することが望ましい．基準電極は，導出部位に対し反対側とする．頭頂部はδ波が，後頭部はα波が優勢に出現しかつ振幅が大きい部位であるため採用されている．眼球運動では，眼窩外側縁から1cm外側1cm上方と，対側の眼窩外側縁から1cm外側1cm下方の2カ所に皿電極を配置する．基準電極を一方は反対側に，もう一方は同側に導出する方法と，両方とも反対側に導出する方法がある．筋電図は，オトガイ筋，または下オトガイ筋上の皮膚表面の2,3カ所に皿電極を置き，双極導出する．

2. 睡眠脳波の判定法

3種類の記録波形の特徴的所見を組み合わせて睡眠深度が目視により判定される．睡眠深度には，覚醒と，段階1から段階4で構成されるノンレム睡眠およびレム睡眠がある．判定は記録一区画ごとに行うが，区画内に2種類の睡眠段階が存在した場合は50％以上を占める睡眠段階をその区画の睡眠段階とする．各睡眠段階の特徴所見を表1に示す．

3. 睡眠の評価法

睡眠の評価法として，睡眠段階判定後にマクロ的構造評価として睡眠構築指数や睡眠経過図（ヒプノグラム）（図1）に総括する方法が一般的である．睡眠構築指数には，全就床時間（就床から起床までの時間：TIB），入眠潜時（就床から入眠までの時間：SL），睡眠期間（入眠開始から最終覚醒までの時間：SPT），中途覚醒時間（睡眠期間中の覚醒段階時間の総和：WASO），全睡眠時間（睡眠期間中の睡眠段階1～4およびレム睡眠の総計またはSPT－WASO：TST），睡眠効率（TST/TIBまたはTST/SPT：SE），各睡眠段階出現率（各睡眠段階総和/TST）などがある．また数秒の脳波変化のように睡眠段階判定に影響を与えない場合を睡眠ミクロ的構造として評価する．1992年に米国睡眠医学会で示された脳波覚醒反応[2]はその代表的なものとして，終夜の総数や睡眠1時間当たりの頻度を算出し睡眠分断化の指標として用いる．脳波覚醒反応は3秒以上の急激な脳波変化（θ波，α波，16Hz以上の脳波，ただし紡錘波は含まない）と定義されている．さらに2002年Terzanoら

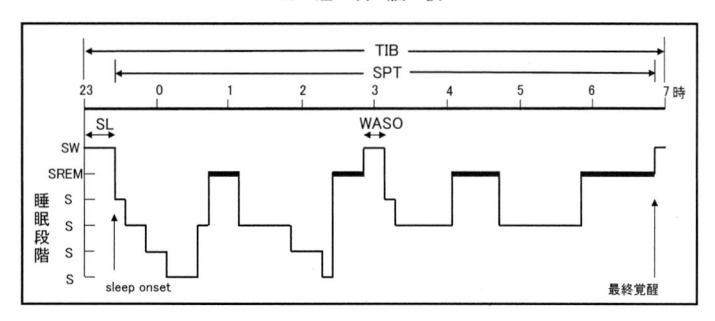

図1 睡眠経過図（ヒプノグラム）
TIB：time in bed 全就床時間分（分），SPT：sleep period time 睡眠期間（分），SL：sleep latency 入眠潜時（分），WASO：wake after sleep onset 中途覚醒時間（分）．

表1 睡眠段階と特徴所見

	脳波	眼球運動	筋電図
段階 W （覚醒）	閉眼時：α波が50％以上と優勢 開眼時：低振幅かつ様々な周波数帯（LVMF）の脳波	開眼時：急速眼球運動（REMs）や瞬目 閉眼時：平坦	高振幅持続性
段階 1 （睡眠第1段階）	α波出現量が50％以下 背景波はLVMF C 3, C 4 優位に頭頂部鋭波出現	緩徐眼球運動（SEMs）	高振幅持続性
段階 2 （睡眠第2段階）	背景波はLVMF K-複合波や紡錘波出現	消失	相対的振幅低下傾向 活動は持続性
段階 3 （睡眠第3段階）	2 Hz以下かつ75μV以上のδ波が区画の20〜50％を占める	消失 高振幅δ波の混入	相対的振幅低下傾向 活動は持続性
段階 4 （睡眠第4段階）	2 Hz以下かつ75μV以上のδ波が区画の50％以上を占める	消失 高振幅δ波の混入	相対的振幅低下傾向 活動は持続性
段階 レム （レム睡眠期）	LVMFだが段階1より低振幅 α波混入あり　鋸歯状波出現	REMs	最低振幅 単発の筋活動を認める

は，ノンレム期の背景脳波活動とそれとは形態，周波数および振幅の違いで区別される脳波像の周期的な活動（CAP：cyclic alternating pattern）を，睡眠分断化や不安定性の評価法とした[3]．周期的脳波活動時間がノンレム睡眠時間中に占める割合をCAP率とする．また脳波波形の数学的分析方法である高速フーリエ解析法や，物理的に周波数帯域フィルタを用いて周波数帯域スペクトログラムで評価するようなコンピュータ解析方法もある．

（八木朝子・伊藤　洋）

文　献

1) Rechtschaffen, A. and Kales, A.：*A Manual of Standardized Terminology, Techniques and Scoring System for Sleep Human Subjects*, BIS/BRI University of Calfornia, Los Angeles, 1968.
2) ASDA Report EEG Arousal：*Sleep*, 15, 173-184, 1992.
3) Terzano, M. G. *et al.*：*Sleep Medicine*, 3, 187-199, 2002.

29 QTL（量的形質座位）
―― Quantitative Trait Loci

　概日リズムを含めた様々な生命現象および疾患の多くは，比較的明確な遺伝的要因に起因するものではなく，むしろ複数の遺伝子と環境要因により決定される複雑な多因子遺伝と考えられている．従来のF2マウスを用いたQTL法では，信頼区間を候補遺伝子同定可能な区間（～2 Mb，平均20個の遺伝子）にするのには約6000匹のマウスを必要とする．そのため，これまでに2000以上のQTL（quantitative trait loci，量的形質座位）が染色体上にマップされてきたが，原因遺伝子の同定までに到ったものは20個にも満たないというのが現状である．今現在，約1000系統の新しい近交系マウスの作出および既存の近交系マウスのゲノムシークエンスプロジェクトが進行中で，QTLを遺伝子レベルで同定する有効な手段と期待されている．

1. RISを使ったQTLマッピング

　RIS (recombinant inbred strains) は，F2マウスを兄妹交配（20世代以上）を繰り返すことによって得られた新しい近交系マウスの系統である．最大のメリットは，F2マウスとは違って，同じ遺伝子型をもつ動物を無限につくり出すことができる点である．行動のように比較的環境の影響を受けやすい現象を扱うときには非常に適しているが，その系統の数が限られており，影響の弱いQTLの検出は難しい．今現在一番多くの系統が存在するのは，DBA/2JとC57BL/6Jを用いたRISで，約100系統存在している．一般的に，QTLを検出するのには40系統，また2 Mbの信頼区間に到達するには500系統必要とされている．Complex Trait Consortiumは，8種類の近交系マウスから，約1000系統のRIS作出と1000以上のマーカーで遺伝子型を調べるプロジェクトを現在進行中で，この系統ができ上がれば，自分が検出したい表現型のみを測定するだけで，精度の高いQTLマッピングが可能となる[1]．

2. 近交系マウスを用いたQTLマッピング

　マウスゲノムシークエンス終了後，近交系マウスは，主に2つの祖先のハプロタイプ（*M. m. musculus* と *M. m. domesticus* 由来）をもつ，組み換え頻度の高い広義のRISとみなせることが明らかとなった（図2）．複数の近交系マウスの表現型と相関するハプロタイプを検索することにより，F2解析なしにQTLを高精度にマッピングできる可能性が考えられる．Pletcherらは，10,990個のSNP（～1 SNP/300 Kb）と25系統のマウスの表現型を用いて，既知の単一遺伝子表現型（毛色，視覚）のみならず複数遺伝子表現型（味覚，コレステロール）に影響を及ぼす遺伝子群の同定に成功している[2]．

　概日リズムがその病態に関与していると思われる疾患は高血圧を初めとした循環器疾患，糖尿病などの内分泌疾患，さらには悪性腫瘍，睡眠障害と密接に関連した精神疾患など多岐にわたる．概日リズムの中核をなす遺伝子上の突然変異は表現型に多大な影響を及ぼすことが報告されているが，自然界における表現型の多様性は，むしろ複数のQTLによる可能性が高いと考えられる．マウスにおいて同定されたQTLはヒトの概日リズム関連の疾患の解明に役立つものと期待している．

〈下村和宏〉

文献

1) Churchill, G. A. et al. : *Nat. Genet.*, **36**, 1133-1137, 2004.
2) Pletcher, M.T. et al. : *PLoS. Biol.*, **2**, e393, 2004.
3) Wade, C.M. et. al. : *Nature*, **420**, 574-578, 2002.

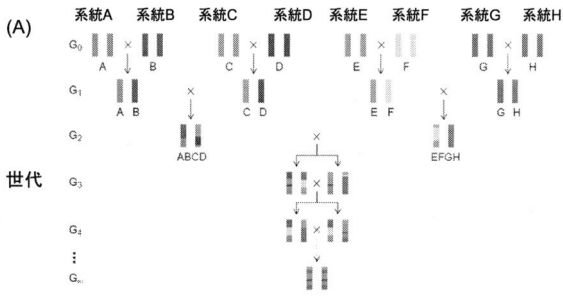

図1 RIS (Churchill *et al*, 2004[1])より改変)
A：8系統のマウス (C 57 BL/6 J, A/J, 129 S 1/SvLmJ, NOD/LtJ, NZO/HILtJ, CAST/EiJ, PWK/PhJ and WSB/EiJ) によるRISの作出法. B：8系統によるRISのゲノムの一例.

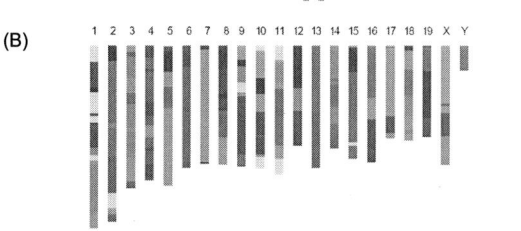

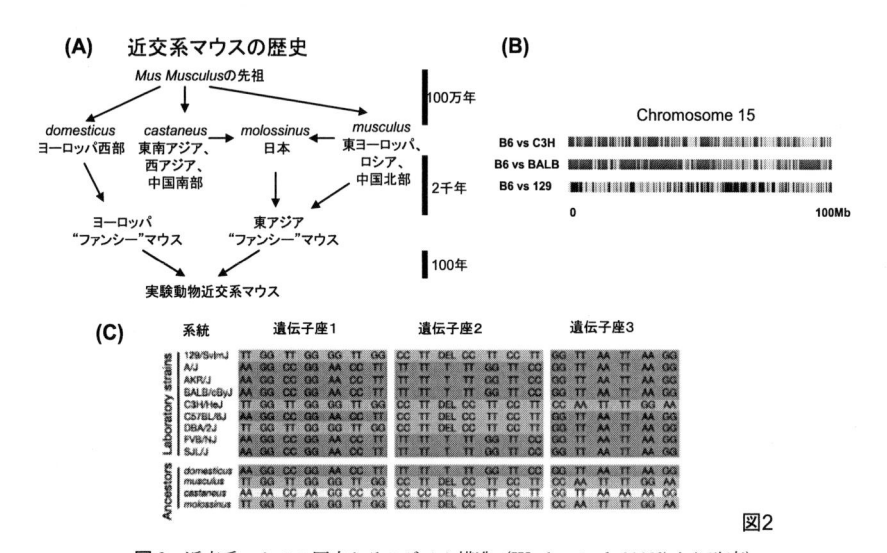

図2 近交系マウスの歴史とそのゲノム構造 (Wade *et al*, 2002[3]) より改変)
A：近交系マウスはヨーロッパのファンシーマウス (*domesticus*) と東アジアのファンシーマウス (*musculus* と *castaneus* の雑種) がその起源と考えられている. B：モザイク状態のマウスゲノム. C 57 BL/6 J と他の3系統 (C 3 H/HeJ, BALB/cByJ および 129 S 1/SvlmJ) のハプロタイプを染色体15番目で比較したところ, SNPが存在する領域 (灰色) と, SNPが存在しない領域 (黒) に明確に分かれる. 高頻度でSNPが存在するのは全体の約1/3にしかすぎない. 約50％以上ハプロタイプブロックは, その大きさが2 Mb以上である. C：近交系マウスのほとんどの遺伝子座では, *domesticus* (WSB/Ei), *musculus* (CZECH/Ei) または molossinus (MOLF/Ei) 由来の2つのハプロタイプしか存在しない.

30 血中ホルモン —— Circulating Hormone

1. ホルモンと時計

1) ホルモンとは： ホルモン (hormone) は特定の内分泌腺で合成され血中に分泌される生理活性物質である．分泌後は血流に乗って全身に運ばれ，標的細胞のホルモン受容体に結合し，極めて微量で特定の効果を発揮する．ただし，血流に乗らず局所的に作用する場合もあり定義は厳密ではない．

2) ホルモンの中枢： 間脳の視床下部は体温・血圧など自律機能，摂食・生殖など本能的な機能の中枢であり，自律神経と脳下垂体ホルモンによって全身に指令を出す．また，末梢側から分泌されるホルモンは脳にフィードバックをかける（図1）．なお時計中枢である視交叉上核から脳内各部への時刻情報・睡眠覚醒情報伝達には，プロキネシチン2，オレキシン，プロスタグランジン D_2 などの生理活性物質が関与しているが割愛する（89「オレキシン」，90「プロスタグランジン」参照）．

3) ホルモンの日周性： 人間の体温，血圧等には日周性があることが知られており（図2），また，虚血性心疾患や脳卒中などに好発時刻があることも知られていた．微量なホルモンの高感度な測定（RIA法）が可能となった1960年代になると，それらの生理機能を調節するホルモンの日周性が調べられ多くのホルモンで日周リズムが報告されている．日内振動するホルモンの例を表1に示す．ただし，日周性振動が睡眠・食事に影響される場合もある．たとえば，成長ホルモン，プロラクチン，甲状腺刺激ホルモンなどの下垂体前葉ホルモンは入眠後に分泌が急増し覚醒とともに減少する．血糖を調節する膵島ホルモン，食欲を調節するレプチン，グレリンなどは基礎分泌量の概日リズムも観察されているが，当然ながら摂食により増減する（図3）．したがって，恒常条件で維持される「概日リズム」であるかどうかは注意深く観察する必要がある．また，脳と末梢でリズムや役割が異なるホルモンも多く，バソプレッシンは視交叉上核で顕著な概日リズムがあるが血中レベルでは概日振動しないと報告されている．なお，休眠や繁殖期など季節性の時計においても時計中枢やホルモンの振動が関与している（石居編，1980参照）．

4) ホルモンによる末梢時計の支配： 視交叉上核にある時計中枢の時刻を末梢に伝えるものは何か．正常動物の血液や視交叉上核を視交叉上核破壊動物に移植することで概日行動を回復できるので，液性因子が時刻情報の伝達を行うと考えられている．メラトニンとコルチゾールは有力な「時計ホルモン」候補であり，それらの血中・唾液中濃度は「時計マーカー」としても利用されつつある．メラトニンは夜間に高い顕著な概日振動を示し，メラトニン投与による行動リズムのリセットも報告されており有力な時計ホルモン候補である．詳しくは101「メラトニン」を参照されたい．しかし，メラトニンを合成できない近交系マウスや，松果体破壊動物でも末梢時計は中枢に同調するので，メラトニンによる単独支配は考えにくい．なお，夜行性の動物はメラトニンレベルが高い時間帯に活動し，また，ヒトでは光周期の時差によって睡眠リズムとメラトニンリズムとのずれが起こることなどから，メラトニンは一概に「睡眠のホルモン」ともいえない．一方，副腎皮質ホルモンであるコルチゾール（主要な糖質コルチコイド）は起床直前に

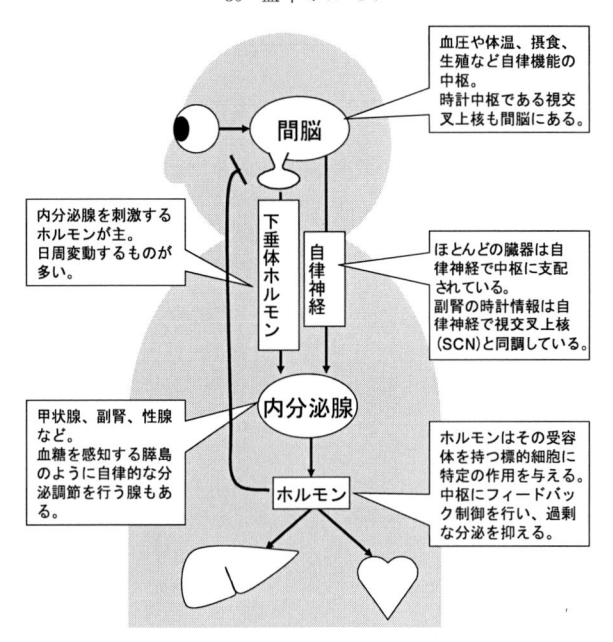

30 血中ホルモン

図1 間脳による内分泌の制御

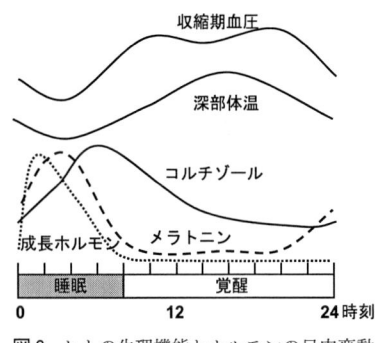

(図中ラベル)
- 間脳
- 下垂体ホルモン
- 自律神経
- 内分泌腺
- ホルモン

(注釈)
- 血圧や体温、摂食、生殖など自律機能の中枢。時計中枢である視交叉上核も間脳にある。
- 内分泌腺を刺激するホルモンが主。日周変動するものが多い。
- ほとんどの臓器は自律神経で中枢に支配されている。副腎の時計情報は自律神経で視交叉上核(SCN)と同調している。
- 甲状腺、副腎、性腺など。血糖を感知する膵島のように自律的な分泌調節を行う腺もある。
- ホルモンはその受容体を持つ標的細胞に特定の作用を与える。中枢にフィードバック制御を行い、過剰な分泌を抑える。

図2 ヒトの生理機能とホルモンの日内変動の模式図

収縮期血圧の振幅は約 20 mmHg, 深部体温は約 1℃. 例は 20〜30 歳代の模式図. 加齢とともに血圧は上昇し, 位相は前進する.
ホルモンは典型的なパターンを示した. 振動幅は, コルチゾールは 5〜25 μg/dL, メラトニンは数〜60 pg/mL 程度, 成長ホルモンは昼間約 1 ng/mL, 成長期のピーク時で数十 ng/mL (加齢とともに減少).
変動パターンについて血圧は林, 1995 を, 体温は井上, 1988 を, ホルモンは市原, 2001 などを参考に作成.

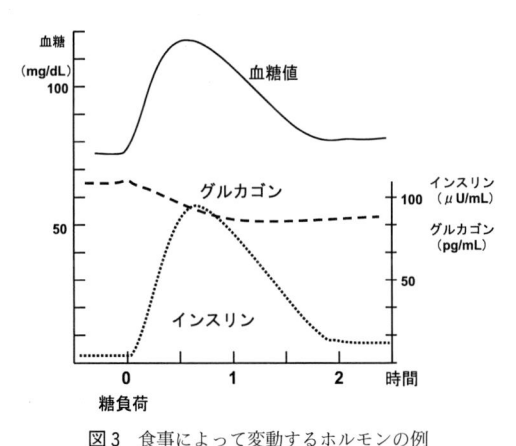

図3 食事によって変動するホルモンの例

正常血糖値は空腹時 70〜110 mg/dL, 食後 140 mg/dL の範囲で変動する. インスリンは空腹時数〜15 μU/mL で, 血糖上昇に連動して上昇し, ピーク時 100 μU/mL. グルカゴンは空腹時 70〜160 pg/mL で, 食事によって抑制される.
インスリン・グルカゴンの変動・数値は, Müller et al., 1970 などを参考に作成.

ピークとなり深夜に最低となる顕著な血中リズムが知られている．副腎の時計情報は自律神経により視交叉上核に支配されており，副腎ホルモンは中枢時計情報のメディエーターとなりうる．コルチゾール投与は培養細胞や動物の末梢臓器に時計遺伝子発現のリズムを誘導できる．多くの臓器に発現している糖質コルチコイド受容体が，視交叉上核にはないことも時計ホルモンであることを支持する．しかしながら，副腎除去マウスの肝臓における遺伝子発現プロファイル解析では概日リズムを失った遺伝子もあるが，依然として肝臓の概日時計は中枢に同調しており，副腎ホルモンが唯一の末梢時計同調因子とはいえない[6]．なお，コルチゾールのほかに，エンドセリン1，アンジオテンシンIIなど培養細胞に時計リズムを誘導する刺激が知られており（84「血清ショック」参照），別の，あるいは複数のホルモンや自律神経も含めた重層的な制御系が存在する可能性がある．

2. 血中ホルモンの実験方法

1) ホルモンの測定： ホルモンの血中量は微量であり，定量には高感度な測定方法が必要とされる．抗ホルモン抗体を用いたRIA（radio immuno assay）は高感度で臨床検査に広く用いられている．RIAは放射性ヨウ素を用いるため実施に制約があり，放射性物質の代わりに酵素標識を用いて発色などで検出するELISA（enzyme-linked immunosorbent assay, ELISA, EIA）が後に開発された．各種ホルモンに対するELISA，RIAのキットが市販されている．HPLCによる検出は高感度で選択性が高いのでカテコールアミン（アドレナリン，ノルアドレナリン，ドーパミン）の分離測定などに用いられているが，一般に処理が煩雑で多検体処理に向かない．材料としては血液のほか，唾液・尿から測定できる場合もある．

2) 分泌腺除去・移植： 動物実験では目的ホルモンの主な分泌腺（副腎，松果体，下垂体，甲状腺，膵島，性腺など）の切除や破壊が可能であり，処置動物も販売されている．また，視交叉上核破壊や眼球除去は中枢時計や光入力の影響を除外するときに行う．自律神経による末梢支配の影響を除去するには分泌腺移植や自律神経の切断を行う．

3) ホルモン作用の増強と阻害： ホルモン作用を与えるためにはホルモンやその前駆物質，アゴニスト（作動物質）の投与が有用である．ホルモン作用を阻害するためのアンタゴニスト（拮抗物質），ホルモン合成酵素阻害薬は多く開発されており入手可能なものが多い．ホルモンの実験手技については成書を参照されたい[7]．

4) 人における測定条件： 本項ではヒトでのリズムを述べたが，照明や食事，睡眠の影響を排除しなければ「概日リズム」ではなく「日周リズム」の観察にとどまる．概日リズムの測定のためには恒常条件で行う必要があるが被験者を恒常状態に長期間おくことは難しいため，ヒトでの概日リズムを明らかにした論文は少ない．1～2日ではあるが恒常条件に近い条件で測定を行うために，低い照度下で断眠し少量の食事を頻回に摂る「コンスタントルーチン」という方法がとられている（41「コンスタントルーチン」参照）． （花井修次）

文献

1) 林 博史：頭のリズム・体のリズム，ごま書房，1995.
2) 井上昌次郎：睡眠の不思議，講談社，1988.
3) 市原清志：臨床検査，**45**(6), 617-631, 2001.
4) Müller, W. A. *et al.*：*N. Engl. J. Med.*, **283**, 109-115, 1970.
5) 石居 進編：ホルモンと時間―生殖周期の内分泌学―，学会出版センター，1980.
6) Oishi, K. *et al.*：*DNA Res.*, **12**, 191-202, 2005.
7) 日本比較内分泌学会編：ホルモン実験ハンドブックI～III，学会出版センター，1991.

表1 日内変動するホルモンの例

	ホルモン	分泌腺	ピーク時（ヒト）
夜間の血中濃度が高いホルモン	メラトニン 甲状腺刺激ホルモン（TSH） 成長ホルモン（GH） プロラクチン（PRL） オキシトシン バソプレッシン	松果体 下垂体 下垂体 下垂体 下垂体 下垂体	2～4時 覚醒前 覚醒前 覚醒前 2時頃 2時頃
昼間の血中濃度が高いホルモン	糖質コルチコイド 鉱質コルチコイド アドレナリン	副腎皮質 副腎皮質 副腎髄質	早朝 早朝
食事によって血中濃度が上昇するホルモン	インスリン レプチン	膵ランゲルハンス島B細胞 脂肪細胞	
空腹時の血中濃度が高いホルモン	グルカゴン グレリン	膵ランゲルハンス島A細胞 消化管	

ほとんどのホルモンで日周振動や概日振動が報告されており，一部のみ示す．

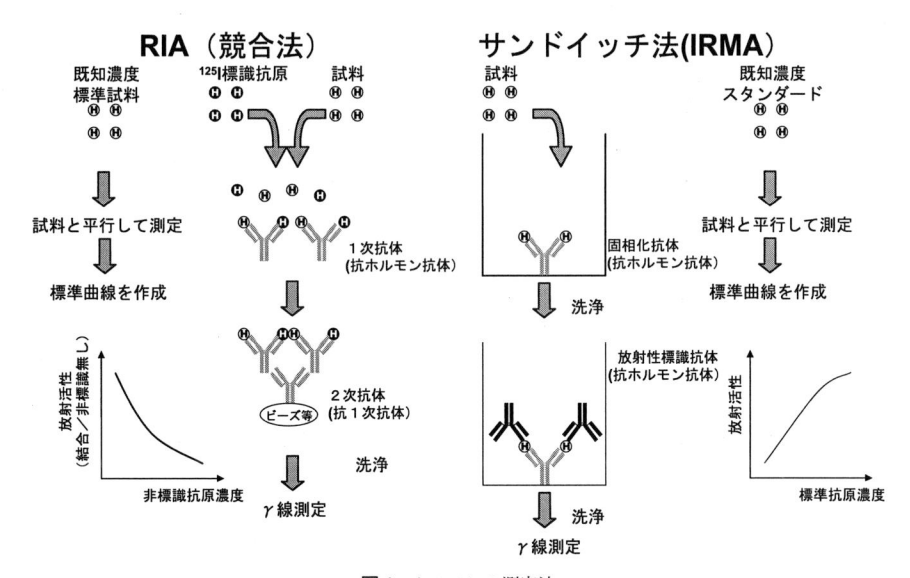

図4 ホルモンの測定法

RIA法は1956年に初めて報告され，1959年に確立された．インスリンから始まったRIAはその後多くのホルモンやウイルス等の測定に用いられるようになった．開発者のYalow（アメリカ）はこの業績により1977年のノーベル医学生理学賞を受けた．RIAに似た測定法に，抗ホルモン抗体の代わりにホルモン結合タンパクを用いたCPBA（competitive protein binding assay）や受容体を用いたRRA（radio receptor assay）などもある．放射性標識を用いないELISA（EIAとも）は1971年にEngvallとPerlmanによって最初に報告された．ELISAの主流はIRMAと同様のサンドイッチ法で，標識にはアルカリフォスファターゼ（ALP）やホースラディッシュペルオキシダーゼ（HRP）を用い，発色・蛍光・発光基質で検出する．

31　MUA

―― Multiple Unit Activity

1. MUAとは

MUA (multiple unit activity) とは実験動物の脳神経細胞の活動電位を動物を拘束せずに記録する方法である．図1はMUAの測定を行っているラットの図である．この方法は行動している動物の脳の活動を測定するためにOldsによって開発された．

麻酔下においてラットなどの実験動物の頭蓋に，単一ユニット電位を記録するものよりはインピーダンスが低く，脳波を記録する電極よりは高い金属電極を慢性的に固定する．手術の回復を待ってから，この電極から電位変化を誘導し，200から500 Hz以下の低周波成分を電気的フィルターで除去し，残ってくる1 ms程度のパルスを数える．このパルスは電極先端の近傍に位置した数百から数千の神経細胞の活動電位が記録されたものである．したがって振幅も波形も数種類が混じっている．動物の動きによって雑音が入りやすい欠点はあるが，MUA記録は自由に動き回っている動物から数日から数カ月にもわたって，安定して脳の活動を記録することができる．

2. 脳の中の電気活動

MUAでラットの脳を精査すると，脳内の神経細胞の活動は，脳波状態（徐波睡眠か，逆説睡眠か，覚醒しているかの違い）と相関して変化する．1日でみると，夜に活動が亢進し，昼間は沈静化している細胞が多い．これはラットが夜行性の動物であることと対応している．MUAは局所的な細胞集団の活動を加えたものであるので，個別の細胞の振る舞いはわからない．図2は脳内の活動を記録したもののまとめである．

3. 視交叉上核の活動

ラットの脳のなかでも特別な概日リズムを示すのが視床下部視交叉上核で記録されるMUAである．この場所の神経細胞は昼間に活動が著しく増加し，夜はほとんど完全に停止する．昼と夜の差は10倍を超えることも珍しくない．昼間にMUA活動が高まる場所はラット脳のなかではほかには見つかっていない．ちなみに昼行性のリスでも視交叉上核のMUAは昼間に増加することが確認されている．脳の多くの場所では活動が脳波状態に依存して大きく変動するのが観察されるが，脳波状態が変わってもほとんど変化しない．そのために視交叉上核のMUA記録は短い時間でのばらつきが小さい．

4. アイランドの内と外

視交叉上核の周りをハラス (Halasz) ナイフを使って切断して，視交叉上核への入力と視交叉上核からの出力を切断したラットをつくることができる．このような動物の脳にMUA電極を挿入すると，アイランドのなかの視交叉上核は健常な動物と同様，MUAに大きな概日リズムが記録されるが，アイランドの外側のMUAに日内リズムは観察されなくなる．視交叉上核を隔離された動物の行動にもリズムが消失する．この結果から視交叉上核には24時間周期の振動をつくり出す生物時計があることが示唆された．　　　　（井上愼一）

文　献

1) Inouye, S.-I.T. and Kawamura, H. : *Proc. Natl. Acad. Sci. USA*, 76, 5962-5966, 1979.
2) Inouye, S.-I.T. and Kawamura, H. : *J. Comp. Physiol.*, 146, 153-160, 1982.
3) 井上愼一：脳と遺伝子の生物時計―視交叉上核の生物学―，共立出版，p.164, 2004.

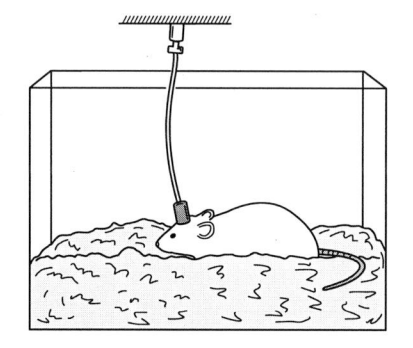

図1 慢性記録（▶）
MUA活動記録中のラット．脳に慢性記録電極を固定されて，自由に生活している．

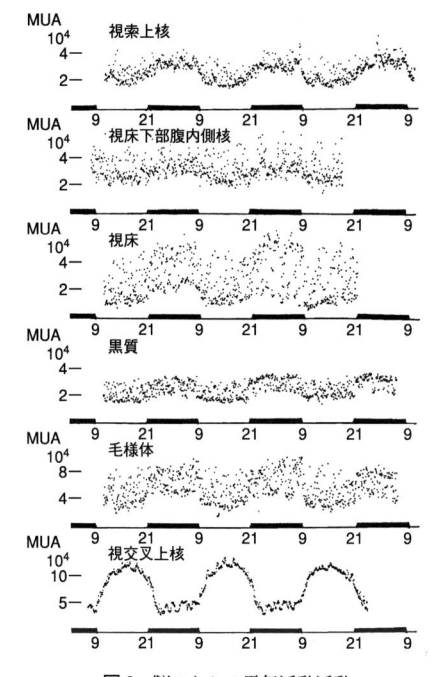

図2 脳のなかの電気活動活動
脳のなかの細胞は一様に活動しているわけではない．この図では上から視索上核，視床下部腹内側核，視床，黒質，毛様体，そして一番下に視交叉上核の細胞から記録されたMUA活動を示す．横軸は時間を表し，ほぼ3日ほどの連続記録である．縦軸はMUAの数，すなわち，電極周辺の神経細胞が出す活動電位の和を30分間のスパイク数で表す．ラットの脳波状態によって，短時間で大きく活動が変化する脳の場所があるが，視交叉上核を除けば，どこも夜のほうが活動が高くなっている．

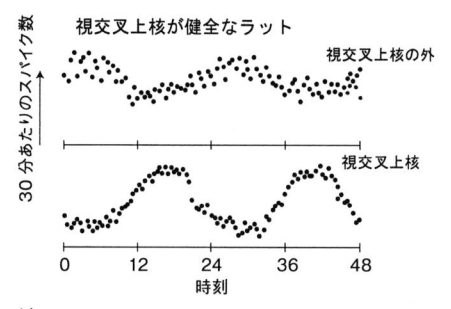

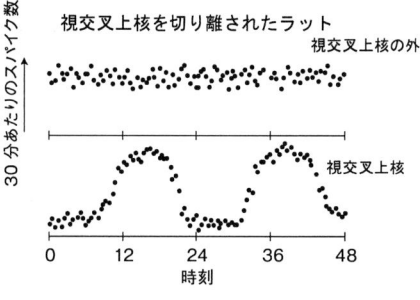

図3 視交叉上核の内と外
上半分のMUA記録は健常のラットから記録したもの．視交叉上核の外では活動が夜高まり，視交叉上核では活動が昼に上昇している．下半分は視交叉上核をアイランド手術によって切り離されたラットでのMUA記録．視交叉上核は切り離されてもなお，リズムを示しているが，視交叉上核の外のMUAは1日の時間ではほとんど変動しなくなってしまった．

32 マルチ電極アレイディッシュ法
—— Multi-Electrode Array Dish, MED

培養ディッシュ上に多数の微小電極を張り巡らせたマルチ電極アレイディッシュ(図1)を用い，神経細胞を器官培養あるいは分散培養することにより(図2)，細胞外単ユニット活動電位(図3)の多点，2次元，長期連続解析を可能とした技術をさす．従来のガラス電極，金属電極などを用いた電気活動測定が，単一細胞，短時間測定であることの欠点を克服するために開発された．マルチ電極アレイは，コンピュータチップ作成技術を応用し，透明通電素材酸化インジウムスズ(indium-tin-oxide：ITO)の薄層を多数の微小電極と導線に加工し，ガラスプレート上に配置したもので，電極面以外を絶縁膜でコーティングすることにより，電極上の神経や筋肉細胞の細胞外電位を連続的に計測することができ，フィールド電位，多ユニット活動なども解析されている．電極面は，インピーダンスを下げるため，通常，白金黒で覆われている(図1C)．市販されているディッシュの電極の大きさ，数，配置には多数の組み合わせがあり，20～50 μm の四角形や円形の電極60～64個が，100～450 μm 間隔で，多角形，四角形または特定の脳組織構造に合わせて配置されている．実験目的，使用組織の大きさ，培養法(静置，灌流)に応じ選択できる．電気生理学的技術は，生物リズム研究の発展におおいに貢献してきたが，従来の針電極法の最大の欠点は1細胞からの連続測定時間の短さにあった．MED は，単一神経細胞からの連続測定期間を数カ月以上にまで延長したため，単一神経細胞レベルで様々なリズム機能の研究が可能となった．さらに，スパイクの自己相関，相互相関解析により発火の周期性，神経間の機能的シナプスの存在とその種類(興奮性・抑制性)を判定できるほか[1](図4)，ペプチドリズム，蛍光や生物発光測定との同時測定も可能である．MED の導入で明らかにされたことには，① 哺乳類の生物時計，視交叉上核(SCN)を構成する神経細胞がそれぞれ固有の概日周期をもつこと[2,3](図4,5)，② 個々の分散培養 SCN 細胞周期は20～30時間という広範囲に分布すること[3](図5)，③ 組織内における個々の神経細胞リズムは基本的に同期していること[3]，④ 個体のリズムは大多数の構成細胞の周期を反映していること[3]，⑤ SCN 神経細胞リズムは遺伝子型(genotype)を反映していること，⑥ 行動リズムが無周期でも SCN 神経はリズムを示すことがあること，などがある．

なお，上記の培養用マルチ電極アレイディッシュ以外に，覚醒動物で使用するための in vivo マルチ電極も様々なものが開発されている．これらのなかには，主にネットワーク解析に用いられる，針電極が何十本も配置された剣山状マルチ電極，脳内の異なる深さの神経活動を同時測定するため細長いチップ上に複数の電極を並べたマルチ電極，膜電位と同時に複数の情報を得るため同一チップ上に電極と酸素や一酸化窒素(NO)などのセンサーを並べたマルチ電極などがある． (本間さと)

文 献
1) Shirakawa, T., et al.：Eur. J. Neurosci., 12, 2833-2838, 2000.
2) Welsh, DK. et al.：Neuron, 697-706, 1995.
3) Honma, S. et al.：Neurosci. Lett., 358, 173-176, 2004.

32 マルチ電極アレイディッシュ法　　　93

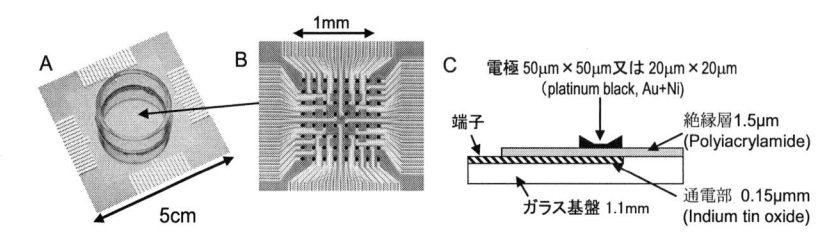

図1　マルチ電極アレイディッシュの構造
A：ディッシュの大きさと外観，B：ディッシュ中央の64電極，C：ディッシュの断面図．

図2　マルチ電極アレイディッシュ上の培養SCN
A：ラットSCNの分散培養，光っている小細胞が神経細胞，黒い四角は電極（50μm四方），B：ラットSCNの300μmスライスの器官培養．OC：視交叉，V3：第三脳室．

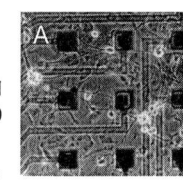

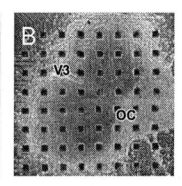

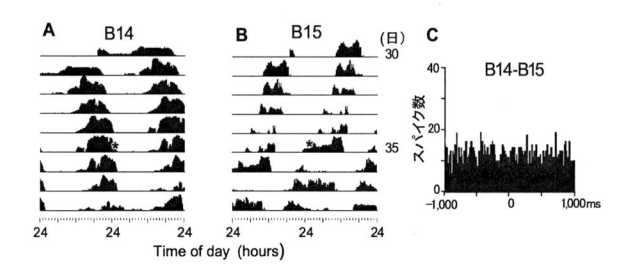

図3　SCN分散培養神経細胞の発火リズムとスパイク相関
A，B：隣り合う電極で測定した2細胞の10日間の自発発火頻度のダブルプロット図．周期はB14が25.2時間，B15が22.8時間．数字は培養日数．C：A，Bのグラフの＊の時点で行ったスパイクの相互相関図．B14神経細胞の発火前後1秒間におけるB15神経細胞の発火タイミングを500スパイクについて解析．この例では機能的シナプスの欠如を示す．

図4　SCN神経の自発発火パターン
分散培養SCN神経の6時間ごとの自発発火．

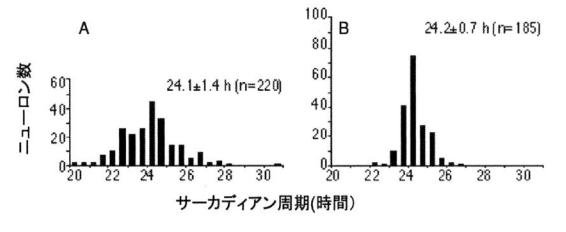

図5　ラットSCN神経細胞活動リズム周期の分布
A：分散培養SCN細胞の周期分布（20.0〜30.9時間）．平均値±SD（細胞数），B：SCNスライスの器官培養における周期分布（22.3〜26.7時間）．

33 発光レポーター
—— Bioluminescence Reporters

　レポーター遺伝子は，細胞内の転写，翻訳，細胞内局在などを間接的にモニターするツールである．発光レポーターであるルシフェラーゼは，定量性の高さ，細胞毒性の低さ，測定の簡便さといった点から，概日リズムの研究では時計遺伝子の転写制御機構の解析に用いられる．ルシフェラーゼは，発光基質であるルシフェリンの酸化を触媒する酵素群の総称であり，基質特異性や特性は多様である（表1）．これらのルシフェリン-ルシフェラーゼ反応の特性を利用した種々の転写制御の解析法が開発されている[1]．

　発光レポーターを用いる転写制御解析法の原理は非常にシンプルである．解析したい転写調節領域（プロモーター，エンハンサー，シス配列など）を，ルシフェラーゼの上流に挿入したレポーターベクターを作成する．これを細胞や組織に導入し（あるいは宿主のゲノムに組み込み），転写活性化に伴って発現するルシフェラーゼの発光活性をルシフェリン添加により測定する（図1）．この際，調べたい転写因子の発現ベクターを同時に導入，または薬剤で処理することにより，転写に与えるこれらの影響を解析する．いずれの生物種の発光レポーターアッセイにおいても，この原理に基づいている．

　発光レポーター系は，レポーターベクターを導入後，細胞や組織を破砕する破砕系と，細胞・組織を破砕せずに連続して発光を測定する非破砕系に大別される．前者は多検体の測定が可能であり，プロモーター領域，転写因子応答配列（シス配列）の決定，それらと転写調節因子との相互作用解析などに汎用されている．代表的なアッセイ系として，ホタルルシフェラーゼとウミシイタケルシフェラーゼの基質特異性を利用したデュアルルシフェラーゼ系があげられる．この系では，ホタルを目的とする転写調節領域の解析用レポーターに，ウミシイタケを内部標準用レポーターに用いる．近年，ルシフェラーゼの発光色の違いを利用し，複数遺伝子の転写変動を同時に解析できるアッセイ法も開発されている．

　一方，細胞，組織，個体における転写の変動を，発光レポーターにより非破壊的に連続計測する方法も用いられている（図2）．とくに概日リズムの研究では，数日から数週間にわたり，遺伝子発現の概日振動を長時間連続してモニターする必要があるため，この測定系が多用されている．いずれの対象試料においても，レポーターベクターが導入された宿主細胞（個体）を，ルシフェリンを含む培地中で培養しながら，転写の増減に伴う発光を，光電子増倍管や冷却CCDカメラにより検出する．これにより，概日振動に必要なプロモーター領域やシス配列，転写調節因子との相互作用を解析することが可能となる．近年では，高感度の冷却CCDと顕微鏡を組み合わせ，1細胞レベルでの転写の変動を連続してイメージングするシステムが開発され（図3），個々の細胞における位相，周期，あるいは細胞間の同調機構の解析に用いられるようになっている．　　　　　　　（中島芳浩）

文献
1) Greer III, L. F. and Szalay, A. A. : *Luminescence*, 17, 43-74, 2002.
2) Yamazaki, S. and Takahashi, J. S. : *Method. Enzymol* (Young, M. W. ed.), 393, Elsevier, pp.288-301, 2004.

33 発光レポーター

表1 発光レポーターの種類

ルシフェラーゼ	発光基質	分子量 (kDa)	最大発光波長 (nm)
ホタルルシフェラーゼ	D-ルシフェリン	61	562
ウミシイタケルシフェラーゼ	セレンテラジン	36	480
バクテリアルシフェラーゼ	$FMNH_2$	80	500
鉄道虫ルシフェラーゼ	D-ルシフェリン	61	630
イリオモテボタルルシフェラーゼ	D-ルシフェリン	60	550
イリオモテボタルルシフェラーゼ	D-ルシフェリン	60	580
クリックビートルルシフェラーゼ	D-ルシフェリン	60	537
クリックビートルルシフェラーゼ	D-ルシフェリン	60	613
コペポーダルシフェラーゼ	セレンテラジン	20	480
ウミホタルルシフェラーゼ	ウミホタルルシフェリン	61	450

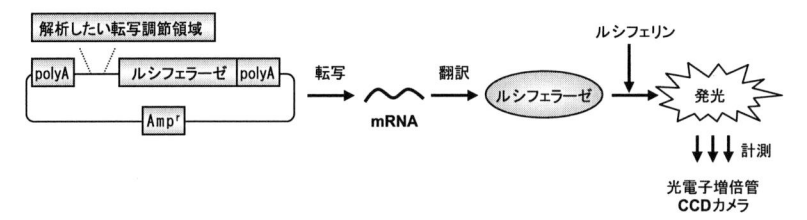

図1 発光レポーターを用いた転写モニターの原理
左に代表的な哺乳類用レポーターベクターの構成を示す．解析したい転写調節領域の転写に伴い発現するルシフェラーゼの活性（発光）を，光電子増倍管やCCDカメラで検出する．

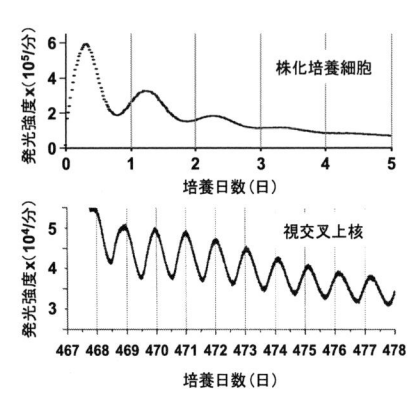

図2 株化培養細胞および視交叉上核における時計遺伝子発現のリアルタイム測定（Yamazaki and Takahashi, 2004[2）]より抜粋，一部改変）
（上）Per 2：ホタルルシフェラーゼベクターを一過的に導入したNIH 3 T 3細胞での結果．
（下）Per 1：ホタルルシフェラーゼベクターを導入したトランスジェニックラットから単離した視交叉上核スライスでの結果．

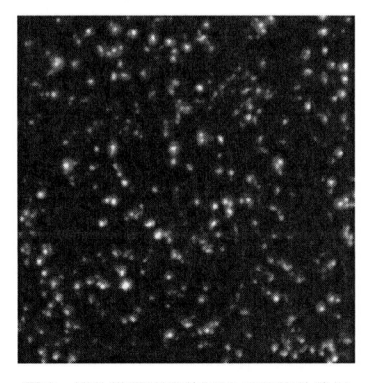

図3 株化繊維芽培養細胞での時計遺伝子発現の1細胞イメージング
Per 2：ホタルルシフェラーゼベクターを一過的に導入したNIH 3 T 3細胞を，30分間露光した際のイメージング像．

34 完全光周期，枠光周期
—— Complete Photoperiod, Skeleton Photoperiod

1. 完全光周期

地球表面は極地を除き，1日周期の昼夜の照度変化にさらされている．それゆえ，生物のリズム現象に関する実験の光環境として，昼夜を模倣した1回の明期と1回の暗期が24時間周期で繰り返す明暗サイクルがしばしば用いられる．このような照明条件は完全光周期とよばれる（図1(a)）．完全光周期では，明期と暗期の比を変えることにより，自然界の高緯度地方で起こる季節的な日長変化（長日・短日）に対応することができる（66「季節変動」参照）．日長の変化は，生物に季節情報を与えて光周反応を誘導するだけでなく（19「光周性」参照），同調する概日リズムの位相にも影響を与える（36「LD比，T実験」参照）．また，概日リズムの同調機構に関する実験や，光周現象における概日振動系の関与を検索する実験などでは，24時間ではない周期をもつ明暗サイクルを設定する場合がある（36「LD比，T実験」参照）．

2. 枠光周期（骨格光周期）

明期または短い光パルス（37「光パルス」参照）を24時間の暗期中に2回与え，暗期を2つの区間に分割した明暗サイクルを枠光周期という（図1(b)と(c)）．概日リズムは枠光周期にも同調することができる．

枠光周期に与えられる2つの照明光（枠光）の長さが同じ場合は，相称枠光周期（symmetrical skeleton photoperiod）とよばれる（図1(b)）．完全光周期の点灯と消灯に相当する時刻に短い光パルスを与えた相称枠光周期では，2つに分割された暗期のうち，一方を完全光周期の明期（昼），他方を暗期（夜）とみなしたリズム同調が起こる．このことは，点灯と消灯による時刻情報が，概日リズムの位相調節において重要であることを示す．分割された2つの暗期の長さが異なる場合は，長いほうが夜（完全光周期の暗期）とみなされる傾向がある．しかし，完全光周期と枠光周期で概日リズムの同調パターンに違いがあることから，概日リズムに対する光の同調作用には，点灯・消灯時の一過性の不連続な作用と，明期中の連続的な作用の両方があると考えられる．完全光周期とは異なり，枠光周期では枠光の間に連続光が存在しないため，長日・短日を定義することはできない．また，短いパルス光から構成される枠光周期では，概日振動系を介さないで起こる光照射に対する直接的な反応（マスキング効果，masking effect）が抑制される（14「マスキング」参照）．

長さの異なる2つの枠光からなる枠光周期は，非相称枠光周期（asymmetrical skeleton photoperiod）とよばれ（図1(c)），前述の相称の枠光周期と区別される（図1(b)）．光周性における測時機構，つまり"季節情報としての昼の長さ（または夜の長さ）を計測する機構"を解析するための実験では，非相称枠光周期がしばしば用いられる（39「ナンダ・ハムナー・プロトコールなど―光周性研究のためのツール―」参照）．この場合，枠光周期は，完全光周期の昼に相当する"主"明期（数時間から10数時間）と，夜に相当する暗期を中断するための短い光パルスとから構成される（図1(c)）．

（坂本克彦）

(a) 完全光周期

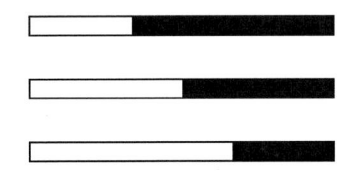

(b) 相称枠光周期

(c) 非相称枠光周期

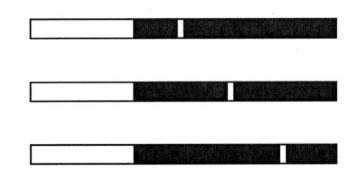

図1　完全光周期と枠光周期の比較
(a) 完全光周期：1回の明期と1回の暗期が繰り返す．(b) 相称枠光周期：同じ長さの2つの枠光（明期または光パルス）が暗期を2つの区間に分割する．(c) 非相称枠光周期：長さの異なる2つの枠光が暗期を2つの区間に分割する．ただし，黒いバーは暗期を，白いバーは明期または光パルスを表し，バーの全長は24時間に対応する．それぞれの光周期につき，3つのパターンを示した．

35 恒常条件 —— Constant Condition

　恒常条件とは，光，温度，湿度，音，におい，圧力など一切の環境要因が一定の状態になっている条件である．しかしながら，宇宙線の変化などもあり，完全に環境要因を一定にすることは不可能である．そこで，通常は，音，においなどの外部の環境から遮断された部屋で，光，温度，湿度を一定にした場合に恒常条件を満たしているとみなしている．このような条件のもとで，生物のリズムは環境の同調因子（synchronizer, Zeitgeber）に同調することなく，自分自身がもっている自律振動体（oscillator）の周期を示すようになる．環境の同調因子としては，地球の公転，自転，月の公転などにより生じる地球物理学的変化が重要である．とくに，約1日（24時間）の周期をもつリズムの場合を概日リズム（circadian rhythm）といい，地球の自転により生じる1日の昼夜の変化を取り込んだ自律振動体である概日時計（circadian clock）に駆動されていると考えられている．温度一定で恒暗条件（DD）のもとで，概日リズムはフリーランニングリズム（freerunning rhythm）を示す．また，恒明条件のもとでも概日リズムはフリーランする．しかしながら，光や温度が一定であってもその強さが異なる場合，自律振動体の周期に影響を及ぼすことが知られている．恒明条件（LL）において，光の強度によりフリーランニングリズムの周期が異なる．これが昼行性の動物と夜行性の動物で異なることがドイツのAschoffにより報告されてアショフの法則（Aschoff's rule）とよばれている[1]．すなわち，昼行性の動物が恒暗では24時間より長い周期（τ）をもち，光の強度が強くなるほど周期が短くなり，逆に夜行性の動物において，恒暗では24時間より短い周期（τ）をもち，光強度が強くなるほど周期が長くなる．図1は夜行性のアフリカツメガエルの概日リズムの周期が光強度により変化する例である[2]．アショフの法則は，経験則で，例外も多くあることが知られている．例外として図2に示したように，昼行性の魚であるキッシンググラミは，DDにおいて，24時間より短い概日周期を示し，LLにおける光強度が上がるほど周期は長くなる[3]．爬虫類の近縁の2種（カナヘビ（*Takydromus tachydromoides*）とアオカナヘビ（*Takydromus smaragdinus*））において，光強度と概日リズムの周期を調べたところ，カナヘビは，光強度が強くなると周期が短くなる典型的な昼行性のリズムを示したが，アオカナヘビの周期は変化しなかった[4]．また，夜行性，昼行性が季節的に変化する動物もあり（図3），このフリーランニング周期の変化の方向は，単純に決定されているとはいえない．しかしながら，光の強度により，フリーランニングリズムの周期が変わることは事実である．

　概日リズムのみでなく，年間を通して恒常条件下で数年間飼育したジリスの冬眠は，約10カ月の周期で冬眠に入る概年リズムを示す．　　　　　　　　　　（大石　正）

文　献
1) Aschoff, J. ed. : *Handbook of Behavioral Neurobiology, Vol. 4 Biological Rhythms*, Plenum, 1981.
2) Harada, Y. *et al.* : *Biol. Rhythm Res.*, 29, 30-48, 1998.
3) 大石　正：時間生物学ハンドブック（千葉喜彦・髙橋清久編），pp.69-78, 朝倉書店, 1991.
4) Oishi, T. *et al.* : *Biol. Rhythm Res.*, 35, 105-120, 2004.
5) 磯辺ゆう他：遺伝, 52, 15-20, 1998.

35 恒常条件

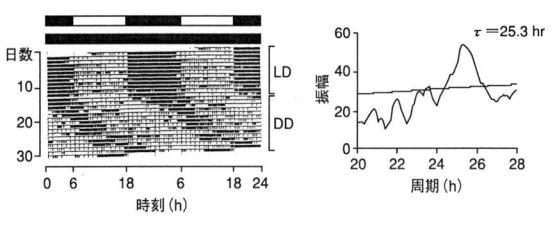

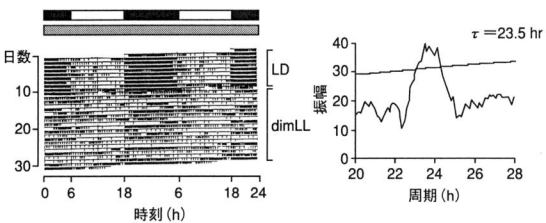

図1 夜行性のアフリカツメガエルを温度25℃, DD (0ルックス), dim LL (1〜2ルックス), LL (10〜20ルックス) の恒常条件においたときの活動リズムの周期の変化[2]
光の強度により, 概日リズムの周期が変化している.

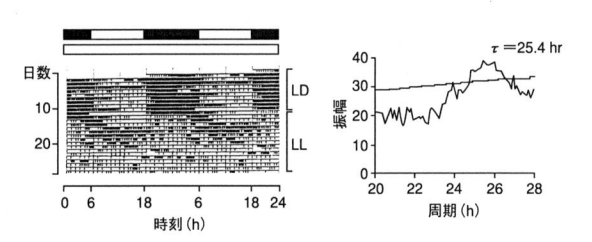

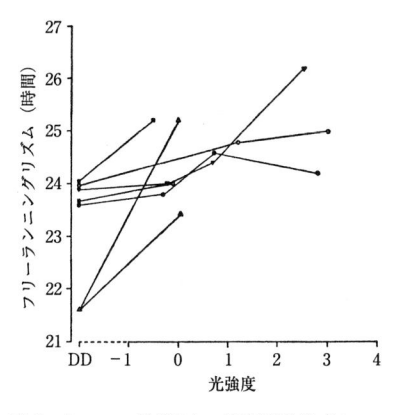

図2 キッシンググラミの遊泳活動リズムのフリーランニングリズムの周期 (τ)[3]
τはDD条件下で24時間かあるいはそれより短く, LL条件での光強度の増加とともに長くなっている. 実線は同一個体の結果を結んである.

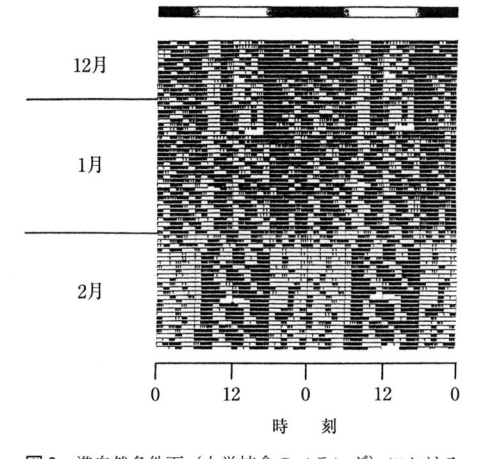

図3 準自然条件下 (大学校舎のベランダ) におけるハタネズミの活動リズム[5]
12月から2月にかけて, 夜行性から昼夜兼行性を経て, 昼行性に変化した個体の例. 上のバーの白い部分は昼, 黒い部分は夜を示す. 横軸は1日の時刻を示し, ダブルプロットにしてある.

36 LD比, T実験
—— LD Ratio, T Experiment

環境の明暗周期を変化させることによって概日リズムに様々な影響が現れることが知られている．

1. LD比

明暗サイクルにおける明期（L）と暗期（D）の長さの比を LD 比（明暗比あるいは LD ratio）とよぶ．自然界においても緯度の高い地方では季節によって LD 比が大きく変化するが，LD 比の変化は概日リズムの位相に影響を及ぼすことが知られている．Aschoff は LD 比と行動リズムの位相角差（phase angle difference）にみられる関係を活動期開始位相が暗期の始まりと平行して動くもの（図1のA），明期の始まりと平行するもの（図1のC），明期と暗期の中点と平行するもの（図1のB）の3つに分類し，明暗サイクルに対する行動リズムの同調様式が動物種によって異なることを報告している．これらの3つの例は明暗周期のなかのどの情報が同調因子として重要かを示していると考えられる．つまり図1Aの動物では消灯が，図1Cの動物では点灯がそれぞれ重要であり，図1Bのグループでは点灯と消灯の両方の情報が重要であると考えられる．このような考えは不連続な刺激にリズムが制御されるというノンパラメトリックな同調（34「完全光周期，枠光周期」参照）の概念によって説明が可能である．

明暗条件下において LD 比の変化は活動期（α）の長さにも影響を及ぼすことが知られている．たとえば，ハムスターの行動リズムは LD 比を大きくすると活動期（α）の長さが短くなり（α compression），小さくすると活動期が延長する（α decompression）（図2）．しかし，暗期の長さが12時間を超えても活動期はそれほど延長しない．この場合，活動終了時刻と明期開始の位相関係が LD 比に依存して変化する（図2）．

さらに LD 比の違いは恒暗条件下へ移した際のフリーランニング周期（τ）と α の履歴効果（after effect）（18「履歴効果」参照）にも影響を及ぼす．つまり LD 比が大きい（日長が長い）と τ と α は短くなり，小さいと τ も α も長くなるのである（図2）．

2. T実験

生物がおかれている環境周期（あるいは同調因子（22「同調因子」参照）の周期）の長さをTで表す．つまりT実験（T experiment）とはTの変化に対する概日リズムの反応を調べる実験をさす．

同調可能なTの範囲は「同調因子の強さ」と「概日時計の頑強さ」に影響を受ける．同調可能な範囲は種によって異なるが，一般的に脊椎動物では小さく（<10 h），昆虫では大きく（〜20 h），植物や単細胞生物では極端に大きい（図3）．同調可能なTを超えた場合，概日時計はフリーランを始めるが，そのフリーランニングリズムは同調因子の影響を受け，相対的協調（relative coordination）とよばれる現象が観察される（図4）．

Tへの同調の際の位相角差もTの値によって変化する．図5のようにTが22時間のとき，位相角差はゼロであるのに対し，T=24時間ではやや正，T=26時間では2.5時間の正の値を示している．さらにこのとき，LD 比を50%から25%にしたところ，T=24時間，26時間において位相角差が大きくなっている．この結果は，LD 比が50%の場合のほうが25%の場合よりも同調因子として強いことを示し

図1 LD比の行動リズムへ及ぼす影響
(Aschoff, 1981[1]) に一部加筆)

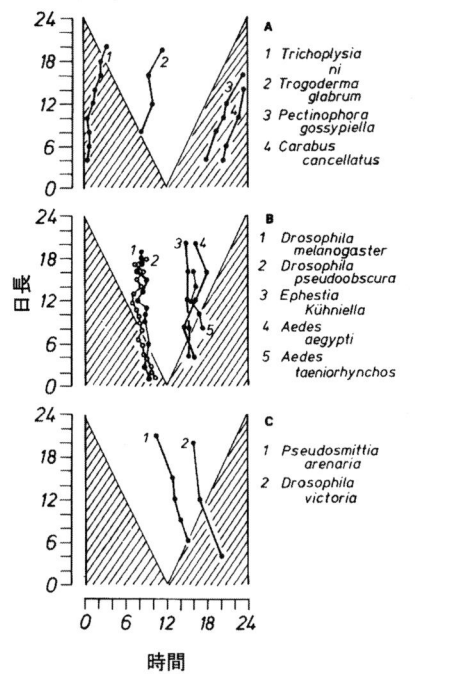

図2 LD比の行動リズムへ及ぼす影響
(Pittendrigh, 1976[2]) に一部加筆)

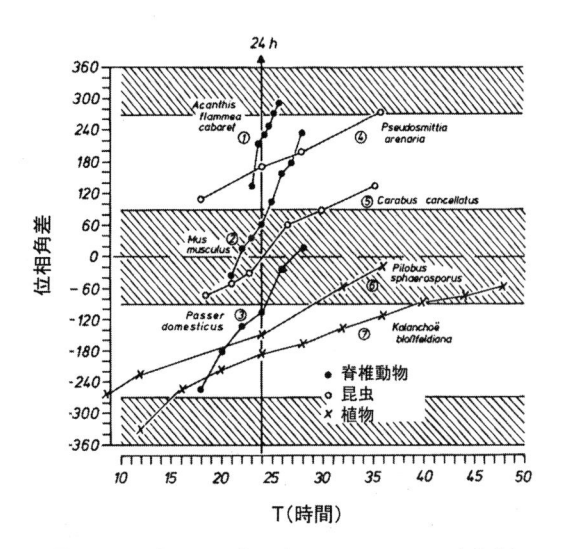

図3 同調可能なTの範囲 (Aschoff, 1981[1]) に一部加筆)

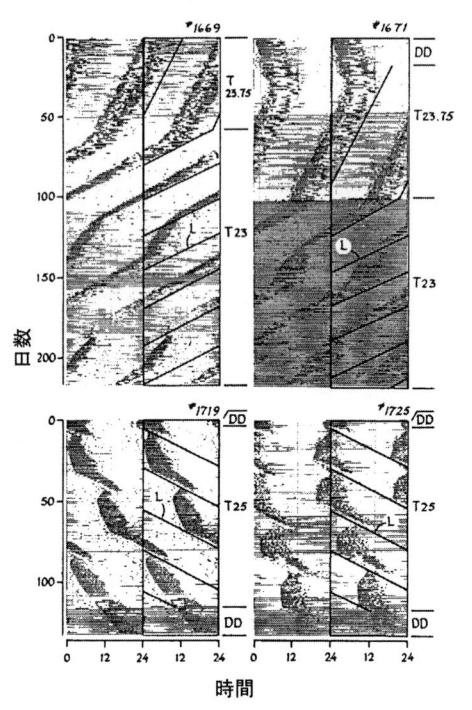

図4 T実験にみられる相対的協調
(Pittendrigh, 1976[2]) に一部加筆)

ている.

さらにT実験の後で,生物を恒常条件下でフリーランさせるとフリーランニング周期がTの影響を受けることも知られている.Tが大きければその後のτも大きくなり,Tが小さくなればその後のτも小さくなるのである(図6).また,T実験においても同調時には活動期の短縮が観察され,同調がはずれると活動期の延長が観察される(図6).

概日ペースメーカーについて研究が行なわれる際,ほとんどの場合,系統,性別,週令などについては十分考慮されるが,個々のペースメーカーの置かれていていた状況(履歴)については軽視されがちである.ここで示したようにTの長さ,LD比はペースメーカーの動きに影響を与えることは明白である.概日リズムの実験をする際には,位相の異なる明暗周期をいくつか準備して同調させておくとサンプリングが便利であるが,このとき,新しい環境への同調期間が1〜3週間程度までの場合は履歴効果が残ることを考慮して実験を組み立てる必要がある. (吉村 崇)

文 献

1) Aschoff, J. ed.: *Handbook of Behavioral Neurobiology, Vol. 4 Biological Rhythms*, pp. 81-93, Plenum, 1981.
2) Pittendrigh, C. S. and Daan, S. J.: *Comp. Physiol.*, **106**, 223-331, 1976.

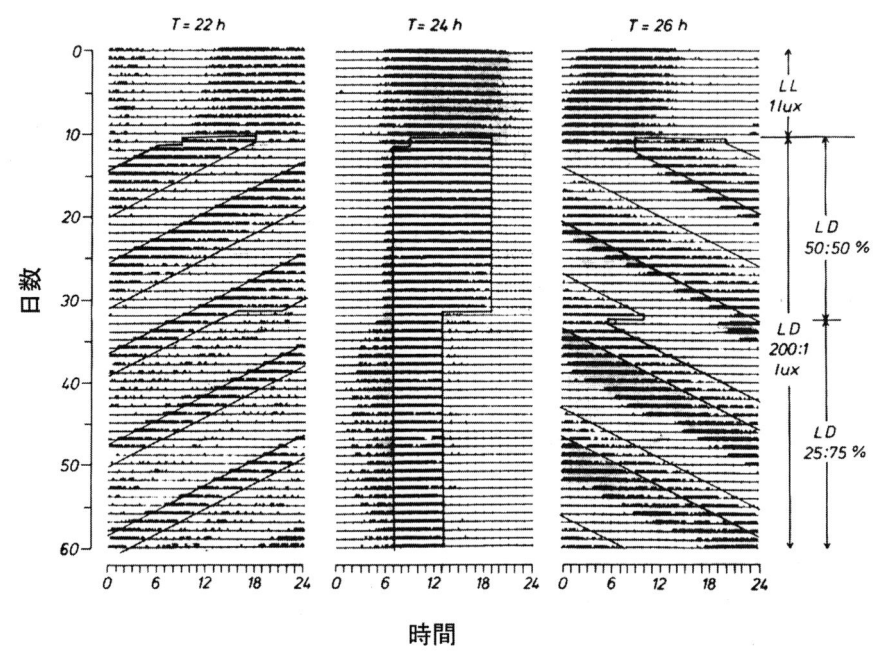

図5 T実験の位相角差へ及ぼす影響（Aschoff, 1981[1]）に一部加筆）

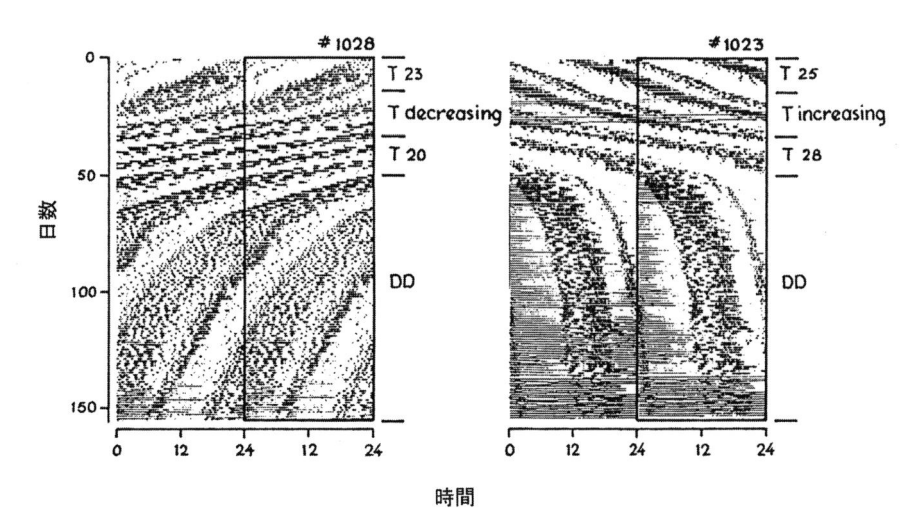

図6 T実験のフリーランニング周期に及ぼす履歴効果（Pittendrigh, 1976[2]）に一部加筆）

37 光パルス

—— Light Pulse

　脊椎動物，無脊椎動物，植物を問わず多くの概日システムにおいて明暗サイクルは最も強力な概日時計の同調因子である．恒暗条件下において短時間の光処理を行い，概日時計の位相や振幅に与える影響を調べる実験を行う際のこの光処理は光パルスとよばれる．

　概日時計に影響を与えるパルスを与えた概日時計の位相に対して，生じた位相変異の大きさをプロットした図は位相反応曲線 (phase response curve：PRC) とよばれ，概日時計の同調様式を検討するうえで重要である（図1, 2）．主観的昼の光パルスはほとんど位相変異が起こさないが，主観的夜の前半には位相の後退を，主観的夜の後半には位相前進を惹起する．光パルスに対する位相反応曲線の形はこれまでに調べられたほとんどすべての生物に共通で，光パルス型の位相反応曲線とよばれる．また，主観的夜の中心付近に位相変異の方向が位相後退から位相前進に変化する概日時計の位相が存在するが，この位相はクロスオーバーポイントとよばれる．この位相に強い光パルスを与えるとクリティカルパルスとして作用して概日時計が停止することがある．

　位相反応曲線作成の際に得られた概日リズムのデータから，パルスを与えた概日時計の位相に対して，位相変異後の位相をプロットした図は位相転移曲線 (phase transition curve) とよばれる（図2）．この曲線の傾きの平均値が1に近い値を示す場合，1型の位相反応曲線，0に近い傾きを示す場合は0型の位相反応曲線に分類される．一般に光パルスの強度が強くなると位相変異の大きさは大きくなり，位相反応曲線は0型から1型に移行する．

　様々な波長の単色光の光パルスを用いて位相変異の光用量依存性を調べることにより，概日時計の光同調に関与する概日光受容体の波長特異性を決定することができる．

　一方，恒明条件下で短時間の暗処理を行うことを暗パルス（dark pulse）処理とよぶが，この場合の位相反応曲線は光パルスタイプの位相反応曲線と形が異なり，主観的昼の中間から主観的夜の前半に位相の前進を，主観的夜の後半から主観的昼のはじめに位相後退が惹起される（図3）．げっ歯類の自発行動の概日リズムを指標に概日時計からの出力を検証する場合，ハムスターを新しい輪回し型行動計測装置に移した場合やトリアゾラムなどの薬物を投与した場合に得られる位相反応曲線は暗パルスの位相反応曲線とよく似た形を示すことから，これら光刺激以外の刺激による位相変位は非光同調（non-photic entrainment）と総称されることもある． （飯郷雅之）

文献

1) 高橋三郎他：臨床時間生物学, pp.1-328, 朝倉書店, 1990.
2) Pittendrigh, C. S.：*Handbook of Behavioral Neurobiology, Volume 4, Biological Rhythms* (Aschoff, J. ed.), pp.95-124, Plenum, 1981.
3) Dwyer, S. M. and Rosenwasser, A. M.：*J. Biol. Rhythms*, 15, 491-500, 2000.

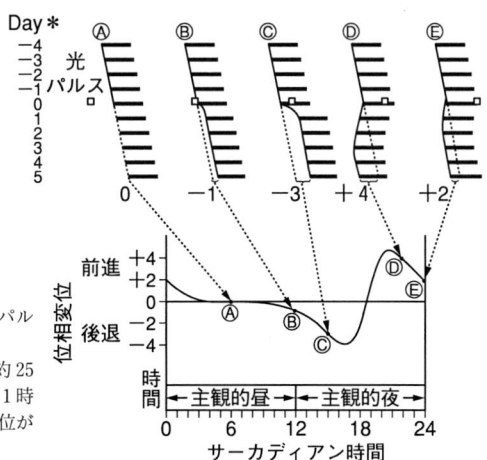

図1 ゴールデンハムスターの行動リズムの光パルスによる位相変位[1]

恒暗条件下でゴールデンハムスターの行動は約25時間周期の概日リズムを示すが，様々な位相で1時間の光パルス処理を施すと位相依存的な位相変位が惹起され，位相反応曲線を描くことができる．

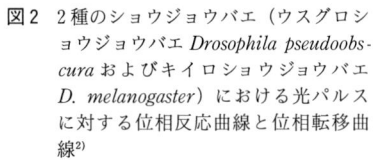

図2 2種のショウジョウバエ（ウスグロショウジョウバエ Drosophila pseudoobscura およびキイロショウジョウバエ D. melanogaster）における光パルスに対する位相反応曲線と位相転移曲線[2]

恒暗条件下で飼育したショウジョウバエに15分間100ルックスの光パルスを与えると，ウスグロショウジョウバエでは0型，キイロショウジョウバエでは1型の位相反応曲線を描く．

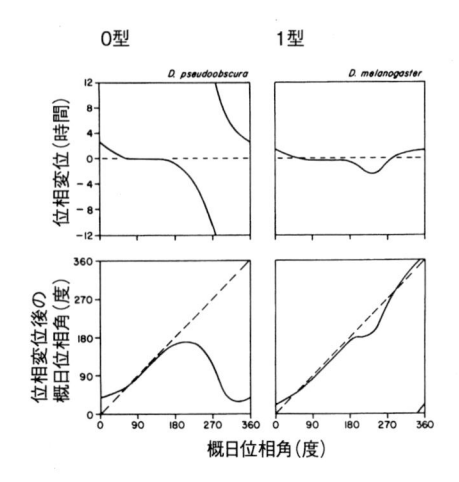

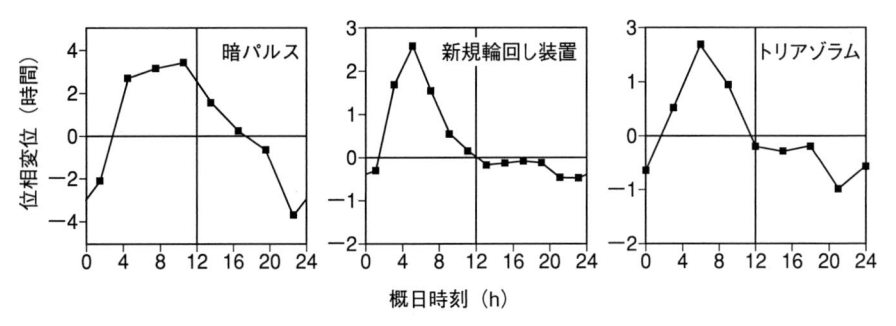

図3 暗パルス，新規輪回し型行動測定装置，ならびにトリアゾラムに対する位相反応曲線[3]

三者の位相反応曲線はほぼ同じ形になっている．

38 温度パルス
―― Temperature Pulse

　明暗サイクルのみならず温度サイクル(temperature cycle)も概日時計の同調因子(Zeitgeber)として作用することが知られている．このような温度サイクルに対する概日時計の同調はシアノバクテリア，単細胞藻類，植物，アカパンカビ，節足動物，脊椎動物など多くの生物に観察されるが，特に変温動物では24時間周期の1〜2℃の温度差の温度サイクルにさえ概日リズムが同調することがある．恒常条件下で温度の短時間上昇あるいは下降処理を行い，概日時計の位相や振幅を指標に，温度変化に対する概日時計の同調機構を検討する実験を行う際のこの温度変化処理は，光パルス処理になぞらえて温度パルスとよばれる．

　たとえば，恒暗条件下，37℃で培養されたニワトリ松果体細胞に42℃の温度パルスを6時間与えると位相変位が惹起されるが，変位の方向と振幅は温度パルスを与えた位相により変化する（図1）．この温度パルス（温度上昇）による位相反応曲線(phase response curve：PRC)は主観的夜の前半に位相後退，主観的夜の後半に位相前進を示す光パルス型の位相反応曲線と

なる．34℃でスライス培養されたラット視交叉上核に37℃，2時間の温度パルスを与えた場合にも光パルス型の位相反応曲線が観察されるなど，これまでに調べられた多くの生物において同様の結果が報告されている．よって，温度パルス処理は光パルス処理と同様のシグナル伝達系を活性化して概日時計の位相変位や振幅の変化を惹起するものと考えられているが，その詳細はまだわかっていない．

　最近の時計遺伝子を指標とした研究では，ゼブラフィッシュの末梢細胞においては温度パルス処理が時計遺伝子の発現を誘導することにより概日時計の振動が誘導されることが判明した（図2）．温度パルスは光パルスと同様に，個々の細胞に存在する概日時計の振幅を増強する効果と，位相が脱同調した個々の細胞の概日時計を同調する効果をあわせもつものと考えられる．

（飯郷雅之）

文　献
1) Barrett, R. K. and Takahashi, J. S.：*J. Neurosci.*, **15**, 5681-5692, 1995.
2) Rensing, L. and Ruoff, P.：*Chronobiol. Int.*, **19**, 807-864, 2002.
3) Lahiri, K. *et al.*：*PLoS. Biol.*, **3**, e 351, 2005.

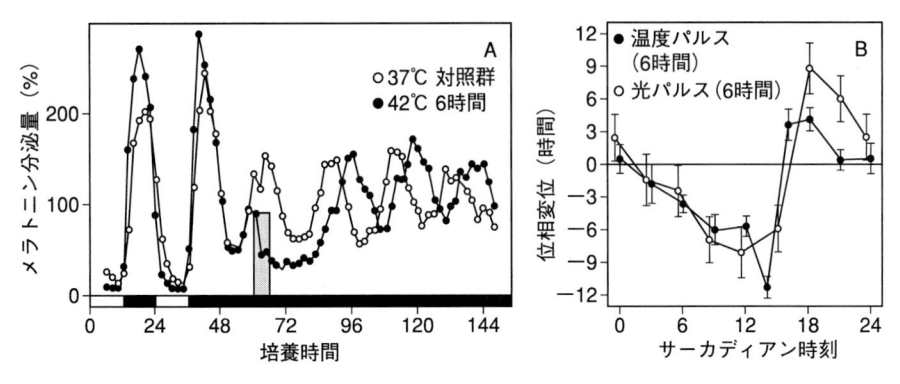

図1 ニワトリ松果体細胞からのメラトニン分泌概日リズムに対する温度パルスの影響（A），ならびに温度パルスと光パルスに対する位相反応曲線（B）[1]
恒暗条件下，37℃で培養されたニワトリ松果体細胞からのメラトニン分泌概日リズムは42℃，6時間の温度パルス処理により位相依存的な位相変異を起こす．位相反応曲線の形は温度パルスと光パルスでほぼ同じ形になっている．

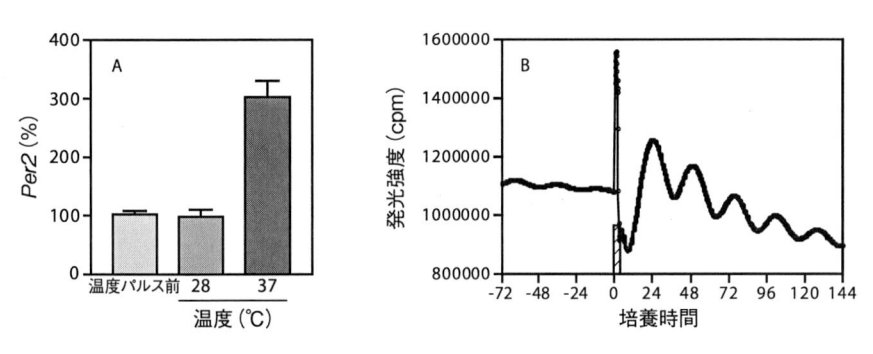

図2 恒暗条件下で培養されたゼブラフィッシュ培養線維芽細胞株の概日時計に及ぼす温度パルスの影響（飯郷ら，未発表データ）
A：時計遺伝子 Per2 発現に及ぼす温度の影響（恒暗条件下，28℃で培養された細胞に37℃，2時間の温度パルスを与えると Per2 mRNA 量は約3倍に増加した）．
B：温度パルスにより惹起されるルシフェラーゼレポーター活性の概日リズム（恒暗条件下，27℃で10日間培養し時計遺伝子プロモータに駆動されるルシフェラーゼレポーター活性の概日リズムが減衰した細胞に，37℃，2時間の温度パルス処理を施すとレポーター活性の明瞭な概日リズムが惹起された）．

39 ナンダ・ハムナー・プロトコールなど―光周性研究のためのツール── Nanda-Hamner Protocol, etc (Tools for Photopeiodism Study)

　光周性はブラックボックスで，入力から出力までのプロセスを覗くことができない．そこで，様々な光周期を操作し，結果を観察しながら，光周時計の作動原理を探るという手法がとられる．初めに，暗期を走査する短い光のパルスが与えられた．このような実験は断夜照明実験とよばれた（図1A）．光周期の読み取り機構について，概日振動を原理にしたモデルはBünningによって初めて提唱され，Pittendrigh (1966) によって，ビュニング仮説とよばれた．オオモンシロチョウ（*Pieris brassicae*）では短日に断夜照明を与えると，暗期の真ん中にパルスがきたときに，休眠反応が非休眠に逆転された．これは，概日振動の位相に，光に感受性のある部分（scotophil，暗期に対応した内的な位相）があり，この部分が光を受けると長日の，受けないと短日の反応が引き起こされる．このような反応をビュニング仮説は説明する．しかし，多くの生物，とくにPittendrighが注目したワタアカミムシ（*Pectinophora gassypiella*）では，光パルスに対して，休眠の反転する位相が2つ観察された．そこで，Pittendrighはビュニング仮説を若干変更し，光に感受性の位相（ϕ_i）はBünningが考えた好暗相（scotophil）に比べ，うんと短いこと，光はϕ_iを照射して長日の反応を引き起こすだけでなく，振動を同調（entrain）する二重の能力があるとした．明期に引き続いて夜を中断する光パルスに対し，対象の生物は夜の開始を遅らすかのように反応し（位相反応曲線では主観的暗期の初めに位相の後退が起こる），ϕ_iを主明期に押し出すように反応した．明期が始まる前の夜明けのパルスは，ϕ_iを直接照射して長日の反応を引き起こすと考えられた．

　光周反応に概日的な要素が含まれているというのは後で述べるナンダ・ハムナー・プロトコール（Nanda-Hamner protocol）（図3）のほかに，ビュンソー・プロトコール（Bünsow protocol）（図1B）とよばれるもので決定的に示された．これらは植物学者が用い始めたものだが，前者は一定の長さの明期にいろいろな長さの暗期を組み合わせたもので，明と暗の長さの和（周期=T）が24時間の整数倍になるときに，光周反応の山または谷が現れる．後者は長いTの夜を短い光で照射していくのである（Tの長い断夜照明である）．ビュンソー・プロトコールの場合には，種によって3つのパターンが認められている．第1のパターンとして寄生蜂の*Nasonia vitripennis*（図1B）では，2時間離れた3つのピークが観察された．第2のパターンでは，暗開始から一定時間後と明開始の一定時間前の2点に反転があって，T=72でも反転は2つである．このパターンは，オオモンシロチョウやコドリンガ，*Carpocapsa pomonella*でみられた（図2）．第3のパターンは，いくら調べても概日的な反応の出てこないヒゲナガアブラムシの一種，*Megoura viciae*で得られた．ここでは暗開始数時間後に反転が1回だけ現れた．第2, 3のパターンは砂時計型の測時機構のパターンといえる．オオモンシロチョウではナンダ・ハムナー・プロトコールで周期的なパターンが得られたのに，ビュンソー・プロトコールでは第2のパターンになった．また，ナンダ・ハムナー・プロトコールでも温度を下げていったり，北の個体群を用いると，高温や南の個体群では周期型が得られていたのにもかか

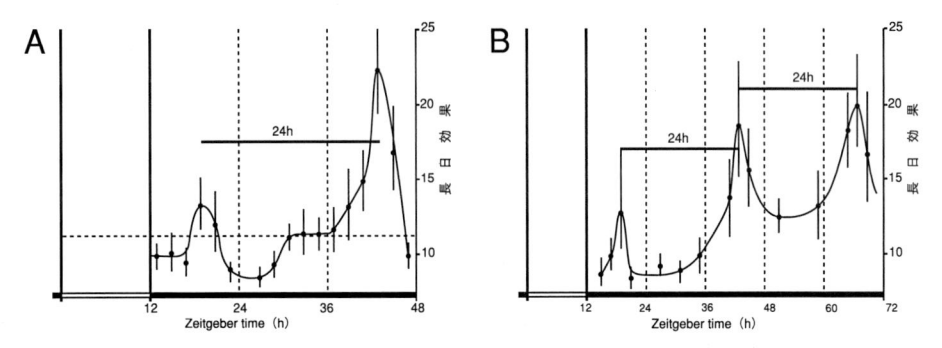

図1 光周期のうち暗期を短い光で走査していくと暗期の遮断された位相に対応して，光周反応の逆転がみられる[2]
A：通常の断夜証明（T=24），B：暗期の長い光周期に断夜照明が与えられた場合（ビュンソー・プロトコール）．*N. vitripennis* の例．

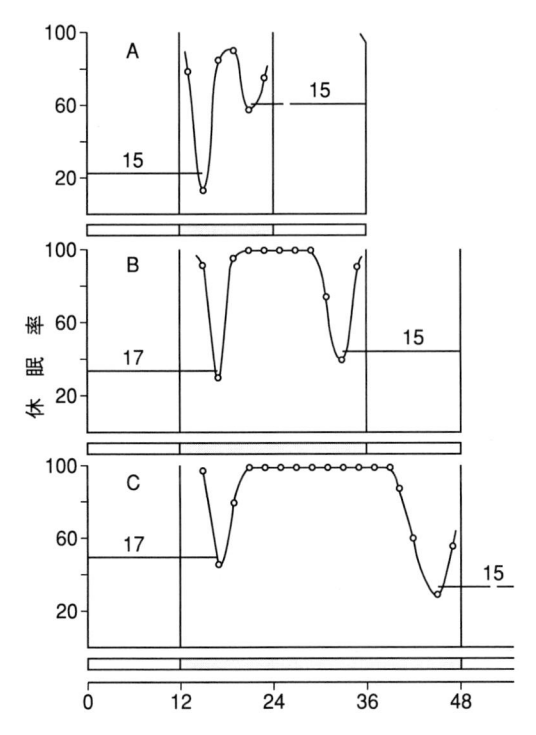

図2 ビュンソー・プロトコールの結果のうち反転が周期的に起こらない場合（Bünning, 1969[3]）を改変
C. pomonella の例．

わらず反応曲線が飽和して、砂時計型の反応になったりすることが認められた。つまり、このようなプロトコールにおける結果の解釈には注意が必要である。

ナンダ・ハムナー・プロトコールでは通常明期の長さを一定にするが、この変数（明期の長さ）を変えると、3次元的な地形図に似た等高線が得られる。これを概日地形図（circadian topography）とよぶ（図4）。このように書かれた地形図は、特定の信号に対する、反応の強い依存関係を浮かび上がらせる。反応の峰や坂が明開始に依存するか、暗開始に依存するか、周期に依存するかが一目瞭然となるのである。ニクバエ（*Sarcophaga argyrostoma*）では地形図の等高線は（図4A）、休眠の峰が、明期=12時間までは、明開始にパラレルに走り、12時間を超えると、暗開始にパラレルに走る。明期12時間を超えると時計はいったんストップし、暗開始でCT 12から再出発する。これは羽化リズムでも観察されたことであり（CT 12現象）、光周時計が基本的には概日振動と同じように動くということを証明したことでもある。その後ピークは下り坂を示し、平地が続いた後、第2の峰が現れる。一方このハエの寄生蜂である *Nasonia* では、その寄主と同様、24時間離れたピークが現れたが、この場合、左から登りの坂は明開始にパラレルに走り、降りの坂は暗開始とパラレルに走った（図4B）。前者は、ビュニング-ピッテンドリック型の外的符号モデル（external coincidence model）が当てはまり、後者には明開始と暗開始に依存する2つの振動体の位相の重なりによる、内的符号モデル（internal coincidence model）が当てはまるとされた。後者の場合は、明暗周期による同調は温度周期でも代行されることが示されている。光周反応曲線に似た反応曲線が温度周期でも再現された。脊椎動物の場合は昆虫ほど複雑な光周反応がみられないせいもあり、ハムスターではビュニング仮説で十分であるとされている。

Megoura viciae では、ナンダ・ハムナー・プロトコール、ビュンソー・プロトコールのいずれにおいても周期型の反応が得られなかった。周期型に替わる測時機構は砂時計型である。Leesは断夜照明で光反転を起こすパルスは暗期開始後のものと明期開始以前のものと光のスペクトルが違うこと、明期を12時間にした断夜照明で反転させた好明相/好暗相（photophil/scotophil）でも光による反転は暗開始後、LD 12；12時間の光周期とまったく同じパターンを示すことを、概日振動モデルが適用できない根拠にした。しかし、CT 12で止まる概日時計でも同じになるから、砂時計型の反応は、1回振動して減衰する概日振動であると、Saundersは反論した。ウスグロショウジョウバエ（*D. pseudoobscura*）の概日的な羽化リズムでも明期を12時間以上にするとCT 12（概日時間で主観的昼から主観的夜に移行する点）で振動が止まり、実際に明暗周期が暗に入ったところでCT 12から振動を再開するという現象が観察される。これをCT 12現象と呼び、ここでCT 12以降の位相は暗開始にロックされて、その主観的暗期の時間の読み止まりは砂時計と同じ振る舞いをすることになる。

（竹田真木生）

文献

1) Pittendrigh, C.S.：*Z. Pfanzenphysid*, 54, 275-307, 1966.
2) Saunders, D. S.：*Science*, 168, 601-603, 1970.
3) Bünning, E.：*Photochem. Photobiol.*, 9, 219-228, 1969.
4) Veerman and Vaz Unes：*Nature*, 287, 140-141, 1980.
5) Saunders D. S.：*J. Insect Physiol.*, 19, 1941-1954, 1973.
6) Saunders D. S.：*J. Insect Physiol.*, 20, 77-88, 1974.

39 ナンダ・ハムナー・プロトコールなど―光周性研究のためのツール―

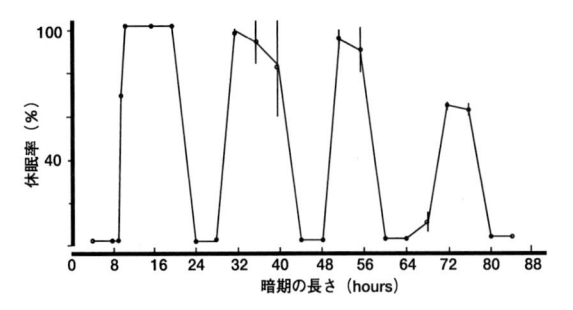

図3 典型的なナンダ・ハムナー・プロトコールにおける結果[4] 概日的な要素が顕著である．ナミハダニの例．

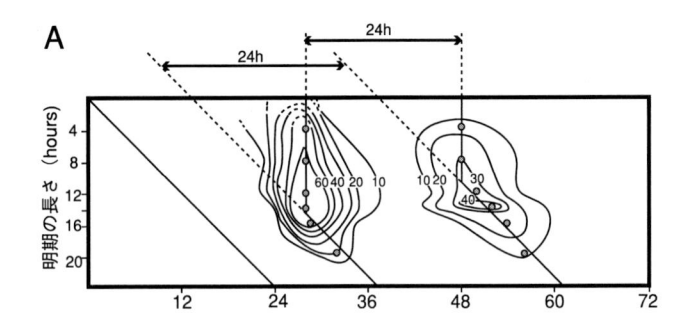

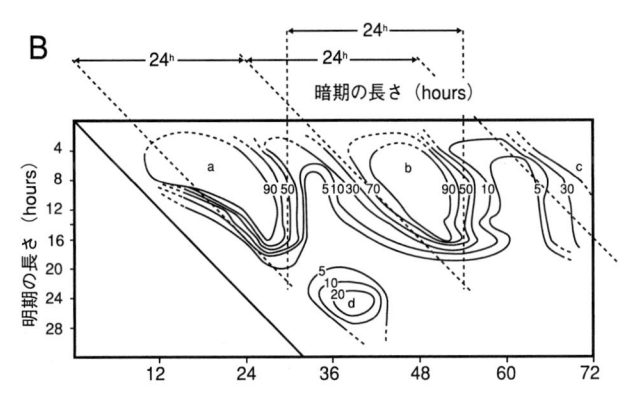

図4 概日地形図（circadian topography）の2例
A：*S. argyrostoma*[5]　B：*N. vitripennis*[6].

40 位相マップ —— Phase Map

たとえば，ラットの肝細胞では，グリコーゲン合成は活動期に，蛋白質合成は休息期に行われる．様々な生命活動が，生体リズムに従って，24時間のスケールで順序よく秩序だって行われることにより，エネルギーを効率よく利用することができる．それぞれの生命活動が最大となる時刻（頂点位相）を解析し，生命活動とその位相との関係を図示したものが位相マップである．

位相マップは，疾病発症の好発時刻等を図示することにも用いられる．生物時計には概日リズム以外にも，ウルトラデイアンリズムやインフラデイアンリズムの，多重のリズム性が存在する．それゆえ位相マップは多重の時間構造を，各々の周期ごとに，各々の位相を図示することにも用いられる．

1. 位相反応曲線

位相マップの1つに，位相反応曲線がある．生物時計は24時間前後の周期をもつ概日リズムを発振する．ヒトの場合，その周期は約25時間であるが，マウスなどでは24時間よりも短い．概日リズムは昼夜変化に同調して24時間周期となる．その仕組みには，光信号が重要な役割を果たしている．光は生物時計に作用して，リズム位相を瞬時にシフトさせる．これを光に対する位相反応という[1]．位相反応の方向や大きさは，光が生物時計のどの時刻に作用するかで異なる．光による位相変化の方向と大きさを縦軸に，光を当てた時刻（生物時計の位相）を横軸にとると，特徴的な曲線が描ける．これを位相反応曲線という（図1）．

2. その他の位相マップ解析手法

1) 最適余弦曲線のあてはめとコサイナー法： 連続的に変化する時系列データに，最適余弦曲線のあてはめを行い最小2乗法で検定する．あてはめた余弦曲線から，平均値・振幅・頂点位相（余弦曲線の最大値の位相）を計測する[2]．24時間周期の単成分あてはめ法と，24時間とともに多数の周期成分を用いる多成分あてはめ法とがある．後者の場合は，あらかじめ用意した24時間・12時間・8時間・6時間等の余弦曲線をあてはめる場合と，FFT等のスペクトル解析から抽出した多成分をあてはめる場合とがある．

各対象例の振幅と位相の計測値から，その分布の95％信頼楕円を計算し，円座標にプロットする（図2）．この手法は母集団平均コサイナー法とよばれる[3]．本法の利点は，リズムの位相とともに，振幅を定量的に抽出することができる点である．

2) 生理学的機能あるいは疾病発症の位相マップ： 身体機能や精神機能の24時間リズムの頂点位相を図示する場合や，その他，疾病発症の好発時間帯を，1日単位，1週間単位，1年単位等の円グラフで表示する手法もよく用いられる（図3）．

（大塚邦明）

文献

1) Honnma, K. et al.: Jpn. J. Physiol., 35, 643-658, 1985.
2) 大塚邦明他：血圧モニタリングの臨床（尾前照雄監修，川崎晃一編集），医学書院，pp.13-16, 1993.
3) 吉水信明他：呼吸, 6, 794-799, 1988.

40 位相マップ

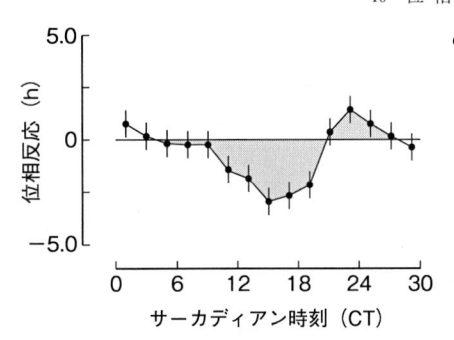

図1 ラット行動リズムの光パルスに対する位相反応曲線[1)]
縦軸は位相反応（＋：位相前進，－：位相後退），
横軸は光照射位相（CT 12＝行動開始位相）．

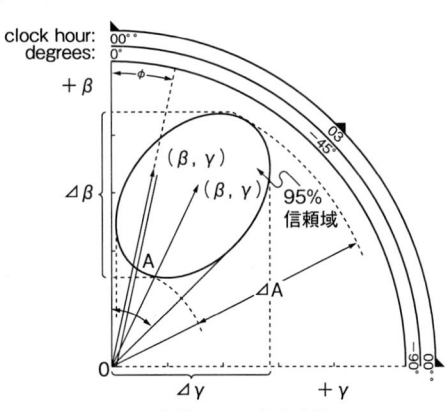

ΔA：振幅の95%信頼空間
$\Delta \phi$：頂点位相の95%信頼空間
$\Delta \beta, \Delta \gamma$：回帰係数の95%信頼空間
$(\beta, \gamma) = (A \cos \phi, -A \cos)$

図2 コサイナー表示と信頼区域
頂点位相（acrophase）と振幅（amplitude）の
95%信頼区域が図中，楕円で示される．

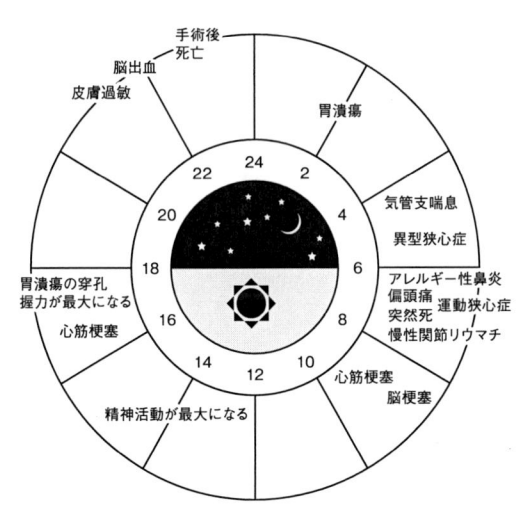

図3 疾病発症の好発時間帯を1日単位の円グラフで表示

41 コンスタントルーチン
—— Constant Routine

　コンスタントルーチンは，環境や行動を長時間恒常的に保つことで，体温の概日リズムへの非概日性の影響を排除して内因性のリズムを観察する方法である．深部体温リズムは生物時計に支配される概日リズムの1つである．したがって，深部体温の連続測定は概日リズムの位相を推定するのに役立つ．通常の生活を送る場合，ヒトの体温は夕方過ぎに最も高くなり，夜になるに従い低下し睡眠に入り，早朝に起床前に最低になる．深部体温は非侵襲的で連続測定が比較的簡便であるため，ヒトを用いた実験において概日リズムを観察するために用いられる．深部体温の最低点出現時刻が概日リズム位相の指標としてよく使われる．しかし，深部体温は睡眠覚醒，活動，姿勢，環境光，食事に影響されることがわかっている（マスキング効果）．睡眠，臥位姿勢はいずれも深部体温を低下させる．運動は体温を上昇させ，休息は体温を低下させる．食物摂取も体温上昇の要因となる．このため，測定した深部体温カーブが概日リズムを反映したものか，あるいは活動や環境変化により2次的に生み出されたものかについて判定が困難になる．すなわち，深部体温リズムが概日リズムを反映しているのか，あるいは主として日中活動と夜間睡眠の2次的影響なのかを明らかにできない．

　こうした問題を解決するため，深部体温変化から生物時計の発振する内因性の概日リズム要素を抽出するためにMillsらは断眠中に深部体温を連続測定する方法を最初に用い，コンスタントルーチンと名づけた．その後，改良が加えられた．Czeislerらの用いている方法は，一定室温，一定の低照度を保った隔離実験室内において，少なくとも24時間以上にわたり臥位または半臥位の姿勢で覚醒を保った条件で深部体温を連続測定する．この際，食事も1～3時間ごとにカロリーで与えるようにする．実験中，時間経過に関する情報は与えない．

　図1には，日常生活下とコンスタントルーチン下での深部体温の振幅の違いを示した．通常生活における深部体温の振幅は昼夜の活動の違いや光環境の差が反映され，コンスタントルーチン下での振幅と比べて大きくなっていることがわかる．夜に起きていて日中に眠るなど，概日リズムと睡眠覚醒の時間的関係が通常と異なる場合に，深部体温変化から概日リズム位相を推定することが難しい．図2に示すように，概日リズム睡眠障害，時差型（時差症候群）による概日リズムと睡眠覚醒が脱同調している場合において，生活条件下で測定した深部体温リズムから最低点出現位相を測定することは困難だが，引き続くコンスタントルーチンにより実際に深部体温リズムと睡眠覚醒の脱同調が明らかになる．

　図3に示すように，コンスタントルーチン条件下で測定した深部体温リズムの最低体温出現時刻を基準とした概日リズム位相は，睡眠覚醒や運動などに影響を受けにくい暗条件下メラトニンリズムの位相ともよく相関する． 　　　　　　　（内山　真）

文　献
1) Czeisler, C. A. et al.: *Principles and Practice of Sleep Medicine* (Kryger, M. H. et al. eds.), pp.375-394, Elsevier Saunders, 2005.
2) 内山　真：臨床脳波, **47**, 584-591, 2005.
3) Shanahan, T. L. and Czeisler, C. A.: *J. Clin. Endocrinol. & Metab.*, **73**, 227-235, 1991.

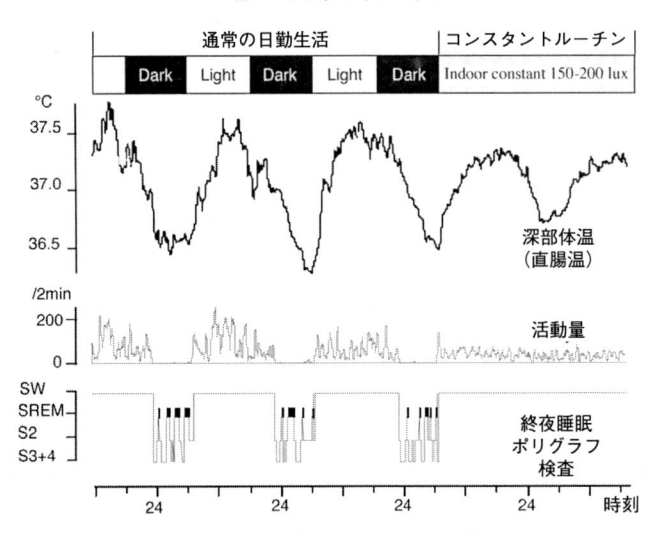

図1 38歳の健常男性における男性通常の日常生活とそれに引き続くコンスタントルーチン(内山,2005[2])を改変)

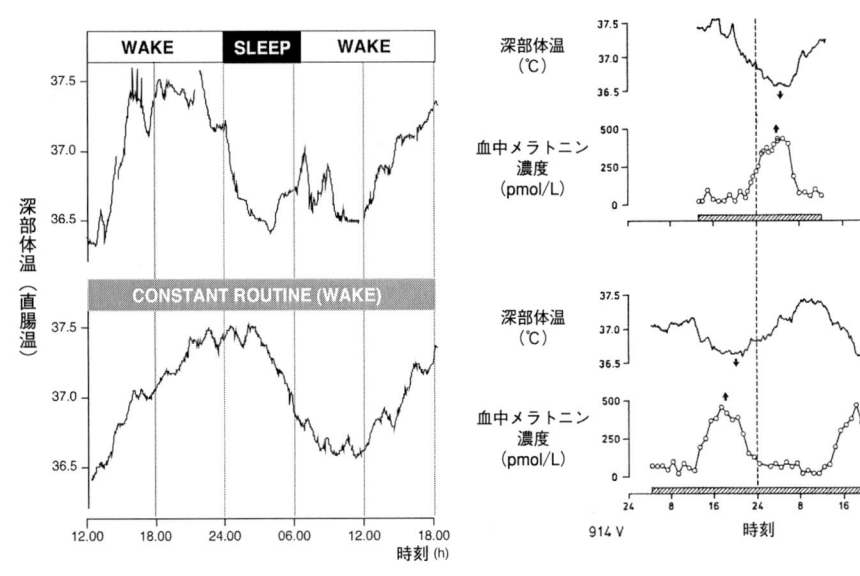

図2 時差地域飛行直後の時差症候群を呈している健常男性41歳の通常条件とコンスタントルーチン下での深部体温(内山,未発表データ)

図3 高照度光照射により位相前進反応を起こさせた際のコンスタントルーチン下での深部体温リズムとメラトニンリズムの動き[3]

42 脱同調プロトコール
—— Forced Desynchrony Protocol

　脱同調プロトコールは，睡眠覚醒スケジュールを生物時計が同調不能な長い周期あるいは短い周期にすることで，睡眠覚醒，それに伴う活動の変化などによる概日リズムに対する影響（マスキング効果）を取り除いて，生物時計の発振する内因性のリズムを観察する方法である．睡眠覚醒スケジュールの1周期を長くする場合には，28時間を1日として10日以上行っている．短いものでは，20時間程度の周期が用いられる．こうしたスケジュールに従い，1周期の1/3の時間は強制的にベッド上臥床とし，残りは強制的に覚醒を保つことになる．覚醒中は，低照度下において，音楽鑑賞やビデオ鑑賞などの余暇的活動が許される．実験は，一定室温，一定の低照度を保った隔離実験室内において行われる．これらとは別に，超短時間睡眠覚醒スケジュール法ともよばれる，20分から3時間という非常に短い周期で1/3を強制的にベッド上臥床とし，残りは強制的に覚醒を保つ方法も脱同調プロトコールに含まれる．

　コンスタントルーチン法においては，断眠を行うため観察期間が最長でも40時間程度と限界があるのに比べて，脱同調プロトコールでは実験スケジュールに従って強制的にベット上臥床による睡眠許可時間帯と強制覚醒時間帯が交互に繰り返されるため，より長時間の観察ができる．1周期の1/3の長さに設定された睡眠許可時間帯における睡眠の状態を睡眠ポリグラフで脳波的にモニターできるため，睡眠と概日リズムの関係や概日リズムの睡眠に与える影響を観察できる点が優れている．比較的長い20時間や28時間を1周期とした脱同調プロトコールでは，概日リズムの種々の位相において睡眠をとった場合の睡眠構築の変化を観察することができる．DijkとCzeislerは28時間周期の脱同調プロトコールを用いて，図1に示すように約24時間の深部体温の概日リズムの位相とはかかわりなく，28時間周期睡眠の前半部に徐波睡眠が多く，レム睡眠は約24時間の深部体温リズムに一致して出現することを明らかにした[1]．

　超短時間睡眠覚醒スケジュールにおいては，非常に短い睡眠覚醒スケジュールを繰り返すことにより1日の脳波的眠気のリズムを観察できる．図2にTanらの60分を1周期とした超短時間睡眠覚醒スケジュールの結果を示した．ここでは，睡眠徐波帯域や紡錘波を含むシグマ帯域脳波パワーが概日リズムをもつことが明らかになっている．図1に示した28時間などの長い周期の脱同調プロトコールでは強制覚醒時間帯が通常の24時間生活よりも長くなるため睡眠をとらないでいることに対するホメオスタティック（homeostatic）な制御（睡眠圧）が強く反映されるのに対し，超短時間睡眠覚醒スケジュールの場合には，1時間おきに眠ることが可能なため睡眠圧の影響を除いた条件での眠気の変動を観察できる点に特徴がある．超短時間睡眠覚醒スケジュールは，比較的短期間の観察が可能であるため臨床症例への応用も行われており，概日リズム睡眠障害の1つである睡眠相後退型（睡眠相後退症候群）における眠気の概日変動の後退などが報告されている（図3）．

〔内山　真〕

文献

1) Dijk, D. J. and Czeisler, C. A.: *J. Neurosci.*, **15**, 3526-3538, 1995.
2) Tan, X. *et al.*: *Neurosci. Lett.*, **344**, 205-208, 2003.
3) Uchiyama, M. *et al.*: *Sleep*, **23**, 553-558 2000.

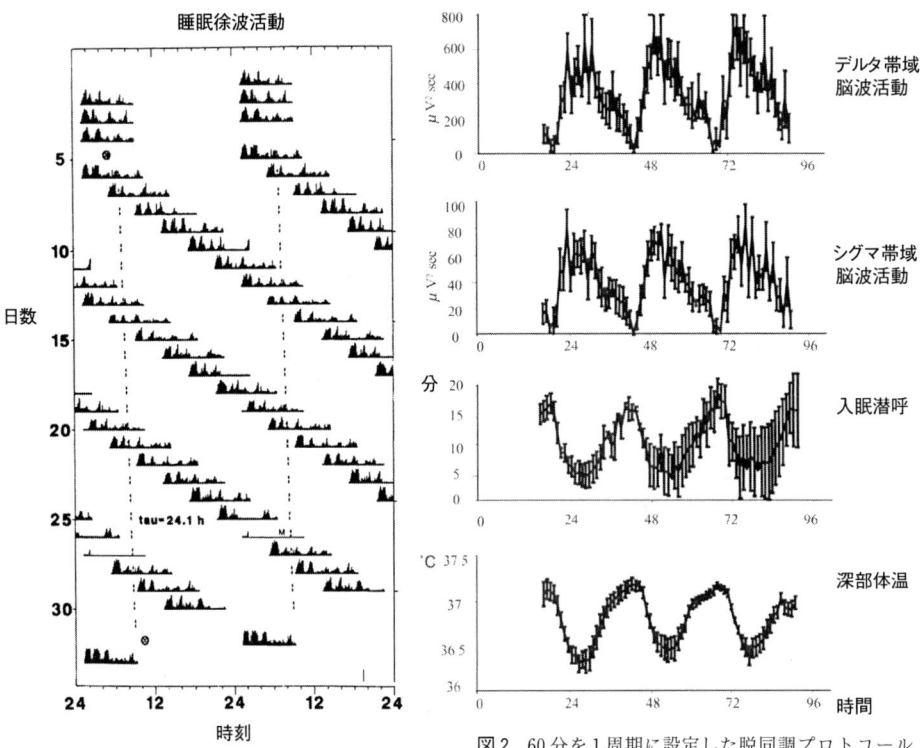

図1 28時間を1周期に設定した脱同調プロトコールにおける睡眠中のデルタ活動（睡眠徐波）の経過[1]

図2 60分を1周期に設定した脱同調プロトコール（超短時間睡眠覚醒スケジュール）における脳波活動，客観的眠気と深部体温[2]

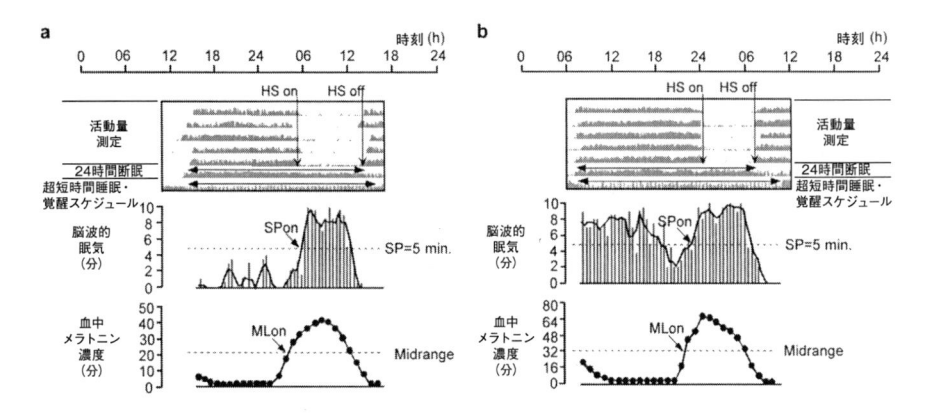

図3 概日リズム睡眠障害，睡眠相後退型（a）と健常者（b）の30分を1周期に設定した脱同調プロトコール（超短時間睡眠覚醒スケジュール）における眠気の日内変動とメラトニンリズムの比較[3]

43 時間隔離実験 —— Temporal Isolation

　時間隔離実験は，主としてヒトの生物時計を解析するための研究手法であり，自然の昼夜変化，温度変化，時計やテレビ，ラジオなど時刻の手がかりとなるものをすべて除いた条件下で，被験者を数週間から数カ月間生活させる実験である．天然の洞窟を用いた実験とその目的のためにつくられた隔離実験室での実験に分けられるが，前者は現在ほとんど行われていない．

　洞窟における隔離実験は，文献的には 1938 年にアメリカ・ケンタッキーのマンモス洞窟で行われた Kleitman らの実験が最初である[1]．この実験は一種の同調実験であり，ヒトが人工的な 21 時間や 28 時間周期で生活できるかどうかを確かめたものである．1960 年代から 70 年代にかけて，単独で洞窟生活に挑戦し，滞在の長さを競う実験が何度か行われ，同時に概日リズムも測定されたが，1988 年フランスの女性研究者による実験を最後に，以後行われなくなった．

　ヒト生物時計の科学的な研究の多くは隔離実験室で行われている．時間隔離実験室を最初につくったのは，ドイツ連邦共和国マックスプランク研究所の Aschoff である（図 1）．Aschoff は，研究室の山に面した裏庭の地下に居間，キッチン，トイレ・シャワー室を備えた居住空間を 2 ユニット建設し，ヒトが数カ月生活できる設備を備え，時間隔離実験を行った[2]．隔離実験室は，温度，湿度，照明などの環境条件を一定に維持できること以外にも，時刻を知る手がかり（時計，ラジオ，テレビ）や時間の経過を知る手がかり（ストップウォッチ）のないことが要求される．また，食事も被験者が希望するときに用意できるような工夫が必要である．さらに，実験者との直接的な面接を避け，社会的スケジュールが推測される生活音や車による振動，水道の圧変化などもできるだけ排除した条件で実験を行わなければならない．なお，マックスプランク研究所の時間隔離実験室は電波を遮断するために銅のシールドで覆われている．2006 年まで，文献上時間隔離実験が行われた実験室は，世界でも 10 施設に満たない．図 2 は，北海道大学医学研究科が使用している時間隔離実験室の内部である[3]．

　時間隔離実験では，被験者の生活を妨げることなく生体情報を長期間持続して測定することが必要である．直腸温プローベによる深部体温リズムの連続測定が最も一般的であるが，温度感受センサーや携帯型の加速度センサーによる行動リズムの測定もよく行われている．そのほか，実験目的によってはテレメトリーによる脳波測定，留置カテーテルによる採血と血中ホルモンの測定，各種作業能率の継時的測定が行われている．実験室によっては，被験者の行動をテレビカメラでモニターしているところもあるが，同意を得たとしても観察されていることが結果に影響するおそれがある．

〈本間研一〉

文　献

1) Kleitman, N.: *Sleep and Wakefulness*, The University of Chicago Press, 1963.
2) Wever, R. A.: Circadian system of man. *Results of experiments under temporal isolation*, Springer-Verlag, 1979.
3) 本間研一・本間さと・広重　力：生体リズムの研究，北海道大学図書刊行会，1989.

43 時間隔離実験

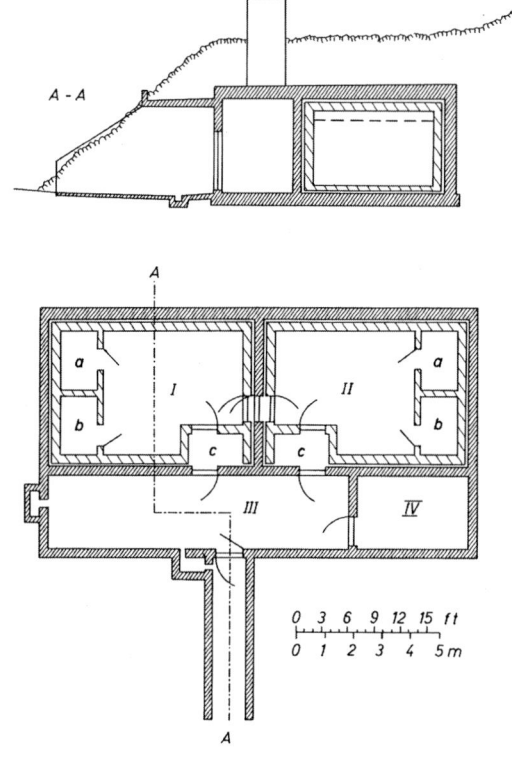

図1 マックスプランク研究所（ドイツ，アンデックス）の隔離実験施設

図2 札幌市の時間隔離実験施設内部

44 アカパンカビ

—— *Neurospora Crassa*

アカパンカビ（*Neurospora crassa*）は真正子嚢菌類タマカビ目に属する菌類の一種である．分子遺伝学，分子生物学，生化学的手法を用いることが可能であり，ゲノム解析も終了している．

アカパンカビで観察される代表的な概日リズムは，分生子形成であり，恒条件下（暗所，25℃）で約21時間周期で生じる．表現系を観察する実験には，明瞭な分生子形成のリズムを示す *Band*（*bd*）系統が用いられる．寒天培地を含むガラス管（成長管）の端に胞子を播種して培養すると，菌糸を伸ばしながら成長し，橙の分生子が形成され，その部分がしまになる．形態学的な概日リズムの計測は，しま間の距離や位置を測定することにより行われる（図1）．アカパンカビの時計遺伝子や被時計制御遺伝子（clock controlled genes：CCGS）は，変異剤で処理した変異体を，分生子形成のリズム（周期・位相変化，光感受性など）でスクリーニングし，その原因遺伝子を特定することでクローニングされている．アカパンカビで最初にクローニングされた時計遺伝子 *frequency*（*frq*）は，分生子形成リズムの周期に異常を示す変異体から単離されている（図1）．

アカパンカビの生物時計の分子機構は，他の生物と同様に時計遺伝子の転写・翻訳制御によるフィードバックループによってつくり出されている（図2）．時計遺伝子あるいはCCGSの多くは，その発現が日周変動していることから，内因性の時計は，mRNAや蛋白質を定量化することでモニターできる．

アカパンカビは光照射や温度変化により，概日リズムに位相の変化が起こり，リセットされる．このとき *frq* の mRNA，蛋白質の急激な発現上昇がみられ，この急激なレベルの変化で時計がリセットされると考えられている．光によるリセットでは，光非感受性の変異体から単離された *white collar*（*WC*）-*1*，*WC2* が光情報を細胞内に伝える．WC1はFADを光受容分子とする青色光受容体であり，WC1が光を受容し，WC2と2量体（WC複合体）を形成，*frq* プロモーター内の応答配列に作用して *frq* の転写を活性化する．産生したFRQ蛋白質は，WC複合体に作用し，自身の転写を抑制するフィードバックループをつくり出す．*vvd* 遺伝子も，WC複合体とともに光情報の入力にかかわる因子である．フィードバックループには転写制御のほか，リン酸化，脱リン酸化などの翻訳後修飾やユビキチンによる蛋白質分解も深く関与する．

アカパンカビの概日リズムは，分生子形成のほか，炭酸ガス発生，酵素活性，脂質代謝にも認められ，これらは，FRQ-WC複合体のコアループに制御されるCCGSや，FRQ-WC複合体とは独立したFLOs（FRQ-less oscillator）により制御されていると考えられている．CCGSやFLOsの解析には，マイクロアレイによる遺伝子発現の網羅的な解析，あるいは相同組換えを利用した遺伝子破壊法（図3）も用いられている．　　　　　　　　　　　　　　（中島芳浩）

文献
1) Dunlap, J. C.：*Chronobiology*（Dunlap, J. C. et al. ed.）, pp.213-253, Sinauer, 2004.
2) Crosthwaite, S. K.：*FEBS Lett.*, 567, 49-54, 2004.

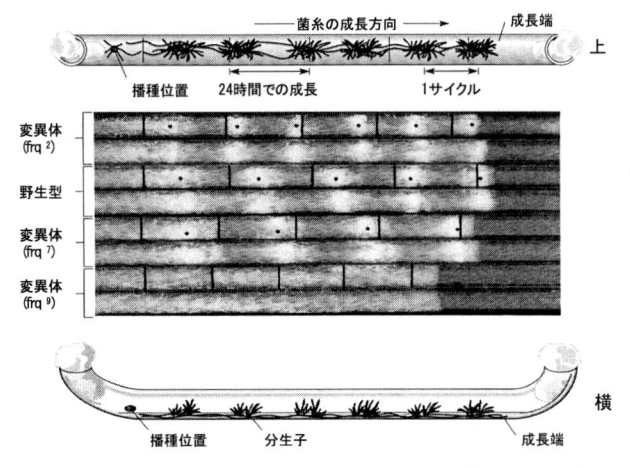

図1 成長管を用いたアカパンカビの分生子形成リズムの測定
(Dunlop, 2004[1]) から抜粋し，一部改変)

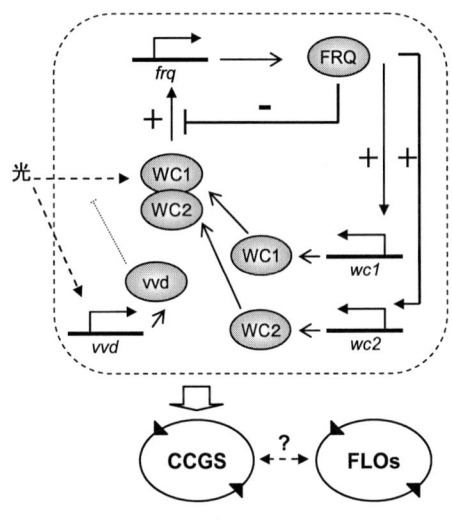

図2 アカパンカビの生物時計の分子機構モデル
(Crosthwait, 2004[2]) を一部改変)
WC複合体は光照射に伴い frq の転写を活性化する．FRQ蛋白質は自身の転写を抑制する一方，$wc1$ と $wc2$ の発現レベルを増加させる．vvd はWCへの光入力を調整する．

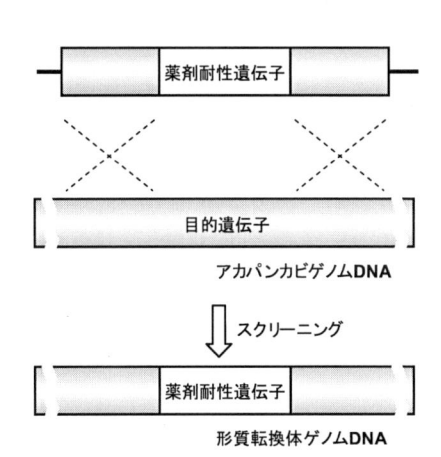

図3 相同組み換えによる遺伝子破壊法
目的とする遺伝子の内部に薬剤耐性遺伝子を挿入し（上），ダブルクロスオーバーでゲノム内に組み込み（中），薬剤マーカーで形質転換体をスクリーニングする（下）．

45 ミドリゾウリムシ
—— *Paramecium bursaria*

単細胞生物ゾウリムシの一種ミドリゾウリムシは，細胞内に数百個のクロレラ（緑藻）を共生しているため緑色をしている珍しい生物である．ミドリゾウリムシは有性生殖である接合活性の発現や光に集まる集光性などにきれいな概日リズムを示すことが知られている（図1）．この細胞を恒暗条件（DD）下で培養するとクロレラは増殖できないので，2～3週間後にはクロレラを含まない白色細胞をつくることができる．さらに，緑色細胞から単離したクロレラを白色細胞に与えると簡単に再感染させることができる．クロレラの光合成にも概日リズムがみられるので，クロレラを共生しているミドリゾウリムシは1つの細胞のなかに宿主と共生体の2つの時計が存在することになる．それら2つの時計の相互作用を解析するためには最適な研究材料である（図2）．

緑色細胞と白色細胞の概日リズムに関する相違点を解析することにより，宿主のリズムに対する共生クロレラの関与を知ることができる．集光性リズムの周期の長さはコンピュータを用いて正確に測定することができるが，恒明条件（LL）下では緑色細胞の方が白色細胞より約3時間長くなる．DD下や光合成阻害剤存在下では両者の周期の長さは同じになるので，共生クロレラの光合成活動が宿主の周期を長くしていることがわかる．

次に，緑色細胞と白色細胞を逆位相の明暗サイクル下で培養し，緑色細胞からクロレラを単離して白色細胞に感染させる．その後，LL下で集光性リズムを測定すると，最初は白色細胞の本来のリズムの位相を表しているが，3日目からクロレラが共生していた緑色細胞のリズムの位相に変位することが知られている（図3）．接合活性リズムにおいても同様の現象が観察される．DD下ではこのような位相変位は起こらないので，宿主のリズムの位相に関しても共生クロレラの光合成活動が主導的に関与していることがわかる．

ミドリゾウリムシには接合活性リズムに関する変異株が分離されている．無周期変異株の白色細胞に緑色細胞から単離したクロレラを感染させ，LL下で測定すると白色細胞の接合活性リズムが回復する．DD下ではクロレラを感染させても無周期のままなので宿主のリズムの回復に関しても共生クロレラの光合成の関与が示唆される．

このように，ミドリゾウリムシの概日リズムの発現に関しては共生クロレラの時計のほうが主導的に働いていることがわかる[1]．この場合，共生クロレラの時計がどのようにミドリゾウリムシの時計に働きかけているのであろうか．普通のクロレラの光合成産物はグルコースであるが，細胞内に共生しているクロレラは光合成産物としてマルトースをミドリゾウリムシに供給している．そこで，いろいろな糖類を無周期変異株の白色細胞に周期的に与えて接合活性リズムを測定すると，マルトースとマルトトリオースを与えたときにリズムが回復した[2]．ミドリゾウリムシの概日時計システムでは共生クロレラの光合成産物を通してミドリゾウリムシの時計に影響を与えていることは確かであるが，まだその詳しい作用機構はわかっていない． （三輪五十二）

文献
1) 三輪五十二：ゾウリムシの遺伝学（樋渡宏一編），pp.104-116，東北大学出版会，1999．
2) Tanaka, M. and Miwa, I.: *Zool. Sci.*, 17, 735-742, 2000．

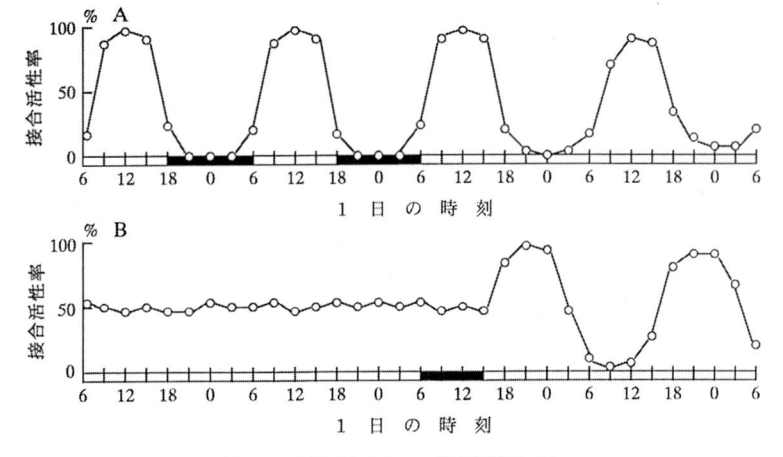

図1 ミドリゾウリムシの接合活性リズム
A：明暗周期（LD 12：12）のなかでは，明期に活性が現れ，暗期に消失する．その後 LL にしても概日リズムとして継続する．B：LL 中で培養を続けると，約2週間後には細胞集団のリズムは消失し，常に約50％の活性率を示す無周期の状態になる．その無周期の集団に9時間の暗期を与えるとリズムが現れる．無周期の集団でも，そのなかの各細胞には概日リズムが保持されていることがわかっている．

図2 ミドリゾウリムシの時計システム

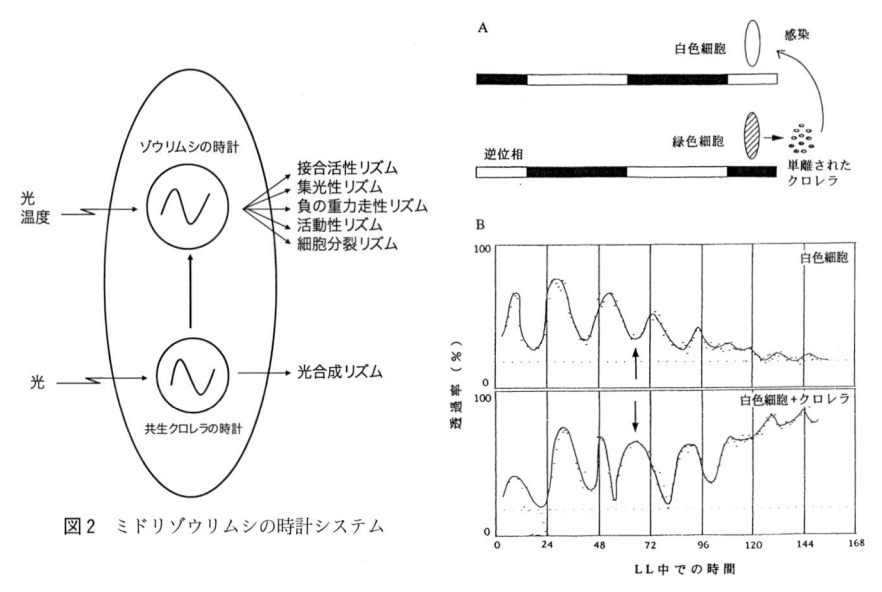

図3 共生クロレラの感染による位相変位
逆位相で培養した緑色細胞からクロレラを単離し，白色細胞に感染させ（A），集光性リズムを測定した．LL 中で3日目から位相変位が起こり，コントロールとは逆位相を示すようになった（B）．DD 中ではこのような位相変位は起こらない．

46 線虫
—— Nematode (*Caenorhabditis elegans*)

　線虫にも，*period* (*per*) や *timeless* (*tim*) などの時計遺伝子の相同遺伝子 *lin-42* および *tim-1* が同定されている．*lin-42* は，幼虫期に約6時間間隔で行われる脱皮に同調して4回強く発現し，成虫期になると発現レベルは著しく低下しかつはっきりしたリズムは認識できなくなること，および *tim-1* は染色体凝集の調整に関与すること，が明らかにされている．どちらの遺伝子も概日時計に直接的には関係していない可能性が高いにもかかわらず，線虫は，成虫になるとはっきりした行動の概日リズムを示す．

　図1に，線虫の行動の概日リズム測定に使用された概日リズム自動記録装置 (= Bug-tracker 24) の概念図を示す．暗視野に映し出された線虫の行動をCCDカメラで撮影し，映像のデジタル信号をパソコンで処理して，約3秒間隔で線虫の位置 (x, y) を求め自動保存する，というものである．図2に，その装置を使って，明暗 (LD) およびそれに続いて恒暗 (DD) においた線虫 (標準株：Briston N 2) 単一個体の行動軌跡の変化の一例を示す (2時間間隔で約30分間記録された)．LDでは，真昼頃最も行動距離が長く，夜になると短くなる．DDでも，主観的な昼に行動軌跡が長く，主観的な夜には短くなっている．

　図3には，様々な明暗サイクル下，およびDDにして，温度15，20，25℃で測定された移動速度 (行動軌跡の長さから得られる) の概日リズムを示す．この図は，線虫の行動のリズムは，①明暗サイクルを変化させてもそれに同調する (再同調性)，②一定の外的条件 (ここでは恒暗) 下でおおよそ24時間周期のリズムが持続する (自由継続性)，および③異なる温度でも周期はほぼ同じである (温度補償性)，という概日リズムの基本的条件を満たしている．この図は，線虫が，ショウジョウバエや哺乳動物の *per* ホモローグである *lin-42* の発現レベルが著しく低下しかつリズムは認識できなくなる成虫期に，はっきりした行動の概日リズムを示すことを示している．このことはまた，*per* ホモローグは線虫の概日リズム形成には直接関与しておらず，したがって線虫にはショウジョウバエや哺乳動物とは異なる概日時計機構が存在することを示唆するものでもある．

　線虫では，多細胞動物で初めてすべてのゲノム配列を決定した *C. elegans* Genome Sequencing Consortium が，線虫で遺伝子や蛋白質が新たに同定されるたびに，(http://www.wormbase.org/) に公表している．表1に，このワームベースからショウジョウバエとマウス時計遺伝子群のアミノ酸配列と約30％以上の相同性を示す蛋白質を選び出し，そのなかで時計蛋白質の機能的ドメインやモチーフに相当する部分をもつ蛋白質の一覧を示す．この表からは，CRYを例外として，すべての時計遺伝子といわれているものが線虫にも存在するといえる．以下，その蛋白質とその生理機能の概略を記する．

　LIN-42：　幼虫期に約6時間間隔で行われる脱皮に同調して4回強く発現し，成虫になると発現レベルは著しく低下する．

　TIM-1：　有糸分裂時の染色体結合の調整に関与する．

　SMA-9：　dCLKとmCLKとに有意な相同性もつ．ショウジョウバエ SCHNURRI (SHN) とも相同性を有しジンクフィンガー (Zinc finger) をもつ．ショウジョ

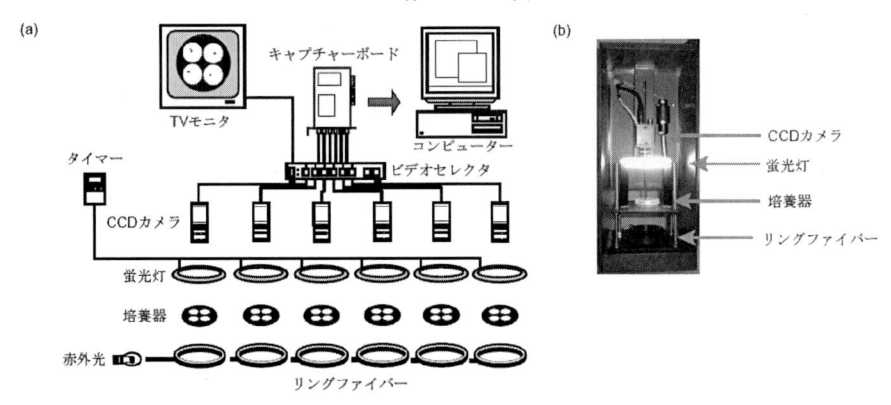

図1 Bug-tracker 24 の概念図
a：装置概念図．4匹の線虫を入れた培養器の下部からリングファイバーを介して赤外光を照射し，暗視野内で白く光る線虫を上から CCD カメラで撮影する．その映像信号を，ビデオスイッチャーおよびビデオキャプチャーボードを介して，512×512 のピクセルデータに変換して PC で取り込む．PC で動いている線虫の最も明るいピクセルデータを抽出し，そのアドレスを線虫の x-y データとして自動記録する．
b：リングファイバー，培養器，蛍光灯および CCD カメラが納められているユニットボックスの実体像．

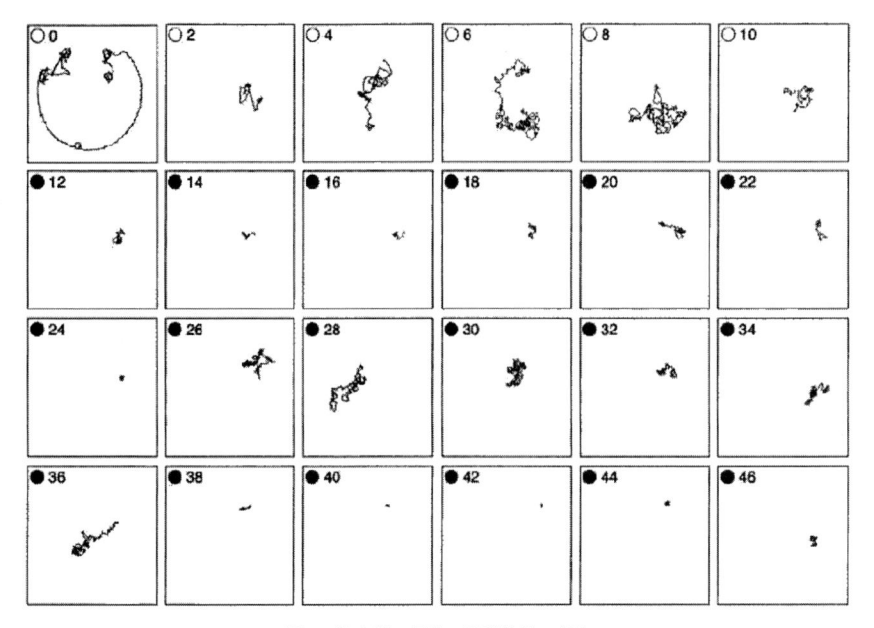

図2 線虫単一個体の行動軌跡の変化
2時間間隔で約30分間測定されたもの．各ボックスの左上の○は明期を，●は暗期を示す．0〜22，LD (12：12) での行動軌跡．24〜46，DD での行動軌跡．ストレプトマイシン耐性株の大腸菌（OP 50-1）を加えた液体培地に，LD (12：12)，20℃ の条件で1カ月以上飼育した線虫を使用した．線虫と OP 50-1 は，ミネソタ大学，Caenorhabditis Genetics Center (CGC，URL；http://biosci.umn.edu/CGC/CGChomepage.htm) から無料で入手できる．

ウバエ SHN と同様に，TGFβ (transforming growth factor β) スーパーファミリーに属する BMP (bone morphogenetic protein) に関連するシグナル伝達経路および体の大きさや雄の尾の発生に関係する．

AHA-1：　CYC と BMAL1 に相同性をもつ．哺乳動物の ARNT (aryl hydrocarbon nuclear translocator) のオルソログである．時計遺伝子に特徴的な PAS-ドメインと bHLH[3] (項目69「哺乳類の時計遺伝子」，72「昆虫の時計遺伝子」，74「*Period* 遺伝子」，75「*Clock* 遺伝子」，76「*Bmal 1* 遺伝子」など参照)を含む．AHA-1 は，哺乳動物の AHR (aryl hydrocarbon (Ah) receptor) の線虫オルソログの AHR-1 とヘテロダイマーを形成する．線虫 AHA-1 と AHR-1 の正確な生理機能は不明だが，哺乳動物の相同な蛋白質と生化学的特性の重要な部分を共有している．AHA-1：AHR-1 複合体は，哺乳動物の AHR：ARNT 複合体と同様に XRE (xenobiotic response element, DNA の生体異物反応要素) に結合し，転写を誘導する．

線虫 AHA-1 は，HIF-1 (hypoxia inducible factor, 哺乳動物の HIFα の機能的ホモローグ，bHLH をもつ) ともヘテロダイマーを形成し，哺乳動物 HIFα と相同に，標的遺伝子の発現を活性化させ，酸素運搬促進や低酸素状態への順応などの代謝調節を行う．

KIN-19 と KIN-20：　両方とも哺乳動物カゼイン・キナーゼ I_ε (CKI_ε) のホモローグであるショウジョウバエ DBT に高い相同性を示す．Wnt 経路にも関与し，細胞成長，腫瘍形成，および発生などの様々なプロセスをコントロールする．

GSK-3：　ショウジョウバエ SHAGGY (=SGG) と高い相同性を示す．Wnt シグナルで活性化された β-カテニンは，TCF/LEF-1 (T cell factor/lymphoid enhancer factor) ファミリーの転写因子と複合体を形成して核へ移行し，Wnt 標的遺伝子プロモータに直接結合して，遺伝子発現を調整する．線虫の発生時，細胞運命の決定，細胞極性や細胞移動，などにかかわる．

ATF-2：　ショウジョウバエと哺乳動物で新たに報告された第2の負のフィードバックループの成分である VRI と高い相同性があり，CREB ファミリーのメンバーである．Smad (TFG-β の細胞表面から核への信号伝達に関与する) と TGFβ acting kinase 1 の両経路を介する TGFβ シグナル伝達に関与する．

以上，表1からは，線虫の時計遺伝子ホモローグは，基本的には主に発生時に機能し，概日時計機構への関与は薄いと考えられる．ショウジョウバエや哺乳動物の時計遺伝子群は，環境変化への適応 (発生時の細胞を取り巻く環境も含む) に関与する PAS-スーパーファミリーに分類されている．ではなぜ，線虫の発生時に機能している遺伝子群がショウジョウバエや哺乳動物になると概日時計機構に関与するようになるのか．また，線虫の概日時計機構はどうなっているのか．これらは概日時計機構や進化を考えるうえで今後の大きな課題となるであろう．　　　　(長谷川建治・三枝　徹)

文献

1) Jeon, M. *et al.*: *Science*, **286**, 1141-1146, 1999.
2) Saigusa, T. *et al.*: *Curr. Biol.*, **12**, R46-47, 2002.
3) Gu, Y. Z. *et al.*: *Annu. Rev. Pharmacol. Toxicol.*, **40**, 519-561, 2000.

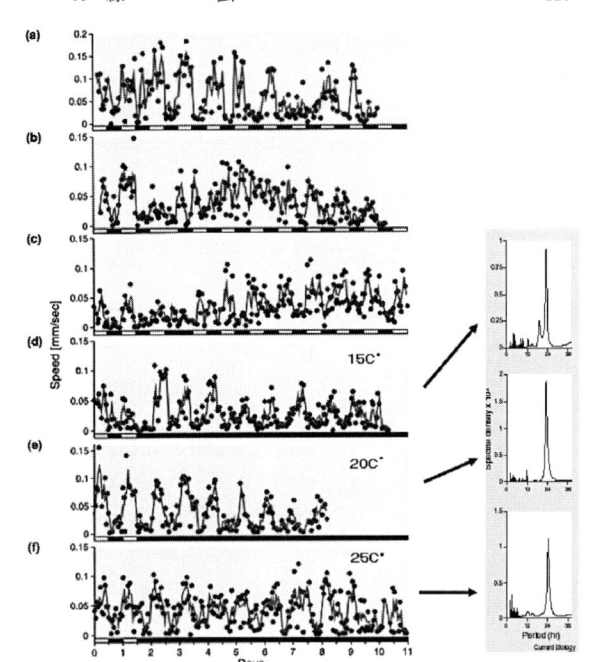

図3 線虫の移動速度の日周および概日変化

左図,LDサイクルでの移動速度の日周変化 (a),L期を繰り返して (b),およびD期を繰り返して (c) LDサイクルを逆転した状態に同調した移動速度の変化.および一定温度で測定されたフリーランニングリズム,15℃ (d),20℃ (e),および 25℃ (f).各グラフの横軸上の黒太線は暗期を示す.右図,最大エントロピー法による各フリーランニングリズムの周期解析結果.

表1 ショウジョウバエおよびマウスの時計蛋白質と線虫蛋白質の相同性

線虫蛋白質	特徴的な構造	機能	時計蛋白質	相同性
LIN-42	PAS	幼虫期に約6時間間隔で行われる脱皮に同調して4回強く発現	dPER mPER	34% 28%
TIM-1	LIN-42 binding motif?	有糸分裂時の染色体結合の調整に関与	dTIM mTIM	23% 37%
SMA-9	zinc-finger	ショウジョウバエ SHN のホモローグをコードし,BMPに関連するシグナル伝達経路と体の大きさや雄の尾の発生に関与	dCLK mCLK	31% 30%
AHR-1	AHR のオルソローグ PAS・bHLH	AHA-1 とヘテロダイマーを形成し,発生時にGABAニューロンの運命決定に関与	dCYC mBMAL1	33% 29%
AHA-1	ARNT のオルソローグ PAS・bHLH	AHR-1 の共同因子,発生時に GABA ニューロンの運命決定に関与	dCYC mBMAL1	41% 41%
KIN-19	CKI1ε ホモローグ	Wnt 経路に関与,細胞成長,腫瘍形成,発生など制御に関与	dDBT mCKIε	65% 73%
KIN-20	CKI1ε ホモローグ	同上	dDBT mCKIε	76% 79%
GSK-3	リン酸化酵素部位	Wnt シグナルがない場合に β-カテニンをリン酸化して分解する発生時の細胞運命の決定,細胞極性,細胞移動,などに関与	dSGG	73%
ATF-2	bZIP	CREB ファミリーのメンバー,TGFβ シグナル伝達に関与	dVRI	60%

相同性はデータベースと文献により調べた,線虫蛋白質と既知の時計蛋白質とを比較した値.表中の時計蛋白質欄の dPER はショウジョウバエの PER 蛋白を,mPER はマウスの PER 蛋白を表す.

47 ショウジョウバエ ―― *Drosophila*

　ショウジョウバエは体長3mmから1cmほどの小型の完全変態昆虫である．代表的な種では飼育方法が確立され，羽化，歩行，交尾，産卵などの行動レベルで，またクチクラ層形成，唾液腺のパフ形成などの生理レベルで概日リズムが観察されている．休眠に関しては行う種と行わない種が存在する．

　概日時計研究ではキイロショウジョウバエ（*Drosophila melanogaster*）を使った分子遺伝学的な研究が有名であるが，それ以前の生理・生態・行動学的な実験にはウスグロショウジョウバエ（*D. pseudoobsucura*）などが多く用いられてきた．Pittendrighらのグループは，ウスグロショウジョウバエの羽化リズムに関する詳細な実験結果をもとに，光パルスに対する位相反応曲線の解析や概日時計の主従に振動体説の提唱など重要な解析[1]を行っており，これらは現在でも生理・行動レベルでの概日リズム解析の基礎をなす．概日時計の生態学的意義を考察するうえではLankinenらによる実験も重要である．

　概日時計機構の分子メカニズムの研究においては，Morgan以来の豊富な遺伝学的知識の蓄積を背景にしたキイロショウジョウバエを用いた研究が群を抜く．多くの突然変異体や染色体異常系統の完備，トランスポゾンによる遺伝子操作技術の確立，さらに2000年の全ゲノム配列の解読完了でモデル生物としての地位は不動のものとなった．約13600個と推定される全遺伝子を対象とした発現ノックダウンや過剰発現系統のライブラリ化，全遺伝子およびゲノム配列に対応するマイクロアレイ開発も進んでいる．

　キイロショウジョウバエを用いた概日時計機構の分子遺伝学的な研究は，1971年のKonopkaとBenzerによる*period*（*per*）突然変異体の分離[2]に始まり，ほぼ10年ごとに節目を迎えてきた（年表参照）．羽化のゲートが明瞭でない本種では歩行リズムを指標とした研究が主体である．現在では，*per*遺伝子転写に関する負の自己ネガティブフィードバックにより概日振動が発生するという説が有力である．*per*の転写活性化因子である*Clock*遺伝子発現を調節する第2のループも発見されている．

　概日歩行リズムの中枢（ペースメーカー）は脳内のPER発現組織である側方ニューロン群の10数個の細胞に存在するが，末梢組織でPERを発現している細胞群も体外で個別に培養すれば光同調能をもつ概日振動体として機能する．光受容体としてクリプトクロームが働くが，ショウジョウバエ成虫では単複眼および幼虫単眼由来の組織であるH-B eyeletも光受容に関与する．

　概日時計の中枢に関する分子レベルでの知見の蓄積とは対照的に，生理学的解析は本種では十分に進展していない．ペースメーカー間やそれらの細胞と末梢振動体との相互作用に関する解析はほとんど行われておらず，概日時計の時刻情報がどのような出力系を経て行動に反映されるかの知見にも乏しい．ペースメーカーからの出力の一部は神経ペプチドPDFの放出によるが，それ以外にどのような要素が関与するのかの全貌も明らかでない．　　　（松本　顕）

文　献
1) Pittendrigh, C. S. : *Z. Pflanzenphysiol.*, 54, 257-307, 1966.
2) Konopka, R. J. and Benzer, S. : *Proc. Natl. Acad. Sci. USA*, 68, 2112-2116, 1971.

表1 キイロショウジョウバエの時計遺伝子解析年表（主要な出来事のみ）

第1期：全生物を通して初めての時計突然変異体がショウジョウバエで分離されたが，分子レベルでの解析手段がなかったために1970年代には研究はほとんど進展しなかった．1980年代に入り，アメリカの2大グループが激しいクローニング競争を繰り広げた．

1971	per 突然変異体の分離
1984	per 遺伝子がクローニングされ塩基配列が解読される

第2期：2大グループの競争の激しさから多くの間違った結論が導きだされた混沌期となった．既存の概日時計機構の分子モデルのほとんどが per 遺伝子の機能と関連づけて解釈されたが，最終的に1990年の per 遺伝子転写に関する負の自己フィードバックループの発見で幕を閉じる．

1990	per 遺伝子転写に関する負の自己フィードバックループの発見

第3期：続々と新たな時計関連遺伝子が見つかり，per が転写されてから抑制されるまでのフィードバック過程を1巡する分子機構がほぼ解明された．哺乳類やアカパンカビ，シアノバクテリアでも時計遺伝子がクローニングされ始め，時計遺伝子転写の負の自己ネガティブフィードバックという図式が種を超えた概日振動の発振原理とみなされるようになった．リズムの光同調機構がフィードバックループと関連づけて分子レベルで解釈された．光受容系分子の cry，出力系の pdf がクローニングされた．

1994-95	tim 遺伝子の突然変異体が分離され，翌年クローニングされる
1994	PER/TIM の2量体の核移行タイミングと光による崩壊が位相変位を誘発することが明らかになる
1998	Clk, cyc, dbt, cry 遺伝子の突然変異体の分離とクローニングが相次いで行われる
1998	per 転写に対する負の自己フィードバック効果が培養細胞内で再現される
1998-99	pdf 遺伝子が相同性を利用してクローニングされ，翌年，突然変異体が分離される
1999	光照射後の CRY による TIM の崩壊が観察される
1999	vri 遺伝子の突然変異体の分離とクローニング

第4期：per 以外にもフィードバックループが存在することが1999年に示唆され，概日時計機構を多重ループ構造をもつ遺伝子ネットワークとしてとらえ直す解析が始まった．ゲノム配列の解読が完了しゲノムワイドな解析手法を駆使したシステム論的な解析が目立つようになってきた．

1999	複数フィードバックループ仮説が提案される．
2001	sgg 遺伝子の突然変異体の分離とクローニング
2001-02	転写レベルが概日変動する遺伝子群のゲノムワイドな同定
2003	vri 遺伝子による Clk 発現抑制効果の発見
2003	Pdp1ε 遺伝子による Clk 発現活性化効果の発見
2003	Clk 遺伝子ループの発見
2004	CKⅡ リン酸化酵素によるループ制御の発見
2004	PP2A 脱リン酸化酵素によるループ制御の発見
2007	PP1 脱リン酸化酵素によるループ制御の発見
2007	cwo 遺伝子ループの発見

48　コオロギ

—— Cricket

　コオロギは直翅目，キリギリス亜目に属する不完全変態昆虫（hemimetabolous insect）であり，日本列島には約110種が生息している．比較的大型で，一般に累代飼育が容易であり，歩行や虫鳴活動に明瞭な概日リズムを示すこと（図1）や，温帯性のコオロギ類では光周性を示すことから，ゴキブリとならんで頻繁に時間生物学の実験動物とされている．フタホシコオロギ（*Gryllus bimaculatus*），イエコオロギ（*Acheta domesticus*），オーストラリアエンマコオロギ（*Teleogryllus commodus*）などが，世界各地の研究室で累代飼育され，実験に用いられている．これらのうち，フタホシコオロギはわが国の在来種であり，最も普通に実験に用いられる種である．

　フタホシコオロギは奄美大島以南に生息しており，光周性がなく，適当な条件で飼育すればいつでも卵，幼虫，成虫の各ステージを大量に得ることができる好適な材料である．通常は明暗12時間：12時間（明暗12：12），25℃の条件下で，約2週間の卵期，約50日の幼虫期を経て，2カ月ほどで成虫となる．一方，温帯域に生息するコオロギの多くはその生活環の一部が光周期によって制御される，いわゆる光周性を示すものや，卵で休眠するものなどがある．たとえば，タンボコオロギ（*Modicogryllus siamensis*）では，その幼虫発育が長日（明暗16：8）では促進されるが，短日（明暗12：12）では著しく遅延する（図2）．また，エンマコオロギ（*Teleogryllus emma*）では産下された卵が必ず休眠に入る．これら光周性や休眠の問題そのものが時間生物学の課題であるが，飼育の際には環境条件に十分注意を払う必要がある．

　行動リズムの研究では，中枢神経系の構造が比較的単純であり，個々のニューロンがその形態により同定可能であること，外科手術等が容易に行えることなどの利点を生かして，とくに時計の神経機構の解析が行われてきた．概日時計は複眼（compound eye）と脳との間に位置する一対の視葉（optic lobe）にあり，歩行活動や虫鳴活動，複眼の感度，視覚性介在ニューロンの応答などの概日リズムを制御している（図3）．視葉は体外培養下でもその電気活動に主観的夜に高く，昼低いリズムを表すので概日時計の座に間違いないが，時計細胞を特定するには至っていない．また，視葉外にも弱い概日振動体があることが，視葉切除後の光同調実験から示唆されている．光周期へ同調するための光受容器は，フタホシコオロギでは複眼のみであるが，マダラスズ（*Pteronemobius nigrofasciatus*）やニュージーランドウェタ（*Hemideina thoracica*）では複眼以外にも光受容器の存在が示唆されている．左右一対の視葉時計は，相互に時刻情報と光情報を交換することで同調しており，この同調系の神経機構や時間生物学的意義などが詳細に研究されている（図3）．

　最近，フタホシコオロギでは，分子生物学的手法も開発されつつある．すでに多数の遺伝子がクローニングされており，それらの遺伝子の2本鎖RNAを用いたRNA干渉法（RNA interference）により遺伝子発現のノックダウンが可能になっている．さらに，*piggyBac*などのトランスポゾンを用いた形質転換体の作成も試みられており，近い将来，生物時計や光周性の研究に応用できる可能性がある．　　（富岡憲治）

文献

1) Taniguchi, N. and Tomioka, K.: *Eur. J. Entomol.*, 100, 275-281, 2003.
2) 富岡憲治：時間を知る生物，裳華房，1996.

図1　エンマコオロギの歩行活動リズム
明暗14：10，25℃の条件下で7日間記録した後，恒暗条件下で記録した．明暗条件下では明瞭な夜行性の活動リズムを示し，恒暗条件下でもこのリズムが24時間よりわずかに短い周期で継続している．

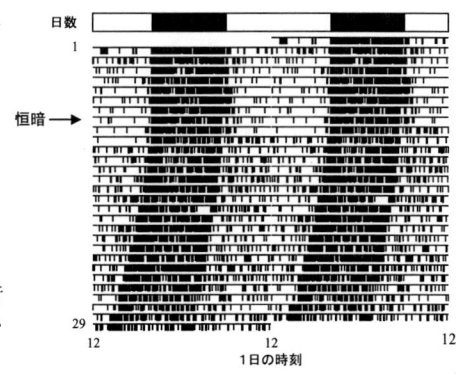

図2　タンボコオロギの幼虫発育の光周性反応[1]
長日条件下（明暗16：8，上）では，すべての個体が孵化後40日以内に羽化し，成虫になるが，短日条件下（明暗12：12，下）では，半数が成虫になるまでに120日以上を要する．また，脱皮回数も長日では7回であるのに対して，短日では10回以上に増加する．

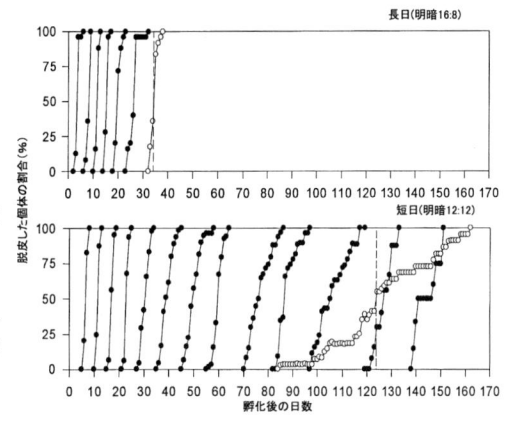

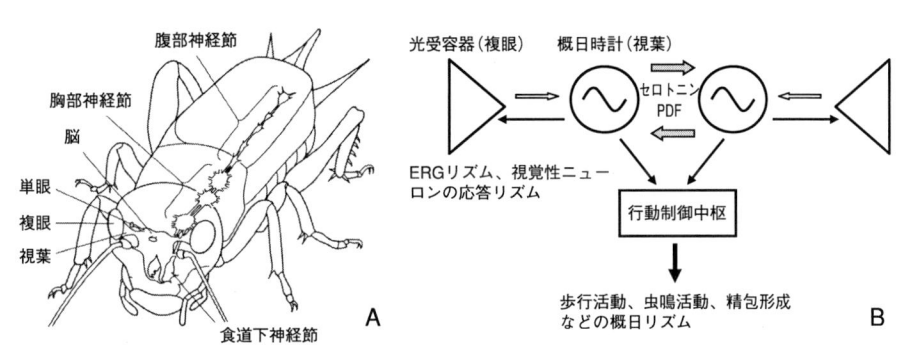

図3　コオロギの神経系の模式図（A）[2]と時計システムの模式図（B）
A：コオロギの中枢神経系は脳，食道下神経節，3個の胸部神経節および5個の腹部神経節からなる．概日時計は脳の一部である視葉にあり，複眼からの光入力で明暗周期に同調する．B：視葉時計は歩行，虫鳴，精包形成などの行動リズムや，複眼の感度，視覚性ニューロンの応答リズムを制御する．左右の視葉時計は相互に光・時刻情報を交換し，振動共役している．この共役には視髄両側性ニューロンとよばれる一群のニューロン群が関与し，セロトニンや色素拡散ホルモン様ペプチド（PDF）が生理活性物質として作用する．白矢印は光同調経路，灰色矢印は相互作用経路，黒矢印は時計からの制御経路を示す．

49 ゼブラフィッシュ ——Zebrafish

　ゼブラフィッシュの特徴は，身体の数多くの器官・細胞が，光に応答する細胞自律的（cell autonomous）なリズム発振系を備えている点である．この現象は，ゼブラフィッシュから分離された心臓・腎臓などの in vitro 培養組織が時計遺伝子発現の概日リズムを示し，しかも培養時の明暗サイクルに応答して概日リズムの位相が変動することにより示された．その後，胚やヒレ由来の培養細胞も同様な能力を備えていることが明らかにされ，基本的にすべての組織が光に直接応答できる細胞を含んでいることが示唆された[1]．同様な現象はショウジョウバエでもみられているが，ゼブラフィッシュでは培養細胞を容易に樹立することができることから，細胞レベルでの光による生物時計制御といったユニークな解析が可能となる．このような特徴は，光といった共通の外部刺激に対する，個体，組織，細胞といった異なるレベルでの解析を可能にし，各々のレベルで光情報がどのように処理・統合されていくのかの解析系を提供する（図1参照）．

　光応答といった特徴に加え，ゼブラフィッシュなどの小型魚はモデル生物としての潜在的有用性からも時間生物学における研究対象として注目されている．近年多くのモデル生物が開発されてきている．対象とする生命現象との対応において，各モデル生物の特徴をどのように利用できるかが重要な問題となる．最終的に個体レベルでの解析を必用とする時間生物学の研究領域においては，遺伝学の活用は極めて重要な意味をもつ．ゼブラフィッシュを含む小型魚は，遺伝学に適した多くの特性をもっている．さらに，トランスジェニック個体の作成が容易であり，胚発生が透明な卵のなかで進むため胚操作が可能であるなど，分子遺伝学的解析にも最適である．このような特性から，ゼブラフィッシュを含む小型魚は，マウスを補完するモデル脊椎動物として注目されており，時間生物学においても，遺伝学を生かしたユニークな解析系を提供する．遺伝学的手法を活用した典型的な研究の1つとして，化学変異原（ENU）処理により変異導入した個体の子孫から，リズムがおかしくなるといったような表現型を指標に変異体を探すといった，いわゆる順遺伝学（forward genetics）の手法による変異体解析がある．この手法は，ショウジョウバエ・高等植物においてその有効性が実証されており，ゼブラフィッシュにおいてもすでにいくつかのリズム変異体が得られている[2]．これらの変異体から，脊椎動物に特異的な時計制御機構が明らかにされることが期待される．一方，小型魚はマウスと異なり遺伝子ノックアウトが不可能であり，逆遺伝学（reverse genetics）的手法の確立が望まれてきた．近年，TILLING（targrtted induced local lesion in genome）とよばれる，標的遺伝子の変異体を自由に作成する方法が確立され，ゼブラフィッシュやメダカにも応用されている（図2参照）．今後，様々な変異体を使った解析が可能になり，分子遺伝学的手法と組み合わせ極めてユニークな解析系になることが期待される．

（藤堂　剛）

文　献
1) Whitmore, D. et al.: Nature, 404, 87-91, 2000.
2) Cahill, G. M.: Cell Tissue Res., 309, 27-34, 2002.

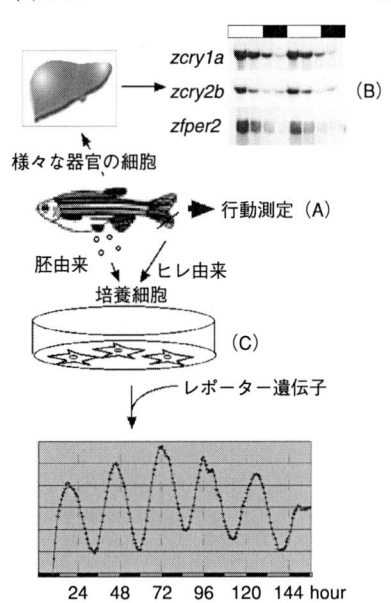

図1 ゼブラフィッシュを用いた概日リズム解析系
A：個体レベルの行動測定系，B：組織レベルでの遺伝子発現系，C：細胞レベルでのレポーター遺伝子を用いた遺伝子発現系．

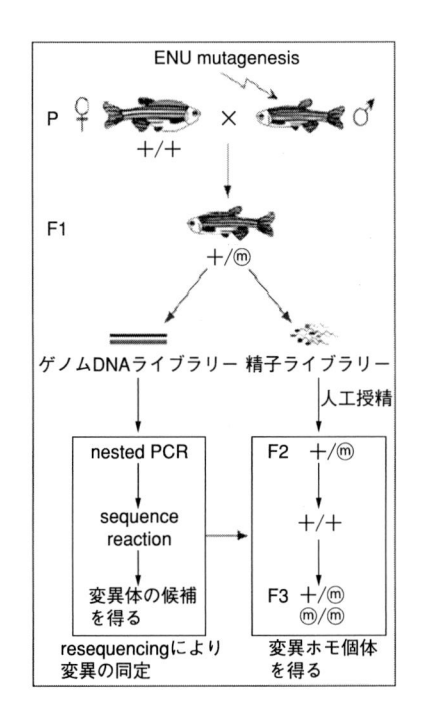

図2 標的遺伝子の変異体を自由に作成するTILLING法

50 鳥 類

———— Aves

鳥類は，生物リズム研究の初期には比較的よく使用され，概日時計の存在場所が示された最初の動物でもある．これまでに使用されている種は，ニワトリ，ウズラ，スズメ，ブンチョウ，ハト，ムクドリなどであるが，わが国では，「鳥類保護及狩猟に関する法律」があり，家禽や愛玩鳥を除き，野鳥の捕獲，使用はこの法律の下で適正に行わなければならない．

概日リズムの特徴は種により異なり，活動リズムを指標とする場合，リズムの鮮明さの点でニワトリやウズラは見劣りがする．一方，スズメ，ブンチョウ，ハト，ムクドリなどは明瞭な概日リズムを示す．活動リズム以外にも，摂食，体温，メラトニンなど様々なリズムが記録されている．また，光周性や産卵リズムの研究にはウズラやニワトリが使用されている．

1. 概日リズムの測定法

1) **活動リズム**： ニワトリ，ウズラ，ハトなどでは飼育ケージの床の動きをマイクロスイッチや赤外線スイッチにより検出して活動リズムを記録する．この方法で測定されるリズムはノイズが多いが，ハトでは比較的明瞭なリズムが測定できる（図1）．スズメやブンチョウ，ムクドリでは，ケージ内に設置した2本のとまり木をホッピングする活動を，マイクロスイッチで検出する．測定されるリズムは明瞭である．また，摂食リズムの測定は，餌をついばむ行動を赤外線スイッチで検出する．いずれの方法でも，リズム専用の市販コンピューターソフトを用いて記録，解析を行う．

鳥類の場合，恒暗条件に置くと摂食や摂水が阻害され，活動レベルが極端に低下して死亡することがあるので注意を要する．その場合，薄明条件に置くと改善する．しかし，照度が高すぎるとリズムが消失するので，適正な照度を保つことが重要である（図1）．

2) **体温リズム**： かつては体内に埋め込んだ温度センサーを介して有線方式で体温リズムを測定していたが，現在ではテレメトリー方式で長期にわたり体温リズムを測定することができる．活動リズムと体温リズムをテレメーターで同時測定すると，ウズラでは活動リズムに比べ体温リズムのほうがはるかに明瞭なリズムが得られる．

3) **メラトニンリズム**： 鳥類では，メラトニンは概日リズムの制御に重要な役割を果たしている．メラトニンは松果体や網膜で合成される．メラトニンリズムは，組織中の含量，血液や脳脊髄液濃度などを測定して得られるが，いずれの場合も明期に高く暗期に低い顕著なリズムを示す．血中のメラトニンの由来は鳥の種により異なり，ニワトリでは網膜で合成されたメラトニンは血中に放出されないが，ハトやウズラでは松果体と網膜の両方からメラトニンが放出される．生きたままの動物の松果体や網膜から長期間にわたってメラトニンを測定する方法として，マイクロダイアリシス法が用いられている（図2）．この方法により，行動リズムとともに，複数の物質のリズムを同時に測定することが可能となった[1]（図3）．

（海老原史樹文）

文 献

1) Ebihara, S. *et al.*: *Biol. Signals*, **6**, 233-240, 1997.

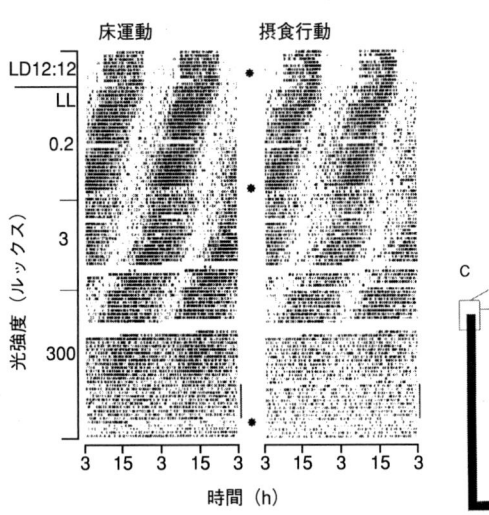

図1 ハトの概日リズム
床運動（左）と摂食行動（右）を同時測定した．恒明条件（LL）の照度が低いとき（0.2と3ルックス）はリズムが現れるが，照度が高くなると（300ルックス）消失する．

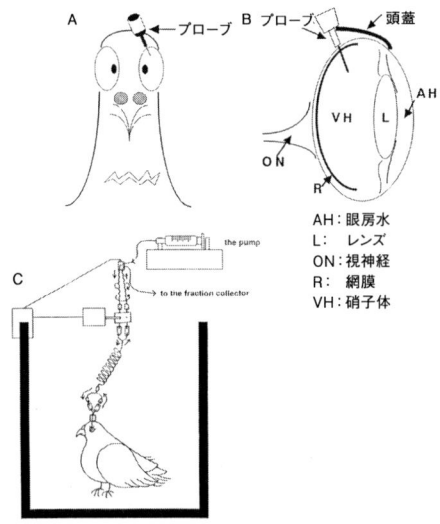

図2 マイクロダイアリシスによるハト眼球内物質のリズム測定方法
A：ダイアリシスプローブの装着位置，B：眼球内へのダイアリシスプローブの挿入位置，C：無拘束下におけるサンプリング状態．

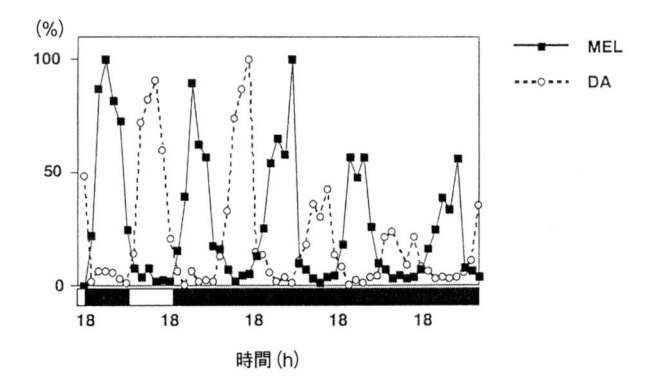

AH：眼房水
L：レンズ
ON：視神経
R：網膜
VH：硝子体

図3 マイクロダイアリシスにより測定したハトの眼球内メラトニン（MEL）およびドーパミン（DA）リズム
明暗条件の後，恒薄明条件に移して測定．白い横棒，黒い横棒はそれぞれ明期，暗期を示す．

51 哺乳類―げっ歯類―

—— Mammals（Rodents）

1. げっ歯類の生体リズム解析法

1) 動物種: げっ歯類として生体リズムの解析に用いられる動物種は主にハムスター, ラット, マウスである. 近年遺伝子工学の進歩によって遺伝子操作を行った動物を生体リズム解析に用いる機会が多くなっているが, マウスではノックアウトマウスを作成時にC 57 BL/6 J由来の胚盤胞期胚を用い, C 57 BL/6 Jにバッククロスを行い作出するのが一般的である.

2) 飼育室: 飼育室は光などの外部環境因子が測定している概日リズムに影響を与えるいわゆるマスキングを起こすおそれがあることから, 防音, 遮光, 温度, 湿度などの環境を一定に維持することができる設備が整っている必要がある. とくに気温の周期は動物種によっては同調因子となりうる. 明暗条件を自由に設定するための照明のオンオフをコントロールする装置や, 実験によっては照度が調節可能な設備を備えていることが必要である.

3) 飼育法: 一般に自由給水, 給餌条件で飼育する. 給餌量が十分でないと無給餌期間を生じ, 正確な行動リズムなどを測定できなくなる. 一般に解析には雄を用い, プラスチックケージに1匹飼いとする. 暗期にケージ操作などが必要なときはメラノプシンに対して感受性の低い赤色帯域の微弱光下で行う.

4) 行動解析:

ⅰ) 行動量解析: マウス, ハムスター, ラットなどを用いた生体リズム研究は, 行動リズムの解析を中心に行われてきている. 行動量解析には主に回転かご（輪回し, running wheel）（図1）によるものとケージのなかでの行動量（移所運動量, locomotor activity）を磁場変化量（アニメックス型）や, 赤外線ビーム格子検出, および動物体温による放出赤外線を計測して定量化するタイプの測定機器が開発され利用されている. また行動量をシグナル量の変化として発振するトランスミッターを腹腔内に移植して, 無線で総行動量を計量可能なシステムも市販されている.

ⅱ) 摂食行動: 摂食量, 飲水量, 摂食持続時間, 摂食回数, 摂食間隔などの摂食・飲水行動を自動計量可能な装置が市販され利用可能である.

ⅲ) 行動リズム解析: 行動リズムの解析は, 横に48時間の移所運動量や回転数をグラフ化し, 縦に記録日ごとに並べたもの（ダブルプロット）を用いることが多い. 計測した行動量から位相（ϕ; phase）, 周期（τ; tau, period）, 振幅（amplitude）を算出する. リズム周期の解析はフーリエ変換あるいはχ二乗ペリオドグラムなどが用いられ, アクトグラムと周期解析がセットになったプログラムが市販され用いられている. 振幅は, 平均値とピーク値との差から求められる. 位相はコサイナー法などのカーブフィッティング法から決定される.

5) 体温・心拍数: げっ歯類の体温・心拍数を経時的に測定するには腹腔にトランスミッターを移植し計測する方法が一般に用いられており, 発振・受信装置が市販されている.

6) 種・系統による相違: 恒常的条件下での周期（free‐running period; τ (tau)）, とくに恒暗条件下でのτは種, 系統によって異なることが知られており, マウスの行動リズム周期はBALB/cByJのτが22.94時間であるのに対し, C 57 BL/6 Jは23.77時間であり[1], 系統間でも

図1 行動解析システム (running wheel) の一例 (TSE 社製)

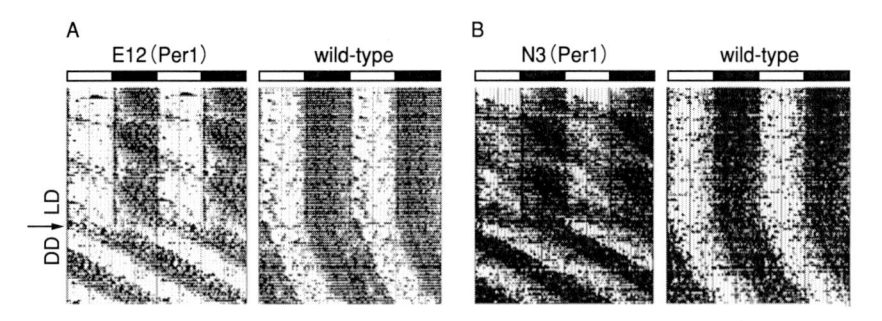

図2 *Per1* cDNA を過剰発現させたトランスジェニックマウスの体温リズム[3]
野生型に比べ 0.6〜1 時間周期が延長している．

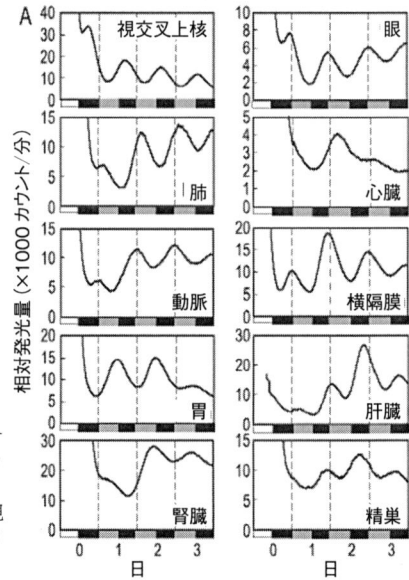

図3 *Bmal1* プロモーターにルシフェラーゼレポーター
を連結させた遺伝子を導入したトランスジェニッ
クマウスの解析例[4]
各臓器由来切片から発光量を経時的に計測したもの．視
交叉上核 (SCN) 以外の臓器にも明瞭な約 24 時間のリ
ズムが認められる．

差があることからコントロールをとる場合注意が必要である．

7) **発達・加齢の影響**： 動物種, 系統によっては τ が加齢とともに変化することが報告されている．たとえばインドハツカネズミ (*Mus booduga*) では生後は24時間以上の周期が100日以降には短縮し24時間未満となってほぼ一定になることが報告されており, 周期解析は τ が一定となる週齢以降で測定する必要がある．その他, 振幅, 位相, 光などの同調因子 (Zeitgeber) に対する反応性も発達・加齢によって変化することが知られている．

8) **生体リズム解析のための遺伝子変異動物**：

ⅰ) ENU 突然変異マウス： ENU (N-ethyl-N-nitrosourea) をマウスに投与し, 遺伝子変異マウスから周期の変位を利用してスクリーニングを行い時計関連遺伝子の同定が試みられている[2]．このスクリーニングの結果 Clock 遺伝子が同定された．

ⅱ) トランスジェニックアニマル： アクチンなどの恒常的に全身に発現するプロモーターを時計遺伝子 cDNA の上流に挿入し, 過剰発現させ時計遺伝子の機能を解析することが可能である．翻訳伸長因子 (Elongation factor-1 α) および神経特異的エノラーゼ (neuron-specific enolase) プロモーター下流に rat *Per1* cDNA を連結したコンストラクトをラットに導入し, 行動・体温のリズム周期が0.6〜1時間延長したという実施例などがある[3] (図2)．また, 時計遺伝子のプロモーターの下流にルシフェラーゼあるいは EGFP などのレポーターをつなぎマウスに導入して末梢臓器の時計遺伝子発現をモニターする試みがなされており, *Bmal1* のプロモーターの発現解析に用いた例などがある[4] (図3)．

ⅲ) ノックアウトマウス： 相同性組換えを利用して時計遺伝子を欠失させることにより, 時計遺伝子などの機能を解析する方法である．*Bmal1*[5], *Per1-2*, *Cry1-2* などのノックアウトマウスが作出されている．致死となる遺伝子の場合はコンディショナルノックアウト法により生後に遺伝子を欠失させる方法が行われる．*Clock* 遺伝子のノックアウトマウスがコンディショナルノックアウト法によって作出され, 明らかな行動リズム周期の変化がみられないことから論議をよんでいたが, その後 *Npas2* と *Clock* のダブルノックアウトマウスが作出され[7], 両者が欠失すると行動リズムが消失した (図4)．この実験から *Npas2* が *Clock* の機能を補完していることが示された． (池田正明)

文献

1) Schwartz, W. J. and Zimmerman, P.：*J. Neurosci.*, **10**(11), 3685-3694, 1990.
2) Vitaterna, M. H. *et al.*：*Science.*, **264**(5159), 719-725, 1994.
3) Numano, R. *et al.*：*Proc. Natl. Acad. Sci. U SA.*, **103**(10), 3716-3721, 2006.
4) Nishide, S. *et al.*：*Genes to Cells*, **11**(10), 1173-1182, 2006.
5) Bunger, M. K. *et al.*：*Cell*, **103**(7), 1009-1017, 2000.
6) Debruyne, J. P. *et al.*：*Neuron*, **50**(3), 465-477, 2006.
7) DeBruyne, J.P. *et al.*：*Nat. Neurosci.*, **10**, 543-545, 2007.

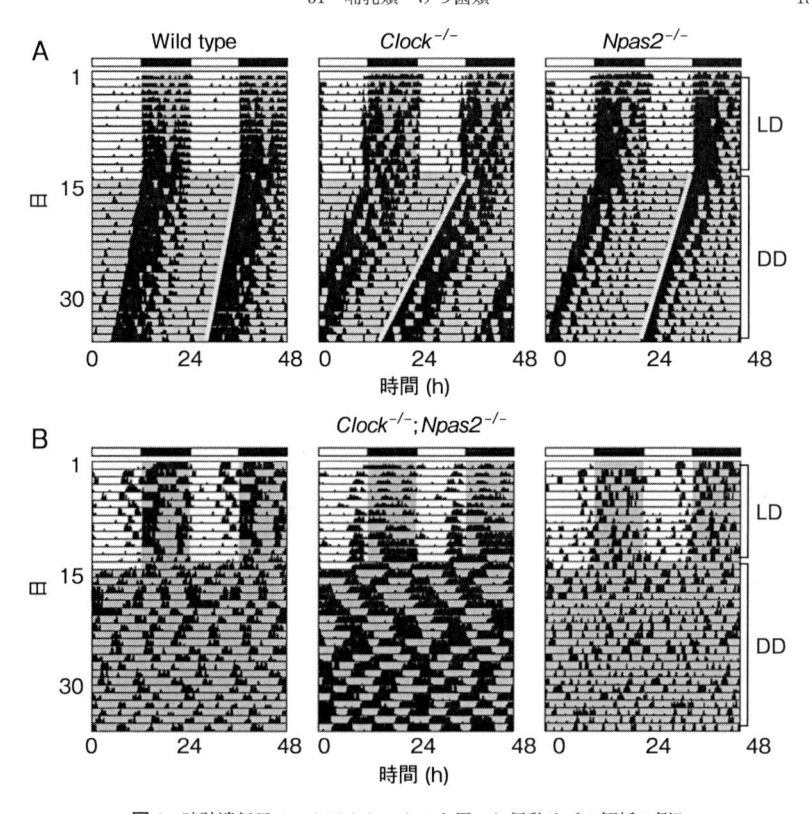

図4 時計遺伝子ノックアウトマウスを用いた行動リズム解析の例[7]
A：Clock あるいは Npas2 を単独でそれぞれ欠失させた Clock-/-, Npas2-/- ではリズム周期の短縮のみ起こる．B：Clock と Npas2 をダブルノックアウトした Clock-/-; Npas2-/- では行動リズムが消失する（DeBruyne, 2007 を一部改変）．

52 哺乳類—ヒト—

—— Mammals（Humans）

1. ヒトの概日リズム研究の歴史

ヒトの概日リズムについての研究は，1938年にシカゴ大学のKleitmanが学生とともにアメリカ合衆国ケンタッキー州にあるマンモスの洞窟で32日間過ごし，28時間の周期に適応できるかどうかを検討したのが最初である[1]（図1）．この実験では洞窟内部の照明管理に問題があったため，Kleitmanは24時間の周期を，学生は28時間の周期を示し，被験者間で異なった結果となった．その後1961年から，Aschoffは Tier Bunkerとよばれる地下壕でヒトの概日リズムの研究を開始した[3]．彼はKleitmanらの研究を改良し，被験者が自身のリズム周期で照明のオン・オフを行うこととした．彼の実験では3あるいは4週間壕で過ごした被験者の睡眠覚醒リズムは約25時間周期を示した．

2. 隔離実験室[4]

ヒトの概日リズムを研究するためには，外部環境からの同調因子を排除する必要がある．そのため光をはじめ時刻や時間経過の手がかりになるような因子を取り除くよう様々な工夫を施した部屋を準備する必要がある．

隔離実験に使用される隔離実験室（isolation unit）は，廃坑の一部を利用することもあるが，現在では一般の建物のなかに，壁，ドア，天井，床に光，音，振動を遮断するための対策を講じた部屋を建造し利用することが多い．部屋は居間，台所，トイレ，シャワールームを完備し，前室は外部と連絡できるようにドアが設けられ，外部に通じるドアと隔離室へのドアは同時に開閉ができない機構が施され，被験者は実験者と隔離実験中は接触することがないように工夫されている（図2）（詳細は43「時間隔離実験」を参照）．

3. リズムの計測

ヒト行動量は腕時計型の行動量測定装置（Actiwatch（Mini Mitter, OR, USA）など）を使用する方法が一般的になっている．行動量の計測には加速度センサーが利用されており，装着部位の動きが計測され，装置に蓄積されたデータはコンピュータに移して解析できるようになっている（図3）．実験計画に合わせてサンプリング間隔，サンプリング日数を設定可能である．また，照度，音，気温，起床・就眠時刻などを測定あるいは入力が可能な機種も市販されている．成人では非利き腕の手首に，乳幼児には足首に装着する．防水タイプもあるが，やむを得ず測定期間内で外す場合，非装着期間の記録を採るように被験者に指示する．行動量以外の測定項目として，体温（直腸温），血中あるいは唾液中のメラトニン濃度，血中コルチゾール濃度などがある．

4. ヒトの概日リズム周期

Aschoffらによるフリーランニングプロトコールではヒト行動の概日リズム周期は13〜65時間の間にあり，また体温リズム周期は24.2〜25.1時間と報告されていたが，CzeislerらはB28時間の強制脱同調プロトコールを用いて，ヒト概日リズム周期の平均が24.18時間であると報告している[5]（図4）．しかもこの周期は性別，年齢によってもほとんど影響されない．

（池田正明）

文献

1) Kleitman, N. : *Sleep and Wakefulness*, University of Chicago Press, 1939.
2) Samuel, A. and Goudsmit, S.A. *et al.* : *Time* (Dubos R. et al. Eds), New York, NY, Time

図1 Kleitmanらが隔離実験に用いたマンモスの洞窟内部[1,2]

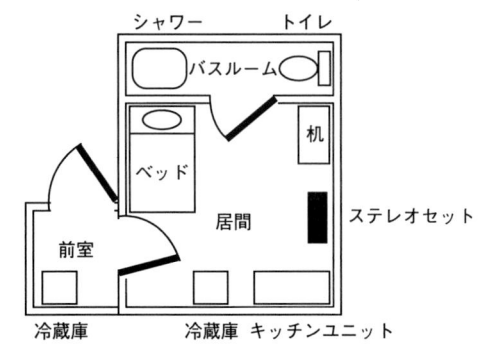

図2 隔離実験室の例（北海道大学大学院医学研究科統合生理の利用施設の例，一部改変）
他にタンス，安楽いす，電子レンジ，電子調理器，ビデオ，まんが，タオル，シーツなどが準備されている．

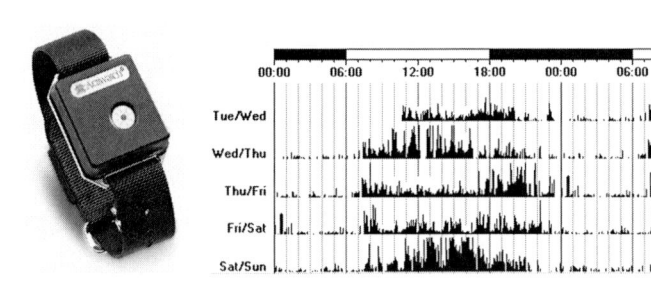

図3 行動量の測定
左：Actiwatchの外観，右：Actiwatchによる健康成人行動量の測定例(http://www.minimitter.com)．

-Life Books, 1966.
3) Aschoff, J. : Science, 148, 1427-1432, 1965.
4) Honma, K. et al. : Experientia, 43, 572-574, 1987.
5) Czeisler, C. A. et al. : Science, 284, 2177-2181, 1999.

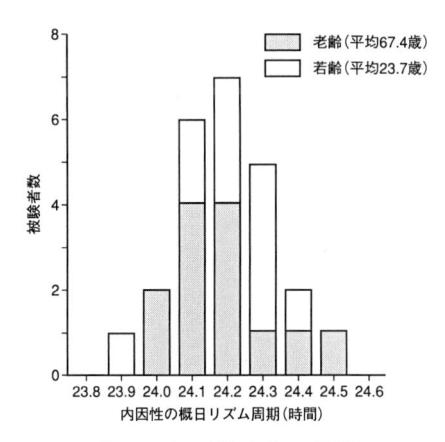

図4 ヒトの概日リズムの周期[5]

4. 生物時計

53 視交叉上核

—— Suprachiasmatic Nucleus, SCN

　哺乳類の視交叉上核（図1）は生理的現象の概日リズムや，末梢のほとんどの臓器に存在する体内時計の振動や位相を制御している．すなわち，視交叉上核は哺乳類体内時計の中枢であり，末梢の時計や生理現象との間に階層構造を形成している．視交叉上核が体内時計システムの最上位にあることは，視交叉上核を破壊すると生理現象の概日リズムが失われることから示唆される．さらに，視交叉上核自体に発振する機能が存在し，他の領域のリズムを制御する能力があることが以下の2つの実験により明らかになった．①生体で視交叉上核を周辺の脳組織から切り離すと，周辺の脳組織の概日リズムは失われたが，視交叉上核に挿入した電極のみ神経興奮の概日リズムを記録できた．②視交叉上核を破壊した動物に胎児から採取した視交叉上核を移植すると概日リズムが回復する．

　ラットの視交叉上核の大きさは，吻尾方向に約1000 μm，幅が最大で約400 μm，背腹方向に約400 μm でラグビーボールのような楕円球をなしている．内側は第三脳室に，前方は内側視束前野に，背側と外側は前視床下部野に，後方は視交叉後野に，腹側は視交叉によって囲まれている．また，後背側では室傍核下部領域（subparaventricular zone：SPZ）に接している．ラットの一側の視交叉上核には約8000個のニューロンが存在する．中枢神経系のなかで視交叉上核のニューロンは最も小さい．また，視交叉上核における神経細胞の密度は，小脳の顆粒層とならんで中枢神経で最も高い．分散培養によって視交叉上核のニューロンの1つ1つが自立性の概日リズムを発振することが明らかになっている．

　視交叉上核は均一な細胞集団でなくいくつかの異なった細胞群の複合体であると考えられる[1]（図2）．まず，細胞構築の違いによって大きく2つの部位に分かれる．①背内側部（シェル）：視交叉上核の背内側部を中心とする．最も細胞密度が高い．細胞は小さく直径約7〜8 μm である．網膜からの入力がないことから非光受容部ともよばれる．②腹外側部（コア）：視交叉上核の中央から腹外側を占める．背内側部に比較してやや細胞密度が低い．構成する細胞は比較的大きく直径約8〜10 μm で，円形の細胞が多い．この領域に視交叉上核へのほとんどの求心性線維が終止する．とくに網膜からの投射が終止して，夜間の光照射に迅速に反応することから視交叉上核の光受容部ともよばれる．

　このような形態学的特徴は電子顕微鏡のレベルではよく観察できるが，光学顕微鏡では明瞭ではない．しかしこれらの領域は各々の領域を代表するペプチドの分布によって同定される[2]（図3）．背内側部に AVP（arginine vasopressin）陽性の細胞体が密に存在する．また腹外側部に VIP（vasoactive intestinal peptide），GRP（gastrin-releasing peptide）を産生するニューロンが密集する．またこれらのペプチドを含む神経細胞を含め，視交叉上核のほとんどのニューロンは抑制性神経伝達物質である GABA を含有する．

　視交叉上核への入力系（図4）：体内時計の周期は正確に24時間ではない．よって地球の24時間の自転周期に同期させることが必要である．体内時計に位相変位を生じ，環境の時間にリセットする主な入力は光であり，網膜視床下部路（retinohypothalamic truct：RHT）を介して眼球

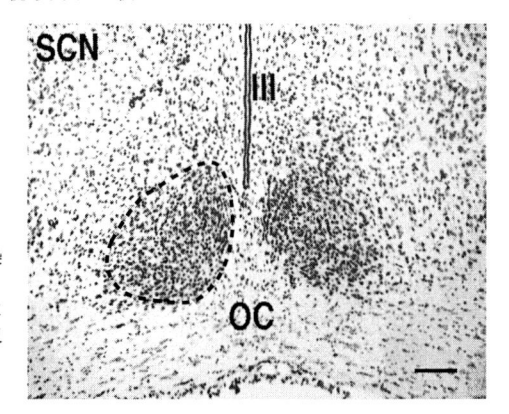

図1 ラットの視交叉上核
視交叉上核の前額断．メチルグリーン染色．視交叉上核（SCN）は視交叉（OC）の直上にあり，第三脳室（III）の底面に接するようにして存在する．左側の視交叉上核の境界を点線で描いている．
Scale Bar：200 μm．

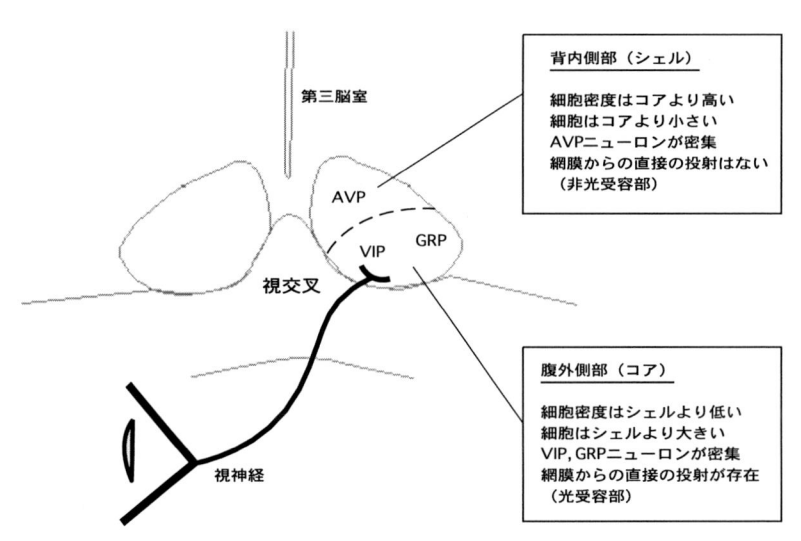

図2 視交叉上核の背内側部と腹外側部

背内側部（シェル）
細胞密度はコアより高い
細胞はコアより小さい
AVPニューロンが密集
網膜からの直接の投射はない
（非光受容部）

腹外側部（コア）
細胞密度はシェルより低い
細胞はシェルより大きい
VIP, GRPニューロンが密集
網膜からの直接の投射が存在
（光受容部）

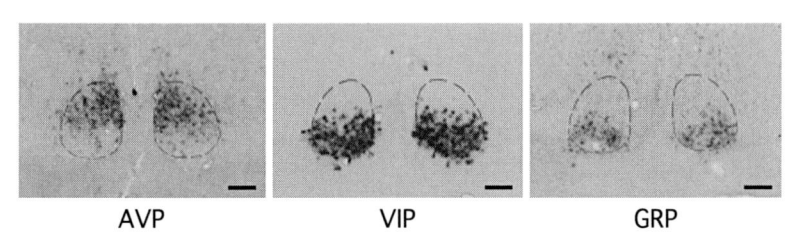

AVP   VIP   GRP

図3 ラット視交叉上核でのペプチド含有細胞の分布
ジゴキシゲニンで標識したプローブを用いたインサイチューハイブリダイゼーション法で，各々のペプチドmRNAを発現する細胞を示している．AVP mRNA発現細胞は背内側部に，VIPおよびGRP mRNA発現細胞は腹外側部に高密度に存在する．Scale Bar：200 μm．

から視交叉上核に環境の時刻情報が伝えられる．そのほかのよく知られた入力として外側膝状体および脳幹の縫線核からの投射が存在する．

① 網膜視床下部路は網膜から視神経，視交叉を通って，視交叉上核へ直接投射する．視交叉上核における線維は腹外側部（コア）のみに終止する．グルタミン酸（glutamate）およびPACAP作動性の線維を含む．

② 外側膝状体（lateral geniculate nucleus）より視交叉上核腹外側部に投射される線維はニューロペプチドY（NPY），GABAを含んでいる．腹側と背側の外側膝状体の中間部に存在する小領域（intergeniculate leaflet：IGL）に細胞体が存在する．

③ 脳幹の縫線核より投射される線維はセロトニンを含み，やはり視交叉上核の腹外側部の細胞に神経終末をつくる．セロトニンは視交叉上核の神経活動に対して抑制性に働き，RHTの活動を修飾しているのではないかと考えられている．

視交叉上核からの出力系（図5）： 視交叉上核に存在する概日時計の進行は何らかの生理的現象すなわち行動，睡眠，血中ホルモンの濃度などの変化として外部から観察することが可能である．視交叉上核からの投射線維はリズム情報をこれらの生理現象の支配領域に伝えていると考えられる[3]．

視交叉上核から室傍核下部領域（subparaventricular zone：SPZ）に投射する線維は遠心性線維の主要なものである．この線維は視交叉上核から背尾側へ走り，視床下部室傍核の腹側のSPZへ至る．また，視床下部背内側核（DMH），視索前野，視床室傍核などに視交叉上核からの投射が存在する．SPZ，DMHに関しては，どのような生理現象のリズムを中継するのかがすでに検討されている[4]（表1）．すなわち，背側のSPZを破壊すると，自発運動や睡眠覚醒のリズムが弱くなる．また腹側のSPZを破壊すると体温のリズムが減弱する．一方，DMHの破壊では，自発運動，睡眠覚醒，摂食，血中コルチコステロイド濃度のリズムが減弱する．これらの実験結果と，各々の領域の線維結合から，SPZとDMHを介する視交叉上核からの出力径路が想定できる[4]．すなわち，視交叉上核からの出力線維の多くはSPZに至る．SPZからは直接体温の中枢に投射する．一方，SPZからDMHに至る径路はさらにホルモン分泌，睡眠覚醒，摂食の中枢へ至ることによって，各々の生理現象に概日リズムを与える．

神経結合以外にも液性成分によって視交叉上核から末梢にリズムが伝達されることが明らかになっている[5]．視交叉上核を破壊すると概日リズムが失われるが，胎児の視交叉上核を移植することによって行動リズムは回復する．Silverらは胎児から採取した視交叉上核を半透膜につつんで，神経結合ができないが液性因子を通すことができるようにした[5]．これを，視交叉上核の破壊によって概日リズムを失ったハムスターの第三脳室内に移植すると自発運動の概日リズムの回復を認めた．視交叉上核がもつリズム情報が神経結合のみではなく，液性因子によっても自発運動の中枢に伝達されることが明らかになった．　　　（重吉康史）

文　献

1) Van den Pol：Suprachiasmatic nucleus (Klein, D. C. et al. eds.), pp.17-50, Oxford University Press, 1991.
2) van Esseveldt, K. E. et al.：*Brain Res. Rev.*, 33, 34-77, 2000.
3) Buijs, R. M.：Hypothalamic integration of circadian rhythms (Buijs, R. M. et al. eds.), pp.229-240, Elsevier, 1996.
4) Saper, C. B. et al.：*Trends Nurosci.*, 28, 152-157, 2005
5) Silver, R. et al.：*Nature*, 382, 810-813, 1996.

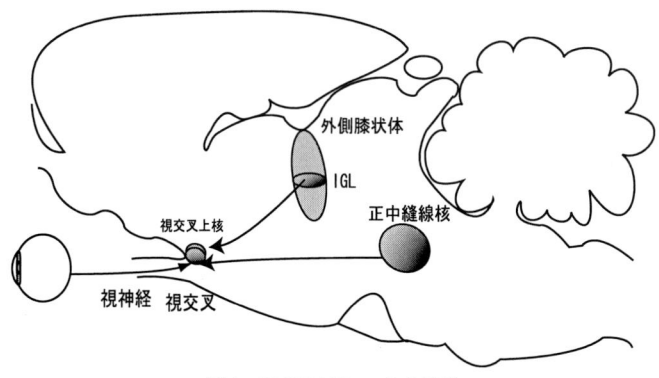

図4 視交叉上核への入力線維

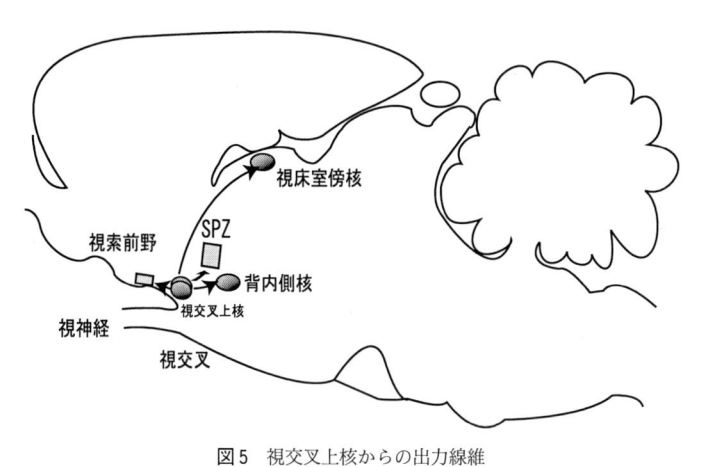

図5 視交叉上核からの出力線維

表1 破壊された領域と概日リズムへの影響[4]

破壊した領域	振幅が著明に低下	振幅があまり低下しない
背側SPZ	自発運動 睡眠覚醒リズム	体温
腹側SPZ	体温	自発運動 睡眠覚醒リズム
背内側核（DMH）	自発運動 睡眠覚醒リズム 摂食 血中コルチコステロイド	

54 松果体
—— Pineal Organ

　脊椎動物の松果体（pineal organ；pineal gland；epiphysis）は，間脳の第三脳室背側壁が膨隆して発生する器官であり，通常，頭蓋骨の下，脳の表面に位置するが，ヒトにおいては大脳皮質の発達のため脳の中心部に位置する（図1）。解剖学的には非常によく目立つ器官であるが，その機能は長い間不明であった。17世紀にはデカルトをして松果体を「精神の座」と言わしめた。19世紀には松果体腫瘍の患者の春期発動が早まったことから松果体は性腺の発育に関与するといわれるようになった。

　1917年にMcCordとAllenはウシ松果体がカエルや魚類の黒色素胞に作用して体色を明化させる物質を含むことを見いだし，1958年にLernerらがN-アセチル-5-メトキシトリプタミンの構造をもつメラトニンをその原因物質として単離・同定して以来，松果体に関する研究は飛躍的に進展した。Kappersによる松果体への交感神経入力の証明，Axelrodらによるメラトニン合成系の解明，Quayによる日周リズムの発見，Oksche, Collinらによる電子顕微鏡観察やDodt, 森田らの電気生理学的研究による非哺乳類松果体の光感受性の証明，さらにはMenakerらによるイエスズメ松果体移植実験による概日時計局在の証明や，出口らによるニワトリ松果体自身にメラトニン合成を制御する概日時計が存在することの発見など，松果体機能の解析は時間生物学研究の最先端を進んできた。現在では松果体は，概日時計と光により合成が制御されるメラトニンを介して様々な生理機能の日周リズム・年周リズムを制御する重要な器官として認識されている。

　形態学的にみると，松果体は一般に遠位部は発達して松果体嚢を，基底側は脳室壁へ移行する細い松果体茎を形成する。メクラウナギ類や鯨類に松果体はみられない。ヤツメウナギや魚類は副松果体（parapineal organ）をもち，松果体とともに松果体複合体（pineal complex）を形成する。また，カエルでは松果体嚢の一部が前方へ遊離して前頭器官（frontal organ）を，爬虫類の副松果体は発達して頭頂眼（parietal eye）を形成する（図1）。また，ヒト（とくに老人）の松果体には脳砂とよばれる石灰性の沈着物がみられるが，その機能は不明である。

　松果体は系統発生の過程で光受容内分泌器官から内分泌器官へと変遷を遂げた（図1）。すなわち，魚類や両生類の松果体細胞は光受容細胞であり，形態学的には網膜の錐体とよく似た形状の発達した外節をもつ。また，魚類や両生類の松果体の光受容能は電気生理学的にも証明されている。爬虫類や鳥類の松果体においては，光受容細胞の外節は退化し遺残的となるが，光受容能はもち続けている。松果体に発現する光受容蛋白質としてはこれまでに魚類ではエクソロドプシン，Vertebrate Ancientオプシン，鳥類ではピノプシンなどが同定されている。また，これらのオプシンの発色団として11-cis-レチナールや11-cis-3-デヒドロレチナールの存在も知られている。哺乳類の松果体細胞は外節および内節を欠落し，光受容能はもたないが，胎児期には光受容関連蛋白質を発現することが知られている。

　上述の通り系統発生の過程で松果体は光受容内分泌器官から内分泌器官へと変遷を遂げたが，それと同時に松果体の神経支配は求心性神経支配から交感神経支配へと変

54 松果体

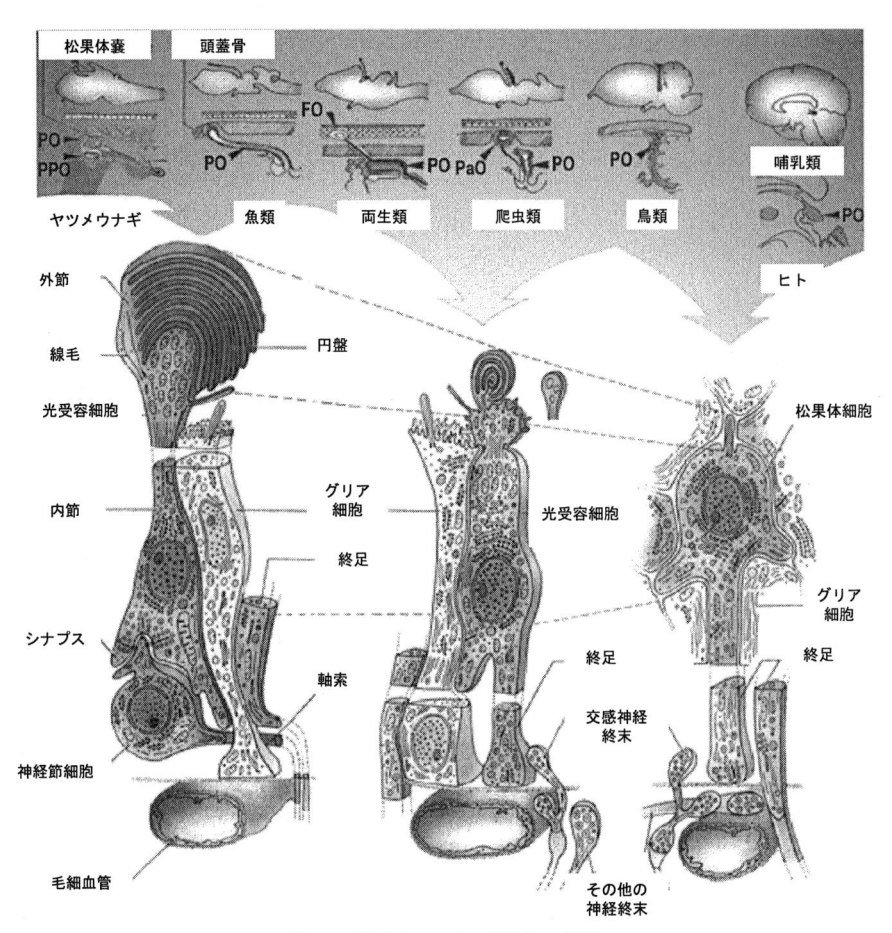

図1 系統発生における松果体の変遷[1]
各種脊椎動物の脳の矢状断，松果体付近の構造，ならびに松果体に存在する細胞の模式図．
PO：松果体；PPO：副松果体；FO：前頭器官；PaO：頭頂眼．
系統進化の過程で松果体の光受容細胞の外節は退化して松果体細胞に変遷し，松果体は光受容内分泌器官から内分泌器官へと変遷を遂げた．

化した.すなわち,松果体茎を介して中枢神経系に直接投射する神経節細胞の数は魚類,両生類,鳥類の順に減少し,哺乳類ではみられない(図2).その一方で松果体に投射する交感神経は両生類でごく少数みられるにすぎないが,鳥類,哺乳類では豊富に存在する.

松果体は脊椎動物を通じてメラトニンを合成する内分泌器官である.その合成には概日時計や光受容体が関与しており,メラトニン分泌は,明暗条件下では暗期に高く明期に低い日周リズムを,恒暗条件下では主観的夜に高く主観的昼に低い概日リズムを示すが,恒明条件下では光により抑制される.系統発生の過程でメラトニン合成を支配する概日時計,ならびに松果体からのメラトニン分泌を制御する光受容体の局在も変遷を遂げた(図3).すなわち,魚類,両生類,爬虫類の松果体においては,松果体自身に概日時計とその同調に関与する光受容体が存在し,培養条件下でも松果体からのメラトニン分泌概日リズムは環境の明暗サイクルに同調できる.一方,哺乳類の松果体は光受容能をもたない.そのため,網膜の光受容細胞で受容された環境の明暗サイクルは,網膜—視床下部神経路を介して視交叉上核の概日時計を同調し,視交叉上核からの出力が室傍核,さらには上頸神経節を経由し,交感神経を介して松果体におけるメラトニン合成を調節する.哺乳類の松果体に存在する交感神経終末からは夜間にノルアドレナリンが放出され,主にβ受容体を介して松果体細胞に作用し,セカンドメッセンジャーであるcAMP合成を促進し,cAMPがメラトニン合成の律速酵素であるアリルアルキルアミンN-アセチルトランスフェラーゼ活性の発現を誘導する.鳥類の松果体におけるメラトニン合成制御はこれらの中間型をとり,松果体自身に存在する概日時計と光受容体による制御を受けるのみならず,網膜で受容された光も視交叉上核に存在する概日時計を介してメラトニン合成を制御する.ただし,交感神経終末から放出されたノルアドレナリンはα受容体を介してメラトニン分泌を抑制する.

近年,時計遺伝子の発現・機能解析による概日時計分子機構の解明が進展した結果,自律的な概日時計をもつ魚類や鳥類の松果体においては,哺乳類の視交叉上核に存在する概日時計と同様の時計遺伝子群のネガティブフィードバックループを中心的なメカニズムとしてもつ概日時計分子機構が機能していることがわかってきた.

〔飯郷雅之〕

文 献

1) Falcón, J.: *Prog. Neurobiol.*, 58, 121-162, 1999.
2) 佐藤哲二・和氣健二郎:内分泌器官のアトラス(日本比較内分泌学会編), pp.16-25, 講談社, 1987.
3) 飯郷雅之:生物時計の分子生物学(海老原史樹文・深田吉孝編), pp.83-95, シュプリンガー・フェアラーク東京, 1999.

54 松果体

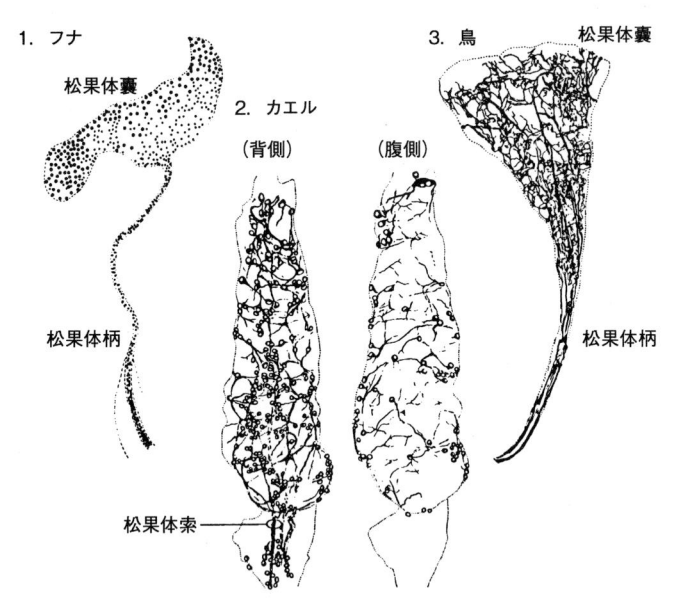

1. フナ
松果体嚢
松果体柄

2. カエル
（背側）（腹側）
松果体索

3. 鳥
松果体嚢
松果体柄

図2 魚類，両生類，鳥類の松果体における神経節細胞の分布[2]

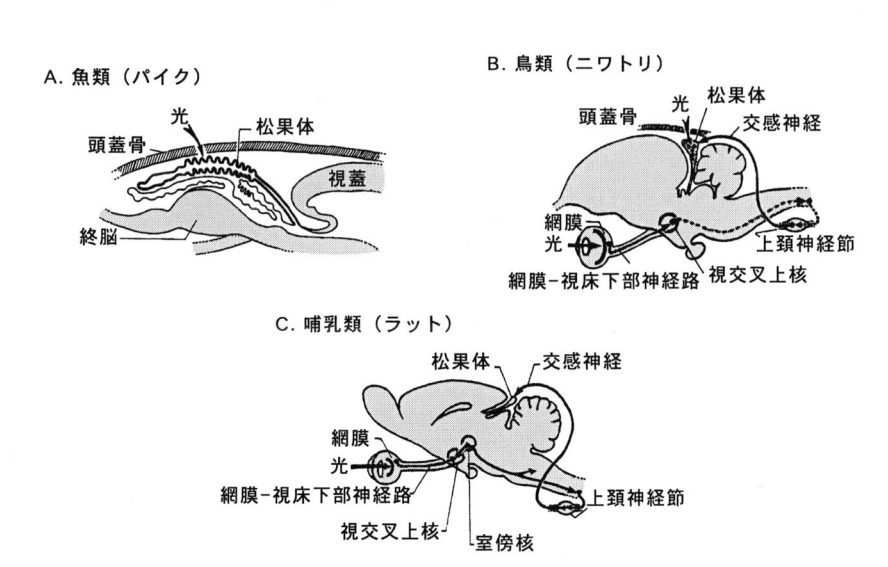

A. 魚類（パイク）
光　松果体
頭蓋骨
視蓋
終脳

B. 鳥類（ニワトリ）
頭蓋骨　光　松果体
交感神経
網膜
光
網膜-視床下部神経路　視交叉上核　上頚神経節

C. 哺乳類（ラット）
松果体　交感神経
網膜
光
網膜-視床下部神経路
視交叉上核　室傍核　上頚神経節

図3 松果体におけるメラトニン合成を制御する概日時計と光受容器の系統発生における変遷[3]

55 網膜 —— Retina

すべての脊椎動物の網膜は内因性の概日時計を有しており，網膜の様々な生理学的なリズムの制御に役立っている．哺乳類以外の脊椎動物では，この網膜の概日時計は松果体，視交叉上核とともに身体全体のリズムを制御する概日ペースメーカーとして働いている（図1）．これらのオシレーターは相互に作用しあうが，個々の概日リズムの制御における相対的な重要性は種によって異なっている．たとえば，ウズラでは網膜除去によって行動リズムが消失するのに対し，スズメにおいては松果体が最も重要であり，網膜除去は行動リズムに影響を及ぼさない．またハトにおいては網膜，松果体および視交叉上核が行動リズム発現に重要である．一方，哺乳類においては入力系，振動体，出力系が高度に分化しており，網膜を除去してもフリーランニングリズムは消失しないため，網膜は入力系として働いており，網膜内に存在する概日時計は末梢時計として網膜の生理機能を支えていると考えられている（図1）．網膜は高度に組織化されているため（図2），最もアプローチしやすい「脳」として十分に特性が調べられているだけでなく，多くの脊椎動物において入力系（光受容器）から出力系（メラトニンの分泌リズム）までを備えていることから，概日リズム発振機構を研究する優れたモデルである．

1. 網膜時計の機能

網膜では細胞形態，光感受性，神経化学，遺伝子発現など様々なレベルで概日リズムが観察されている．これらのリズムは昼夜における100万倍（6 log unit）にも及ぶ照度変化を予期しているものと考えられる．表1に網膜で確認されているリズムを示した．最もよく知られているのは視細胞の外節の円盤の更新（食作用，disk shedding）のリズムである．桿体細胞の円盤の更新は明期開始時刻付近で起こり，このリズムは恒暗条件下や，視交叉上核破壊においても継続することから網膜の時計によって駆動されていると考えられている．また魚類などの変温動物では，視細胞外節と色素上皮層の相互作用（retinomotor movement）にもリズムがみられ，明順応，暗順応に役立っていると考えられている．光感受性については，微弱な光刺激に対する行動テストや網膜電位図（ERG）において概日リズムが報告されており，ラットにおいては主観的夜に，ヒトにおいては主観的昼にそれぞれ光感受性が上昇することが知られている．網膜内の神経化学物質の変化としてはメラトニン，セロトニン，ドーパミンのリズムがよく知られている．メラトニンとドーパミンの合成はそれぞれ AA-NAT（アリルアルキルアミン-N アセチルトランスフェラーゼ），TH（チロシンヒドロキシラーゼ）によって制御されており，メラトニンは暗期に，ドーパミンは明期に高い逆位相のリズムを刻む．メラトニンとドーパミンはお互いの合成もしくは分泌を抑制することができ，相互に影響を及ぼしながらフィードバック機構を働かせている（図3）．遺伝子発現のレベルでは従来から AA-NAT や TH のほかに，視物質のロドプシン，錐体オプシン，c-fos，トリプトファンヒドロキシラーゼ（TrpH）などの発現にもリズムが報告されていたが，ごく最近のマイクロアレイを用いた研究によって，明暗条件下では数千個，恒暗条件下では数百個の遺伝子にリズムが存在することが報告されている[3]．

55 網膜

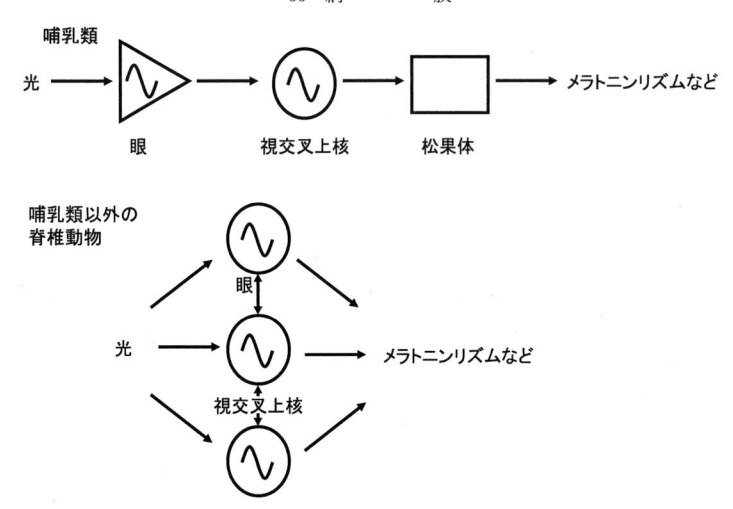

図1 脊椎動物の概日システム

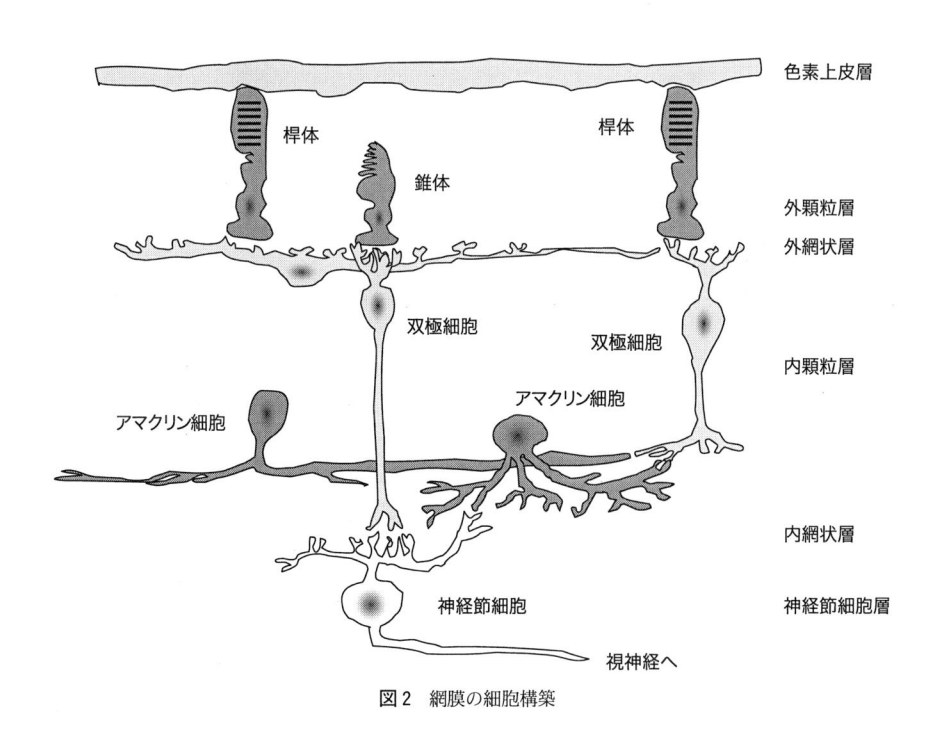

図2 網膜の細胞構築

2. 網膜時計の分子機構

様々な脊椎動物において明らかになってきた時計遺伝子の転写,翻訳のフィードバックからなる概日リズム発振機構(80「生物時計の分子システム」,81「フィードバックループ」参照)は基本的には網膜においても保存されているようである.これは線維芽細胞においても時計機構が存在することを考慮すると驚くに値しないが,それぞれの時計遺伝子の動態を詳細に検討してみると,哺乳類では視交叉上核との違いが明らかにされている.網膜における時計遺伝子の発現様式に関する報告については,実験手法の違いや組織のヘテロ性によるためか,報告間で矛盾することも珍しくないため,ここでは詳細については割愛するが,たとえば視交叉上核で明確な発現リズムを示す Cry 遺伝子は網膜ではリズムは示さないとされている.また,Per 遺伝子の光誘導の時刻依存性が視交叉上核とは異なっているほか,Per 遺伝子の発現のピークが視交叉上核のものとは4時間程度ずれていることが報告されている.これらの結果は哺乳類においては時計遺伝子の果たす役割が網膜と視交叉上核で異なることを示唆している.鳥類においては網膜,視交叉上核,松果体の時計遺伝子の発現リズムは同期しており,光に対する反応性も一致していることから,網膜が視交叉上核や松果体と同様に身体のリズムを制御するペースメーカーとしての役割を果たしていることがうかがえる.魚類や両生類においても網膜の時計遺伝子の発現について検討されているが,これらの動物においては網膜に時計が存在することは確認されているものの,視交叉上核の局在や身体のリズムを制御するマスターペースメーカーの同定が行なわれていないため,網膜が主時計であるのか末梢時計であるのかは不明である.

3. 時計の局在

メラトニンは視細胞で合成されるが,アフリカツメガエルやニワトリでは培養視細胞においてメラトニンやオプシンの発現にリズムが観察されることから視細胞に概日時計が存在する.哺乳類においては直接的な証拠はないものの,桿体細胞の退化する rd 突然変異マウスではメラトニンリズムが消失することから,げっ歯類の視細胞にも概日時計が存在する可能性が指摘されている.一方ドーパミンは主にアマクリン細胞で合成され,メラトニンリズムと相互に影響を及ぼすことが知られているが,視細胞やメラトニンが存在しなくてもドーパミンリズムが維持されることから,視細胞以外にドーパミンリズムを制御する時計が存在するものと考えられている.

時計遺伝子の発現はアフリカツメガエルとニワトリでは主に視細胞にみられるほか,神経節細胞や内顆粒層に観察されており,これらの細胞に時計が存在するという考えを支持している.一方,げっ歯類においては,時計遺伝子の多くは内顆粒層や神経節細胞に強く発現しており,視細胞層にはあまり強く発現していないため,哺乳類の視細胞に時計が存在するか否かについては不透明であったが,最近ラットの培養視細胞における時計遺伝子のレポーターアッセーとメラトニン合成においてリズムが観察されており,哺乳類の視細胞が概日時計をもつことが確認されている.

4. KOマウスの最近の知見

最近になって網膜に備わる時計の機能が $Bmal1$ KOマウス($Bmal1^{-/-}$)を用いて考察されている[3].$Bmal1^{-/-}$ マウスの網膜は光学顕微鏡あるいは電子顕微鏡のレベルでは正常なものと比較して形態学的な違いが観察されないことから,$Bmal1$ 遺伝子の欠損は発生上あるいは構造上の欠陥を生じないことが考えられた.しかし $Bmal1^{-/-}$ マウスの網膜においては,正常なマウスでリズムが観察された遺伝子の多くが発現リズムを失っていることが明らかになった.そのなかでも光によって制御される遺伝子の発現が大きく影響を受けてい

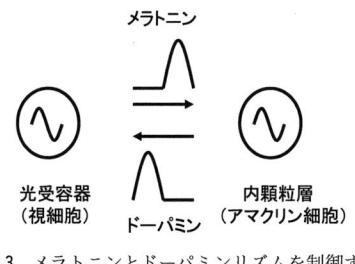

図3 メラトニンとドーパミンリズムを制御する 2振動体モデル

表1 網膜で観察されるリズム

視細胞外節円盤更新
視細胞―色素上皮層相互作用
視細胞―水平細胞シナプス構造
光感受性
網膜電位図
メラトニン
ドーパミン
セロトニン
GABA
AA-NAT 活性, mRNA
ロドプシン mRNA
錐体オプシン mRNA
$TrpH$ mRNA
TH mRNA
c-fos mRNA
時計遺伝子 mRNA

たことから, 時計遺伝子 ($Bmal1$) は網膜において光によって制御される転写反応を幅広く制御している可能性が示唆された. さらに網膜特異的な $Bmal1^{-/-}$ マウスにおいて ERG の b-wave (錐体オプシン伝達経路) に異常が観察されることから, 網膜に備わる概日時計は視覚の網膜内情報処理において重要な役割を果たしていることが示唆されている. (吉村 崇)

文献

1) Cahill, G. M. and Becharse, J. C.: $Prog. Retin. Eye Res.$, 14, 267-291, 1995.
2) 海老原史樹文・吉村 崇:時計遺伝子の分子生物学 (岡村 均・深田吉孝編), pp.105-111, シュプリンガー・フェアラーク東京, 2004.
3) Storch, K. F. et al.: $Cell$, 130, 730-741, 2007.

56 視床下部の神経接合―SCNとの関係―
―― Neuronal Network in the Hypothalamus (Connection with SCN)

　視床下部（hypothalamus）は文字通り視床（thalamus）の下部，下垂体の上部に位置している．摂食・飲水行動，情動行動，睡眠・覚醒，体温，ホルモン分泌などの自律神経系の制御・調節機能を担い，生体の恒常性の維持に重要な役割をもつ領域である．視床下部には解剖学的に10数個からなる神経核が存在し，それぞれの神経核は相互に神経性の連絡を行う．体内時計の中枢である視交叉上核（suprachiasmatic nucleus：SCN）は，第三脳室近傍，視床下部腹側前方部の視交叉の真上に左右1対存在する神経核である．
　SCNの腹外側部はVIP（vasoactive intestinal peptide）含有ニューロンが多く，主に外部からの情報入力を受けるのに対し，背内側部ではAVP（arginine vasopressin）含有ニューロンが多く，視床や視床下部へと情報を出力するニューロンが多い．
　SCNへの入力路として，網膜で感受した明暗の光情報が網膜神経節細胞から視神経を介してSCNへ入力される経路と，視交叉・視索を経て視床下部後部の外側膝状体へと入力される経路の2つがある．これらを網膜視床下部路（retinohypothalamic tract：RHT）とよぶ．また，外側膝状体の中間部からはSCNへの神経投射（膝状体視床下部路，geniculohypothalamic tract：GHT）がみられる．RHT，GHTに加えて，中脳背側縫線核のセロトニンニューロンがSCNの腹外側部へ入力しており，SCN腹外側核は網膜からの入力による光情報に基づいた同調が行われていると考えられる．
　SCNの出力路は，①背吻側方向の内側視索前野（medial preoptic region：MPO）への神経投射経路，②尾側方向の視交叉後部（retrochiasmatic hypothalamic area：RCH）への神経投射経路，③背尾側方向の傍室傍核領域（subparaventricular zone：SPVZ），視床下部背内側核（dorsomedial hypothalamic nucleus：DMH）への神経投射の3つの経路に大きく分かれる[1]．そのなかでもSPVZはSCNの遠心性ニューロンの7割以上が投射する重要な領域である．SPVZの背側部（vSPVZ）はMPOを介して体温調節を制御しており，SPVZの腹側部（dSPVZ）はDMH，視床下部外側野（lateral hypothalamus：LH）を介して睡眠・覚醒サイクルを制御していると考えられる．さらにSCNは直接または間接的に視床下部室傍核（paraventricular hypothalamic nucleus：PVH）へ入力しており，その一部は胸髄の中間質外側核および上頸神経節を介して松果体でのメラトニン合成・分泌を調節している．以上のようにSCNの概日リズムは，視床下部諸核へ直接，またはSPVZなどを介して間接的に伝達され，生体のリズムとして発現すると考えられる．　　　　　　　　（塩田清二）

文献――
1) Saper, C. B. *et al.* : *Trends Neurosci.*, **28**(3), 152-157, 2005.

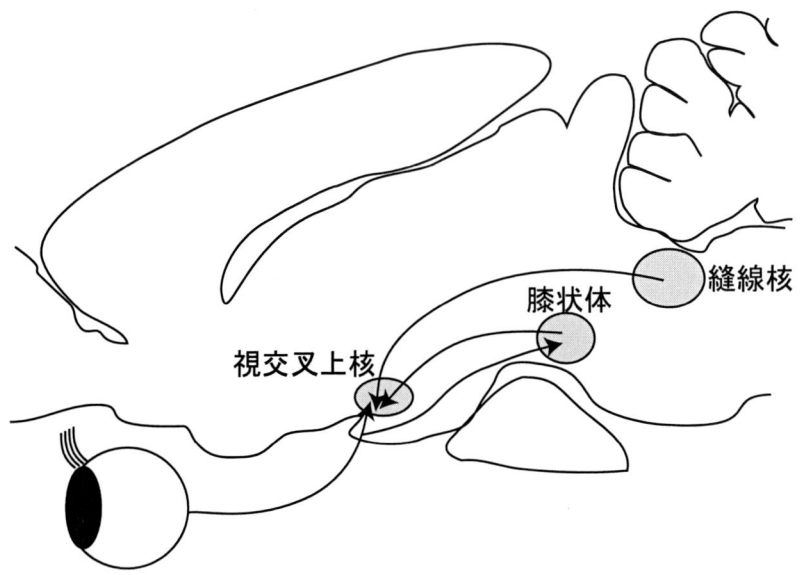

図1 視交叉上核への主な入力路

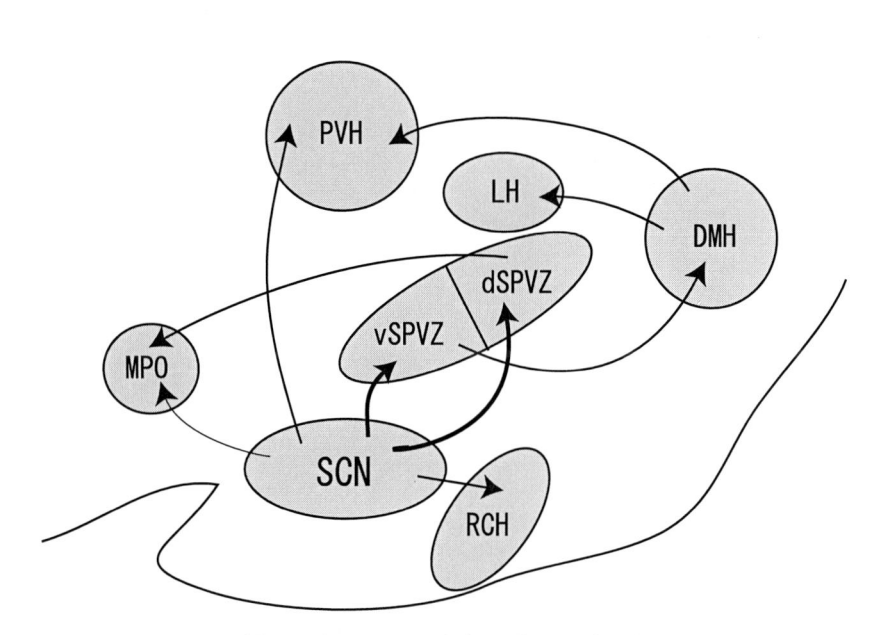

図2 視床下部における視交叉上核の主な出力路
DMH：視床下部背内側核，dSPVZ：傍室傍核領域背側部，LH：視床下部外側野，MPO：内側視索前野，PVH：視床下部室傍核，RCH：視交叉後部，SCN：視交叉上核，vSPVZ：傍室傍核領域腹側部．

57 末梢時計
—— Peripheral Clocks

　中枢神経系を有する動物には，個体の概日リズムを統合する中枢時計と，脳外組織で振動する末梢時計が存在する．昆虫では，1960年代から，クチクラを分泌する上皮細胞やエクダイソン分泌にかかわる前胸腺などに概日時計が存在する可能性が示されていた．その後の時計遺伝子の発見により，末梢時計が昆虫から哺乳類であるヒトに至るまで広く存在していることが示された．末梢時計は基本的に中枢時計と類似した分子機構によって振動しているものと考えられている（81「フィードバックループ」参照）．ショウジョウバエやゼブラフィッシュでは，末梢組織にも光受容分子が存在し，器官培養系においても光照射による時計の位相変化が認められる．したがってこれらの生物では，末梢器官が直接的に光情報を受けて末梢時計の位相を明暗環境に同調させることができる．

　末梢時計の分子機構は，哺乳類（主にモデル動物としてのげっ歯類）について精力的に研究されてきた．哺乳類では，中枢時計である視交叉上核（SCN）と同様に，時計遺伝子の日周発現が心臓や肝臓，末梢血白血球に至るまでほとんどの末梢組織で認められる．また，末梢組織での時計遺伝子発現のリズムがSCN破壊によって消失することから，末梢時計は中枢時計によって制御されていると考えられる（図1）．その一方で，時計遺伝子の日周発現が血清や糖質コルチコイドで刺激した培養細胞や培養組織においても認められることから（84「血清ショック」参照），個々の細胞にはSCNと同様の自律振動体が存在していると考えられる．SCN破壊動物の末梢組織では，SCNによる制御を外れ，個々の振動体の位相が脱同調してしまうものと考えられる（図1）．これらの知見から，網膜外光受容機構をもたない哺乳類では，中枢時計を頂点とする概日振動体の階層構造が存在し，SCNは何らかの液性因子や神経連絡を介して末梢時計を同調させていると考えられている（図2）．

　最近になって，培養細胞での概日振動は，細胞分裂に影響を受けず親細胞の位相が分裂後の娘細胞にも引き継がれることが報告され，末梢での概日リズム発振は細胞周期に依存しない可能性が示された[1]．また，末梢組織では，数〜10%の遺伝子が日周発現しており，糖・脂質代謝や薬物代謝，細胞周期，血液の凝固線溶系，免疫機能などの様々な生理機能の概日リズム形成にかかわっていると考えられる[2]．末梢組織で日周発現する遺伝子には，組織外の時刻情報（糖質コルチコイドやインスリンなど）によって発現が制御されているものと，組織内の末梢時計（時計分子）によって発現が制御されているものが存在している．げっ歯類では，給餌のタイミングを人為的に制限する（制限給餌）ことによって，SCN非依存的に末梢時計の位相を変化させることができる（62「給餌性概日リズム」参照）ことから，SCN非依存的な末梢時計の制御機構も存在していると考えられる[3]．　　　　　　　（大石勝隆）

文献
1) Nagoshi, E. *et al.*: *Methods Enzymol.*, 393, 543-557, 2005.
2) Gachon, F. *et al.*: *Chromosoma*, 113, 103-112, 2004.
3) Schibler, U. *et al.*: *J. Biol. Rhythms*, 18, 250-260, 2003.

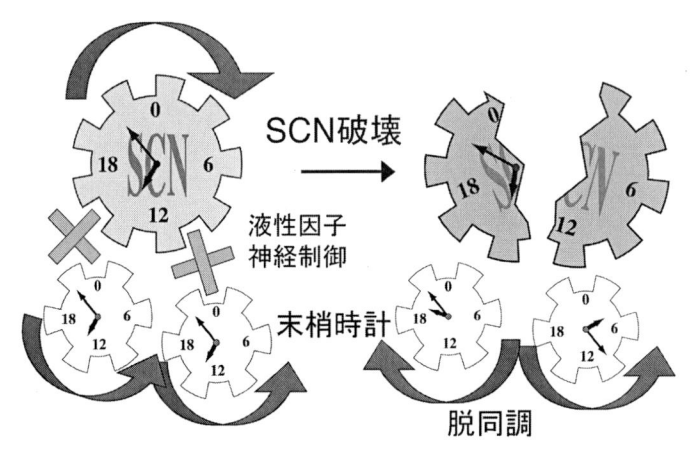

図1 哺乳類末梢時計の中枢制御

哺乳類の末梢時計は，視交叉上核（SCN）に存在する中枢時計によって，様々な液性因子や神経系を介して位相が制御されている．SCNの破壊によって，見かけ上末梢組織での概日リズムが消失するが，個々の細胞は，互いに脱同調した状態で概日振動を継続していると考えられる．

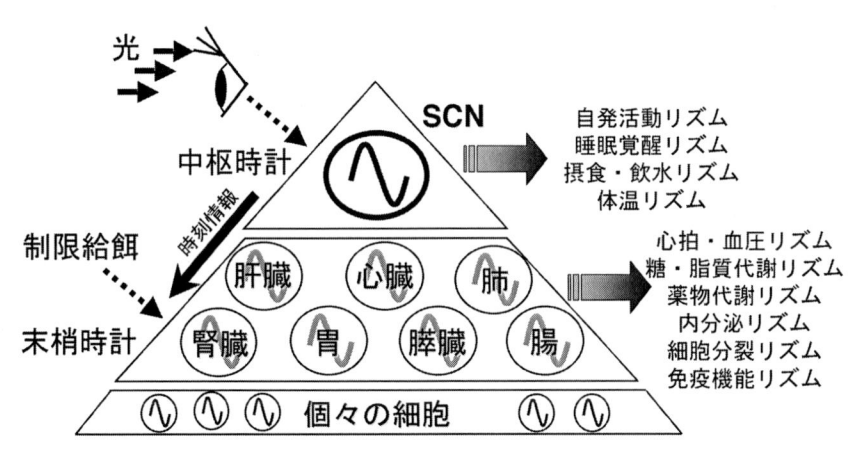

図2 哺乳類概日時計の階層性

視交叉上核（SCN）に存在する中枢時計は，視神経を介した網膜からの光情報によって位相がリセットされる．各末梢臓器の時計は，SCNからの時刻情報を受けて個々の細胞の時計を同調させる．睡眠覚醒や体温などの概日リズムは，SCNの中枢時計によって直接的に制御され，細胞分裂周期や，糖・脂質代謝，薬物代謝などの概日リズムは，末梢時計を介して制御されていると考えられる．制限給餌などの条件下では，給餌の時刻情報が，SCNを介さずに直接末梢時計へ入力していると考えられる（63「給餌性概日リズム」参照）．概日時計の出力である様々な概日リズムから概日時計へのフィードバック制御も存在し，実際にはさらに複雑な機構であると考えられる．

58 光受容体
—— Circadian Photoreceptors

　概日リズムを外界の環境に同調させる最も強力な因子は光サイクルである．動物における概日リズムの光同調は，形態視や空間視などの視覚認知にかかわる光受容体とは異なっている（ただし，重複する場合もある）．この場合，光受容体は単一ではなく，複数の光受容体が光同調に関与すると考えられている．

1. ショウジョウバエ
　ビタミンAの誘導体であるレチナールは，視物質の発色団として働く．成虫のショウジョウバエをビタミンA欠乏にした場合，活動リズムの明暗周期への同調能が減少するため，オプシン型光受容分子が概日リズムの同調に関与する可能性が報告されている．一方，非オプシン系光受容分子として光回復酵素ファミリーに属するクリプトクロム（cryptochrome）が光同調に重要な役割を果たしている．ショウジョウバエ cry 遺伝子の変異体では，末梢器官における概日リズムの光によるリセットでは阻害されることから，クリプトクロムは末梢器官の光受容体として重要である．また，活動リズムの光同調にもクリプトクロムが関与しており，脳深部にある活動リズムのペースメーカー細胞で機能していると考えられている．

2. 魚 類
　ゼブラフィッシュの時計遺伝子の発現リズムは培養した末梢組織でもみられ，そのリズムは明暗サイクルに同調する．したがって，末梢組織に光同調を司る光受容体が存在すると考えられる．新オプシン型光受容分子として，teleost multiple tissue (tmt) オプシンが同定されているが，光同調に関与するかはわかっていない．また，クリプトクロム（特に Cry1a）や他のオプシン型光受容体についても可能性が議論されているが結論は得られていない．

3. 鳥 類
　鳥類では，網膜，松果体，脳深部に光受容体が存在する．網膜や松果体ではメラトニンが合成されており，明暗サイクルに同調したリズムを示す．また，メラトニンは光により合成が急激に抑制される．光抑制に関与する光伝達経路と，光同調に関するそれは異なっており，前者に関する光受容体は作用スペクトルからオプシン型の光受容分子の存在が考えられている．光抑制は，百日咳毒素により阻害されることから，光伝達経路にトランスデューシンが関与している可能性が高い．一方，光同調は百日咳毒素の影響を受けないことから，その経路にG蛋白質が関与しないか，百日咳毒素に非感受性のG蛋白質が介在すると考えられる．ピノプシンはニワトリ松果体から発見されたオプシン型光受容分子であるが，光抑制に関与するか光同調に関与するか不明である．しかし，百日咳毒素に非感受性のG蛋白質であるG11を活性化するとメラトニンリズムの位相変位が起きること，ピノプシンとG11が共存すること，G11がオプシン型光受容体と相互作用することなどから，ピノプシンが光同調に関与している可能性が考えられている．また，哺乳類の概日光受容体であるメラノプシンがニワトリの松果体に存在しており，概日リズムの光同調に関与しているものと考えられている．

4. 哺乳類
　哺乳類では眼が唯一の光受容器であるが，網膜のレベルで概日リズムの光同調と視覚認知の光受容細胞が分かれている．網膜視細胞（桿体，錐体細胞）が退化消失す

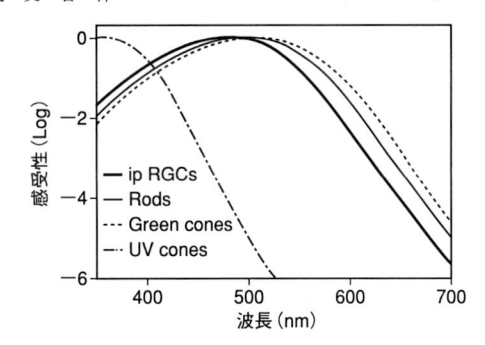

図1 ラット網膜の光受容体の作用スペクトル[3]
極大波長：ipRGC 484 nm, green cone 510 nm, ultraviolet cone 359 nm, rod 500 nm.

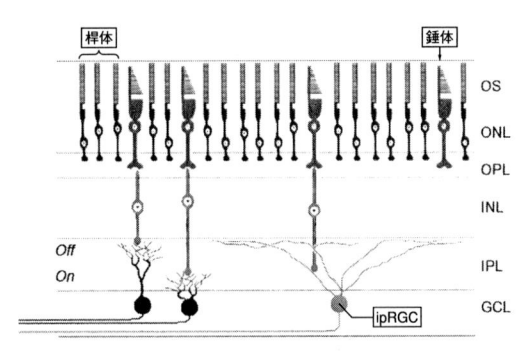

図2 ipRGCとその他の網膜細胞との関係[3]
ipRGCの細胞体は神経節細胞層（GCL）にあり，桿体と錐体の細胞体は外顆粒層に存在する．ipRGCの軸索は脳に投射するが，桿体や錐体は網膜内でシナプスを介して他の細胞と連絡している．OS：外節，ONL：外顆粒層，OPL：外網状層，INL：内顆粒層，IPL：内網状層，GCL：神経節細胞層．

る rd（retinal degeneration）マウスでも概日リズムは明暗サイクルの同調することから，これら以外の細胞が光同調に関与していることが推測されていた．その後，アフリカツメガエルの黒色素胞で発見されたオプシン型光受容体であるメラノプシンが神経節細胞の一部に局在し，その細胞が視交叉上核に投射していることが見つかった．この神経節細胞はiPRGC（intrinsically photosensitive retinal ganglion cell）とよばれており，光応答の作用スペクトルの吸収極大値が480 nm付近にある（図1，2）．メラノプシンが概日光受容体であることは，メラノプシン遺伝子のノックアウトマウスで光同調の感受性が低下することな

どから結論されたが，依然として光同調は可能であった．そこで，rd遺伝子とメラノプシン欠損遺伝子を二重にもつマウスを調べたところ光同調は完全になくなった．これらの結果から，哺乳類では，桿体，錐体細胞に加え，メラノプシンを含む神経節細胞が光同調にかかわっているものと結論された． 〔海老原史樹文〕

文　献

1) Hall, J. C.：*Curr. Opin. Neurobiol.*, **10**(4), 456-466, 2000.
2) Okano, T. and Fukada, Y.：*J. Biochem.* (Tokyo), **134**(6), 791-797, 2003.
3) Berson, D. M.：*Trends Neurosci.*, **26**(6), 314-320, 2003.

59 光同調経路 —— Pathways for Photic Entrainment

約24時間の周期をもつ概日リズムは，外界の環境周期に同調して正確に24時間周期のリズムを示す．同調因子のうち最も強力なものは光サイクルであるが，光以外の同調因子も知られている．哺乳類では，光の受容は眼に限られているが，哺乳類以外の脊椎動物では，松果体や脳にリズム同調に関与する光受容器が存在する．しかし，これらの動物に関する光同調の神経路についてはあまりわかっていない．

1. 神経路

1) 直接投射： 哺乳類では，網膜から視交叉上核の腹外側部（核）へ直接投射する網膜視床下部路が存在する．この神経は概日リズムの光同調に特異的な網膜内の神経節細胞から投射される．網膜視床下部路は両側の視交叉上核に投射するが，一般に，同側よりも反対側への投射のほうが多い．視交叉上核に投射された情報は，腹外側部（核）から背内側部（殻）へ伝えられる．

2) 間接投射： 外側膝状体の腹側と背側の中間部に存在する外側膝状体中間小葉を経由して網膜から視交叉上核の腹外側部（核）へ入力する間接投射（膝状体視床下部路）が存在する．光同調におけるこの投射の役割は十分に解明されていないが，網膜視床下部路を介する視交叉上核の光感受性に影響する可能性が示されている．また，縫線核や視床室傍核からの投射も光同調に影響すると考えられている．

2. 伝達物質

1) 直接投射：

ⅰ) グルタミン酸： 視交叉上核におけるシナプス前ニューロン終末のグルタミン酸と，その受容体の存在が様々な組織学的手法により示されている．また，視神経刺激で視交叉上核を含む脳スライスからグルタミン酸が放出され，そのアンタゴニストにより視交叉上核の活動が抑制されることも示されている．さらに，*in vivo*, *in vitro* の実験系で，視交叉上核にグルタミン酸受容体のアゴニストを投与すると光と同様な概日リズムの位相変化が生じ，アンタゴニストによりブロックされることが報告されている．これらのことから，グルタミン酸が光同調を担う網膜視床下部路の主要な伝達物質であることはほぼ間違いない．

ⅱ) PACAP： PACAP(pituitary adenylate cyclase-activating polypeptide)は，VIP (vasoactive intestinal polypeptide)/secretin ファミリーに属する神経ペプチドで，中枢や末梢に広く分布する．網膜の神経節細胞や視交叉上核にも存在し，網膜視床下部路の伝達物質の1つと考えられている．PACAP は，神経節細胞や視交叉上核細胞においてグルタミン酸と共存し，グルタミン酸の効果を修飾するようである．また，視交叉上核における PACAP 受容体の存在や PACAP 投与による概日リズムの位相変位なども報告されている．

ⅲ) その他： サブスタンスP，L-アスパルテート，*N*-アセチルアスパルチルグルタメートなどが調べられているが，はっきりした結論は得られていない．

2) 間接投射：

ⅰ) NPY： 外側膝状体中間小葉を経由して視交叉上核へ入力する膝状体視床下部路は，非光同調に関与し，その伝達物質はニューロペプチド Y（NPY）である．光同調の経路である網膜視床下部路は，この NPY により影響を受けていると考えられている．

ⅱ) セロトニン： 非光同調のもう1つ

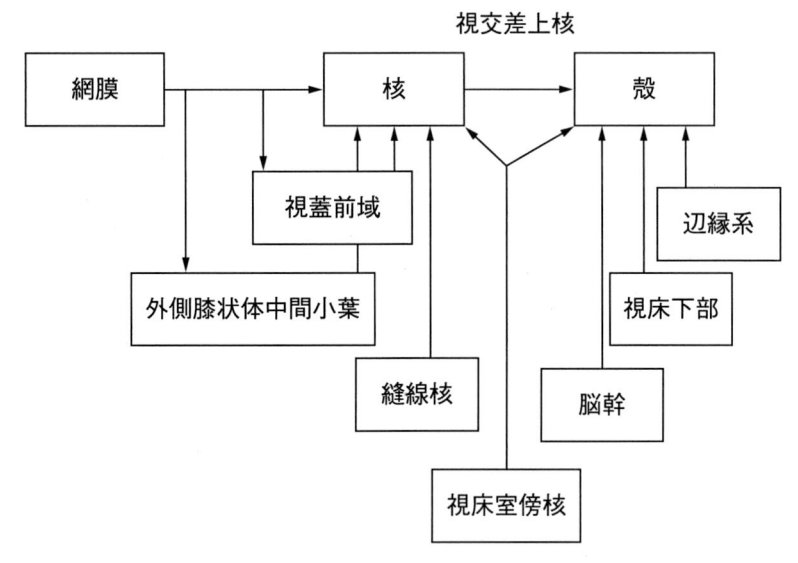

図1 哺乳類における視交叉上核への神経入力（Dunlap *et al*., 2004[3], p.171 の図を改変）

の主要な経路は，縫線核から投射する神経線維で，セロトニンを伝達物質として含んでいる．セロトニンそれ自身は概日リズムの位相にほとんど影響しないが，光による位相変位はセロトニンの投与で影響を受ける．非光同調因子によりセロトニンが放出され，視交叉上核における網膜視床下部神経のシナプス前受容体に作用して，光同調を担う伝達物質の放出に影響している可能性が考えられている． （海老原史樹文）

文　献

1) Hannibal, J.: *Cell Tissue Res*., **309**, 73-88, 2002.
2) Meijer, J. H. and Schwartz, W. J.: *J. Biol. Rhythms*., **18**, 235-249, 2003.
3) Dunlap, J. C. *et al*. eds.: *Chronobiology : Biological Timekeeping*, Sinauer, 2004.

60 E/M振動体
—— Evening and Morning Oscillators

　E/M振動体とは,「概日リズムを生み出すペースメーカーは互いに同調した2つの振動体からなる」という仮説における,仮想的な2つの振動体である.ハムスターなどの夜行性げっ歯類は,恒明条件下で飼育すると行動リズムが2つにスプリットすることが知られている(13「フリーランとスプリッティング」参照).この2つの成分はそれぞれもとのリズムの行動開始位相(主観的夕方)および行動終了位相(主観的朝)に由来することから,概日振動体はEvening振動体(evening oscillator, 以下E振動体)とMorning振動体(morning oscillator, 以下M振動体)の2つからなるという説がPittendrighによって提唱された[1].この仮説によると,行動開始および行動終了位相をそれぞれ支配しているE振動体とM振動体は,通常は強くカップリングして1つの振動体のように振る舞っているが,ある条件下ではそれが乖離する.スプリッティングは乖離した2つの振動体が逆位相の関係で安定して進む状態である(図1).2つの振動体は日没,および日の出の光に対して同調しており,2つの位相関係と光周性とのかかわりが示唆されている.行動リズムの光による位相変化の移行期において,行動開始位相と行動終了位相が異なる位相反応性を示すことも,2つの振動体の存在によって説明可能である.このE/M 2つの振動体の実態を示す決定的な証拠はまだ得られていないが,現在までのところ,以下のような現象が報告されている.

　①概日リズム中枢である視交叉上核(SCN)は昼に高く夜に低い電気活動リズムを示し,そのリズムはSCNを含む脳切片でも観察される.前額断切片では真昼を頂点とする単一のピークが記録されるが,水平断切片をつくるとEおよびMに相当する2つの電気活動のピークが記録される[2](図2).

　②スプリットしているハムスターにおいて左右のSCNのうち片側を破壊すると,片方のリズムが消え1つのリズム成分だけが残る[3].

　③スプリットしているハムスターでは,左右のSCNにおける時計遺伝子の発現は逆位相になり(図3),本来昼に発現するper1と夜に発現するBmal1が反対側に同時に発現する現象がみられる[4].

　④さらに細かく調べた報告では,スプリットした場合,SCNの腹外側部(core, コア)と背内側部(shell, シェル)では時計遺伝子の発現が逆位相になる.すなわち片側の腹外側部は反対側の背内側部と同じ位相で,左右はそれぞれ逆位相になる[5](図4).

　SCNの腹外側部と背内側部で,振動体の光感受性の有無,固有の周期の違いなどに差があることは知られているが,左右のSCNの振動体の特性に違いがあるという報告はない.

　一方,遺伝子レベルでは,ほぼ同じ機能をもつ時計遺伝子per1とper2, cry1とcry2ではそれぞれその性質に微妙な差があることから,per1とcry1からなる時計遺伝子のフィードバックループがM振動体を,per2とcry2からなるループがE振動体を形成しているという仮説も提唱されている[6].E/M振動体は,これまでげっ歯類について研究されてきたが,最近では,ショウジョウバエの朝・夕の2つの活動期は独立した2つの振動体によって制御されているという報告もある[7].〈渡辺和人〉

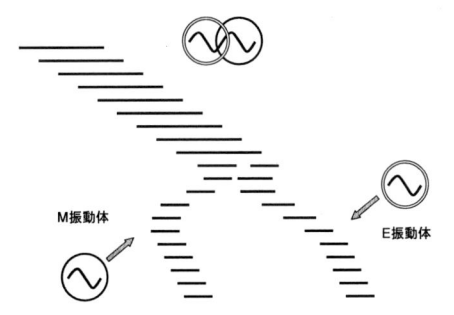

図1 恒明条件下における行動リズムのスプリット
2つの振動体は通常は相互に同調して1つの振動体のように働いている．

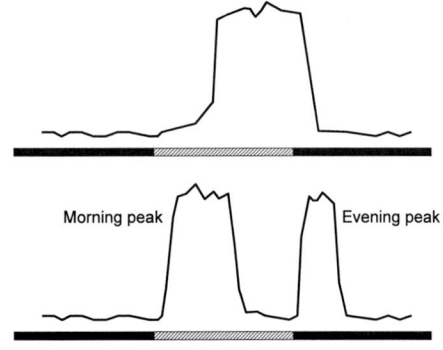

図2 脳スライスにおけるSCNの電気活動リズム（Jagota et al., 2000[2]）より改変）
前額断切片（上）では電気活動のピークは1つだが，水平断切片（下）では朝夕2つのピークが観察される．下の横線は主観的昼/夜を示す．

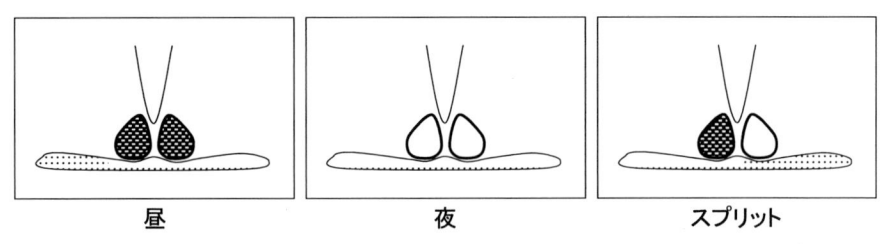

昼　　　夜　　　スプリット

図3 ハムスターSCNにおける per1 遺伝子の発現（Pickard and Turek, 1982 より改変）
スプリットしているときの時計遺伝子の発現は左右のSCNで逆位相になる．

文 献

1) Pittendrigh, C. S. and Daan, S.：*J. Comp. Physiol.*[A], **106**, 333-355, 1976.
2) Jagota, A. et al.：*Nature Neurosci.*, **3**, 372-376, 2000.
3) Pickard, G. and Turek, F. W.：*Science*, **215**, 1119-1121, 1982.
4) de la Iglesia, H. O. et al.：*Science*, **290**, 799-801, 2000.
5) Yan L. et al.：J. *Neurosci.*, **25**, 9017-9026, 2005.
6) Daan, S. et al.：*J. Biol. Rhythms*, **16**, 105-116, 2001.
7) Grima, B. et al.：*Nature*, **431**, 869-873, 2004.

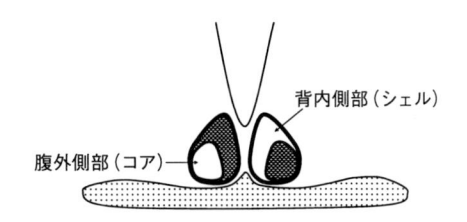

背内側部（シェル）
腹外側部（コア）

図4 スプリットしているハムスターの時計遺伝子 *per1* 発現（Yan, et al., 2005[5]）より改変）
スプリットしている状態では，左/右，腹外側部/背内側部で時計遺伝子の発現パターンが逆になり，片側の腹外側部は反対側の背内側部と同じパターンを示す．

61 多振動体構造

—— Multi-Oscillatory System

哺乳類では視床下部の視交叉上核（suprachiasmatic nucleus）に概日リズムの「主振動体」が存在し，その破壊によりすべての生理機能の概日リズムが消失する[1]．視交叉上核以外の組織や器官に存在する従属振動体は，視交叉上核から何らかのシグナルを介して時間情報を受け取り，互いの周期や位相を調整しながら主振動体に同調していると考えられている．このような主振動体と従属振動体からなる構造を（階層的）多振動体構造という（図1）．

マウス，ラットなどげっ歯類の視交叉上核は，片側で数千～1万個弱の神経細胞で構成されている．視交叉上核を体外に取り出し，培養した場合にも概日振動は継続する．近年，時計遺伝子群が直接その振動生成の役割を担っていることが明らかにされ，視交叉上核を構成する多数の振動体細胞の1つ1つが，分子時計の支配下で互いに一定の関係を保ちながらリズムを刻んでいることが示された．視交叉上核に代表される，複数の振動体細胞からなるこのような構造を多振動体構造とよぶ場合もある．

視交叉上核を構成する神経細胞はペプチドの放出や自発発火活動に明瞭な概日リズムを示す．とくに神経活動のリズムについては，マルチ電極アレイディッシュ上で細胞を培養することで個々の細胞からの長期間にわたる同時記録が可能であり，視交叉上核の多振動体構造を調べるための手法の1つとして用いられている[2]．分散培養した視交叉上核神経細胞は同一の培養ディッシュ内でも異なる周期のリズムを示すことが多かった（図2左）．一方，静置器官培養した視交叉上核細胞の神経活動リズムは周期と位相がほぼ一致していた（図2右）．

成熟動物から視交叉上核を含む前額断脳スライス切片を作製し，自発発火のマルチユニット記録を行うと，明期にピークをもつリズムが検出される（図3）．この24時間周期のリズムは静置器官培養で得られた単一細胞の神経活動リズムの集合体とみなしてもよく，視交叉上核の構造が維持された状態では，振動生成能をもつ多数の神経細胞が全体として1つの主振動体として働いていることがわかる．

視交叉上核で生成される概日振動は，神経性あるいは液性のシグナルを介して末梢に伝達されていると考えられており，行動リズムなど概日振動の出力系は視交叉上核のリズム振動の特性を反映している．時計遺伝子 clock のホモあるいはヘテロ変異マウスの視交叉上核での神経発火活動にみられる長周期は，行動リズムの長周期とよく対応しており[3]，個体レベルのリズムに対する視交叉上核振動体の階層性制御を示す1つの例である（図4）．視交叉上核振動細胞間のカップリング機序としては，シナプス連絡，液性連絡，細胞外イオン変動，ギャップ結合などを介する電気的結合等があげられているが決定的な証拠はなく，今後の重要な検討課題である． （白川哲夫）

文献

1) 川村 浩：脳とリズム，pp.47-52，朝倉書店，1989．
2) 本間さと・白川哲夫：生物時計の分子生物学（海老原史樹文・深田吉孝編），pp.188-197，シュプリンガー・フェアラーク東京，1999．
3) Nakamura, W. et al.：*Nature Neurosci.*, 5, 399-400, 2002.

61 多振動体構造

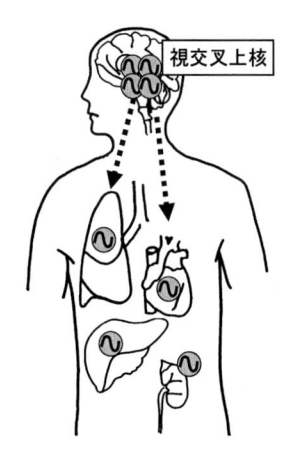

図1 視床下部の視交叉上核を主時計とする概日振動の階層構造

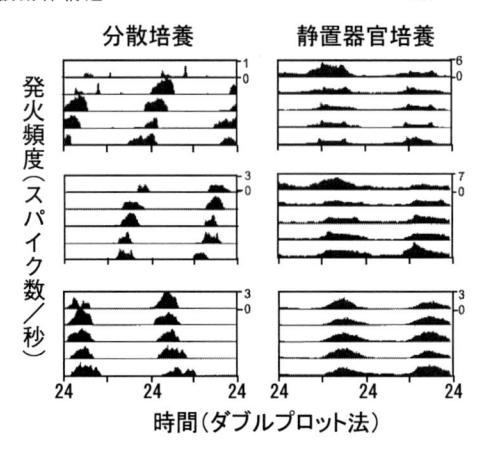

図2 培養視交叉上核細胞より記録した単一神経発火活動のリズム
概日周期は，分散培養で上から21.8，22.6，24.5時間，静置器官培養で上から23.9，24.0，24.0時間である．

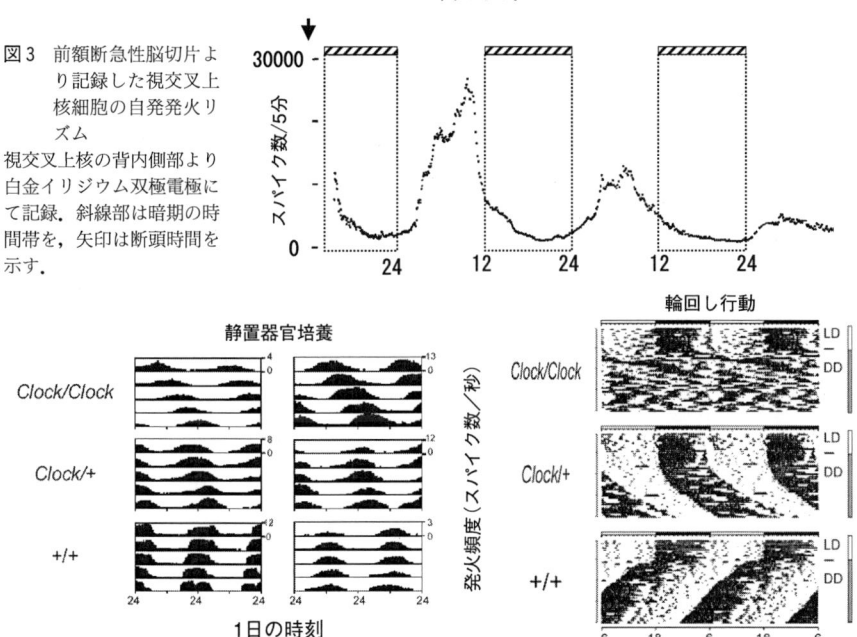

図3 前額断急性脳切片より記録した視交叉上核細胞の自発発火リズム
視交叉上核の背内側部より白金イリジウム双極電極にて記録．斜線部は暗期の時間帯を，矢印は断頭時間を示す．

図4 Clock変異マウスの培養視交叉上核より記録した単一神経発火活動のリズム（左）ならびに輪回し行動のリズム（右）
ダブルプロット法で示す．神経発火リズムはそれぞれ別のマウスの培養細胞からの記録である．
Nakamura et al., 2002[3] を一部修正．

62 給餌性概日リズム
—— Feeding-Associated Circadian Rhythm

　ラットやマウスの給餌を自由摂食から1日の一定の時刻に制限する周期的制限給餌に変えると，数日の移行期を経て，自発行動や輪回し行動の24時間パターンが変化し，給餌を予知しているかのように給餌の数時間前より自発行動や輪回し行動がさかんになる（図1）．これを給餌前ピーク（prefeeding peak）という．この給餌前ピークは周期的制限給餌を中止してもしばらく持続することから，背後には内因性の振動機構が存在していると考えられる．このように周期的制限給餌によって出現するリズムを給餌性リズム（feeding-associated rhythm）という．

　周期的制限給餌後一度自由摂食に戻し次に絶食にすると，かつての給餌時刻に給餌前行動ピークが出現する（図1）．この現象を用いて求められた給餌性リズムのフリーランニング周期は24時間よりやや長い．また，概日リズムの同調範囲を決めるT実験からも，給餌性リズムが概日系統の振動体に駆動されていることが知られており，このリズムを給餌性概日リズムという．

　眼球摘出や恒常明光によるフリーランニング条件下で周期的制限給餌を行ってもフリーランニングリズムの同調はみられない．また視交叉上核（suprachiasmatic nucleus：SCN）を破壊しても周期的制限給餌によって給餌前ピークが出現する．よって給餌性概日リズムはSCNに依存する概日リズム（視交叉上核性概日リズム，SCN-dependent circadian rhythm）が周期的制限給餌に同調したものではなく，給餌性概日リズムの振動体はSCNには存在しない（視交叉上核非依存性概日リズム，SCN-independent circadian rhythm）．給餌性概日リズムとメタンフェタミン投与で発現する概日リズムは視交叉上核非依存性リズムの代表的なものである．

　SCN以外の脳部位あるいは末梢に振動体があり，これらの振動体が特定の条件下（制限給餌やメタンフェタミン投与など）でSCN振動機構から脱同調して独自のリズムを表現型として表すという仮説が視交叉上核非依存性リズムに対して以前から考えられていたが，最近の時計遺伝子研究成果からもこの仮説が支持されている．給餌性概日リズムの振動体の存在は時計遺伝子発現リズムでも示されている．周期的制限給餌はSCNの*Per*発現リズムには影響を与えないが，大脳皮質や肝臓などの末梢組織では*Per*発現リズムの位相が変化し，給餌前に発現が増加する（図2）．このことは，給餌性概日リズムの振動体は自由摂食条件下ではSCN振動機構にカップリングしているが，周期的制限給餌下ではSCN振動機構から解離して，制限給餌に同調するリズムを刻むことを示している（図3）．末梢時計としての給餌性リズム振動体の局在や予知行動のメカニズムについてはまだ明らかにはなっていない．

〔吉原俊博〕

文　献
1) 安倍　博他：臨床脳波，46(4)，229-236，2004．
2) 小島志保子他：現代医療，34(6)，1387-1391，2002．

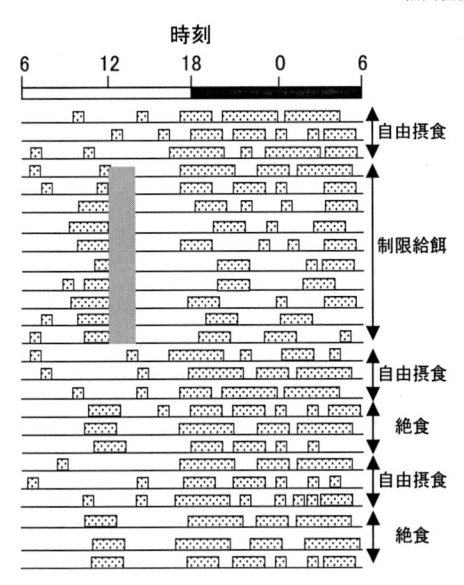

図1 周期的制限給餌下でのラット行動リズム（模式図）（安倍他，2004[1)]より改変引用）
時刻の下の横棒は明暗サイクル（白が明期，黒が暗期）を，灰色の縦棒は給餌時刻を示す．自由摂食下では暗期に行動が集中しているが，制限給餌スケジュール下におくと，数日の移行期を経て行動の一部が給餌時間帯に移り，給餌の数時間前から行動が活発になる（給餌前ピーク）．制限給餌終了後，自由摂食に戻すと給餌前ピークは消失するが，絶食にすると，再び出現する

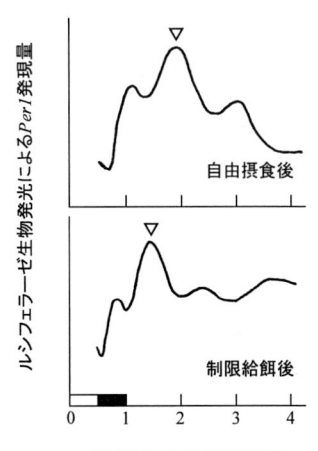

図2 制限給餌に対する肝臓の *Per1* 発現リズム（模式図）（小島他，2002[2)]より改変引用）
日数の上の横棒は明暗サイクル（白が明期，黒が暗期）を示す．トランスジェニックラットを明暗12：12で飼育した後，自由摂食（上段）あるいは制限給餌（明期開始5時間後から4時間のみの給餌）を7日間行った後の発光振動．▽は測定2日目のピーク点．位相の前進がみられる

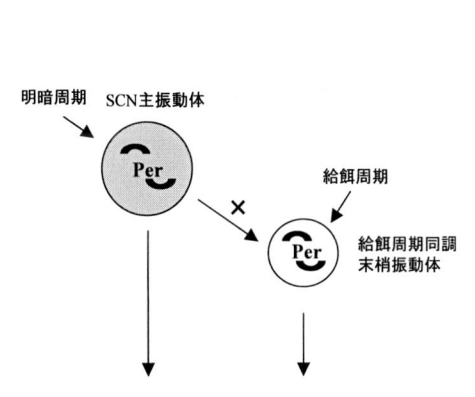

図3 制限給餌下でのSCN振動体と給餌性振動体の解離モデル（安倍他，2004[1)]より改変引用）
SCN主振動体は明暗周期という光情報を受容し，SCNがつくり出すリズムは肝臓などの末梢にある振動体を駆動させる．制限給餌下では，末梢振動体はSCN振動機構から解離して（図中の×），SCNのリズムを乱すことなく給餌周期に同調することが可能である

63 メタンフェタミン誘導性概日リズム
—— Methamphetamine-Induced Circadian Rhythm

明暗条件下で飼育しているラットの飲水中に覚醒剤であるメタンフェタミン（MAP）を溶解し持続投与すると，活動量が増加することに加えて行動リズムの活動期の開始が遅くなり，さらに明暗サイクルに同調できなくなりフリーランすることが知られている（図1A，ダブルプロット）[1]．このMAP誘導性概日リズムはMAP投与中止後も数週期続くことが知られており，MAPによる1次的な反応ではなく振動現象であるといえる．このリズムの周期は一定ではなく明暗サイクルとの位相関係に応じて変化する．これは，あるリズムが他のリズムの影響を受けながらフリーランしている（相対的協調，relative coordination）ときにみられる特徴である．MAP慢性投与ラットでは，この周期変化のパターンは恒暗条件下でも持続するので[1]，行動リズムが明暗サイクルではなく，生体内の別の振動の影響を受けていることが考えられた．さらに，哺乳類のマスタークロックである視交叉上核（SCN）の破壊によりリズムが消失したラットにおいてもMAP誘導性リズムはみられる（図2，トリプルプロット）．これは，MAP誘導性行動リズムは，SCN以外の部位から発振されることを示している．このSCN破壊ラットの行動リズムはSCNが正常なラットでみられたような周期変化がないので，SCNがMAP誘導性行動リズムに影響を与え周期変化を起こしていると考えられる．

筆者らは，MAPは脳内モノアミンニューロンに作用することから，脳内にMAP誘導性概日リズムのセンターがあると考えた．MAP慢性投与ラットにおいてフリーランしている活動リズムと関連した部位を知るため，活動期がちょうど昼夜逆転する日の脳内時計遺伝子mRNAリズムおよびメラトニンリズムを調べた[2]．その結果，活動リズムが明暗サイクルから脱同調しているときSCN，メラトニンリズムが明暗サイクルに同調しているにもかかわらず大脳皮質，線条体が活動リズムと並行して脱同調していることが判明した（図1B）．このことは，MAP非投与動物ではSCNにある主振動体（master oscillator）が行動リズムを駆動する従属振動体（slave oscillator）を支配しているが，MAP投与によりこの従属振動体が主振動体の支配を離れフリーランする一方，主振動体は直接メラトニンリズムを支配していることを示している（図3）．そしてその従属振動体は大脳皮質，線条体にあることが示唆された．MAPは無周期になった*Clock*ミュータントマウスにもリズムを誘導する[3]．このことと，時計遺伝子*Per 1*，*Per 2*と*BMAL 1*の位相関係（逆位相）が脱同調した大脳皮質，線条体で保たれていたことを考え合わせると，*NPAS 2*などの*Clock*以外の因子が*Clock*の代わりにMAP誘導性振動に関与していることが考えられる．

(増渕 悟)

文献
1) Honma, K. et al.: *Physiol. Behav.*, 38, 687-695. 1986.
2) Masubuchi, S. et al.: *Eur. J. Neurosci.*, 12, 4206-4214. 2000.
3) Masubuchi, S. et al.: *Eur. J. Neurosci.*, 14, 1177-1180. 2001

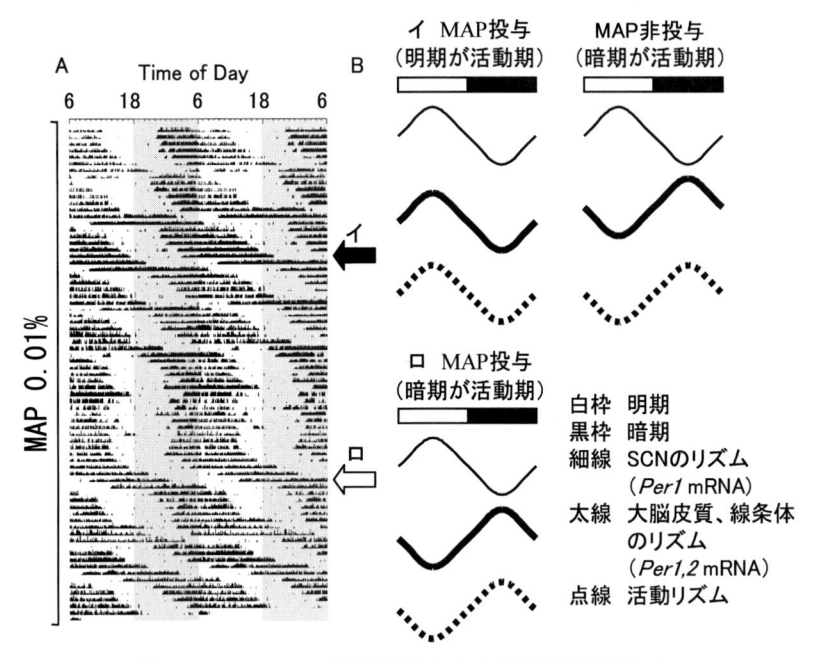

図1 メタンフェタミン誘導性行動リズムと脳内遺伝子発現リズム

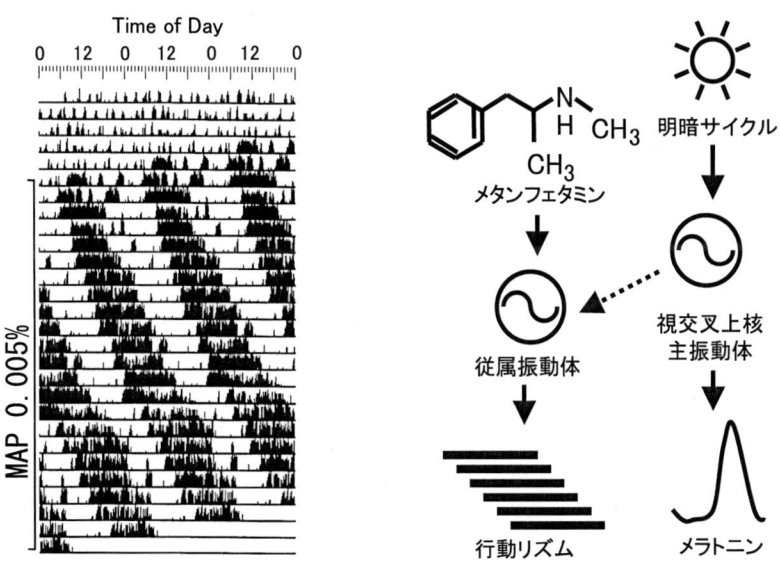

図2 視交叉上核破壊ラットのメタンフェタミン誘導性行動リズム

図3 メタンフェタミン誘導性リズム発振のモデル

64　2 振動体仮説と理論
—— Two Oscillator Hypothesis and its Theoretical Framework

　ヒトの概日リズムは2つの振動体からなっているとする仮説（2振動体仮説）について述べる．

　生体リズムは環境の周期的な変化に受動的に追随するだけの直接的反応ではなく，生体内で自律的につくり出されている振動現象，すなわちリミットサイクルによって駆動されていると考えられる．これは以下に述べるような理由による．まず，恒常暗などの恒常的な環境条件下（フリーランニング環境）においても振動は持続しており，しかもその周期は24時間より少し長い（フリーランニングリズム）ことが知られている．次に光や薬物などの短時間続く刺激（パルス）を生体に与えると，リズムの周期，波形，位相などは変化するが，十分時間が経つと周期と波形はもとに戻る．このような自律性と擾乱に対する復元力が，生体リズムがリミットサイクルであることを支持している．このような自律的な日周振動の生理学的実体の1つは視交叉上核（SCN：suprachiasmatic nucleus）であると考えられている（SCN振動体）．ここには網膜からの直接の神経連絡路も存在し，外部の明暗サイクルに同調することができる．その振る舞いは体温リズムやメラトニンリズムなどの表現形リズムとして観測される．一方で，睡眠覚醒リズムは，それが自律的な振動体によって駆動されているかどうか，さらにそれがSCN振動体とは別物であるかどうかはいまだ明確にはわかっていない．

　睡眠覚醒リズムがSCNとは別の自律的振動体によって駆動されていると考えられている理由を以下に述べる．あらゆる時間的な手がかりからも隔絶されたフリーラン環境で長期間生活していると，最初は体温やメラトニンリズムと睡眠覚醒リズムは一定の位相関係を保ちながら推移している（内的同調，internal synchronization）が，その後，両者の間の位相関係が周期的にゆらぐ（相対的協調，relative coordination）ようになり，30日経過したころから，睡眠が突然長期化したり，位相関係がさらに大きく変化したりして睡眠覚醒リズムが大きく乱れる様子（内的脱同調，internal desynchronization）が観測されるようになる（たとえばKronauer et al., 1982）．このような漸進的な振る舞いの変化は，固有周期の異なる振動体が最初は強い相互結合で結びついているが，次第に結合が弱まり，最後には離れ離れになっていく過程に対応しているように直感的には思われる．さらに，内的脱同調では体温やメラトニンリズムの周期は約25時間程度で日数の経過とともに大きくは変化しないのに比べて，睡眠覚醒リズムの周期は次第に長期化していくようにもみられる．以上のような現象はリミットサイクル振動体を結合した数理モデルによって定性的に再現される[1]（図1A）．これは次のようなファンデルポル（Van del Pol）方程式を「速度」で結合した2振動体モデルである．

振動体Ｉ：
$$k^2\frac{d^2x_1}{dt^2}+k\mu_1(-1+x_1^2)\frac{dx_1}{dt}+\omega_1^2x_1$$
$$+F_{21}k\frac{dx_2}{dt}=0$$

振動体Ⅱ：
$$k^2\frac{d^2x_2}{dt^2}+k\mu_2(-1+x_2^2)\frac{dx_2}{dt}+\omega_2^2x_2$$
$$+F_{12}k\frac{dx_1}{dt}=0$$

ここに $k(=24/2\pi)$ と $\omega_1(=0.99$, 周期

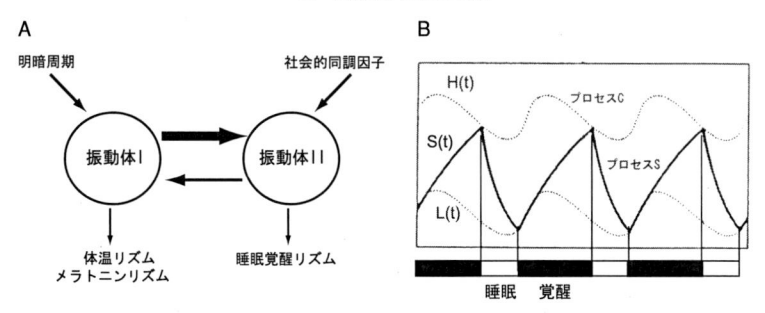

図1 睡眠覚醒リズムのモデル
A：2振動体モデル[1]，B：2プロセスモデル[2].

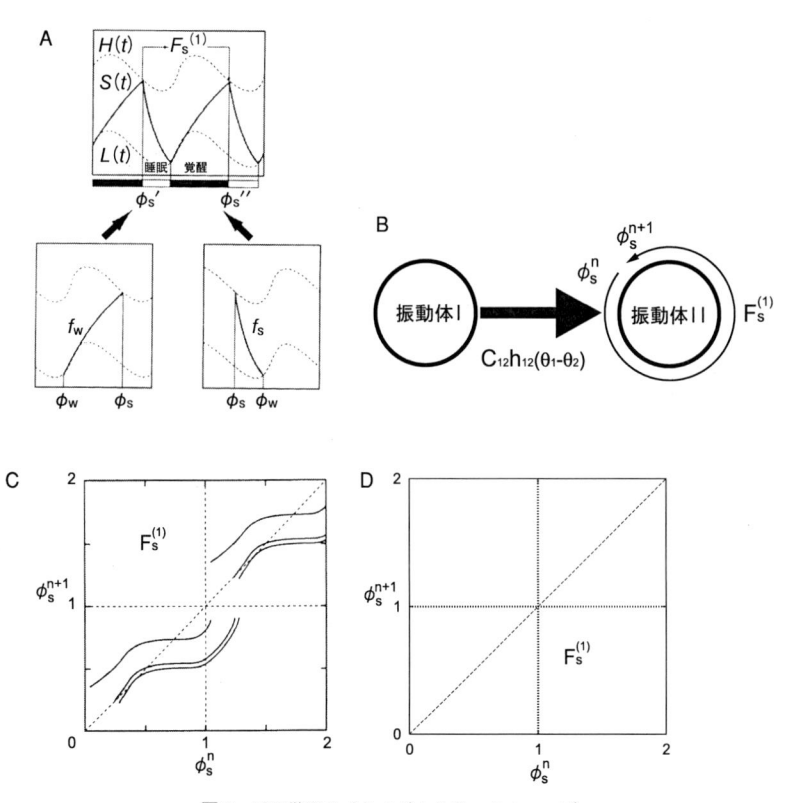

図2 睡眠覚醒リズムモデルのサークルマップ
A：2プロセスモデルのサークルマップの作成[5]，B：2振動体モデルのサークルマップの作成，C：2プロセスモデルのサークルマップ[6]，D：2振動体モデルのサークルマップ．

24.2時間), $\omega_2(=0.92$, 周期26時間)は振動周期を調整するパラメータである．これより振動体Ⅰ(SCN振動体)の方がⅡ(非SCN振動体)より速いことがわかる．他のパラメータは$\mu_1=0.1$, $\mu_2=0.1$, $F_{21}=-0.04$, $F_{12}=-0.16$である．フリーラン時には振動体Ⅱの周期が次第に延長していくことにより，両振動体の相互作用が減弱していく過程を表現している（100日かけてω_2が0.92から0.78まで一定の割合で減少するとしている）．振動体間の相互作用の強さは非対称であり，振動体Ⅰから振動体Ⅱへの作用の強度は逆方向の4倍程度とされている（$|F_{12}|/|F_{21}|\sim 4$）．このような枠組みは生体リズムの制御メカニズムの1つとしてよく用いられる．

このような2振動体仮説に対立する（と思われている）考え方として，睡眠覚醒リズムを明示的には自律振動体の反映としてみないものがある．その考えに基づくモデルの代表格が，図1Bに示す2プロセスモデルである[2]．このモデルは基本的には睡眠実験から導かれた経験論的モデルである．SCN振動体に対応する上下2つの振動的なプロセスC($L(t)$と$H(t)$)とそれらの間を指数関数的に往復するプロセスS($S(t)$)からなっている．このような振動体は一般に緩和振動体（relaxation oscillator）とよばれる．

$$L(t)=A\left[0.97\sin\left(\frac{2\pi t}{T}\right)+0.22\sin\left(\frac{4\pi t}{T}\right)\right.$$
$$+0.07\sin\left(\frac{6\pi t}{T}\right)+0.03\sin\left(\frac{8\pi t}{T}\right)$$
$$\left.+0.01\sin\left(\frac{10\pi t}{T}\right)\right]+\bar{L}$$
$$H(t)=L(t)+D$$

$$S(t)=\begin{cases}\text{覚醒期間中：}\\ 1-(1-L(t_w))\exp[-\alpha(t-t_w)]\\ \text{睡眠期間中：}\\ H(t_s)\exp[-\beta(t-t_s)]\end{cases}$$

ここに，t_wおよびt_sは起床および入眠時刻をそれぞれ表す．TはプロセスCの振動周期であり，外的同調時には24時間に設定される．その他のパラメータ値は，$\bar{L}=0.17$, $A=0.12$, $\alpha=0.055$, $\beta=0.238$, $D=0.5$である．プロセスSが上昇する時間帯が覚醒に，下降する時間帯が睡眠にそれぞれ対応している．このモデルも内的脱同調およびそれへと至る過程をシミュレートできる．両プロセスの相互作用の強さはプロセスCの振幅Aによって制御されることから，それが漸進的に減衰して脱同調へと至ると考えるのである（実際にはAを0.12から0.08まで18日かけて減少させ，その後，固定している）．プロセスSは脳波の徐波パワーの時間経過を表すものとして導入された．それが覚醒期間に蓄積され，睡眠期間に解消される「疲労」のようなものだと考えれば，いわゆる「ホメオスタシス（homeostasis，恒常性維持機能）」という睡眠覚醒リズムの別の側面をモデル化しているともいえる．様々な直感に基づく改変も容易なため，2プロセスモデルは概念モデルとして広く定着している．同時に，2振動体仮説への反論の論拠として参照され，振動体の数についての論争の種となってきた．

2振動体仮説において，振動体Ⅱの生理学的な実体や性質が明らかでないことがその妥当性の評価を難しくしてきた側面がある．Hashimotoらは巧妙な実験で振動体Ⅱの顕在化と振動体Ⅰとの相互作用の形態を明らかにしている[3]．すなわち，フリーランニング環境下で休息活動スケジュールを通常の睡眠覚醒リズムよりも8時間位相前進させて固定して数日過ごした後のメラトニンリズムや睡眠覚醒リズムの振る舞いを観測している．その結果をまとめると以下のようになる．

①8日間のスケジュール終了後は，睡眠期間が，固定されていた位相付近からスタートして，位相前進あるいは後退してメラトニンリズムに漸進的に数日かけて再同調

した．
② 4日間では，多くはスケジュール終了後すぐに再同調した．
③ 睡眠期間は，メラトニンリズムに対して位相前進していれば後退して，位相後退していれば前進しながら再同調した．
④ メラトニンリズムはスケジュールによって部分的に引き込んだ．

このうち①は②との対比から，振動体IIが「振動体」であり，それは休息-活動スケジュールによって引き込まれる．ただし，引き込みには4日間以上かかることがわかる．③は振動体IとIIの相互作用の形態を表している．④は休息活動スケジュールから振動体Iへの作用経路が存在することを示唆している．これらの結果は，SCN振動体以外に少なくとも1つの別の振動体が存在していることを示している．また，恣意的に選び取られた活動パターンが振動体を「適応的に」引き込むことも示している．このような性質は2振動体仮説を支持するだけでなく，生体リズムのさらに多様な側面をも明らかにしている．2プロセスモデルはもちろんのことKronauerらのモデルでもその再現は難しい[4]．

Nakaoらは，Hashimotoらが明らかにしたそれぞれの振動体の性質を考慮し，2振動体仮説に基づいてヒトの生体リズムの位相振動体モデルを構築している[4]．その枠組みを用いれば，2振動体モデルと2プロセスモデルが抽象的には同様な性質を有することが示せる．いま，図2Aのように2プロセスモデルにおいて2つの写像 $f_w:\phi_w \mapsto \phi_s$ および $f_s:\phi_s \mapsto \phi_w$ を考える．これらを合成すれば $\phi_s^{n+1}=F_s^{(1)}(\phi_s^n)=f_w(f_s(\phi_s))$ のように入眠位相 $\phi_s^n \in [0,1]$ の時間発展を表現する写像 $F_s^{(1)}$ が得られる（nは睡眠覚醒サイクルの回数を表す）．合成の順序を逆にすれば，起床位相 ϕ_w^n についても同様な写像が得られる．これらの写像はサークルマップとよばれる．図2Bに $F_s^{(1)}$ の D 依存性を示す（$A=0.096$, $T=24.8$ h）．一方，Nakaoらのモデルを振動体Iから II への強制振動系に簡単化して得られたモデル（図2C）

$$\begin{cases} \dot{\theta}_1 = \omega_1 \\ \dot{\theta}_2 = \omega_2 + C_{12}h_{12}(\theta_1-\theta_2) \end{cases}$$

について $F_s^{(1)}$ と同様な写像を求めた．ここに $\omega_1=0.97$, $\omega_2=0.81$ である（$h_{12}(\theta)$ についてはNakao et al., 2005を参照のこと）．図2Dに様々な C_{12} に対する $F_s^{(1)}$ を示した．2プロセスモデルにおける D と2振動体モデルにおける C_{12} はともに"振動体"間の相互作用の強さを制御するパラメータであり，両者の写像を比較することには一定の意味がある．両 $F_s^{(1)}$ には不連続な跳躍点がほぼ同様な位置に存在していることがわかる．さらに，振動体間の相互作用が小さいほど（$D \to$ 大，$C_{12} \to$ 小）マップは下方へ推移していく点で共通している．これらの結果は，少なくともサークルマップという抽象化されたレベルでは，2プロセスモデルと2振動体モデルは同様な構造を有していることを示している．すなわち，実は両者は似たもの同士だったといえるかもしれない．

（中尾光之）

文　献

1) Kronauer, R.E. et al.：Am. J. Physiol., 242, R 3-R 17, 1982.
2) Daan, S. et al.：Am. J. Physiol., 246, R 161-R 178, 1984.
3) Hashimoto, S. et al.：Sleep and Biol. Rhythms, 2, 29-36, 2004.
4) Nakao, M. et al.：Trends in Chronobiology Research (Columbus, F. ed.), pp.157-212, Nova Science Publishers, 2005.
5) 中尾光之・山本光璋：生体リズムとゆらぎ，コロナ社，2004.
6) Nakao, M. et al.：Methods Inf. Med., 36, 282-285, 1997.

65 リミットサイクル ―― Limit Cycle

　リミットサイクルとは数学モデルが示す周期的な振動のことである．系が攪乱を受けて振動からずらされたときに，しばらくたつともとの振幅と周期をもつ振動に戻るときには，安定なリミットサイクル (stable limit cycle) という．リミットサイクルは，周囲の状態を引き寄せ，最終的に振動状態へと吸収していくことから，アトラクタ (attractor) とよばれる．アトラクタには，安定なリミットサイクルのほかに，定常状態や，準周期振動，カオスなどがある．ある状態にあるとそこから動かないとき，この状態のことを定常状態 (steady state)，あるいは平衡点 (equilibrium point) とよぶ．準周期振動は，複数の周波数成分を有する振動である．ピリオドグラム解析によってリミットサイクルと準周期振動は区別できる．カオスは，初期値の少しの違いによりその後のダイナミクスが大きく変わる不規則な振動である．

　概日リズムは，複数の遺伝子の発現量や蛋白質の量を変数にしてそれらの相互作用を表したモデルが示す一定の周期と振幅を保った振動，つまりリミットサイクルとして表現される．たとえばショウジョウバエでは per 遺伝子をもとに mRNA が合成される．PER 蛋白質は遺伝子のある核内へと輸送され，核のなかで PER 蛋白質が遺伝子発現を抑制する．そこで，per-mRNA (M)，細胞質内の PER 蛋白質 (R)，核内の PER 蛋白質 (P) からなる3変数モデルを考える．

$$\frac{dM}{dt} = \frac{k_1}{h+P} - k_2 M \quad (1)$$

$$\frac{dR}{dt} = k_3 M - k_4 R - \frac{k_5 R^m}{k_5' + R^m} + k_6 P \quad (2)$$

$$\frac{dP}{dt} = \frac{k_5 R^m}{k_5' + R^m} - k_6 P \quad (3)$$

　式(1) 右辺の第一項は転写を表し，核内の PER 蛋白質量が多いときに per 遺伝子の転写が抑制されることを示す．PER 蛋白質は細胞質にたくさん蓄積してきて初めて，核へ輸送される．そこで PER 蛋白質の核移行速度は非線形な形，$k_5 R^m/(k_5' + R^m)$ としている (式(2)と(3)，m は核移行の非線形性 (nonlinearity))．式(1)〜(3)は適当なパラメータを選ぶと安定なリミットサイクルを生じ，自律的に振動する (autonomous oscillation, 図1B, D)．

　式(2)，(3)で核移行が蛋白質の濃度に比例して起こるとすると，蛋白質と mRNA は減衰しながら定常状態に近づく．このとき定常状態は安定であり，リズムは生じない．もしも核移行の非線形性が高い (m が大きい) と定常状態から少しずれたときに，さらにそのずれが広がるようになる (不安定な定常状態)．そしてどんな初期値から始めてもリミットサイクルに収束する (図3)．すなわち PER 蛋白質核移行の非線形性は，定常状態を不安定にしてリミットサイクルを生じやすくする．このようなパラメータに対するシステムの安定性の変化を，分岐 (bifurcation) という．

〔黒澤 元〕

文献

1) Goldbeter, A. : *Biochemical Dscillations and Cellular Rhythms*, Cambridge University Press, 1996.
2) 川上 博編著：生体リズムの動的モデルとその解析, コロナ社, 2001.
3) Kurosawa, G. *et al.* : *J. Theor. Biol.*, **216**, 193-208, 2002.

65 リミットサイクル

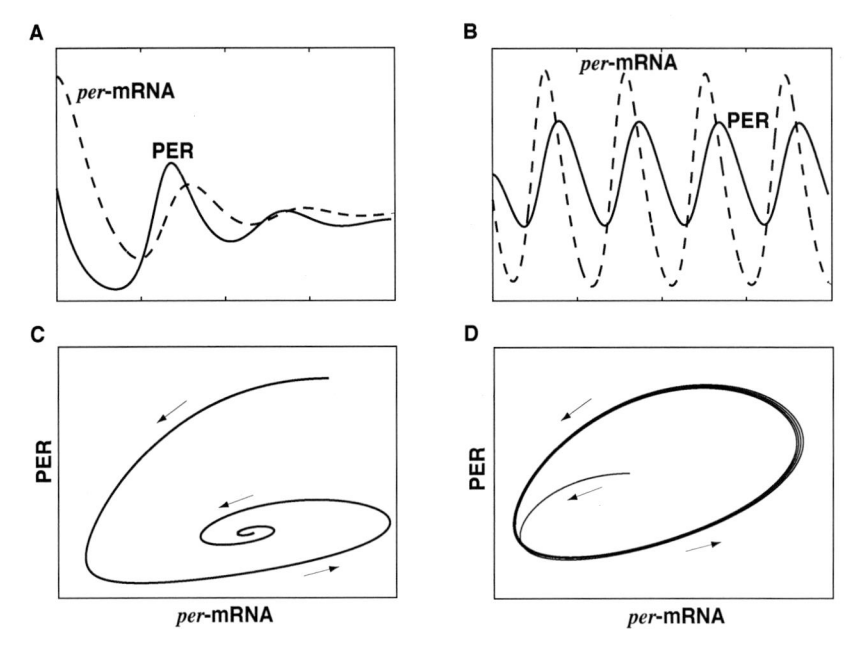

図1 蛋白質とmRNA量の減衰振動（A, C），自律振動（B, D）
Dでは，様々な初期値を選んでもリミットサイクルに収束する．

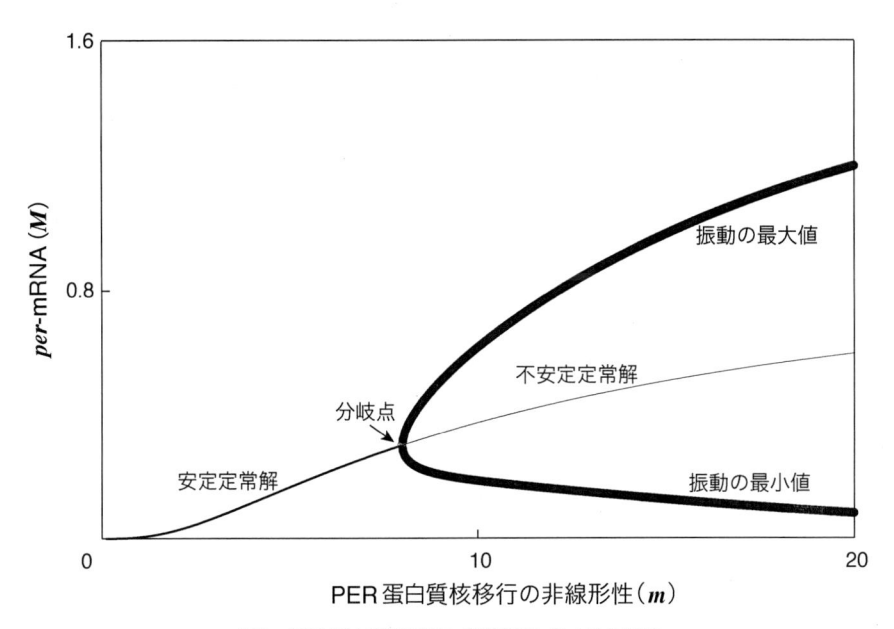

図2 PER蛋白質核移行の非線形性に対する分岐図

66　季節行動
—— Seasonal Behavior

　多くの動物の行動や生理機能は季節によって大きく変動する．この季節行動は地球の公転によってつくり出される地球物理学的変化に適応して進化した生物リズムである．季節によって大きく変化する環境因子は，日の出から日の入りまでの時間（日長）と温度であるが，温度は年による変動が大きいため，動物は一義的には気温より日長変化を季節の手がかりとして利用している．植物の開花や成長についてもこのような季節リズムが観察されるが，その生理機構については動物においてよく研究されている．予想されるように，季節による日長変化が明瞭な高緯度地方において，季節行動は顕著になる．シリアンハムスター（ゴールデンハムスター），シベリアハムスター（ジャンガリアンハムスター），シロアシハツカネズミなどのげっ歯類，ヒツジ，ヤギ，ニホンザル，ミンクなどが季節リズム研究の実験によく用いられる．一般にハムスター類のように春から初夏の長い日長の時期に繁殖期を迎える動物を長日繁殖種（long-day breeder）とよび，逆に，ヒツジ，ヤギのように秋から初冬の短い日長の時期に繁殖期を迎える動物を短日繁殖種（short-day breeder）とよぶ．

　普通，生殖機能を維持するのに必要な最小日長を臨界（限界）日長（critical daylength）といい，シリアンハムスターでは12.5時間であることが知られ，明期がこの値以下になると性腺は萎縮し始める．この臨界日長の値は動物種により，また，同じ種であっても緯度の異なる生息地によっても変化する．季節行動（seasonal behavior）として生殖行動がよく研究されており，他に冬眠，日内休眠，鳥の渡りなどが知られている．ここではシベリアハムスターの毛衣（pelage），体重，体温の季節変化を示す（図1）．

　このように季節行動は，いわば，日長変化に対する応答であり，その意味から光周性反応（photoperiodism）と深く関係している．この季節行動を発現させる近要因（proximate factor）は日長であり，実験室で明暗サイクル明暗16：8の長日環境に維持した雄のシリアンハムスターを明暗8：16の短日に移すと，数週間のうちに精巣は萎縮し始め，10〜12週で最小となる．ところが，この短日環境をそのままずっと維持し続けても，精巣は再び大きくなり始め，20数週するともとの大きさに戻ってしまうことが知られている（光不応期と自発的回復）．同じような現象はシベリアハムスターでも知られ，寒冷短日環境で誘発した精巣萎縮，日内休眠，白毛への変化は，寒冷短日を維持しても，20数週後には再び長日下に維持されていたときの状態に戻る．つまり，季節行動の発現と休止には光周期応答の要素と内因性の測時機構の2つが関係している．

　季節行動の発現には，松果体が関係していることが明らかにされている．季節の日長変化（実験室での明暗）の情報は眼から視交叉上核に至り，シナプスを換え，上頸神経節を経て最終的に松果体に達する．松果体は夜（暗期）にメラトニンを分泌する．このため，夜の長い冬ではメラトニンは多量にしかも長時間分泌されることとなる．これはハムスターのような長日繁殖種でもヒツジのような短日繁殖種でも同じである（図2）．一般にメラトニンは性抑制ホルモンとされているが，それは，長日繁殖種にのみ妥当することで，短日繁殖種では逆に性腺を刺激するホルモンとして機能

していることに気をつけなければならない．松果体はこのように暗期の情報をメラトニン分泌の長さという液性シグナルに読み換える変換器であり，広く季節行動一般を調節する季節時計といえる．したがって，長日下で松果体を摘出しておくと，動物は長日種，短日種にかかわらず，季節行動を消失する．一方，季節行動の内的測時機構の要素は概年リズム機構と関係し，松果体摘出や視交叉上核の破壊などが行われているが，明瞭な結果が得られておらず，その生理機構については不明の部分が多い． (井深信男)

文　献

1) Heldmaier, G. and Steinlechner, S.：*J. Comp. Physiol.*, **142**, 429-437, 1981.
2) Goldman, B. D.：*J. Biol. Ryhthms*, **16**, 283-301, 2001.
3) 井深信男：行動の時間生物学，pp.65-108，朝倉書店，1990.

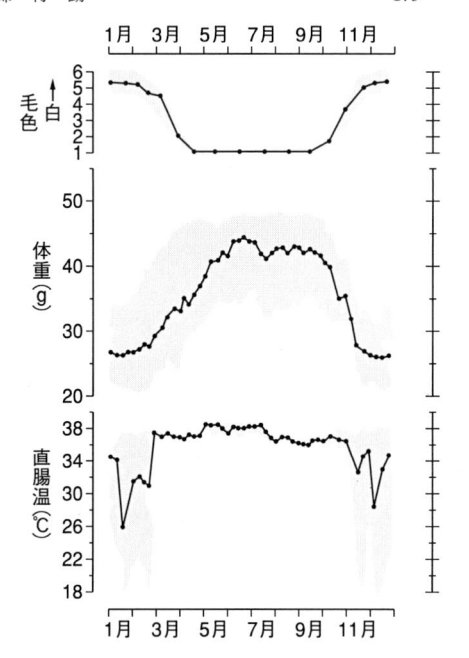

図1　シベリアハムスターにみられる季節行動[1]
毛色，体重，体温に明瞭な季節性が認められる．

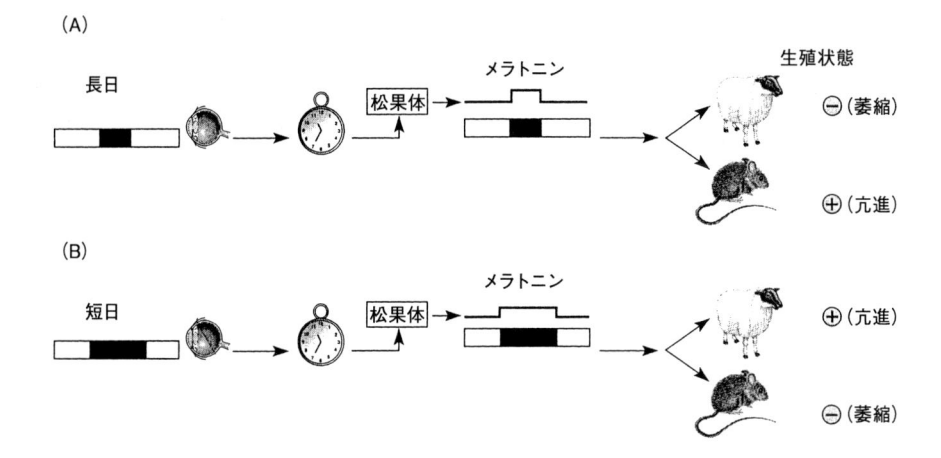

図2　長日と短日環境下での松果体メラトニンの分泌状態[2]
短日種（ヤギ）でも長日種（ハムスター）でもメラトニン分泌パターンは同じであるが，その生殖腺に及ぼす効果は逆であることに注意．

67 体温とリズム

—— Circadian Rhythm of Core Temperature

体温リズム研究で最もおもしろいことは,気温に対する体温リズムの反応を観察することにより,身体が周囲の環境にしっかり同調しているかどうかを知ることができることであろう.それにより身体が環境に同調していることが,健康の維持のためにいかに重要かがわかるのである.具体的にみてみよう.

リスザル(体重約1kg,南米に生息)を12時間明(600ルックス),12時間暗(1ルックス以下),室温28℃一定で飼育して結腸温を連続測定した.

リスザルはモンキーチェアーに座って生活した.結果を図1の上段(a)に示した.最高値と最低値の差が約2℃もある明確なリズムがみられる.6時間に20℃に暴露したが(図の上段を参照),その間,体温はほとんど影響を受けない.サルにとって,20℃は穏やかな寒さであろう.12時間明,12時間暗の同調因子(Zeitgeber)へ同調しているときは,6時間の穏やかな寒冷暴露に対しては,体温は降下することなく耐えることができるのである.図1の下段(b)はサルを連続照明に置き,体温がフリーランニングリズムを示すことを確認後,同じく6時間の20℃の寒冷暴露を行った際の体温の挙動を示す.図からわかるように,寒冷暴露中の体温は降下を続けている.なぜ連続照明後には体温の維持が困難になるのであろうか.体温が一定に保たれるのは,産熱量と放熱量がバランスをとることにより得られる.産熱量,放熱量(dry heat loss, wet heat loss)にもリズムがあり,それらは一定の位相関係を維持している.フリーランニングリズム中はそれらのリズムの周期が各々異なり,したがって,リズムが同調因子へ同調している場合と比べ,位相関係が異なってくる.これを内的脱同調という.このような状態では穏やかな寒冷暴露であってももはや体温を一定に維持できないのである.このように調節機能が乱れていることは,健康の維持にとって重要な問題を提起するであろう.

したがって,中性温度環境下で体温が一定に保たれていても,体温リズムをつくる産熱量,放熱量のリズムの位相関係がどう維持されているかに注目を払わなければならない.24時間の同調因子に完全に同調しているときの位相関係に比べて変化がないのかを考慮に入れなければならない.現代社会では夜型社会で夜遅くまで高照度にさらされる機会が多い.それが本来の体温リズムを形成する産熱量,放熱量のリズムの位相関係をどう修飾するのかを知ることが必要である.ヒトのリズムの研究,またはリズムに関連する研究を行う場合,被験者が実験に参加する前,少なくとも1週間前から早寝早起きなど規則的な生活,夜は高照度を避ける,昼間はできるだけ明るいところで過ごす,食事時間,カロリーの統制,同じ衣服型,締めつける衣服を着ない(締めつけると夜間のメラトニン分泌の上昇は抑制される)などの生活を送るように依頼することが,リズムの位相関係を安定するうえで重要であろう.このように実験開始前に十分被験者の生活をコントロールしてもらうことが,いい実験結果を得るうえで不可欠である.位相関係が安定しているのかどうかによって,同じ刺激(たとえば温度)が体に加わっても反応が大きく異なってくる可能性があることをリスザルの実験結果は示している. 　　　(登倉尋實)

文 献
1) Fuller, C. A. et al : Science, **199**, 794-796, 1978.

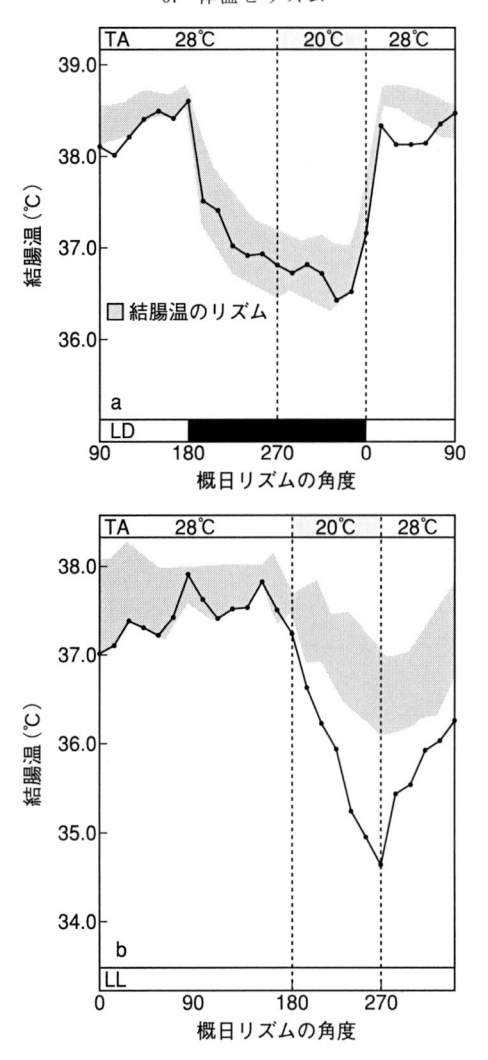

図1 サルの体温関係（Fuller *et al.*, 1978[1]）より許可を受けて再録）
明暗サイクルに同調している（上段，a）場合と連続照明下でフリーランしている（下段，b）リスザルの結腸温（体温，黒丸）に対する6時間の穏やかな寒冷暴露の影響．グラフの上段に室温が示されている．6時間の20℃の寒冷暴露に注目．各グラフの下段に光条件が示されている．リズムの周期が両光条件で異なるので（a：24時間 b：25時間），各条サイクルが360度になるように標準化されている．斜線の部分は以前の3サイクルの平均と標準偏差を示す．aでは寒冷暴露で体温は影響を受けないが，bでは体温は降下を続けていることに注目．

68 概日時計と社会性昆虫
―― Circadian Clock and Social Insects

社会性昆虫(真社会性昆虫)とは,生殖上の分業体制をもち,共同で子育てを行い,複数の世代が同居する社会組織をつくる昆虫をいう(これに対して,親子が共存し,親が子どもの世話を特定の発生段階までで行うのみのものを亜社会性昆虫という).ミツバチ,スズメバチ,アリなどの膜翅目の一部と等翅目のシロアリが社会性昆虫としてよく知られるが,アブラムシやアザミウマなど他の目の昆虫種でも,不妊のカーストを生じる社会性昆虫が存在する.

社会性昆虫は多くの興味深い行動を示すが,とくにミツバチにおいては,概日時計による複雑な行動制御の例がいくつか知られている.たとえば,天球上の太陽の位置が経時的に変わるにもかかわらず,ワーカー(働き蜂)が太陽を餌場定位の指標として利用できる(sun compass)のは,概日時計により方向感覚が時間経過とともに補正されているからである.また,ワーカーは餌を刺激として1日の特定時刻を「記憶」できる(time memory)が,これも概日時計の制御によるものである.さらに,女王と雄峰の「結婚飛行」の時刻は種間で異なる場合があり,概日時計が種分化のうえでも重要な役割をもつ可能性が示唆される.

ミツバチの社会の組織化の観点からとくに興味深い現象として,「齢差分業」に伴う概日制御の変化があげられる.齢差分業とは,発生段階によってコロニー内での分業内容が移り変わることをさす.すなわち,ワーカーは羽化後,巣の掃除→幼虫/成虫への給餌→餌の貯蔵作業,という順序で巣内の「内勤」を行い,その後一定の発生段階に達すると「外勤」,つまり巣外での蜜・花粉集め(foraging)を行うようになる.これに伴い,ワーカーの活動に対する概日時計の制御が変化する.ワーカーは,内勤の間は活動の概日リズムをほとんど示さないが,外勤の段階になると明確な活動リズムを示すようになるのである[1].これに類する現象が社会性昆虫一般にみられるものかどうかはまだわかっていない.しかし,ある種のアリにおいても,齢差分業に伴い概日制御が一時的に消失したり,分業に伴い活動リズムの位相が個体間で相互調整されたりするなど,社会構造に密接に関連すると考えられる現象が報告されている.概日時計は分業に基づく社会性昆虫の社会構造の維持と調節において重要な役割をもつ可能性が考えられる.

数年前に,ミツバチにおいて時計遺伝子 *period* のホモローグがクローニングされ[1,2],その発現変動と,齢差分業に伴う概日制御の変化との間に一定の相関があることが示された[1].ミツバチは従来,遺伝子の機能研究には不向きであると考えられていた.しかし,現在ではポジショナルクローニングや,RNAi に基づく逆遺伝学的解析が適用可能である.また最近全ゲノム配列が解読されたため[3],ミツバチは社会ゲノム学(sociogenomics)のモデル昆虫として注目されている.今後,社会性昆虫の行動にみられる複雑で高次な概日制御の機構研究においても効果的に用いられると期待される.　　　　　　　　(青木摂之)

文 献
1) Toma, D. P. *et al.*: *Proc. Natl. Acad. Sci. USA*, 97(12), 6914-6919, 2000.
2) Shimizu, I. *et al.*: *Zoological Science*, 18, 779-789, 2001.
3) The honeybee genome sequencing consortium: *Nature*, 443, 931-949, 2006.

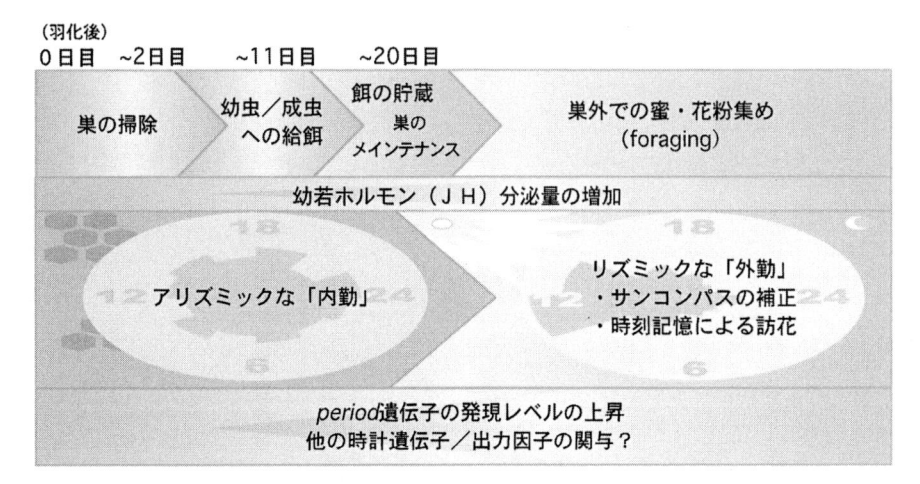

図1 ミツバチの齢差分業に伴う行動の概日制御の変化

ミツバチの働き蜂は羽化後，発生段階が進むにつれて仕事内容が変化する．羽化後約20日目になると，それまで巣内の仕事のみに従事していた働き蜂は，巣外での餌集めを行うようになる．この変化には体液中の幼若ホルモンの上昇が重要であることがわかっている．働き蜂の活動は，巣外に出る数日前までは完全にアリズミックだが，その後，明確な概日リズムを示すようになる．この概日リズムの出現と歩調を合わせて，period 遺伝子の発現レベルが顕著に上昇することが報告されている[1]．

図2 ニホンミツバチの巣（写真は京都大学・生態学研究センター，清水　勇教授による）

5. サーカディアンリズムの分子機構

69 哺乳類の時計遺伝子
—— Mammalian Clock Genes

概日リズム (circadian rhythm) の自律性のリズムを司る構造を生物時計 (biological clock) という. その本体が明らかとなったのは, 様々なリズム周期を示すショウジョウバエを用いた遺伝学的手法からであり, 最初の時計遺伝子 Period が単離されたのは 1984 年のことであった. 以来, 各種昆虫のみならず, 脊椎動物, 哺乳類, ヒトまで, 地球上のほとんどの真核生物, またシアノバクテリアなどの原核生物にも振動を生み出すのに特殊化した時計遺伝子が存在することが明らかとなった.

真核生物に共通した時計の発振機構がある. それは, 時計遺伝子が転写・翻訳後産生された時計蛋白質が, 自分自身の転写制御を抑制するというコアフィードバックループである (図 1). 哺乳類の場合は, 発振の中心となる振動子は, Per1 と Per2 の 2 つの遺伝子である. Per1, Per2 の転写は, bHLH-PAS 蛋白でありヒストンアセチル化酵素でもある CLOCK が BMAL1 とヘテロダイマーを形成し, Per1, Per2 のプロモーターの E-Box にポジティブ因子として結合することから始まる. 続いて, Per1, Per2 の転写によって産生された Per1 RNA, Per2 RNA から, PER1 蛋白質, PER2 蛋白質ができる. これが, 細胞質から核のなかへ入って, ポジティブ因子の転写を押さえるネガティブ因子になるが, 事はそれほど単純ではない.

まず, できた PER1, PER2 蛋白質モノマーは, 細胞質中に存在する caseine kinase Iε や Iδ (CKIε, CKIδ) によりリン酸化され, リン酸化された PER1, PER2 は分解される (図 2). すなわち, 転写の初めの段階では, RNA はできても, 蛋白質は次々に分解されて, いっこうに貯まらないという状態が続く. ところが, Per1, Per2 の転写が刻々と増大し, PER1, PER2 蛋白質もたくさんできてくると, CKIε は 1 日中一定であるので, 蛋白質をリン酸化し分解しきれない状態となる. 分解されなかった PER1, PER2 は PER3 等とダイマー形成し, 核内に移行する. 核内では, 核蛋白質である CRY1, CRY2 が入ってきた PER1, PER2, PER3 と結合し, ポジティブ因子に結合して脱アセチル化を起こし, Per1, Per2 の転写が終了する. これが時計発振のフィードバックループと考えられている. この時計遺伝子のループは, 哺乳類の時計中枢のある視交叉上核だけでなく, 全身の細胞に認められ, 細胞周期やエネルギー代謝など, 細胞の生存にとって必須の遺伝子の発現を, リズミックに転写レベルで制御している.

ヒトでは, PER2 のリン酸化部位や CKIδ の変異でのリン酸化障害にて, 短周期の「家族性睡眠相前進症候群 (familial advanced sleep phase syndrome : ASPS)」の家系が報告されている. これは, ショウジョウバエで初めて提唱された上記の時計遺伝子のネガティブオートフィードバックループがヒト疾患の説明に利用できるという, 大変驚くべき結果である. (岡村 均)

文献
1) Reppert, S. M., and Weaver : Nature, 418, 935-941, 2002.
2) Okamura, H. : J. Biol. Rhythms, 19, 388-399, 2004.
3) Doi, M. et al. : Cell, 125, 497-508, 2006.
4) Matsuo, T. et al. : Science, 302, 255-259, 2003.
5) Toh, K. L. : Science, 291, 1040-1043, 2001.

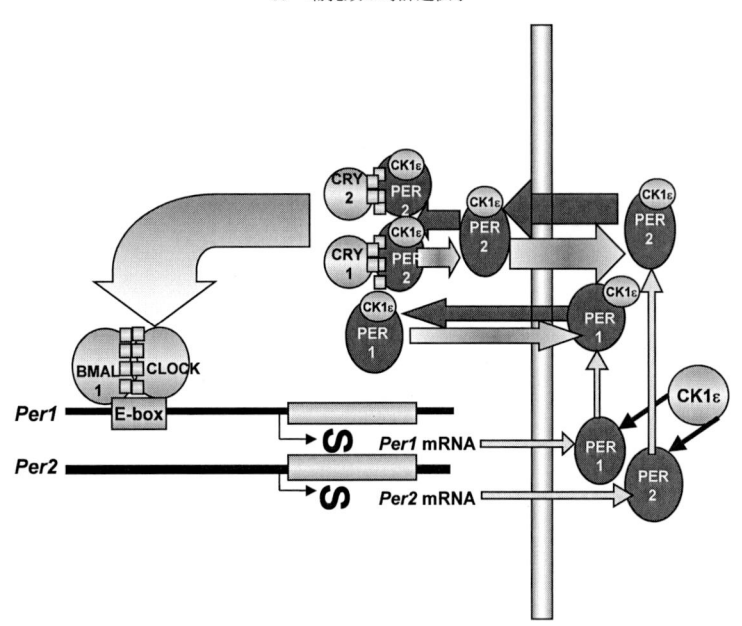

図1 哺乳類における概日時計の分子機構
促進因子(BMAL1とCLOCKのヘテロダイマー)が時計振動体遺伝子 *Per1*, *Per2* のプロモーター上のE-boxに結合し, 転写を促進する. 産生された振動体遺伝子産物(PER1, PER2)はカゼインキナーゼIε(CKIε)によるリン酸化を受けた後分解されるため, 蓄積するのに時間がかかる. やがて核のなかに入り, CRY1, CRY2 蛋白質とともに自らの転写を抑制する. その結果, *Per* の周期的な発現が生み出される.

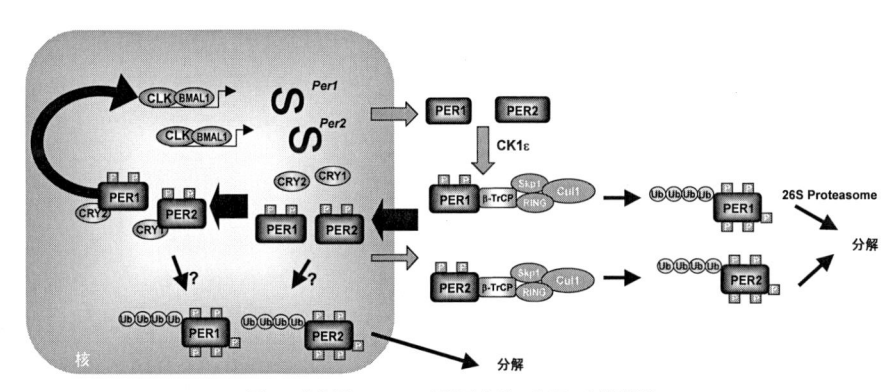

図2 哺乳類における時計蛋白質の分解の制御機構
Per 遺伝子の転写を経て産生されたPER蛋白質はCKIεによりリン酸化を受ける. リン酸化されたPERはSCF型E3ユビキチンリガーゼ複合体を構成するβ-TrCPと結合する. ユビキチン化されたPERはプロテアソームにより分解される. CRYはPERのユビキチン化を阻害することが知られている. このPERの分解の制御が哺乳類の概日時計の周期を決定するのに重要であると考えられている.

70 植物の時計遺伝子

―― Clock Genes in Plants

概日リズム研究史上で,記録が現存する最古の生命現象は,「植物の葉の上下運動」である.光周性についても,最初の統一的な記載は Garner と Allard による植物の花成に関してである.この10年間のシロイヌナズナ分子遺伝学は,「概日時計」と「光周性花成」研究を融合し,多くの変異体/遺伝子の単離に導いた[1〜3].現在までに同定された「植物の時計遺伝子」について,その機能を入力系,中心振動体,出力系に分類して概説する(図1,表1).

1. 入力系

赤・遠赤色光の受容体 phy と青色光受容体 cry が,明暗周期への同調にかかわる.ELF 3 は gating にかかわると考えられている.ZTL, FKF1, LKP2 は3つの機能領域,LOV/PAS ドメイン,F-Box,kelch repeats をもち,類似した遺伝子である.LOV/PAS ドメインは光を受容しうることから,光同調への関与が指摘されている.ZTL は TOC 1 と蛋白質間相互作用し,その安定性制御に寄与することで概日リズムに影響すると考えられている.

2. 中心振動体の候補

LHY と CCA1 は,中心振動体の候補として植物で最初に報告された遺伝子で,相互に類似した myb 型転写制御因子である.朝方に発現量が最大になり,自身の発現が概日時計の制御を受ける.個々の遺伝子の過剰発現体と二重機能欠損体は,恒常条件下で無周期となる.明暗周期にはまだ応答するが,その際に出力系の位相は野生型と比較して変化する.LHY/CCA 1 蛋白質の機能維持に CK 2 によるリン酸化が関与する可能性が示唆されている.最近単離された時計遺伝子 Lux も myb 様モチーフをもつ.

TOC 1/PRR 1 およびそのパラログ遺伝子群(PRR 3, 5, 7, 9)は,バクテリア2成分制御系のレシーバー蛋白質との相同性を有する.PRR 9, 7, 5, 3, 1 の順番で,朝方から夕方の間で段階的に発現量が最大になる.その遺伝子発現が概日時計の制御を受ける.個々の遺伝子の過剰発現体と単独機能欠損体は,恒常条件下で周期が変化する.多重変異体解析により,PRR 9/7/5 は冗長的に機能することが示唆されている.植物におけるネガティブフィードバックループについては,"LHY/CCA 1-TOC 1 モデル"と"LHY/CCA 1-PRR 9/7/5-TOC 1 モデル"が提唱されている[1〜3].

3. 出力系

光周性花成,植物の器官運動(葉の上下運動,花茎の回旋運動),光合成など,多くの生命現象が概日時計の制御を受ける.出力系のなかで,光周性花成研究について最も多くの知見が蓄積している.3つの花成促進因子,GI, CO, FT が中心的機能をもち,これらの遺伝子発現は時計制御下にある.GI-CO-FT 経路は植物で高度に保存されている.FKF 1 は DNA 結合因子 CDF 1 と直接結合し,花成促進因子 CO の転写制御を介して花成を制御すると考えられている.最近,花成制御にかかわるとされる未知の植物ホルモン「フロリゲン」の候補として,FT が有力視されている.

〔溝口 剛〕

文献

1) Mizoguchi, T. *et al.*: *Dev. Cell*, 5, 629-641, 2002.
2) Mizoguchi, T. *et al.*: *Plant Cell*, 17, 2255-2270, 2005.
3) Niinuma, K. *et al.*: *Plant Biotech.*, 24, 87-97, 2007.

図1 植物の時計遺伝子ネットワーク

四角内の遺伝子群が概日リズムの維持に中心的な役割を果たすと考えられている．LHY/CCA1は朝方に発現し，夕方に発現ピークを迎えるTOC1/ELF4/GI/FKF1などを負に制御していると考えられている．GIやFKF1の機能欠損が概日時計に与える影響は，花成という出力系（CO-FT）に与える影響に比べて小さい．四角内の遺伝子群は，個々の出力系の制御因子でもあると考えられる．PRR遺伝子群やその他の時計遺伝子候補（表1）もこのネットワーク中で重要な機能を有すると考えられる．

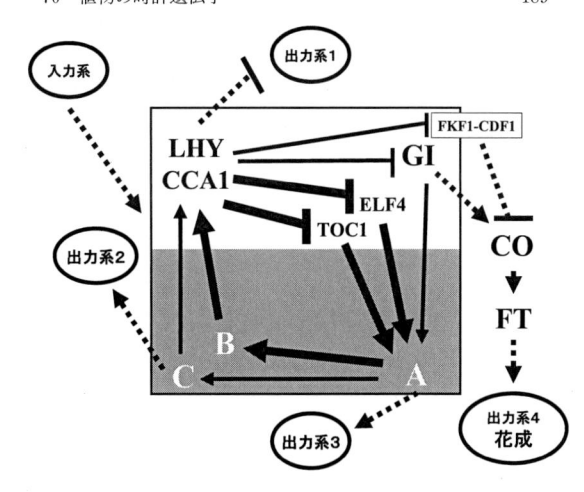

表1 植物の時計遺伝子

遺伝子名	蛋白質の特徴	リズムへの影響
入力系		
phyA	Histidine kinase like motif	L(LF in RL, BL), S(OX in RL)
phyB	Histidine kinase like motif	L(LF in RL), S(OX in RL)
CRY1	DNA photolyase like motif	L(LF in BL), S(OX in BL)
CRY2	DNA photolyase like motif	S or L(LF in BL)
ELF3	unknown protein	A(LF)
ZTL/LKP1/ADO1	PAS domain, keltch repeats, F-box	L(LF), A(OX)
FKF1/ADO3	PAS domain, keltch repeats, F-box	AP(LF), A(OX)
LKP2	PAS domain, keltch repeats, F-box	A(OX)
中心振動体の候補		
LHY	single myb repeat, transcription factor	S(LF), A(OX)
CCA1	single myb repeat, transcription factor	S(LF), A(OX)
LUX	single myb repeat, transcription factor	A(LF)
TOC1/PRR1	pseudo-receibor domain, CCT motif	S(LF), A(OX)
PRR5	pseudo-receibor domain, CCT motif	S(LF), LA(OX)
PRR7	pseudo-receibor domain, CCT motif	L(LF)
PRR9	pseudo-receibor domain, CCT motif	L(LF), S(OX)
その他の時計関連遺伝子群		
GI	unknown protein	S/AP/LA(LF, OX)
ELF4	unknown protein	A(LF)
SRR1	unknown protein	S(LF)
CKB3	casein kinase II regulatory subunit	S(OX)
TEJ	poly(ADP-ribose)glycohydrolase L	(LF)
SPY	O-linked b-N-acetylglucosamine transferase(OGT), TPR	L(LF), S(OX)
出力系		
CO	Zinc finger, B-box, CCT motif	NA
FT	RKIPs	NA
CAB	Chlorophyl a/b binding protein	ND

括弧内，LFとOXはそれぞれ機能欠損と過剰発現を表す．RLとBLは赤色光下と青色光下での実験であることを示す．とくに表記のないものは白色光下での実験である．L, S, A, AP, LAはそれぞれ長周期，短周期，無周期，位相変化，低振幅を示す．NAとNDはそれぞれ影響がないことと報告がないことを示す．

71 花成と時計 —— Flowering and Circadian Clock

　植物は，外界の環境の変化を敏感に察知し，発生，分化，生殖などのタイミングを決定している．とくに，日長（光周期）の変化は，季節変動を知るための重要な指標の１つとして開花時期の決定に利用されており，これを光周性花成誘導という．短い日長で花成が誘導される植物を短日植物，逆に長い日長で花成が誘導される植物を長日植物という．光周性を示す植物では，葉において花成に適当な日長を光受容体（*PHYs*, *CRYs*）によって感受した後，概日時計（*LHY*, *CCA1*, *TOC1*, *ELF4*など）により暗期の長さが計測され，発現が日周変動を示す時計制御遺伝子（*GI*, *CO*）の働きにより，最終的に花成ホルモン（フロリゲン）が合成され，これが茎頂部に移動し，茎頂分裂組織が花芽へと分化するというモデルが提唱されている．最近の研究により，花成ホルモンの本体は，FT 蛋白質であるとされている（図1）．

　短日植物や長日植物の開花時期の決定機構について，1936 年，ドイツの Bünning は，「植物には内因的な周期性があり，概日時計が季節応答のタイミングを決定する機構の構成要素である．」という説を提唱した．実際，Bünning の仮説を支持するような突然変異体（*early flowering 3* (*elf 3*), *late elongated hypocolyl* (*lhy*), *gigantea* (*gi*), *early flowering 4* (*elf 4*)）が，シロイヌナズナの光周性花成制御反応の異常を指標にして単離されたが，これらは概日リズムの異常も示している．逆に，概日時計が欠損した突然変異体として単離された *timing of cab expression 1* (*toc 1*), *zeitlupe* (*ztl*), *lux arrhythmo* (*lux*) は，日長に対する感受性が低下している．これらの結果は，光周期非感受性が時計の機能欠損によって引き起こされたことを示し，概日時計は，季節変化を知る機構において重要な構成要素となっている．

　長日植物と短日植物の日長応答性の違いについては，長日植物のシロイヌナズナでは，概日時計の出力系にあたる CO 遺伝子の発現のタイミングが，長日条件においてのみ日中に増大することが日長認識において重要であり，Circadian Dof-factor-1 (CDF 1) による CO の発現抑制により制御される．一方で，短日植物のイネでは，*GI*, *CO*, *FT* の相同遺伝子が存在し，これらの発現の日周変動パターンもほぼ同じであり，シロイヌナズナと同様の光周性花成経路が保存されている．しかし，*CO* は *FT* の発現に対して促進的であるが，イネでは *CO* の相同遺伝子の *Hd1* が *FT* の相同遺伝子である *Hd3a* の発現に対して抑制的に働くと考えられる．さらに，フィトクロムのクロモフォアが欠損した *se5* 変異体では，長日条件での花成遅延がみられないが *Hd1* の発現は変化せず，*PHYs* は，GI-CO FT 経路とは別経路に関与すると予想される．植物は，それぞれの生育環境に適応するため，光受容体や概日時計を調整することにより進化しており，植物種ごとに日長応答のメカニズムが異なると予想される．

〔小野公代〕

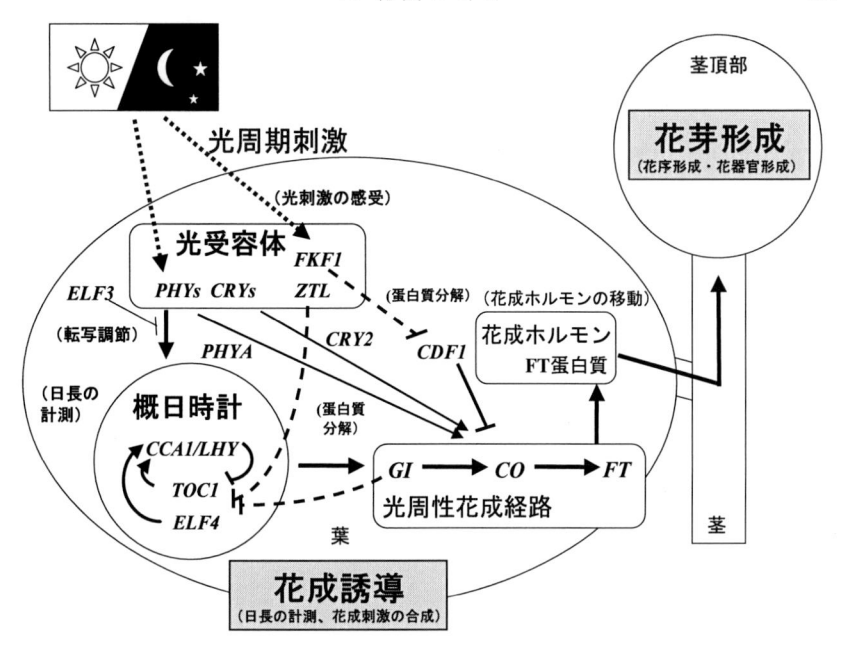

図1 シロイヌナズナにおける光周性花成誘導のモデル

表1 シロイヌナズナにおける日長応答に関与する蛋白質

遺伝子名	生化学的機能
CRYPTOCHROME 2（CRY2）	青色光受容体，CO の転写後調節に関与
PHYTOCHROME A（PHYA）	赤色光／近赤外光受容体，CO の転写後調節に関与
PHYTOCHROME B（PHYB）	赤色光受容体，夕方の CO 蛋白質分解の調節に関与
FLAVIN-BINDING, KELCH REPEAT, F-BOX（FKF1）	青色光受容体，夕方の CO の転写の増加に必要 CO の転写抑制因子 CDF1 の分解に関与
ZEITLUPE（ZTL）	青色光受容体，TOC1 の分解に関与
EARLY FLOWERING 3（ELF3）	転写活性化因子として働く核蛋白質
EARLY FLOWERING 4（ELF4）	転写活性化因子として働く核蛋白質
TIMING OF CHLOROPHYLL A/B BINDING PROTEIN（TOC1）	N 末はバクテリアのレスポンスレギュレーターのレシーバードメインと類似，C 末は植物特異的 CCT ドメイン
LATE ELONGATED HYPOCOTYL（LHY）	Myb ドメイン DNA 結合
CIRCADIAN CLOCK ASSOCIATED 1（CCA1）	Myb ドメイン DNA 結合
LUX ARRHYTHMO（LUX）/PHYTOCLOCK1（PCL1）	Myb ドメイン DNA 結合
GIGANTEA（GI）	ZTL と結合し，TOC1 の分解に関与
CONSTANS（CO）	2つの B-Box ジンクフィンガーを含む核蛋白質，C 末に CCT モチーフ
FLOWERING LOCUS T（FT）	RAF キナーゼインヒビターとホモロジー，花成ホルモンの本体
SUPPRESSOR OF OVEREXPRESSION OF CONSTANS（SOC1）	MADS box 転写因子

72 昆虫の時計遺伝子

―― Insect Clock Genes

昆虫の時計遺伝子は主にキイロショウジョウバエ (*Drosophila melanogaster*) を用いて研究が進められてきた．1971年にKonopkaとBenzerは，EMS処理した集団のなかから最初の時計変異体perを分離した．PER遺伝子は1984年にクローニングされたが，TIMなど他の時計遺伝子は1990年代中期以降に発見されたものである．現在までに同定された時計遺伝子を表1にまとめた．生理機能によって分類すると，転写調節にかかわる分子と蛋白質修飾にかかわる分子に大別される．

概日リズムの形成には，時計遺伝子転写の2つのネガティブフィードバックループが重要な役割を果たしていると考えられている（図1）．1つはPER/TIMを中心としたループであり，もう1つはCLK/VRI/PDP1を中心としたループである．

1. PER/TIMフィードバックループ（図1右側）

核内においてPERおよびTIM遺伝子上流のE-Boxに転写因子CLK/CYCヘテロダイマーが結合し，PERとTIMの転写が開始される．細胞質で翻訳されたPER，TIM蛋白質は結合して核内に移行した後，CLK/CYCのE-Box結合を阻害して，PERおよびTIM自身の転写を抑制する．これによってPERとTIMのRNA（および蛋白質）量の日周変動が形成される．細胞質において，PERはDBTおよびCKIIによってリン酸化された後，プロテオソームにより分解されるが，PP2Aは逆にPERを脱リン酸して安定化させる．このリン酸化・脱リン酸化によるPER/TIMのターンオーバー制御が24時間の概日リズム形成に重要であると考えられている．

2. CLK/VRI/PDP1フィードバックループ（図1左側）

核内においてVRIおよびPDP1遺伝子上流のE-Boxに転写因子CLK/CYCヘテロダイマーが結合し，VRIとPDP1の転写が活性化される．細胞質で翻訳されたVRI蛋白質は核内に移行した後，CLK遺伝子上流のVRI/PDP1-Box（V/P-Box）に結合して，CLKの転写を抑制する．PDP1蛋白質濃度が上昇すると，VRIに置き換わりPDP1がCLK遺伝子のV/P-Boxに結合して，CLKの転写を活性化する．これによってCLK，VRI，PDP1のRNA（および蛋白質）量の日周変動が形成される．

両フィードバックループにおいて，CLK/CYCによるE-Box遺伝子の発現誘導が共通している（図1）．同じ転写因子を共有することで，両フィードバックループのリズム発振は常に連動して進行する（その結果，PER/TIM蛋白質とCLK蛋白質は，常に逆位相で増減する）．2つのフィードバックループの相互依存関係によって，正確で堅固な概日リズム形成が達成されているものと考えられている．

時計振動体の構成要素ではないが，時計情報の入・出力系にかかわる遺伝子もいくつか同定されている（表1）．CRYは青色光受容蛋白質で，光刺激によりTIMと結合してTIMの分解を促進する．これによってCRYは時計振動体のリセット，光による同調（entrainment）に役割を果たしている．神経ペプチドPDFは恒暗条件下での活動リズムの維持に必要な分子であり，LARKは羽化時刻の調節にかかわる分子である．いずれの変異体においても時計振動体は機能していることから，これらの遺

表1 ショウジョウバエの概日リズムを制御する遺伝子

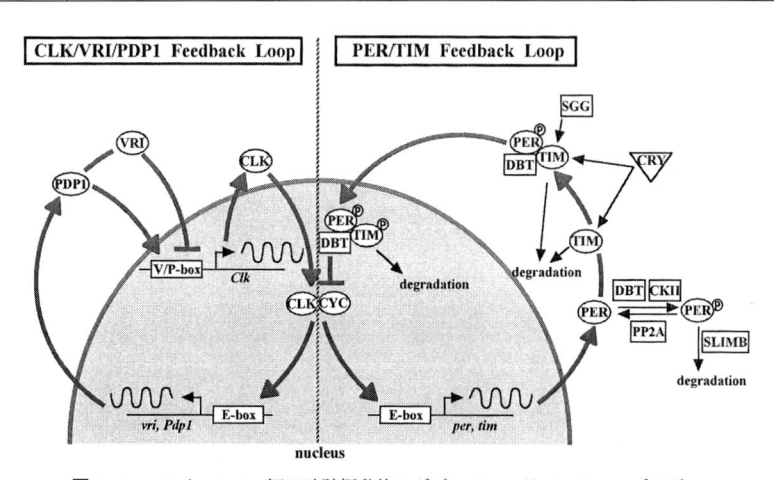

機能	遺伝子名（略称）	分子構造	作用
転写調節	period(*per*)	PAS，(DNA結合ドメインはない)	TIMと結合して転写因子CLK/CYCの作用を阻害
	timeless(*tim*)	(DNA結合ドメインはない)	PERと結合して転写因子CLK/CYCの作用を阻害
	Clock(*Clk*)	bHLH，PAS	CYCと結合して*per*, *tim*, *vri*, *Pdp1*の転写を活性化
	cycle(*cyc*)	bHLH，PAS	CYCと結合して*per*, *tim*, *vri*, *Pdp1*の転写を活性化
	vrille(*vri*)	bZIP	*Clk*の転写を抑制
	PAR domain protein 1 (*Pdp1*)	bZIP，PAR	*Clk*の転写を活性化
蛋白質修飾	double-time(*dbt*)	casein kinase	PERをリン酸化して分解を促進
	shaggy(*sgg*)	glycogen synthase kinase	TIMをリン酸化して核移行を促進
	supernumerary limbs (*slimb*)	F box, WD40	PERをユビキチン化して分解を促進
	casein kinase II(*CKII*)	casein kinase	PERをリン酸化して分解と核移行を促進
	protein phosphatase 2A (*PP2A*)	protein phosphatase	PERを脱リン酸化して安定化
入出力系の制御	cryptochrme(*cry*)	Fravin binding, photoreceptor	光刺激によるTIMの分解促進
	pigment dispersing factor (*pdf*)	neuropeptide	活動リズムの維持
	lark	RNA binding	羽化時刻の制御

図1 ショウジョウバエ概日時計振動体のダブルフィードバックループモデル

伝子は行動発現に至るまでの時刻情報の出力経路で働いているものと考えられる．

なお，PDP1に関しては，最近，CLKに対する作用に疑問を呈する報告がなされた[3]． （霜田政美）

文献

1) Hardin, P. E. : *Curr. Biol.*, 15, 714-722, 2005.
2) Harms, E. *et al.* : *J. Biol. Rhythms*, 19, 361-373, 2004.
3) Benito, J. *et al.* : *J. Neurosci.*, 27, 2539-2547, 2007.

73 シアノバクテリアの時計遺伝子
── Cyanobacterial Clock Genes

シアノバクテリア (cyanobacteria, 藍色細菌, 藍藻) は, 酸素発生型の光合成を行う原核生物である. 概日リズムが確認されている唯一の原核生物で, 窒素固定, 光合成, アミノ酸の取り込み, 細胞分裂などに顕著な概日振動が観察されている.

単細胞性シアノバクテリア Synechococcus elongatus は分子遺伝学的解析に適し, 生物発光レポーターを指標として数多くの時計変異株が分離されてきた. これらの原因遺伝子として発見されたのが主要時計遺伝子群 kaiA, kaiB, kaiC である (「回転」にちなむ[1]). いずれの kai 遺伝子を欠損させても概日振動は消失し, コード蛋白質の1アミノ酸残基置換は, 広い範囲の周期変化や無周期化をもたらす (図1, 図2). KaiC に ATPase 様モチーフがいくつか存在するほかは, Kai 蛋白質には1次配列上既知の機能ドメインは知られていない. kai 遺伝子の相同遺伝子はシアノバクテリア, 古細菌などいくつかの原核生物にみられるが, 真核生物では見つかっていない. シアノバクテリア以外での相同遺伝子の機能は不明である. シアノバクテリアの KaiC 蛋白質は ATP 依存的に六量体を形成し, KaiA, KaiB とも高次複合体を形成する. KaiC には Ser 431 と Thr 432 を自己リン酸化する活性があり, KaiA により促進, KaiB によって抑制される.

シアノバクテリアでは, 当初は真核生物と同様, 転写翻訳フィードバックが概日リズム発生に不可欠と想定された[1]. しかし, 温度補償性を伴う KaiC のリン酸化リズムは, 転写・翻訳を停止させても持続し[2], さらに KaiA, KaiB, KaiC の組換え蛋白質を適当な濃度比で ATP と混合するだけで試験管内再構成されたため[3], 蛋白質の動的酵素ダイナミクスこそが振動発生機構であることが明らかになった. 試験管内の化学振動や酵素振動は従来長くて数分周期であり, 均一溶液系での1日周期に及ぶ自励振動の再構成はほかに類をみない. また, KaiC のリン酸化反応・ATP 消費速度は極めて遅く, 省エネルギー型振動を実現している. その物理化学的反応ネットワークはまだ未解明だが, KaiA, KaiB, KaiC の立体構造はすでに明らかにされており, 構造生物学や動的反応速度論解析を用いた振動機構や温度補償機構の解明が期待される.

シアノバクテリアでは, 連続明条件下でゲノムワイドに概日転写リズムがみられ, 時計の出力が転写の基本機構を標的としている可能性が高い. 化学振動から転写への変換因子として, KaiC 結合性ヒスチジンキナーゼ SasA と, そのパートナーの DNA 結合因子 RpaA が同定されている. 時計の光入力系にはヒスチジンキナーゼ CikA が関与する. 作用機構はまだよくわかっていないが, 光合成系を介した酸化還元電位の変化が振動子の変調をもたらすとのモデルが提案されている. (岩崎秀雄)

文献
1) Ishiura, M. et al.: Science, 281, 1519-1523, 1998.
2) Tomita, J. et al.: Science, 307, 251-254, 20005.
3) Nakajima, M. et al.: Science, 308, 414-415, 2005.

73 シアノバクテリアの時計遺伝子

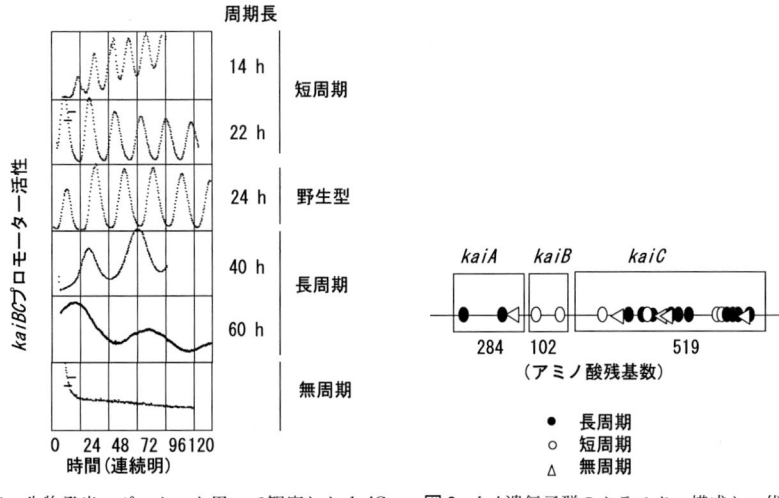

図1 生物発光レポーターを用いて観察した kaiC 時計変異株の表現型の代表例[1]
いずれも1アミノ酸残基レベルの置換.

図2 kai 遺伝子群のクラスター構成と，代表的な1アミノ酸残基変異のマッピング

● 長周期
○ 短周期
△ 無周期

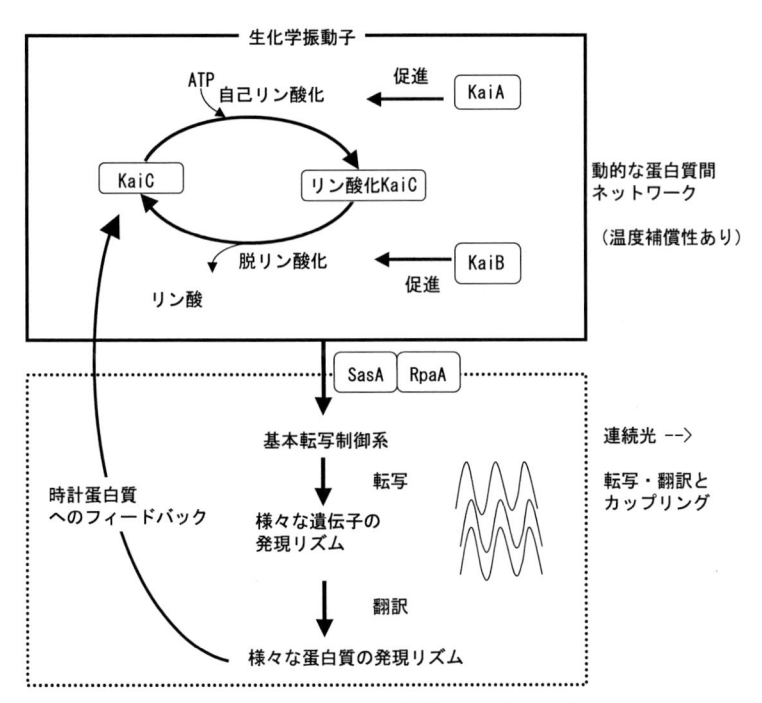

図3 シアノバクテリアの時計遺伝子の作用モデル

74 *Period* 遺伝子

―― *Period* Genes

　哺乳類の *Period* (*Per*), ショウジョウバエの *period* (*per*) は概日リズムを制御する体内時計を構成する時計遺伝子の1つである. ショウジョウバエの羽化と行動リズムの周期に異常（長周期, 短周期, 無リズム）がみられる突然変異体が, 同一の遺伝子の変異に起因することがわかり *period* (*per*) と名づけられた[1].

　単離されたショウジョウバエの *per* 遺伝子転写物の発現量が概日時計中枢であるラテラルニューロンを含む脳内で明期開始後約16時間後にピークをもつ日周リズムを示し, Per 蛋白質の発現は転写リズムより約6時間遅れた位相で振動する. Per 蛋白質には N 末側から核移行シグナル配列, Timeless (Tim) 蛋白質と相互作用に必要な PAS ドメイン, 核局在化シグナル配列などが存在する（図1）.

　per 遺伝子の転写リズムは, Per および Tim による自律的な負のフィードバック機構により説明されている[2]. すなわち, 転写の活性化にはともに bHLH と PAS ドメインを有する転写因子である dClock および dBmal1 ヘテロ二量体が, *per* 遺伝子上流に存在する E-Box に結合することが必要である. そして, 細胞質で生成した Per-Tim 蛋白質複合体が核移行して, *per* および *tim* 両遺伝子の転写を抑制する. カゼインキナーゼ1ε に相同な Dbt (Doubletime) が Per をリン酸化することで, その細胞内蓄積および分解速度が規定されている（図2A）. すなわち, *per* の転写・翻訳や細胞質内蓄積, 核内移行および分解のタイミング決定の分子機序が, リズム形成に機能している.

　哺乳類では相同な PAS ドメインを有する3種類の Per (Per1, Per2, Per3) 蛋白質が存在している. Per1 には, dPer との相同ドメインが同じ順序で配列している（図1）. 3種のマウス *Per* 転写産物は, 概日時計中枢である視交叉上核で高い発現がみられ, 少しずつ位相が違うものの明期にピークをもつフリーランニングリズムを有する. 視交叉上核以外の末梢組織では, 視交叉上核依存性の発現リズムを示す. *Per1* と *Per2* の視交叉上核での発現は光により誘導されるが, *Per3* は光に対する反応性を失っている.

　Per 遺伝子群の発現日周振動は, Clock-Bmal1 複合体による転写活性化状態（ショウジョウバエと相同）と, Cry1 または Cry2 による転写抑制状態がほぼ半日おきに交代することで形成されている[2]（図2B）. また, *Per1* と *Per2* の視交叉上核での光による誘導は CREB が関与していると考えられている.

　Per1, *Per2* と *Per3* の遺伝子破壊体や二重変異体の行動リズム表現型は, 概日リズムの形成が *Per1* および *Per2* の機能に大きく依存しているものの, *Per3* 機能の寄与は高くないことを示している（表1）. また, *Per1* と *Per2* 変異体は光同調に異常を示す. 概日リズム形成および同調に機能する Per の細胞内安定性の制御には, カゼインキナーゼ1ε の修飾が重要であると考えられるが, 哺乳類において Per の分子機能の実体は現在のところ明確に同定されていない.
　　　　　　　　　　　　　　　　（程　肇）

文　献
1) Konopka, R. J. and Benzer, S.: *Proc. Natl. Acad. Sci. USA*, 68, 2112-2116, 1971.
2) Wijnen, H. and Young, M.: *Ann. Rev. Genet.*, 40, 409-448, 2006.

74 *Period* 遺伝子

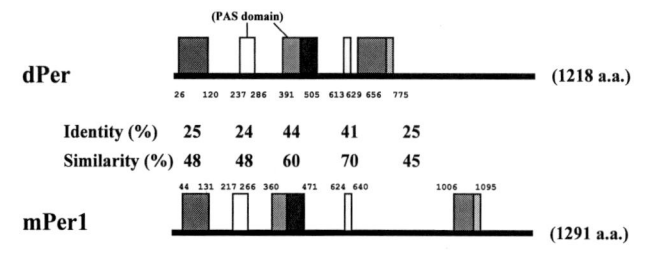

dPer (1218 a.a.)
(PAS domain)
26 120 237 286 391 505 613 629 656 775

| Identity (%) | 25 | 24 | 44 | 41 | 25 |
| Similarity (%) | 48 | 48 | 60 | 70 | 45 |

mPer1 (1291 a.a.)
44 131 217 266 360 471 624 640 1006 1095

図1 ショウジョウバエ Per (dPer) とマウス Per 1 (mPer1) 蛋白質の構造の相同性
両蛋白質では，PAS ドメインを含む 5 つのドメインとその並びが相同である．

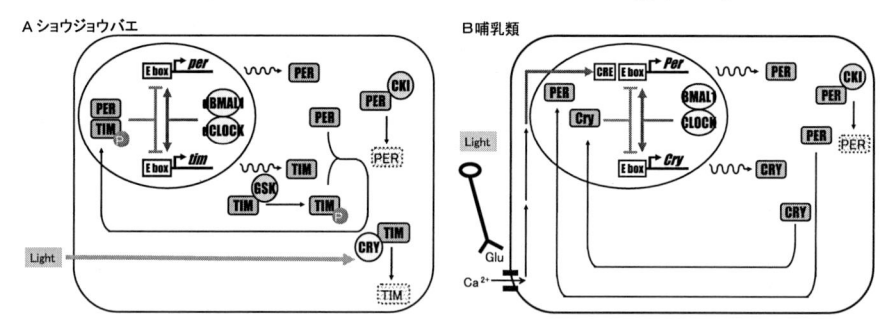

図2 ショウジョウバエ *per* と哺乳類 *Per* 遺伝子の転写制御ネットワーク

表1 ショウジョウバエとマウスの period 変異体の表現型

染色体座位	ドメイン	遺伝子型	由来	ホモ接合体の表現型（恒暗条件下での行動リズム周期；野生型との比較）
ショウジョウバエ X	PAS	per^{01}	EMS 変異誘発（ナンセンス変異）	無周期
		per^{04}	EMS 変異誘発（スプライシング変異）	無周期
		per^{s}	EMS 変異誘発（ミスセンス変異）	短周期（−4 時間）
		per^{l}	EMS 変異誘発（ミスセンス変異）	長周期（+5 時間）
		per^{clk}	EMS 変異誘発（ミスセンス変異）	短周期（−1.5 時間）
		per^{T}	EMS 変異誘発（ミスセンス変異）	長周期（+7 時間）
		per^{SLIH}	EMS 変異誘発（ミスセンス変異）	長周期（+3−4 時間），高温飼育で短縮
マウス 11 B	PAS	$Per1^{null}$	遺伝子破壊（exon 4-10 欠失）	短周期（−0.8 時間）
		$Per1^{ldc}$	遺伝子破壊（exon 2-12 欠失）	短周期（−0.6 時間）
		$Per1^{Brdm1}$	遺伝子破壊（exon 3-18 欠失）	短周期（−1.0 時間）
	PAS	$Per2^{ldc}$	遺伝子破壊（exon 5-6 欠失）	長期飼育後無周期 Per^{ldc}/Per^{ldc} 二重変異体は即無周期
		$Per2^{Brdm1}$	遺伝子破壊（PASB 欠失）	短周期（−1.6 時間）後無周期 $Per2^{Brdm1}/Per2^{Brdm1}$ 二重変異体は即無周期
	PAS	$Per3^{-/-}$	遺伝子破壊（exon 3-4 欠失）	短周期（−0.5 時間）

75　*Clock* 遺伝子

—— *Clock* Gene

　1994年，アメリカのTakahashiらのグループにより発見された，哺乳類で初めての時計遺伝子である．変異原 N-エチル-N-ニトロソウレアを用いてランダムに遺伝子変異を導入したマウスを多数作成し，それぞれの個体の日周行動を解析した．その結果，恒暗条件下で長周期になり最終的にリズムを消失する変異体（*Clock* ミュータント）を見つけた．変異の導入された遺伝子をポジショナルクローニングにより解析し，この原因遺伝子に *Clock*（circadian locomoter output cycles kaput）と名づけた．

　Clock 遺伝子は，マウスでは5番染色体に位置し，23個のエクソンからなる．転写長は8645 bpと巨大で，アミノ酸855残基からなる転写因子CLOCKをコードしている．アミノ末端近くにDNA結合部位としての塩基性ヘリックス・ループ・ヘリックスドメイン（basic helix loop helix：bHLH），そのカルボキシル側に分子相互作用部位PASドメインを2カ所，カルボキシル末端側に転写活性化を担うグルタミン酸に富んだ領域（Q-richドメイン）を有する（図1）．CLOCKはbHLHおよびそのPASドメインを介して，BMAL1とヘテロダイマーを形成し，E-Box配列CACGTGに結合しその下流の遺伝子を活性化する．その活性の特性からBMAL1とともにポジティブエレメント（正の因子）とよばれ，CLOCK/BMALの活性を抑制するPER/CRYのネガティブエレメント（負の因子）と対峙する．クロック変異はイントロン19に生じた A→T 変異にあり，このためエクソン19がコードする51アミノ酸が欠損して転写活性化に必要なQ-rich領域が破壊されるため，周期異常が引き起こされると考えられている（図1）．2006年，Weaverらのグループにより *Clock* ノックアウトマウスが作成されたが，*Clock* マウスの形質とは異なり正常な概日リズムを刻むことが明らかになった．おそらくCLOCK変異分子がドミナントネガティブな効果を示した場合リズム異常を生み出し，完全に失われるとその類似の分子（NPAS2等）により補償作用が働くため正常な日周行動を示すものと考えられている．

　Clock 遺伝子は広く哺乳類だけでなく，ショウジョウバエ，カエル，ゼブラフィッシュからも単離されている．多くの哺乳類時計遺伝子がショウジョウバエ時計遺伝子のホモローグとして単離されてきたのとは逆で，マウス *Clock* のホモログとしてショウジョウバエ *Clock* 遺伝子が探索された．その結果，リズム異常変異体として知られていた *Jrk* がショウジョウバエ *Clock* の変異によるものであることが判明した．さらにショウジョウバエ *Clock* をRNAiで抑制すると無周期を示した（花井，石田未発表データ）．

　生物時計の中枢である視交叉上核で Clock は強く発現しているが，その発現量は振動せず，1日ほぼ一定の発現を示す．ところが，PASドメインを介して結合するBMALが大きく日周変動しているため，結果的にその転写活性化能は日周変動する．CLOCK結合エレメントであるE-Box配列は，時計遺伝子上流以外にも広くゲノム上に分布する．DNAマイクロアレイを用いた網羅的遺伝子発現解析を行い，約100個の遺伝子がCLOCKにより直接制御されている可能性が高いものとして同定された．それらのなかには，今まで

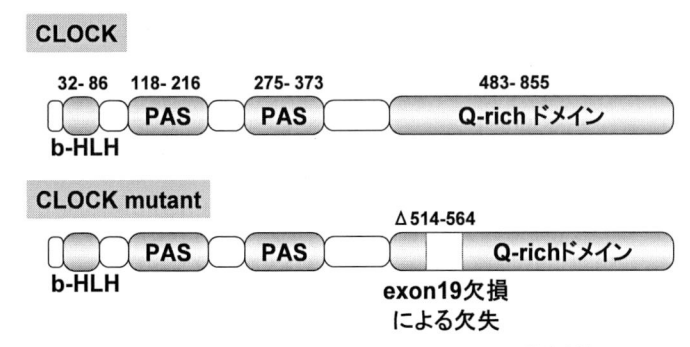

図1 CLOCKおよびCLOCKミュータントの分子構造比較

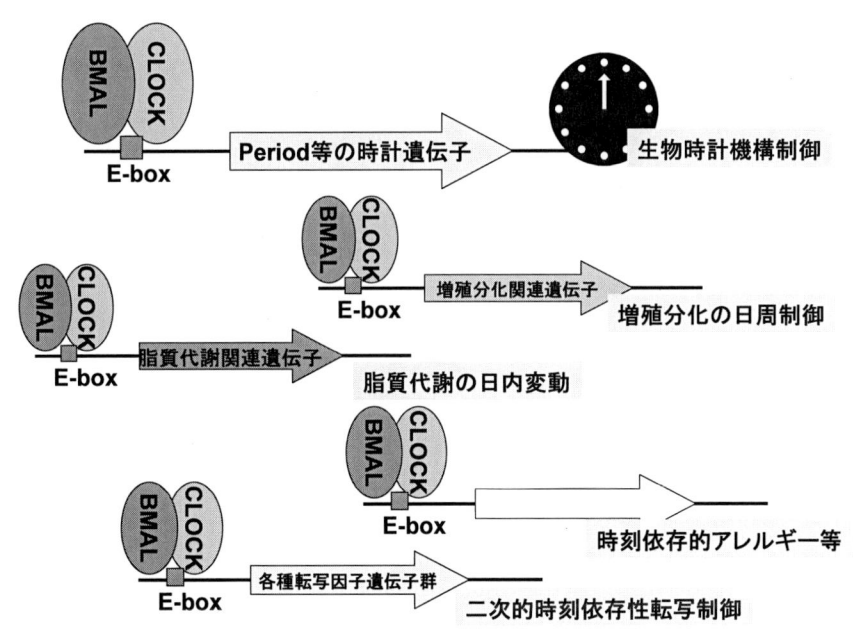

図2 CLOCKによる多様な遺伝子調節機構

知られていた Per1, Per2, Per3 といった時計遺伝子や出力系遺伝子の dbp だけでなく，様々な脂質代謝，免疫，細胞増殖・分化，ストレス応答，転写因子遺伝子群が含まれ，CLOCK が時計遺伝子群のサイクルを駆動するだけでなく，直接様々な遺伝子の上流域に結合し，そのサイクル発現を制御して，いろいろな体内リズムを形成する鍵を握っていることを示唆している（図2）． (宮崎 歴)

文 献
1) King, D. P. and Takahashi, J. S. : Annu. Rev. Neurosci., 23, 713-742, 2000.
2) DeBruyne, J. P. et al. : Nat. Nurosci., 10, 543-545, 2007.
3) Oishi, K. et al. : J. Biol. Chem., 278, 41519-41527, 2003.

76 *Bmal1* 遺伝子
—— *Brain and Muscle Arnt-like 1* Gene

哺乳類時計遺伝子の1つ．*Bmal1* としてEST データベースの cDNA 断片より全長がクローニングされた[1]．MOP3 ともよばれる．概日リズムを制御する転写因子で，ショウジョウバエ（ショウジョウバエではサイクル；CYC）から哺乳類に至る生物種でよく保存されている．生物種によっては複数のスプライスバリアントが知られているが，ヒト，マウスでは626アミノ酸の分子が主に発現している．アミノ末端より塩基性領域（basic region），ヘリックス・ループ・ヘリックス（Helix-loop-Helix：HLH）構造，2カ所の PAS ドメイン（PAS domain）がある（図1）．時計遺伝子 CLOCK と HLH および PAS ドメインを介して二量体（BMAL1/CLOCK）を形成し，標的遺伝子のプロモーター/エンハンサー領域にある E-Box（CACGTG あるいは CACGTT）に塩基性アミノ酸領域（basic region）を介して結合し，促進性の転写調節を行っている[2]．また，PER/CRY 複合体は二量体を形成した BMAL1/CLOCK に結合して BMAL1/CLOCK による転写活性化を抑制する．また，CBP/p300 は BMAL1/CLOCK に結合して転写を活性化する．標的遺伝子は，*Per1*，*Cry1*，*Rev-erbα* などの時計遺伝子，概日時計の出力因子（clock controlled genes：CCG）の1つであるバゾプレッシンなどが知られている．*Bmal1* の RNA は概日時計の中枢である視交叉上核（suprachiasmatic nuclei：SCN）をはじめ全身の組織，臓器に発現しており，SCN では夜間に発現のピークがあり（図2），末梢臓器においても概日リズム性の発現を示す．*Bmal1* プロモーター/エンハンサー領域にある ROR レスポンスエレメント（ROR-RE）を介して，Rev-Erbα によって負に，RORα によって正に転写制御されている．BMAL1 蛋白は主に核に局在し，マウス視交叉上核や肝臓での BMAL1 蛋白量は暗期に高くなるが，DNA への結合量は24時間変動はみられない．BMAL1 蛋白のリン酸化レベルは概日性の変化を示すことが知られており，BMAL1 蛋白をリン酸化する酵素としてマップキナーゼ（mitogen-activated protein：MAPK）とカゼインキナーゼ（casein kinase 1 epsilon：CKI epsilon）が知られている．BMAL1 蛋白の分解はリジン259が概日リズム性の SUMO 化を受け，SUMO 化による発現変動が概日リズムの発現に関与している可能性が示唆されている．*Bmal1* のノックアウトマウスでは行動リズムが消失する[3]（図3）． 〔池田正明〕

文献
1) Ikeda, M. and Nomura, M.：*Biochem. Biophys. Res. Commun.*, 233, 258-264, 1997.
2) Gekakis, N. *et al.*：*Science*, 5369, 1564-1569, 1998.
3) Bunger, M. K. *et al.*：*Cell*, 103, 1009-1017, 2000.
4) Hosoda, H. *et al.*：*Gene*, 338, 235-241, 2004.
5) Sato, T. *et al.*：*Nat. Genet.*, 38：312-319, 2006.
6) Kiyohara, Y. *et al.*：*Proc. Natl. Acad. Sci. USA*, 103, 10074-10079, 2006.
7) Honma, S. *et al.*：*Biochem. Biophys. Res. Commun.*, 250, 83-87, 1998.

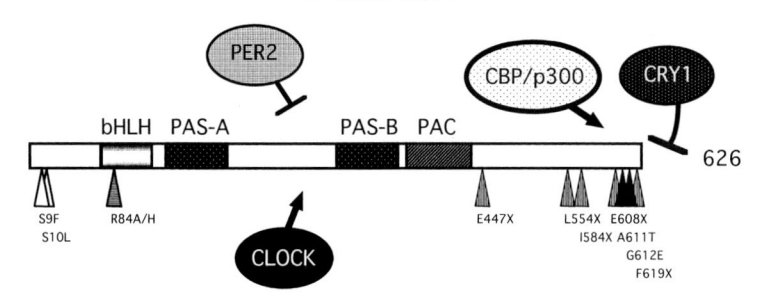

図1 BMAL1の機能ドメイン[4~6]
BMAL1はbHLH-PAS型転写因子ファミリーに属する．N末近傍のセリン9，10はカゼインキナーゼによりリン酸化を受ける可能性があるが，これらの変異体はBMAL1/CLOCKによるPer2遺伝子転写活性化は変化しない．DNA総合領域にあるリジン84の変異体はDNA結合能を消失する．C末の変異体，欠失体は転写活性化能を低下ないし消失し，Per2のリズム性発現を消失させる．これはCRY1とCBPのBMAL1のC末端への結合が阻害されるためと考えられる．

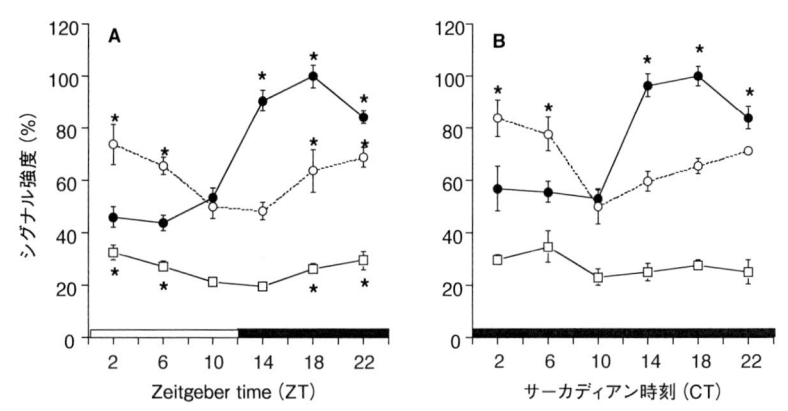

図2 Bmal1のラット脳における概日リズム性の発現（Honma et al., 1998[7]）より改変）
ラットmRNAの発現をin situハイブリダイゼーションにより解析，A：12時間の明暗周期，B：恒暗条件，●：視交叉上核，○：梨状葉，□：大脳皮質（頭頂）．

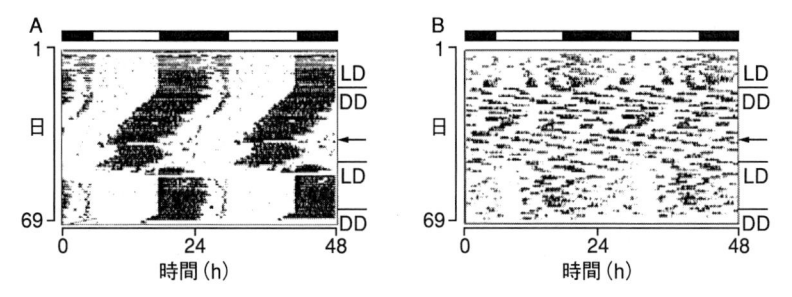

図3 Bmal1ノックアウトマウスの行動リズム（Bunger et al., 2000[3]）より改変）
A：ワイルドタイプのマウス，B：Bmal1-/-マウス，Bmal1-/-マウスでは概日性の行動リズムが消失している．

77 *Cry* 遺伝子

—— *Cryptochrome* Genes

クリプトクロム，クリプトクローム，あるいはクライとよばれる．ショウジョウバエは1つの *Cry* 遺伝子（*dCry*）をもつが，哺乳類には *Cry1* と *Cry2* という2つの *Cry* 遺伝子が存在する．ヒト，マウスのCRY1およびCRY2蛋白質はいずれも586-606アミノ酸からなり，1次構造から推定される分子量は66000〜68000である．1次構造が類似した蛋白質（図1）には，CPD（シクロブタンピリミジンダイマー）フォトリアーゼあるいは(6-4)フォトリアーゼなどの光回復酵素や，植物の青色光受容分子クリプトクロムがあり，機能未知の分子（CRY3やCRY4）とともに遺伝子ファミリーを形成している（図2）．

dCRYと脊椎動物CRY（CRY1，CRY2）の1次構造は互いに似ているが，両者はオルソログではなく機能も異なっている（図2）．dCRYは暗所においてdTIMと結合してdTIMの分解を抑制しているが，青色光を受容するとdCRY自身とdTIMのユビキチン化が促進されて分解される．このようにdCRYは，時計蛋白質の光依存的な分解を制御することにより概日光受容分子として機能している．

一方，哺乳類のCRY1およびCRY2はいずれも，E-Box（CACGTGならびにその類似配列）を介したCLOCK，BMAL1依存的な転写促進に対して（おそらく光とは無関係に）強い阻害効果を示す．この阻害メカニズムには不明な点が多いが，CRYが核に局在することやBMAL1やPERと結合することから，核内においてはCLOCK，BMAL1，およびPERとともにE-Box上において分子複合体を形成すると推定されている．ノックアウトマウスを用いた解析では，*Cry1* と *Cry2* の両方の遺伝子が欠損すると概日性の活動リズムが完全に消失する．しかし，いずれか一方が失われても活動リズムは消失せず，*Cry1* 欠損では概日リズムの周期が野生型よりも短周期になるのに対して，*Cry2* 欠損では野生型よりも長周期になる．これらのことから，CRY1とCRY2は時計発振系において中心的な役割を担う分子と考えられ，その機能は，部分的に重複しているが完全に同一ではないと推測される．なお，植物にも光形態形成に関与するクリプトクロムが存在し，青色光受容分子として機能するが，この分子は動物CRYとは進化的にかなり遠い関係にある．

〔岡野俊行・深田吉孝〕

文 献

1) 藤堂 剛：蛋白質核酸酵素，**46**(8)，950-958，2001.
2) Busza, A. *et al.*: *Science*, **304**, 1503-1506, 2004.
3) Kume, K. *et al.*: *Cell*, **98**, 193-205, 1999.

77 Cry 遺伝子

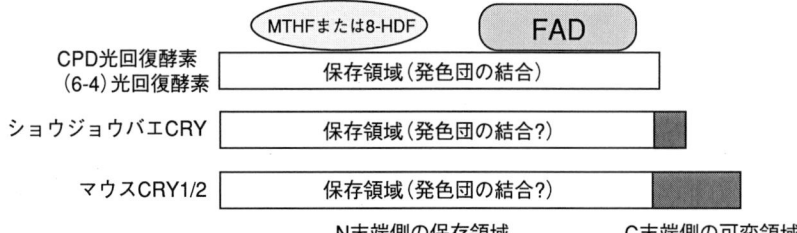

図1 動物の CRY および光回復酵素の基本構造

CRY 蛋白質の N 末端側のアミノ酸配列は,光回復酵素を含めて高い割合で保存されている（図の「N 末端側の保存領域」）.この領域には,青色光受容に必要な主要（第1）発色団である FAD と第2発色団（5,10-メテニルテトラヒドロ葉酸（MTHF と略）または8-ヒドロキシ-5-デアザフラビン誘導体（8-HDF と略））が結合する配列が含まれている.したがって,光回復酵素と同様,CRY も発色団を結合する可能性が高い.一方,これらファミリー蛋白質のC末端テールはアミノ酸の保存性が低く（図の「C末端側の可変領域」）,CRY においては光シグナル伝達などに関与すると推定されている.

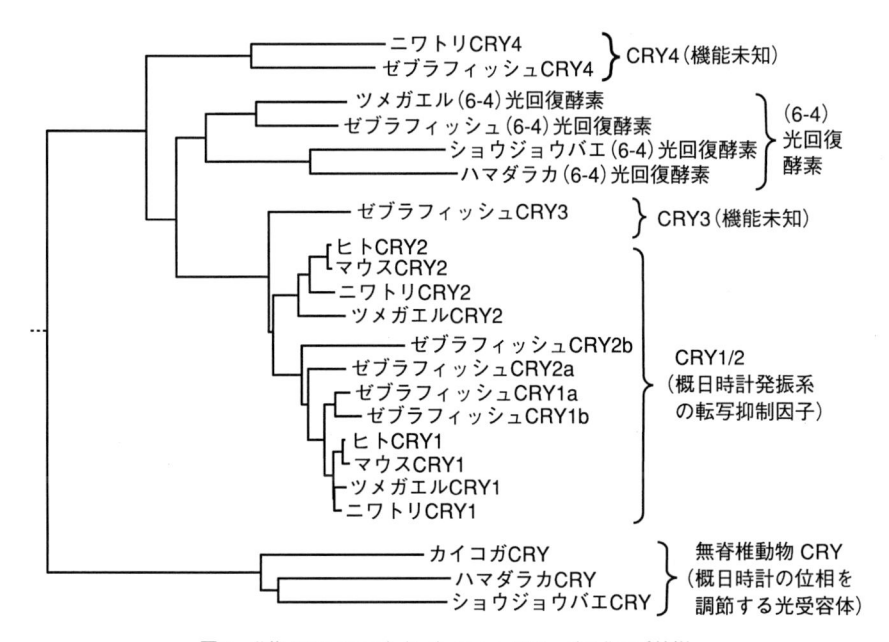

図2 動物 CRY および（6-4）フォトリアーゼの分子系統樹

分子系統樹は,これらの分子間の保存領域のアミノ酸配列に基づき,近隣結合法を用いて作製した.根の位置を決定するために,CRYDASH とよばれる機能未知の CRY 分子を含めて系統樹を作製したが,この図では根の位置だけを示した.CPD フォトリアーゼや植物 CRY は,この分子系統樹の根よりもさらに外でグループを形成する.

78 核内受容体と時計
—— Nuclear Receptor and Circadian Clock

核内受容体（nuclear receptor）と時計および時計遺伝子という関係は，哺乳類の時計遺伝子が明らかになってからのことである．2000年，Schiblerらが，末梢時計のリセット因子としてグルココルチコイドの可能性を示したことにより，核内受容体であるグルココルチコイド受容体（glucocorticoid receptor：GR）が関与することが示唆された．実際，時計遺伝子 *Period1*（*Per1*）のプロモーター領域の GRE（glucocorticoid responsive element）には GR がデキサメサゾンあるいはストレス依存性に結合することが示されている[1]．しかし，GRによるPer1の活性化が，生理的条件下で本当に時計機能に関与するかは依然謎である．例えば，物理的拘束ストレスにより，マウスの各種臓器のPer1の発現は増加するが，行動リズムや末梢分子時計には著明な影響を与えない．

末梢，特に血管系の時計リセット因子として，レチノイン酸（RA）が報告されている[2]．その受容体で核内受容体であるRARα（retinoic acid receptor）やRXRα（retinoid X receptor）は時計転写因子であるCLOCK/MOP4（NPAS2）と結合し，抑制的に働くことにより，コアの時計遺伝子の1つである *Bmal1* の転写調節を行っている．

BMAL1は各種臓器において，その発現に著明な概日リズムを示すが，その概日転写調節には，核内受容体が関与している[3]．オーファン核内受容体であるREV-ERBαは，それ自身の発現は *Bmal1* とアンチフェーズとなる著明な概日リズムを示すが，*Bmal1* のプロモーター領域にあるRORE（ROR/REV-ERB element）に結合し，*Bmal1* の転写を促進的に調節している．REV-ERBα ノックアウトマウスでは，*Bmal1* の発現に概日リズムがみられなくなり，その行動リズムは周期が短くなる．一方，ROREには，RORも結合することが知られているが，RORα（retionoid-related orphan receptor）は，それ自身の発現に明らかな概日リズムはみられないものの，*Bmal1* プロモーター上のROREに結合し，*Bmal1* の概日転写発現に促進的に働く．RORα 欠損マウスである staggerer マウスでは，*Bmal1* の視交叉上核での夜間の発現が減少しており，明確な概日リズムを示さない．また，staggerer マウスの行動リズムは短周期になっており，その個体差も大きく，光による位相変異に異常がみられることから，生体内の時計が不安定になっていることが示唆される．以上のことから，*Bmal1* の転写制御はプロモーター上のROREを介して，核内受容体であるRORα および REV-ERBα により，それぞれ正および負の制御を受けている（図1）．

RORには，α，β，γ のファミリーが知られており，レポーターアッセイでは，いずれもBmal1の転写を促進的に制御するが，概日リズム発現にはRORα が最も中心的に働くようである．ただ，RORβは，網膜，SCN，松果体と時計関連器官に発現がみられること，RORβ ノックアウトマウスでは，行動リズムの周期が長くなることから，時計機能との関連が示唆される．

（内匠 透）

文 献
1) Yamamoto, T. *et al.*：*J. Biol. Chem.*, **280**, 42036-42043, 2005．
2) McNamara, P. *et al.*：*Cell*, **105**, 877-889, 2001．
3) 内匠 透：生化学, **78**, 425-429, 2006．

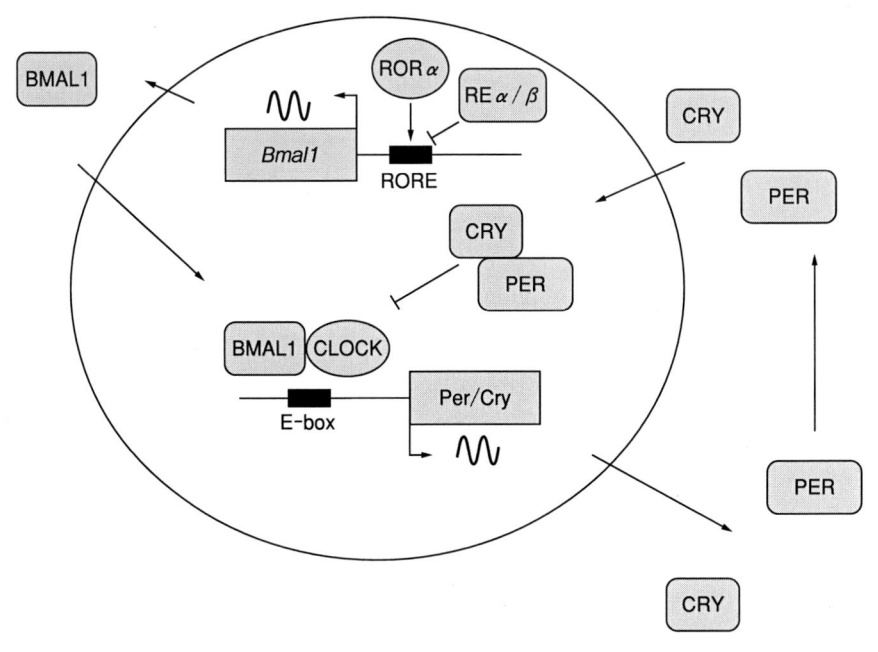

図1 ROR, RE (REV-ERB) を介する概日転写分子機構

79 接着分子と時計
—— Adhesion Molecules and Circadian Clock

げっ歯類の視交差上核にはポリシアル酸結合型神経細胞接着分子（PSA-NCAM）やL1をはじめとする細胞接着分子が発現している．PSA-NCAMは免疫グロブリンスーパーファミリーに属する神経細胞接着分子にポリシアル酸が結合している．胎生期では脳の広範な部位で豊富に発現するため，胎児型NCAMとよばれている．ところが，成体になるとシアル酸が劇的に減少して成体型NCAMに変換し，PSA-NCAMは嗅球，海馬/歯状回，視床下部（視交叉上核，視索上核）などの限られた脳部位でのみ発現が維持される．PSA-NCAMは神経細胞間の細胞接着を弱めることによって発生現象や成体での可塑性に関与し，神経発生過程では細胞移動，軸索伸長やシナプス形成を促進する[1]．一方，成体脳では，海馬での長期増強への関与，授乳と脱水時の正常な視床下部-脳下垂体後葉の機能の維持や，視交叉上核での概日リズムの同調に関与している[1]．

PSA-NCAMは成体の視交叉上核全域で発現がみられる．視交叉上核での発現は明期で強く，暗期で弱い日内変動を示し，明期開始から1時間以内に発現量が最高レベルに達し，暗期後半にはその10%以下にまで低下する[2]．同様の日内変動は連続暗条件でも維持されている（図1A）．また，明暗サイクルを保った飼育条件で，暗期に光照射を30分間行うと，PCA-NCAMの発現量が急増する（図1B）．このようなPSA-NCAM発現の日内変動や光照射による発現変化は視交叉上核に特有で，海馬では認められない．

PSA-NCAMの概日リズム形成における役割はNCAM遺伝子改変動物や酵素を用いたポリシアル酸の除去実験によって明らかにされている[3]．光照射によって自発活動量などの概日リズムの位相が移動するが，エンドノイラミニダーゼ（endoneuraminidase：Endo N）によってポリシアル酸を除去した動物では，このようなエントレインメントはみられない．また，視交叉上核を単離したスライス標本で視神経を刺激したり，グルタミン酸を投与すると，神経活動の同調がみられるが，ポリシアル酸を除去するとこの効果は消去される（図3，4）．これらの実験結果からPSA-NCAMは，光照射によって視神経の末端から視交叉上核に放出されるグルタミン酸の作用の下流で作用していることが考えられる．ところで，単離した視交叉上核からポリシアル酸を除去しても神経活動の概日リズムの位相や振幅は変化しない．したがって，ポリシアル酸はペースメーカーとして概日リズムの生成にかかわるのではなく，概日リズムの同調に関与すると考えられる． 〔志賀　隆〕

文献
1) Bruses, J. L. and Rutishauser, U.：*Biocimie*, **83**, 635-643, 2001.
2) Glass, J. D. *et al.*：*Neuroscience*, **117**, 203-211, 2003.
3) Prosser, R. A. *et al.*：*J. Neourosci.*, **23**, 652-658, 2003.

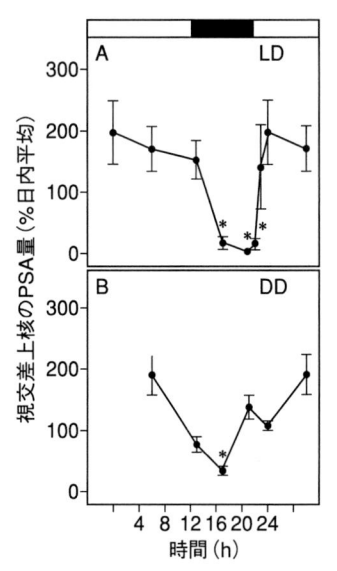

図1 視交叉上核のPSA-NCAM発現量の概日リズム[2]
恒暗期条件（DD）でもリズムが維持される．

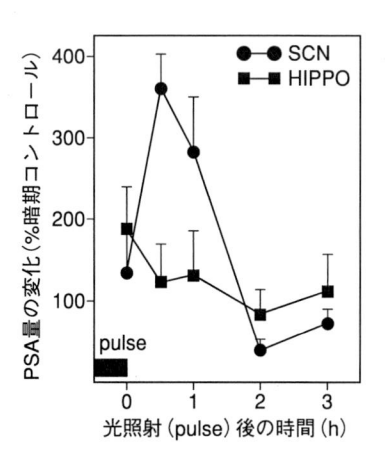

図2 暗期後半の光照射によって視交叉上核（SCN）ではPSA-NCAM発現量が増加するが，海馬（HIPPO）では変化しない[2]．

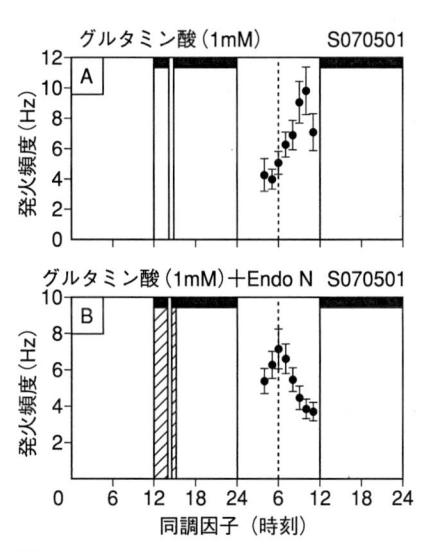

図3 視交叉上核の単離スライス標本の神経活動の概日リズム[3]
グルタミン酸投与によって位相のずれが起こるが（A），酵素処理（Endo N）でポリシアル酸を除去すると位相のずれが起こらない（B）．

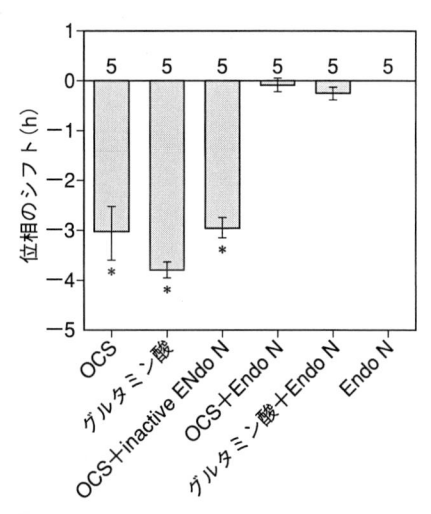

図4 視交叉上核の単離スライス標本の神経活動の概日リズム[3]
酵素処理（Endo N）でポリシアル酸を除去するとグルタミン酸（Glutamate）投与や視神経刺激（OCS）による位相のずれが起こらない．

80 生物時計の分子システム
—— Molecular Systems underlying Circadian Clock

複数の遺伝子や蛋白質からなる生物時計について，分子間の相互作用を統合したもののこと．この分子ネットワークをシステムとして理解するとき4つの段階の理解がある．まず，①システムを構成する要素（遺伝子と蛋白質）と，要素間の相互作用の「同定」，次に，②システム同定に基づいて温度補償性などについて定量的な予測および検証を行う「システム解析」である．さらに③生命現象を任意の状態へと導く「システム制御」，④試験管などで，ネットワークを再構築する「設計」がある．生物時計は，時刻情報をつくり出す振動体，光や温度の情報を伝える入力系，時刻情報をもとに代謝等を制御する出力系に分けられるが，ここでは細胞レベルの概日時計発振システムにしぼって説明する．

包括的な遺伝子解析によって，システムを構成する要素が明らかにされつつある．たとえば，哺乳類では時計遺伝子を制御する転写因子が16個同定されている（図1）．転写因子は制御するプロモーターの違いにより，E/E'-Box型，D-Box型，RRE型に分けられる．E/E'-Boxを活性化する転写因子の遺伝子発現に続いて，これを不活性化する転写因子の遺伝子発現が起こる．このように，促進因子の合成に続いて抑制因子の合成が起こることにより，mRNAが蓄積されづらくなってフィードバックの遅れが生じるとされる．一方，D-Boxの促進因子の転写が最大となる位相と，抑制因子の転写が最大となる位相は逆位相である．これにより高振幅の転写の振動がつくり出される．

システム同定に基づいて，温度補償性をつくり出す分子メカニズムが調べられている．たとえば1遺伝子ネガティブフィードバックモデルについて数値シミュレーションすると，1つの反応プロセスを速くしたときに周期を短くする反応と，周期を長くする反応があることがわかる（図2）．mRNA分解が速く進むと周期は短くなる．一方，蛋白質の分解が速いと周期は逆に長くなる．仮に温度が高いとmRNA分解がどんどん速くなるとしたら，温度の増加とともに周期が短くなってしまい周期を一定に保つことはできない．すなわちmRNA分解の反応は，温度感受性がそれほど強くないほうが温度補償性にとっては望ましい．一方，蛋白分解の温度感受性が強いと，全体の周期を短くしようとする効果を相殺することができるので周期を一定に保ちやすいといえる．

③のシステム制御の研究は，リズム治療薬の開発につながるものであり重要である．④の生命現象を試験管や培養細胞などで再構築する研究は，再構成生物学(synthetic biology) ともよばれている．概日時計解析は，再構成系が最もよく研究されている分野の1つである．　　（黒澤　元）

文 献
1) 上田泰己：時計遺伝子の分子生物学（岡村均・深田吉孝編），pp 185-193, シュプリンガー・フェアラーク東京，2004.
2) Ueda, H.R. et al.: Nat. Genet., 37, 187-192, 2005.
3) Kurosawa, G. and Iwasa, Y.: J. Theor. Biol., 233, 453-468, 2005.

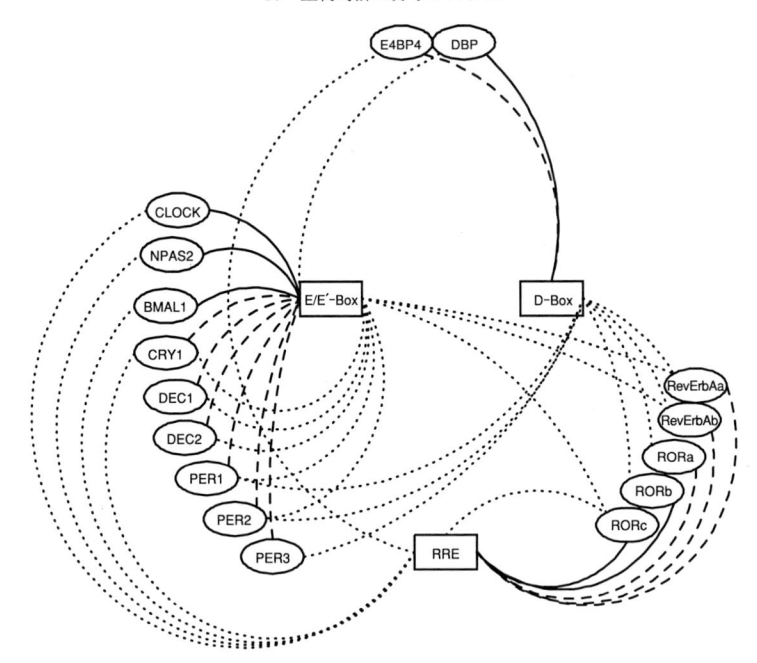

図1 哺乳類概日時計の転写制御ネットワーク[2]

時計遺伝子のプロモーター（四角）であるE/E′-Box, D-Box, RREの活性を，転写因子（丸）が制御する．点線は，転写因子の合成を表す．実線は，転写因子によるプロモーターの活性化，破線は，転写因子によるプロモーターの不活性化を表す．

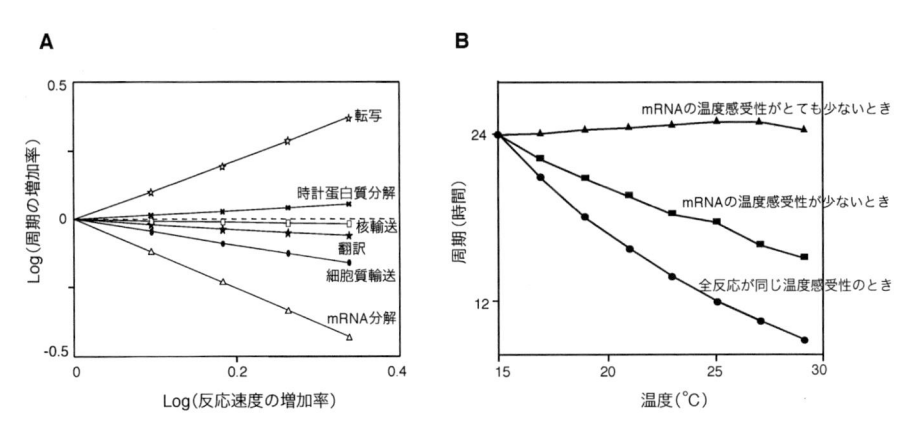

図2 1遺伝子ネガティブフィードバックモデルの数値シミュレーション

A：反応速度の増加が周期に及ぼす影響：mRNAの分解が10%, 20%と速くなると周期は短くなる．これに対して転写や時計蛋白質の分解が速くなると周期は長くなる．
B：概日周期の温度補償性：すべての反応が同じ温度感受性のとき，温度が上がると周期は短くなる．mRNA分解速度の温度感受性が少ないとき温度変化に対して周期を一定に保ちやすくなる．

81 フィードバックループ —— Feedback Loop

　特定の反応・制御系において，系の状態（出力値）をモニタリングし，その出力値をもとに入力へフィードバックをかける制御様式をフィードバック制御とよぶ（図1）．閉ループ構造をもつことから，フィードバックループともよばれる．

　フィードバック制御は大きく2つに大別できる．1つ目は出力が入力を正に制御するポジティブフィードバックである．特定の遺伝子の産物が自分自身の転写を促進するような場合である．短期間に急激な転写産物の上昇をもたらすため，発生や環境応答にみられる遺伝子スイッチ機構などに多用される．また，出生率の上昇に伴う爆発的な個体数増加もポジティブフィードバック作用による．これに対し，出力が入力を負に調節する場合をネガティブフィードバックとよぶ．この場合，出力からのフィードバックが入力へ直ちに反映されれば，系は速やかに平衡状態に近づいていく．このためネガティブフィードバックは外乱やノイズに対して軌道を修正するため基本原理であり，恒常性（ホメオスタシス）のみならず制御工学・機械工学や学習理論においても中心的な概念となっている．

　出力から入力へのネガティブフィードバックに時間がかかり，時間遅れが生じると，系は何らかの振動状態に入る．パラメータによって，一過性のパルス応答，減衰振動，リミットサイクル，カオスなど様々な応答が起こりうるが，時間生物学においては生物リズムの基本振動を生み出す原理として重要である．真核生物では，遺伝子発現の転写・翻訳を介したネガティブフィードバックループが，概日リズムの基本振動発生の中枢と考えられている（図2）．理論的には1960年代にすでに数理モデル化されているが，実験を伴う最初の適用例はショウジョウバエの時計遺伝子 *period*（*per*）の作用機構モデルであった（1990年）．*per* 遺伝子が転写され，細胞質で Per 蛋白質が蓄積したのち核移行し，核内で *per* 遺伝子自身のプロモーター領域に作用し，転写を抑えるというものである．ここで，核移行やリン酸化を介する細胞質での時計蛋白質の蓄積・分解調節は，出力からのフィードバックの時間遅れを決める重要な過程であり，周期決定や振動の安定性に大きな意味をもつ．

　入力と出力の時間遅れを生じる機構として，核移行のように抑制因子作用を積極的に遅らせる場合だけでなく，抑制因子の活性・量を促進する活性化因子のポジティブフィードバック作用も注目される．ポジティブフィードバックは，上述のように抑制状態の速やかな解除（ないし反応系の非平衡化）に有利な調節様式であり，古くから神経パルスや心拍のリズム，化学振動などで重要性が指摘されている．真核生物の時計遺伝子の調節においてもしばしば報告されつつある．

　なお，単細胞性シアノバクテリアでは，転写・翻訳を停止させてもリン酸化振動が持続し，転写翻訳フィードバックではなく，蛋白質間の動的酵素ダイナミクスが振動を生み出す要因となっている．この場合も，蛋白質間の複雑なフィードバック制御が振動機構の核心にあることが推測できる．

〔岩崎秀雄〕

文献
1) 北野宏明：システムバイオロジー，秀潤社，2001.
2) Goldbeter, A.：*Biochemical Oscillations and Cellular Rhythms*, Cambridge University Press, 1996.

81 フィードバックループ

a. フィードフォワード

入力 → コントローラー → 制御対象 → 出力

b. ポジティブフィードバック

入力 →⊕→ コントローラー → 制御対象 → 出力

c. ネガティブフィードバック

入力 →⊖→ コントローラー → 制御対象 → 出力

図1　フィードバック制御の模式図

特定の入力に対して，それに対処するための制御操作があらかじめ決まっており，フィードバックを含まない制御様式をフィードフォワード調節とよぶ（a）．これに対し，フィードバック制御では出力値に応じて入力へフィードバックする（b, c）．

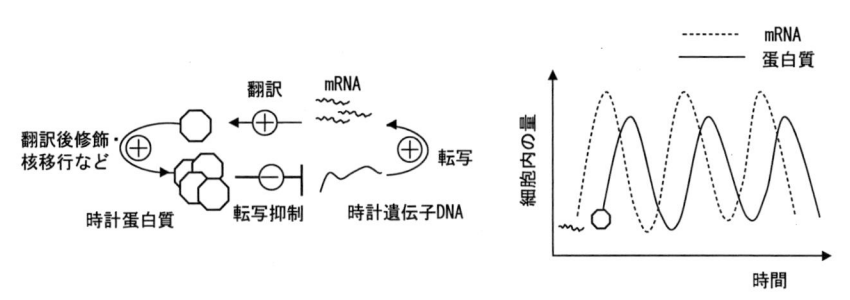

図2　転写翻訳フィードバックモデルによる概日遺伝子発現振動の模式図
最も単純なネガティブフィードバックによるモデルを示す．

82 入力系 —— Input Pathways

　視交叉上核（SCN）への入力系は，網膜の神経節細胞からのものと，他の脳部位からのものに大別できる．網膜の神経節細胞は外界の明暗情報を網膜-視床下部路を介して直接的に視交叉上核に送る経路（RHT）と，神経節細胞の軸索の一部が外側膝状体を経由し，2次的に視交叉上核に光情報を送る経路（GHT）が知られている．この神経節細胞の伝達物質としては，グルタミン酸，PACAP，サブスタンスP，メラノプシンなどが候補となっている．電気生理学的実験から，視神経の刺激は，視交叉上核神経に主として興奮性シナプス後電位（EPSP）を発生させることから，興奮を伝達していると考えられている．グルタミン酸神経のうち，とくにAMPAおよびNMDA受容体がその興奮性伝達に寄与していると考えられている．これの光パルスを担う神経入力は視交叉上核のなかでも中心部（コア）とよばれる領域に神経終末を形成している．視交叉上核に直接的に入力する神経を送る脳部位は約40カ所あり，中脳縫線核の内側部位や外側膝状体もこれに含まれる．一方，多シナプスを介する入力となると100〜140の脳部位があると見積もられており，この場合には嗅覚系，大脳皮質，海馬，扁桃体なども含まれることになる．このなかでも，中脳縫線核の内側部位は直接，背側部位は外側膝状体を介して視交叉上核の体内時計に強い影響力を及ぼすので，セロトニン神経系の詳細について述べる．

　視交叉上核に発現しているセロトニン受容体は5HT1A，5HT1B，5HT2A，5HT2C，5HT5Aと5HT7が知られている．ラットでは5HT1C受容体の活性化は光入力に類似し，5HT1B受容体はRHTの神経終末に存在し，この受容体の興奮は光入力を減らすように働く．また5HT1A，5HT5A，5HT7受容体の時計に対する機能は類似し，暗パルス型の同調入力として寄与する．セロトニン神経の遮断は光入力を増強することから，セロトニン神経系は光入力に対して抑制性に機能している．

　GHTの入力を担う伝達物質としてNPY（受容体としてY5）やノシセプチン（ORL1受容体）の存在が指摘されている．GABA神経は，視交叉上核，外側膝状体，中脳縫線核いずれの脳部位においてもGABAA受容体を介して抑制性の制御を行っている一方，GABAB受容体は視神経のRHTにプレシナプスとして作用し，伝達物質の放出を抑制している．

　ところで，強制的な運動は中脳縫線核-視交叉上核を介して，体内時計を暗パルス型に同調させることは知られている．以上述べた暗パルスを担う入力も中心部（コア）に入力しているため，この脳部位で，光パルス型と暗パルス型の入力の加算や減算が起こる可能性が指摘される．また，光入力には履歴現象も認められ，恒常暗に長く飼育した動物ほど，光パルスの入力が大きくなることが知られている．したがって，光環境そのものも光入力に影響を及ぼす因子となりうる．視交叉上核に対する神経以外の液性入力として，メラトニンが知られている．メラトニンは松果体で合成されるが，その信号は脳脊髄液を介して視交叉上核に直接作用することがわかっている．

〔柴田重信〕

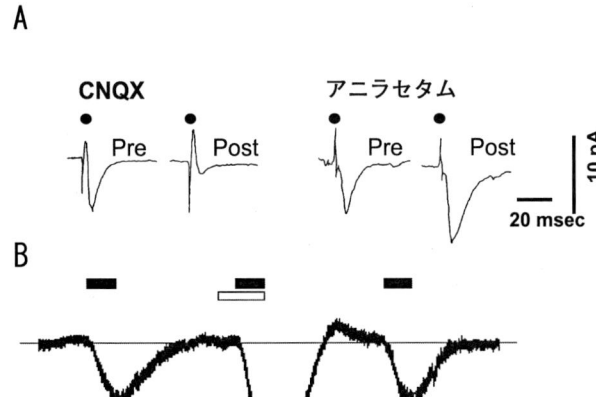

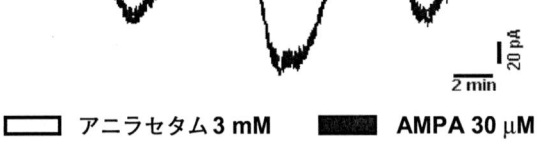

図1 視神経刺激による視交叉上核神経の EPSP（A）と AMPA 投与の内向き電流（B）[2]
A：●は刺激を示す．EPSP は AMPA 受容体拮抗薬の CNQX で抑制され，AMPA の促進薬のアニラセタムで促進される．B：AMPA による内向き電流はアニラセタムで増大する．

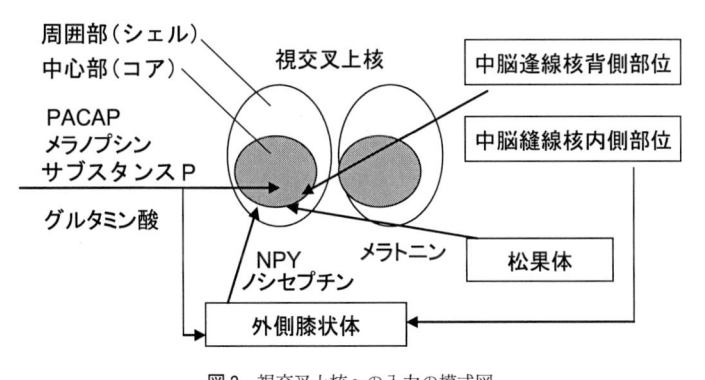

図2 視交叉上核への入力の模式図

文献

1) Morin, L. P. and Allen, C. N.：*Brain Res. Rev.*, **51**, 1-60, 2005.
2) Moriya, T. *et al.*：*J. Neurochem.*, **85**(4), 978-987, 2003.

83 出力系
―― Output Pathways

本節別項ですでに述べられているように,様々な生命活動の概日リズムを形成する仕組みとして,概日周期をもって自律的に転写・翻訳を繰り返す「時計遺伝子」がリズム発振のコアメカニズムであると考えられている.一方で,既知の時計遺伝子産物は,酵素やイオンチャネルのように,生理活動を直接制御しうる分子ではないため,どのようにして生理活動リズムを形成するのかという出力プロセスについては未解決の部分が多い.そうした細胞レベルの問題を含め,視床下部視交叉上核(SCN)のリズム出力系について概説する.

1. コア振動から細胞生理活動リズムへの出力経路

SCNニューロンに固有な概日リズム出力としては,①アルギニンバソプレッシン(AVP)や血管作用性腸管ペプチド(VIP)等の神経ペプチド産生や遊離リズム[1],②L型Ca^{2+}チャネル[2]等のイオンチャネルの開閉や,これに連座する活動電位発火頻度リズムなどがあげられる.細胞レベルの出力機構を考えると,時計遺伝子振動がいかにこれらの生理活動リズムを調節するのかが不明である現状においては,遺伝子産物と生理機能をリンクする細胞内メッセンジャーの探索が必要となる.そこで,筆者らはマルチタレントな細胞内メッセンジャーであるCa^{2+}イオンの動態を,SCNニューロンにおいて長期間観察することを試み,以下の結果を得ている[3].①SCNニューロンの細胞質Ca^{2+}イオン濃度には,主観的昼前半にピークをもつ概日リズムが存在する.このリズムの頂点位相は,ルシフェラーゼレポーターアッセイ法を用いて推定されるmPer遺伝子の転写リズムとほぼ同じである.なお,グリア細胞やSCN以外のニューロンでは,同様のCa^{2+}リズムは存在しなかった.②この概日Ca^{2+}濃度リズムは,小胞体Ca^{2+}貯蔵の放出阻害薬により強く抑制された.一方で,膜電位感受性Na^+チャネル阻害薬やCa^{2+}チャネル阻害薬では抑制されなかった.これらの結果は,コア振動と生理活動リズムをつなぐシグナルメッセンジャーとして,細胞内Ca^{2+}貯蔵からのCa^{2+}放出が重要な役割を担っている可能性を示唆している(図1).

網膜-視床下部路(RHT)を介するSCNニューロンへの光入力経路は,グルタミン酸を主要な神経伝達物質として用いることが知られており(82「入力系」を参照),よって,光入力時には細胞内Ca^{2+}流入が伴うことはよく知られていた.しかし,上述した結果は,入力系のみならず出力系においても細胞内Ca^{2+}が重要なメッセンジャーとして働いている可能性を示唆するものである.今後,時計遺伝子発現リズムと細胞内Ca^{2+}リズムの接点を明らかにすることで,細胞レベルのリズム形成過程の全容解明に一歩近づくのかもしれない.

2. 神経核リズムから個体リズムへの出力経路

SCNは大きく分けて2つのコンパートメントに分けられる.つまり,RHT投射を受ける腹外側部(ventrolateral-SCN:VL-SCN)とSCNからの遠心性繊維を伸ばす背内側部(dorsomedial-SCN:DM-SCN)である.よって電気的な出力という意味においては,DM-SCNニューロンの発火リズムは,最終段の出力としての役割を担うものと考えられる.免疫組織学的な研究によりVL-SCNには,VIPを分泌するニューロンが,またDM-SCNには

図1 SCNニューロンにおけるコア振動の出力過程
時計遺伝子の転写リズムは何らかのプロセスを経て，小胞体リアノジン受容体を介した細胞内Ca^{2+}放出リズムを形成し，最終的に神経ペプチド等の分泌リズムや活動電位発火頻度リズムを形成するものと思われる．L型Ca^{2+}チャネルを介した細胞内Ca^{2+}流入も活動電位リズム形成に寄与することが報告されているが，小胞体からのCa^{2+}放出リズムとの関係はまだよくわかっていない．

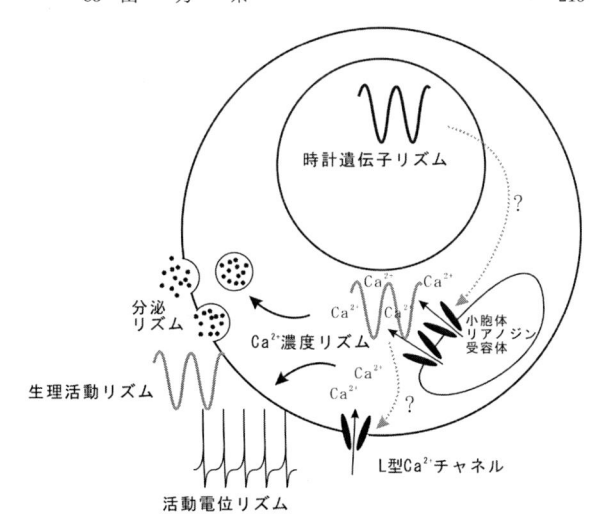

AVPを分泌するニューロンが数多く存在することが知られている．AVPやVIPの分泌量にみられる概日周期性は古くから知られるところであり，これらはいずれも液性出力の1つであると考えられている．しかしながら，電気的出力と液性出力のうち，どちらの出力が神経核の出力として決定的な役割を担うのかという問題は未解決であり研究の余地が残されている．たとえば，単離したSCNを透析膜で覆い，これをSCN破壊した動物に移植することにより行動リズムが回復することが報告されている[4]．この結果は，液性出力のみで個体リズムを支配しうることを示唆している．

一方，SCNの遠心性神経繊維の分布や機能も詳細に調べられている[5]．たとえば，大多数の遠心性線維はSCN背側部を通過し，その一部は室傍核小細胞性部へと投射することが知られている．小細胞性部のニューロンは脊髄側角の交感神経の節前ニューロンへ投射するため，この経路はSCNを始点とする主要な自律神経制御経路の1つであると考えられる．この経路の延長として，上頸神経節へ至る経路は，最終的に上頸神経節から松果体へと伸張するノルアドレナリン作動性神経線維を介し，メラトニン合成リズムを形成するものと考えられる．また，節食中枢である視床下部背内側核（DMH）への投射や，DMHを介した青班核への投射は，睡眠覚醒リズム制御のための神経回路であることが報告されている[6]．これらの知見は，SCNが様々な生理活動リズムの制御を，多様な神経回路を介して統合的に行っていることを示唆するものである． （池田真行）

文献
1) Shinohara, K. et al.：Proc. Natl. Acad. Sci. USA., 92, 7396-7400, 1995.
2) Pennartz, C. M. A. et al.：Nature, 416, 286-290, 2002.
3) Ikeda, M. et al.：Neuron, 38, 253-263, 2003.
4) Silver, R. et al.：Nature, 382, 810-813, 1996.
5) 遠山正彌：分子脳・神経機能解剖学（遠山正彌編），pp.153-195, 金芳堂, 2004.
6) Aston-Jones, G. et al.：Nat. Neurosci., 4, 732-738, 2001.

84 血清ショック
────── Serum Shock

　哺乳類の培養細胞を高濃度の血清で刺激することにより，時計遺伝子発現の概日リズムを誘起すること．*Per1*などの時計遺伝子は脳の視交叉上核だけでなく，全身の様々な末梢組織や株化された培養細胞においても発現している．ジュネーブ大学のSchiblerらは，ラット胎児に由来する株化細胞であるrat-1線維芽細胞を濃度50％のウマ血清で2時間刺激することにより，時計遺伝子発現の概日リズムが誘起されることを1998年に報告した[1]（図1）．視交叉上核や網膜，松果体といった特定の神経組織にしか自律的な時計発振機能が存在しないと考えられていた当時，線維芽細胞も概日リズムを示すという発見は大きな驚きであった．肝臓などの末梢組織においても時計遺伝子の発現量が概日リズムを示すという発見とあわせて，「末梢時計」の概念が確立された．末梢時計に対し，行動リズムを支配する視交叉上核に存在する時計は「中枢時計」とよばれる．中枢時計は培養条件において安定したリズムを示すのと比べ，末梢時計が示すリズムは減衰しやすいことから，生体内において末梢時計は中枢時計の支配下にあると考えられている．

　近年の技術開発により，線維芽細胞が示す時計遺伝子発現リズムを，GFPやルシフェラーゼといったレポーターを用いて1細胞レベルでとらえることが可能になった．その結果，個々の細胞は非常に安定したリズムを示すが，その周期の長さが細胞間で大きく異なることが判明した．血清ショックは個々の細胞の時計をある時刻に「リセット」することによって細胞間の同調を導くため，細胞集団としてはリズムが誘起されるようにみえる（図2）．しかし，個々の細胞の周期は異なるので，時が経つにつれて細胞間の脱同調が起こり，集団としてのリズムは減衰していくのである．

　血清ショックは線維芽細胞において*Per1*遺伝子の発現量を一過的に上昇させる．これは光刺激によって中枢時計の時刻がシフトする際に，*Per1*遺伝子が視交叉上核で一過的に発現上昇することと類似しており，中枢時計と末梢時計は互いに共通の時刻調節機構，すなわち入力機構を有すると考えられる．そのため線維芽細胞は，概日時計が外界の環境変化に同調するために必須な入力機構を解析する際の研究モデルとして用いられている．概日リズムを誘起する刺激として50％血清以外に，デキサメタゾン，線維芽細胞増殖因子，エンドセリン1，プロスタグランジンE_2，フォルスコリン，ホルボールエステル，およびカルシマイシンが見出されている（表1）．これらの物質は，それぞれの受容体やプロテインキナーゼA，プロテインキナーゼC，Ca^{2+}が関与するシグナル伝達経路を活性化し，*Per1*遺伝子の発現を誘導する．一方，グルコース刺激も概日リズムを誘起するが，*Per1*遺伝子の発現上昇を伴わず，むしろ発現低下を導く（表1）．これは中枢時計の非光同調において*Per1*発現量が低下することと類似しており，概日時計の入力機構には複数の経路が存在すると考えられる．生体内における末梢時計の調節機構はいまだに不明な点が多く，線維芽細胞を用いた研究が今後も重要な役割を果たしていくと期待される．

（広田　毅）

文献────
1) Balsalobre, A. *et al.*：*Cell*, 93, 929-937, 1998.

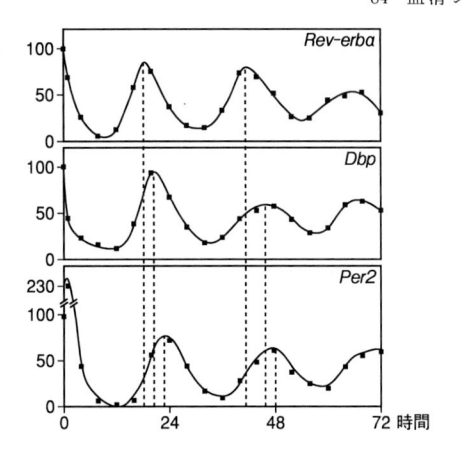

図1 血清ショックによる時計遺伝子発現リズムの誘起（Balsalobre et al., 1998[1]）を一部改変）
縦軸は rat-1 細胞における各遺伝子の mRNA 量の相対値を，横軸は血清ショック開始後の時間を示す．*Rev-erbα*，*Dbp*，および *Per2* 遺伝子の発現量が，約24時間の周期で増減を繰り返す概日リズムを示している．

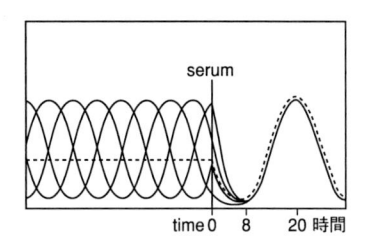

図2 血清ショックによるリズム誘起のモデル（Balsalobre et al., 1998[1]）を一部改変）
縦軸は時計遺伝子の発現量を，横軸は時間を示す．血清ショック（serum）前は個々の細胞が示すリズム（実線）の時刻がバラバラなため，細胞集団としてはリズムがないようにみえる（点線）．血清ショックによって個々の細胞の時計がリセットされ，集団としてのリズムが誘起される．

表1　線維芽細胞のリズム誘起刺激

Per1 遺伝子発現	刺激	標的分子	文献
一過的に上昇	ウマ血清	多数	Balsalobre et al., 1998
	デキサメタゾン	グルココルチコイド受容体（核内受容体）	Balsalobre et al., 2000
	線維芽細胞増殖因子	線維芽細胞増殖因子受容体（受容体型チロシンキナーゼ）	Akashi and Nishida, 2000
	エンドセリン1	エンドセリン受容体（G蛋白質共役型受容体）	Yagita et al., 2001
	プロスタグランジン E_2	プロスタグランジン受容体（G蛋白質共役型受容体）	Tsuchiya et al., 2005
	フォルスコリン	アデニル酸シクラーゼ	Balsalobre et al., 2000 ; Yagita and Okamura, 2000
	ホルボールエステル	プロテインキナーゼC	Akashi and Nishida, 2000 ; Balsalobre et al., 2000
	カルシマイシン	Ca^{2+} チャンネル	Balsalobre et al., 2000
ゆるやかに低下	グルコース	？	Hirota et al., 2002
不明 ; 不変	温度	？	Brown et al., 2002 ; Tsuchiya et al., 2003

85 クロマチン — Chromatin

クロマチン (chromatin) とは, ヌクレオソーム構造を基本単位とする DNA と蛋白質との複合体であり, 転写, 複製, 修復等の遺伝子機能調節におけるクロマチンダイナミクスの重要性が示唆されている.

高等生物の遺伝子 DNA は通常クロマチン構造をとって存在しており, 種々の生体機能に関与している. このため約 2 m の DNA は様々なレベルの機能的構造を保ちながら直径約 10 μm の核内に収納され, 合理的かつ正確に遺伝子が機能している (表1).

遺伝子の概日リズムの基本的な分子メカニズムは, ポジティブおよびネガティブのフィードバックループにより転写調節されることである. この転写調節に関する DNA 上に存在するシスエレメントには, 遺伝子座の構造的境界となる matrix associated region (MAR), 転写における機能的境界となる insulator, 遺伝子座の統括的な転写調節を行う locus control region (LCR), 遺伝子の転写を行うためのプロモーター (promoter), 転写を促進ならびに抑制するエンハンサー (enhancer) やサイレンサー (silencer) があり (図1), これらが協調的に作用することにより転写調節がなされている. これらのシスエレメントはクロマチン構造中に存在しており, 特異的な蛋白質と結合し転写調節するためにはクロマチン構造変化(クロマチンリモデリング) が必要である.

転写におけるクロマチン構造の変化は, 遺伝子特異的転写開始蛋白が遺伝子を認識結合するとともにプロモーター領域(多くの場合は TATA 配列) を認識する蛋白が結合することにより開始される. これに引き続き ATP 依存的なクロマチンリモデリング複合体がリクルートされクロマチンの高次構造変化が惹起され, また RNA ポリメレース複合体がリクルートされるとともにヌクレオソームコア中のヒストンがヒストンアセチル化酵素 (HAT) によるアセチル化等の修飾を受けた後に転写が行われる (図2). ヒストンの修飾に関しては, アセチル化のみでなく, メチル化, リン酸化やユビキチン化といった修飾を受けることが知られており, この修飾パターンの組み合わせにより一定の遺伝子調節が行われているという"ヒストンコード仮説"が示唆されている[1].

クロマチン構造の検出法は目的により様々であるが (表1), 時計遺伝子の転写においてもクロマチンの構造変化が報告されている. Per1 等における概日リズム転写や光による転写誘導においてプロモーター領域のヒストンのアセチル化に依存していることが ChIP アッセイにより確認されている[2]. Per2 のプロモーター領域に存在する E-Box における CLOCK:BMAL1 による転写促進は, DNase I hypersensitive site (HS) として観察されるようなクロマチン構造変化を伴うことが示されている[3]. また時計遺伝子産物 CLOCK が HAT 活性をもっていることが報告され[4], さらに時計遺伝子の機能発現に関与するクロマチンリモデリング因子 CLOCKSWITCH がアカパンカビでも発見された[5]. これらはいずれも時計遺伝子における転写調節において, クロマチン構造の変化が重要であることを示している.

(大西芳秋)

文献
1) Strahl, B. D. and Allis, C. D. : *Nature*, **403**, 41 -45, 2000.
2) Naruse, Y. *et al.* : *Mol. Cell. Biol.*, **24**, 6278-

表1 クロマチン構造とその検出法

DNA構造	径	機能構造	検出方法
DNA	2 nm	Promoter Enhancer Silencer	DNA sequencing Southern blotting Reporter gene assay EMSA *in vitro* Footprinting
ヌクレオソーム	11 nm	Nucleosome phase	ChIP assay MNase assay LM-PCR
30 nmクロマチン ファイバー ループ構造	30 nm 300 nm	DNase I hypersensitive site (HS) Nuclear matrix associated region (MAR) Insulator	Indirect end-labeling Matrix binding assay Reporter gene assay
染色体	1.4 μm	PAF	FISH
核	10 μm	Chromatin territory	FISH Confocal microscopy

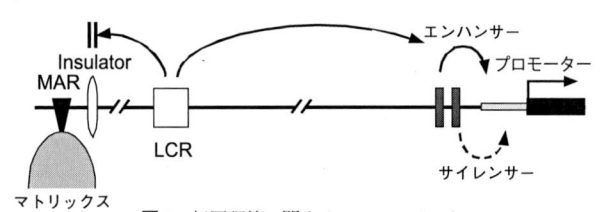

図1 転写調節に関するシスエレメント

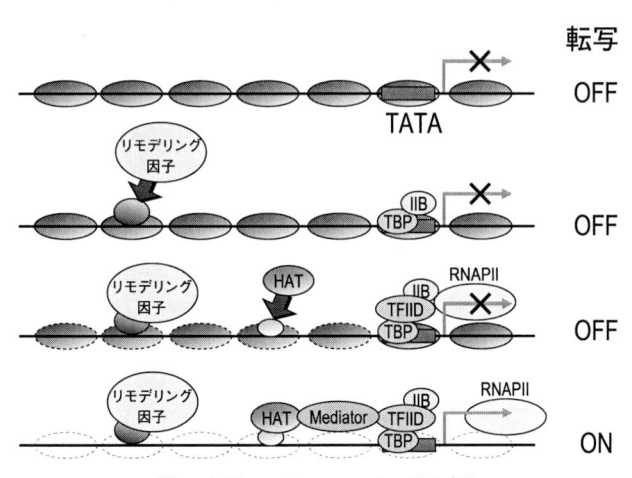

図2 転写におけるクロマチン構造変化

6287, 2004.
3) Yoo, S-H. *et al.*: *Proc. Natl. Acad. Sci. USA*, **102**, 2608-2613, 2005.
4) Doi, M. *et al.*: *Cell*, **125**, 497-508, 2006.
5) Belden, W. J. *et al.*: *Mol. Cell*, **25**, 587-600, 2007.

86 セロトニン
—— Serotonin

　セロトニンは，インドールアミンに属する 5-ヒドロキシトリプタミン (5-hydroxytriptamin：5-HT) のことで，血清 (serum) 中に存在する血管収縮物質として発見されたことから "serotonin" という名前がついた．

　循環器系，消化器系，中枢神経系などで重要な作用を発揮する生理活性物質で，人体には約 10 mg のセロトニンが存在し，消化管粘膜（小腸粘膜のクロム親和細胞）に約 90%，血小板に約 8%，中枢神経系に約 2% の割合で分布している．

　セロトニンは，生体内では必須アミノ酸のトリプトファンからトリプトファン 5-ヒドロキシラーゼと芳香属-L-アミノ酸デカルボキシラーゼの 2 つの酵素により 5-ヒドロキシトリプトファンをへて合成される．また，代謝経路は，MAO（モノアミンオキシダーゼ）と ADH（アルコールデヒドロゲナーゼ）による 5-ヒドロキシインドール酢酸（5-HIAA）への経路と，AANAT（アリルアルキルアミン-N-アセチルトランスフェラーゼ）と HIOMT（ヒドロキシインドール-O-メチルトランスフェラーゼ）によるメラトニンへの経路がある（図1）．血小板はセロトニンを合成せず，小腸のクロム親和細胞（エンテロクロマフィン細胞）が産生・放出したセロトニンを取り込み，濃染顆粒に蓄える．そして，血小板が凝集するとセロトニンは血管中に放出される．しかし，セロトニンは血液-脳関門を通過しないので，血中のセロトニンが脳のニューロンに直接作用する可能性はない．したがって，脳内セロトニンは，中枢神経系ニューロンで血中より供給される L-トリプトファンを前駆物質として独自に産生，代謝している．

　中枢神経系では，セロトニンは視床下部や大脳基底核，延髄の縫線核などに高濃度に分布しており，うつ，不安，嘔吐，痛覚に関係している[1]と考えられている．また，松果体や視交叉上核には睡眠や概日時計をリセットする機能に関与するメラトニンの前駆体としてのセロトニンが存在[2]し，セロトニン量は昼間に多く夜間に減少するといった変動を示す．セロトニンが多種にわたる生理機能に関係しているのは，結合する受容体の種類によって，異なる効果を示すからである．現在，少なくとも 14 種類のセロトニン受容体サブタイプが報告されている（表1）．そのうち，概日リズムに関係するセロトニン受容体としては，5 HT$_7$ が報告[3]されている．また，5 HT$_{5A}$ も視交叉上核での発現が観察されたことにより，概日リズムに関与している可能性が示唆されている． 　（大富美智子）

文献

1) Bijl, D.：*The Netherlands J. Med.* 62, 309-313, 2004.
2) Ganguly, S. et al.：*Cell Tissue Res.*, 309, 127-137, 2002.
3) Hedlund, P. B. and Sutcliffe, J. G.：*TREND Pharmacol. Sci.*, 25, 481-486, 2004.
4) Lam, P. Y. et al.：*Life Sci.*, 75, 3017-3026, 2004.
5) 高田正信：日本臨牀，58, 94-97, 2000.
6) 鈴木映二：セロトニンと神経細胞・脳・薬物．星和書店，2002.

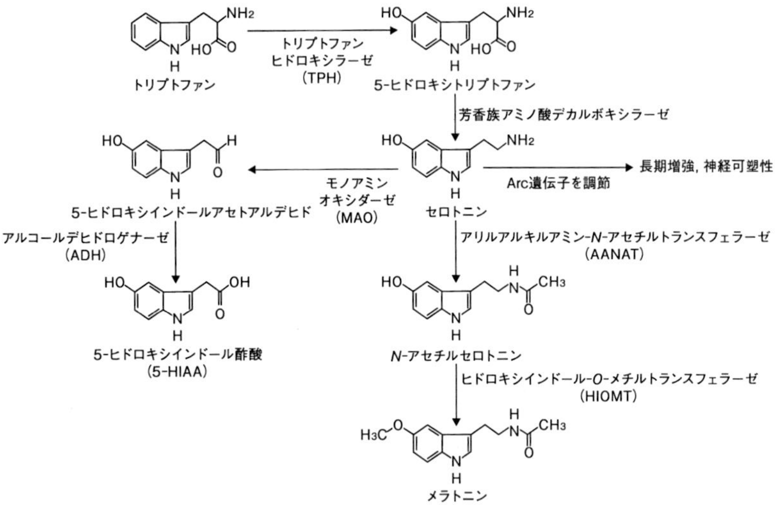

86 セロトニン

図1 セロトニン合成および代謝経路[4]

表1 セロトニン受容体（高田，2000[5]および鈴木，2002[6]）を一部加筆・修正）

受容体	情報伝達系	主な存在部位	関連する生理機能	関連する精神・行動
5-HT$_{1A}$	AC抑制	海馬，大脳辺縁系	血圧低下，体温調節，痛覚，セロトニン症候群，海馬での自己受容体，グルタミン酸遊離抑制	不安，うつ，摂食行動
5-HT$_{1B}$	AC抑制	海馬，線条体，小脳，軟膜血管平滑筋	勃起，神経伝達物質遊離抑制	摂食行動，攻撃性，偏頭痛
5-HT$_{1D}$	AC抑制	脳動脈，海馬，線条体，黒質，三叉神経	脳動脈収縮	偏頭痛
5-HT$_{1E}$	AC抑制	大脳皮質，線条体	—	—
5-HT$_{1F}$	AC抑制	脳と抹消	—	—
5-HT$_{2A}$	PLC促進	大脳皮質，海馬，血管平滑筋，血小板	血管平滑筋収縮，気管支・子宮収縮，血小板凝縮，毛細血管の透過性の亢進	食欲低下，常同行動
5-HT$_{2B}$	PLC促進	消化器，心臓，腎臓	平滑筋収縮	偏頭痛，不安，うつ，睡眠，摂食行動
5-HT$_{2C}$	PLC促進	脈絡叢，辺縁系，線条体	脳脊髄液の調節	摂食行動，不安，睡眠，脅迫行為，偏頭痛
5-HT$_3$	イオンチャネル	大脳皮質，海馬，扁桃体，末梢神経	膜の脱分極，除脈，血圧低下，呼吸器関連反射	種々の精神疾患，不安，拒食，認知，記憶
5-HT$_4$	AC促進	消化器（とくに腸），海馬，線条体，視床	消化管収縮，神経興奮，胃酸分泌	協調運動，認知，学習，記憶，感情，視覚，聴覚
5-HT$_{5A}$	AC促進？	海馬，視交叉上核	—	概日リズム？
5-HT$_{5B}$	AC促進？	海馬	—	—
5-HT$_6$	AC促進	線条体	—	—
5-HT$_7$	AC促進	視交叉上核，海馬，視床下部	—	概日リズム，学習，記憶，体温の調節，睡眠

5-HT：5-ヒドロキシトリプタミンレセプター，AC：アデニル酸シクラーゼ，PLC：ホスホリパーゼC．

87 GABA

—— γ-amino Butyric Acid

　体内時計は正確に約24時間周期を一生刻み続ける．よってこれに作用する薬物はないのではないかと思われてきた．しかし近年の研究により，中枢神経作用薬や内因性物質のなかには哺乳類の体内時計に影響を及ぼすものがあることが明らかにされてきた．そのなかに抗不安薬があり，ベンゾジアゼピン（benzodiazepine）誘導体（BDZ）は，げっ歯類の体内時計に作用して概日リズムの位相を変えうることが明らかにされ，臨床上の時差ボケ治療薬効果との関連性が注目された．BDZの1つで睡眠薬であるトリアゾラム（triazolam）も体内時計に対する効果が数多く報告されている．神経細胞のBDZ結合部位はGABA$_A$受容体へのGABAの結合を促進する．よってBDZ系薬物の体内時計に対する作用もGABAのGABA$_A$受容体へのGABAの結合を促進した結果によるものと考えることもできる．

　薬理学的解析によりGABA受容体は主にGABA$_A$受容体とGABA$_B$受容体に分けられ研究されてきたが，体内時計に対する作用としてはGABA$_A$の解析が進んでいる．GABA$_A$受容体作動薬ムシモール（muscimol）の明期の投与はハムスターの行動リズムの位相前進を引き起こし，体内時計の存在部位である視交叉上核（suprachasmatic nucleus：SCN）を含むスライスを用いた in vitro の実験でも主観的昼の投与によってのみ時計の位相を前進させる暗パルス（dark pulse）タイプの作用を体内時計に対してもつ[1,2]（図1）．細胞内GABA含有量およびGABA合成酵素であるグルタミン酸デカルボキシラーゼ（glutamate decarboxylase：GAD）の活性が，夜高く昼低いというリズムがあることを考えると細胞外GABAの昼夜の濃度差あるいはGABA$_A$受容体の反応性の昼夜差が体内時計に対するGABAの作用を考える点で重要である．

　GABA$_A$受容体は主にシナプス下膜に存在し，受容体の活性化により賦活されるCl$^-$イオンチャネルの活性化は細胞内にCl$^-$流入を起こし，細胞膜が電気的に過分極を起こす（図1）．最近になりGABAの細胞の電気活動に対する作用には興奮性に働くこともあるという論文が発表された．幼若期において細胞の脱分極を起こすというものである．SCN神経においてもGABAが昼は興奮性に夜は抑制性に神経に働く事が報告されている[3]．この要因として細胞内にCl$^-$イオン濃度の昼夜差があるためだと考えられる．細胞膜静止電位より深いところにCl$^-$イオンの平衡電位（すなわちGABAの平衡電位）があると細胞膜は過分極し，平衡電位が浅いところにあると脱分極を起こし，GABAをSCN投与しても昼と夜では神経細胞の反応に異なった反応を示す．ただ興奮性が現れる原因に介在神経を介している可能性やパッチクランプ法を用いた単一細胞のみの測定も細胞内物質の組成変化を伴うため厳密なGABAの作用を断言しにくく，さらなる検討が必要である[4]．

　組織学的解析において哺乳類体内時計の存在部位である脳内視床下部奥低にあるSCNは約1万個の神経細胞から成り立つがそのうち約8割をGABA含有神経が形成しているため，GABAがSCN内の個々の神経間の神経活動リズムの同調に関与している可能性が考えられている．また体内時計への光入力は網膜からSCN腹外側部に伝達されるが腹外側部と背内側部との情

SCN におけるGABAの発現とその役割

ラットSCNにおけるGABA含有神経細胞数 GABA 含有神経細胞数 7945 ±115 SCN 総神経数　　　　 10972 ±1179 (Moore RY et al., Cell Tissue Res, 2002)	GABA_A receptor – casein kinases I 及び δ により修飾される 　agonist: Musimol, benzodiazepine, triazolam 　　　　SCN神経活動抑制　dark pulse型位相変化惹起 　antagonist: Bicuculline 　　　　SCN神経活動興奮　light pulse型 位相変化を抑制
ラットSCN におけるGABA 含有量およびGABA 合成酵素 glutamate decarboxylase (GAD) の活性に日内リズムがあり、およそZT16 にいずれもピークがある。 (Aguilar-Roblero et al., Neurosci. Lett.1993)	GABA_B receptor 　agonist:　 Baclofen 　　　　SCN神経活動抑制 　　　　位相変化作用無いがlight pulse型 位相変化を抑制 GABA_C receptor　マウスSCNに発現していない報告がある。 　　　　　　(ρ subunit の発現は網膜に高い)

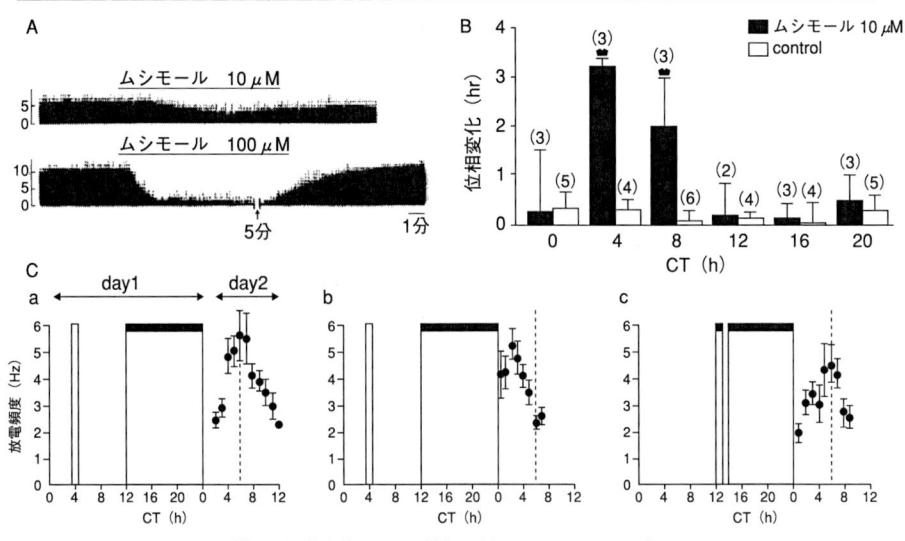

図1　組織培養下 SCN 神経に対するムシモールの作用
A：Adult rat SCN 神経の単一神経活動に対するムシモール（10 および 100 μM）の作用. ムシモールは SCN の単一神経活動を抑制する. 縦軸は神経の放電頻度（Hz）を横軸は時間（min）を示す. B：SCN 単一神経活動リズムに対するムシモールの作用. 縦軸は位相変化（hr）を横軸は薬物投与時刻をサーカディアン時刻（circadian time：CT）で示す. （　）内は使用動物数を表す. **P<0.01 vs vehicle-treated controls（student's t-test）. C：SCN 単一神経リズムの位相変化. 縦軸は神経の放電頻度（Hz）を横軸は時間（hr）を示す. SCN スライスは day 1 に作製し, 横軸の白カラムの時間に vechicle あるいはムシモールを投与（1 hr）し day 2 に SCN 単一神経活動を測定している. a は vechicle を b はムシモールを CT 4 に投与 c はムシモールを CT 13 に投与したもの. vechicle 投与では放電ピークは CT 6 あたりにある（点線）がムシモール投与（CT 4）では放電ピークが前進しているのがわかる（Tominaga et al., 1994[1] を一部修正）.

報伝達に GABA が重要な役割をしており, さらには光刺激による体内時計の位相変化にも GABA 受容体の活性化が必要など GABA の体内時計に対する作用は多様である.　　　　　　　　　　　（浜田俊幸）

文献

1) Tominaga, K. et al.：Neurosci Lett., 166(1), 81-84, 1994.
2) Tominaga, K. et al.：Eur. J. Pharmacol., 214, 79-84, 1992.
3) Wagner, S. et al.：Nature, 387, 598-603, 1997.
4) Gribkoff, V. K. et al.：J. Biol. Rhythms., 14(2), 126-130. 1999.

88 オレキシン
―― Orexin

　オレキシンは，近年同定された神経ペプチドである[1]．オレキシン-Aと-Bの2つのアイソペプチドからなり，これらは共通の前駆体から生成される．オレキシンのmRNAは，視床下部にのみ特異的に発現する因子として同定されたヒポクレチンのmRNAと同一であり，オレキシンとヒポクレチンは現在同一の神経ペプチドを示す名称として用いられている．オレキシンはOX_1受容体とOX_2受容体という2種のG蛋白質共役受容体に結合する．オレキシンは摂食中枢に局在し，脳室内投与によって摂食量を増加させる作用があることなどから，当初，摂食行動を制御する神経ペプチドとして注目された．その後，睡眠障害「ナルコレプシー」とオレキシンの深い関係が明らかになったため，オレキシンの覚醒睡眠制御における役割が明らかになった．

　オレキシン遺伝子欠損マウスやOX_2受容体遺伝子欠損マウスはナルコレプシーの症状をきたす．また，遺伝性のナルコレプシーのイヌではOX_2受容体の遺伝子の変異が原因である．さらに，ヒトのナルコレプシー患者では死後脳においてオレキシン神経が脱落しており，患者の約90%に髄液中のオレキシン濃度の著しい低下がみられる．このことは種差を超えて，オレキシンの睡眠覚醒維持における重要性を示している（表1）．

　ナルコレプシーは正常な睡眠覚醒のパターンを維持できず，睡眠覚醒の各ステージが分断化，つまり頻回に移り変わることを特徴とする神経疾患であり，オレキシンは正常な睡眠覚醒パターンの維持・制御，とくに各ステージの安定性や維持に重要な役割をしていると考えられる．行動のパターンに概日リズムの異常は認められない．つまり，オレキシンは，「覚醒」という状態を維持するために必要なのであり，概日リズムの制御には関与していない．

　オレキシンは視床下部外側野に散在する神経細胞に特異的に発現しているが，これらの神経細胞の軸索は中枢神経系全域に投射している．とくに，モノアミン神経系の起始核である青斑核，逢線核，結節乳頭体核やコリン作動性神経の起始核である外背側被蓋核と橋脚被蓋核に密な投射がみられ，オレキシン神経は，これらの核の活性に影響を及ぼしていると考えられる．

　オレキシン神経は，グルタミン酸やGABAによる制御に加え，様々なファクターにより影響を受ける．オレキシン神経は，セロトニン，ノルアドレナリンにより強力に抑制され，コレシストキニン，グレリン，バソプレッシン，ニューロテンシンといったペプチドによって活性化される．また，レプチンやグルコースによって抑制されることも明らかになっている[2]．またオレキシン神経は，扁桃体，分界条床核などの大脳辺縁系や視索前野のGABA作動性神経，縫線核のセロトニン作動性神経からの入力を受けている[3]．こうしたオレキシン神経への入出力系は，睡眠覚醒の制御に重要な神経系の一部を構築している（図1）．

　覚醒は行動を支える基盤であり，オレキシン神経は，情動，エネルギーバランスなどに応じて適切な覚醒状態を維持し，一定の睡眠覚醒状態を維持する機構をもっていると考えられる．これらは，外界の状況に応じて生存確率を高める，適切な行動をとるために不可欠な機構といえるであろう．

〈桜井　武〉

表1 各ナルコレプシーモデル動物とヒトナルコレプシーの比較

種		表現系・症状	オレキシン系の異常
イヌ	遺伝性	カタプレキシー，睡眠覚醒の分断化	OX_2受容体遺伝子の変異
	孤発例	カタプレキシー，睡眠覚醒の分断化（重症）	オレキシン神経の消失
げっ歯類（遺伝子改変動物）	プレプロオレキシンKO	カタプレキシー（重症），睡眠覚醒の分断化（重症），覚醒からレム睡眠への直接の移行	
	OX_1R KO	睡眠覚醒の分断化（軽度）	
	OX_2R KO	カタプレキシー（頻度は少ない），睡眠覚醒の分断化（中等度）	
	Orexin/ataxin-3 マウス/ラット	カタプレキシー（重症），睡眠覚醒の分断化（重症），覚醒からレム睡眠への直接の移行	オレキシン神経の変性
ヒト	孤発例	EDS，カタプレキシー，睡眠覚醒の分断化，覚醒からレム睡眠への直接移行	CSFオレキシン（－）オレキシン神経の消失
	遺伝性	EDS，カタプレキシー，睡眠覚醒の分断化，覚醒からレム睡眠への直接移行	CSFオレキシン（－）
	突然変異	EDS，カタプレキシー（重症），睡眠覚醒の分断化，覚醒からレム睡眠への直接移行	CSFオレキシン（－）オレキシン遺伝子における点突然変異（シグナルペプチドをコードする部分）

EDS：日中の過剰な眠気（excessive daytime sleepiness）．

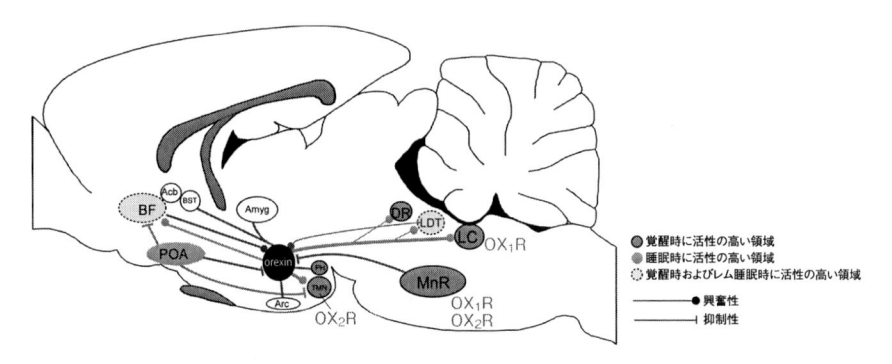

図1 オレキシン神経の機能を入力系と出力系を中心に模式的に表したもの

オレキシン神経の細胞体は視床下部に限局するが，投射先は小脳を除く中枢神経系の全域にわたっている．脳幹のモノアミン作動性神経，コリン作動性神経，視床の室傍核など，覚醒睡眠機構に関与する部分や，視床下部内の弓状核，腹内側核など摂食行動の制御に関与する部分にとくに強い投射がみられる．これらの領域にはオレキシン受容体（OX_1R，OX_2R）の発現が観察される．オレキシン神経は，このように，モノアミン系神経に投射し，これらに興奮性の影響を与えている．また，オレキシン神経は，エネルギー恒常性に関する液性情報や情動に関与する扁桃体などからの入力を得て，モノアミン系など，覚醒に影響を与える系に出力している．また，視索前野（preoptic area）の睡眠時に活動の高まる神経細胞からはGABA作動性の抑制性入力を受けており，睡眠相においてオレキシン神経は抑制されていると考えられる．Acb：側坐核，Amyg：扁桃体，Arc：弓状核，BF：前脳基底部コリン作動性神経，BST：分界条床核，DR：背側縫線核，POA：視索前野，MnR：正中縫線核，TMN：結節乳頭体，PH：後部視床下部，LDT：外背側被蓋核/脚橋被蓋核，LC：青斑核．

文　献
1) Sakurai, T. et al.：Cell, 92, 573-585, 1998.
2) Yamanaka, A. et al.：Neuron, 38, 701-713, 2003.
3) Sakurai, T. et al.：Neuron, 46, 297-308, 2005.

89 プロスタグランジン

—— Prostaglandin

　プロスタグランジン（prostaglandin：PG）は，必須脂肪酸の一種であるアラキドン酸からつくられる一群の生理活性脂質である（図1）．ヒトの精液から発見され，前立腺（prostate gland）で作られると考えて命名された．実際には体の至る部分で産生され，局所ホルモンとして作用する．生体内には，D_2, E_2, $F_{2\alpha}$, I_2（プロスタサイクリン），トロンボキサン（thromboxane：TX）A_2 の5種類が存在する．アラキドン酸からこれらのPGの共通中間体である PGH_2 への変換を触媒する PGH_2 合成酵素は，別名シクロオキシゲナーゼ（cyclooxygenase：COX）とよばれ，恒常的に発現する1型と炎症時に誘導される2型が存在する．解熱剤や消炎鎮痛剤として服用されるアスピリン，インドメタシン，イブプロフェン，ジクロルフェナック，コキシブ等の非ステロイド性抗炎症剤は，シクロオキシゲナーゼの阻害剤である．
　脳内では PGD_2 が最も多量に産生される．PGD_2 の脳室内投与はマウスやサルに自然睡眠と区別のつかない極めて生理的な睡眠を誘発する．PGD_2 は内因性睡眠物質のなかで最も強力であり，睡眠誘発の作用機構の解明が最も進んだ物質である[1~3]．PGD_2 の睡眠誘発作用は，早石修の研究チームにより発見された．PGD_2 の合成酵素には，リポカリン型と造血器型の2種類が存在する．リポカリン型酵素は，脳を包むクモ膜，脳脊髄液の産生を行う脈絡叢，ミエリン形成に関与するオリゴデンドログリア細胞に分布し，断眠時間に依存した脳内 PGD_2 の増加を担っている．一方，造血器型酵素はミクログリアに分布し，炎症や感染に伴う睡眠誘発に関与する．合成された PGD_2 は脳脊髄液に分泌され，睡眠ホルモンとして脳内を循環する．脳脊髄液の PGD_2 濃度は前脳基底部のクモ膜に局在する DP（DP_1）受容体で感知され，第2の睡眠物質であるアデノシンに変換されて脳内へ伝達される．その後，アデノシン A_{2A} 受容体を介して，前部視床下部に存在する睡眠中枢である腹側外側視索前野（ventrolateral preoptic area：VLPO）の神経細胞を活性化し，GABAあるいはガラニン系の抑制性の投射を介して，後部視床下部に存在するヒスタミン系覚醒中枢である結節乳頭核（tuberomammillary nucleus：TMN）の活動を抑制して，脳全体を睡眠に導く（図2）．
　一方，PGD_2 の構造異性体である PGE_2 は，感染や炎症時に血管内皮細胞や貪食細胞で誘導されるPGE合成酵素により活発に産生され，TMNに存在する EP_4 受容体を介してヒスタミン神経系を活性化し，動物に覚醒を誘発する（図2）．その他のPG類の中枢作用に関しては，十分な研究がなされていない．
　COX-1，COX-2，リポカリン型と造血器型のPGD合成酵素，誘導型PGE合成酵素，PGI合成酵素，TXA合成酵素，9種類のPG受容体（DP_1, DP_2, EP_1, EP_2, EP_3, EP_4, FP, IP, TP）の遺伝子欠損マウスが作製され様々な実験に用いられている．　　　　　　　　（裏出良博）

文　献
1) 裏出良博：睡眠学（日本学術会議/精神医学・生理学・呼吸器学・環境保健学・行動科学研連著），pp.13-29, じほう，2003.
2) Hayaishi, O. et al.：Arch. Ital. Biol., 142, 533-539, 2004.
3) 裏出良博他：ホルモンと臨床，53(6), 573-581, 2005.

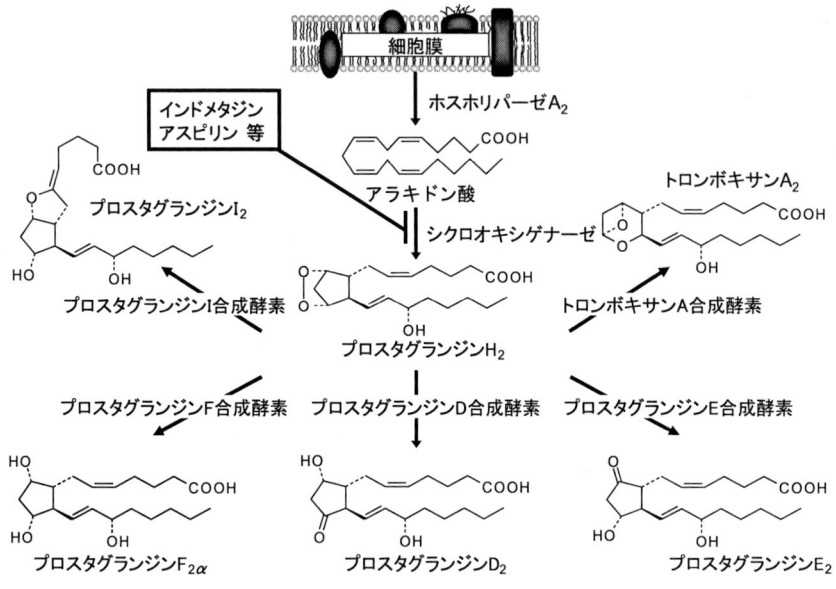

図1 プロスタグランジンの生合成反応

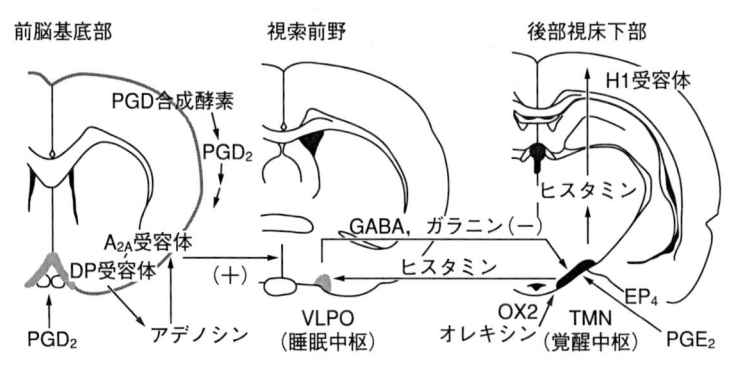

図2 プロスタグランジン D_2 と E_2 による睡眠覚醒調節機構[2]

90 ヒスタミン
—— Histamine

　ヒスタミンは塩基性生理活性物質である生体アミンの一種である（図1）．必須アミノ酸であるヒスチジンからヒスチジン脱炭酸酵素（histidine decarboxylase：HDC）の作用により産生される．末梢組織の肥満細胞の分泌顆粒に高濃度に含まれ，アレルギー反応に伴う肥満細胞の脱顆粒に伴って放出される炎症物質として，また，胃酸の分泌を促進することでも有名であり，中枢神経系においては，ヒスタミン神経系の神経伝達物質として機能する．

　ヒスタミン神経系は，和田博らの研究チームにより発見された[1]．ヒスタミン神経系は後部視床下部の結節乳頭核（tuberomammillary nucleus：TMN）に起始核をもち，脳全体に幅広い神経投射を行っている．その神経終末はシナプスを形成する場合と，神経膨隆部（varicosity）からのヒスタミンの放出の2種類の形態をとる．ヒスタミン神経系は脳の覚醒の維持に重要な機能を果たしている．そして，大脳皮質の遊離ヒスタミン濃度は，動物の覚醒時間に対して，様々な神経伝達物質のなかで最もよい正の相関を示す（図2）．結節乳頭核には，覚醒物質であるオレキシンの2型受容体（OX2）やプロスタグランジンE_2の4型受容体（EP_4）が局在するので，これらの物質はヒスタミン神経系を活性化し，脳全体の遊離ヒスタミン濃度を上昇させて，覚醒を誘発する．一方，結節乳頭核は，前部視床下部に存在する睡眠中枢である腹側外側視索前野（ventrolateral preoptic area：VLPO）から，GABAあるいはガラニン系の抑制性投射を受けている．その結果，プロスタグランジンD_2やアデノシンA_{2A}受容体作動薬の脳室内投与により，この睡眠中枢を活性化すると，結節乳頭核の近傍の細胞外GABA濃度が上昇しヒスタミン神経系の活動が低下して睡眠が誘発される（図3）．

　脳には，H1，H2，H3の3種類のヒスタミン受容体が分布する（表1）．H1とH2受容体はシナプス後膜に分布し，H3受容体はシナプス前膜に分布するオートレセプター（autoreceptor）である．ヒスタミン神経系はH1受容体を介して覚醒の維持に関与するので，ピリラミンなどの脳内移行性の高いH1受容体拮抗薬は強力な催眠効果を示す．一方，シプロキシフェンなどのH3受容体拮抗薬は，遊離ヒスタミンの再取り込みを阻害して覚醒を誘発する．H2受容体は胃酸分泌に関与するが，脳内での機能についてはあまり研究が進んでいない．

　HDC，H1，H2，H3の遺伝子欠損マウスが作製され，HDCとH1のそれぞれの遺伝子欠損マウスについて行動異常が報告されている．HDC欠損マウスは新しい環境に対する警戒心が低く，睡眠潜時（新しい環境で睡眠を開始する時間）が野生型マウスに比べて短い．一方，H1欠損マウスは，野生型マウスが示すオレキシンの脳室内投与による覚醒反応をまったく示さない[3]．

〈裏出良博〉

文献
1) Haas, H. and Panula, P.：*Nature Rev.*, 4, 121-130, 2003.
2) Chu, M. *et al.*：*Neurosci. Res.*, 49(4), 417-420, 2004.
3) Hayaishi, O. and Huang, Z.-L.：*Drug News Perspect*, 17, 105-109, 2004.
4) Scammell, T. *et al.*：*Neurosci.*, 107, 653-663, 2001.

表1 ヒスタミンH1，H2，H3受容体の分布と拮抗薬

	H1	H2	H3
局在	シナプス後膜 (postsynaptic)	シナプス後膜 (postsynaptic)	シナプス前膜 (presynaptic)
共役系 G蛋白質	$G_{q/11}$	G_s	$G_{i/o}$
セカンドメッセンジャー	IP_3	cAMP	cAMP Ca^{2+}
拮抗薬	ピリラミン (Pyrilamine)	シメチジン (Cimetidine)	チオペラミド (Thioperamide) シプロキシファン (Ciproxifan)

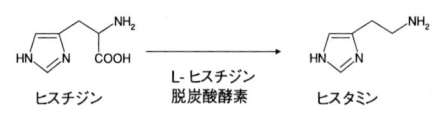

図1 ヒスタミンの構造式

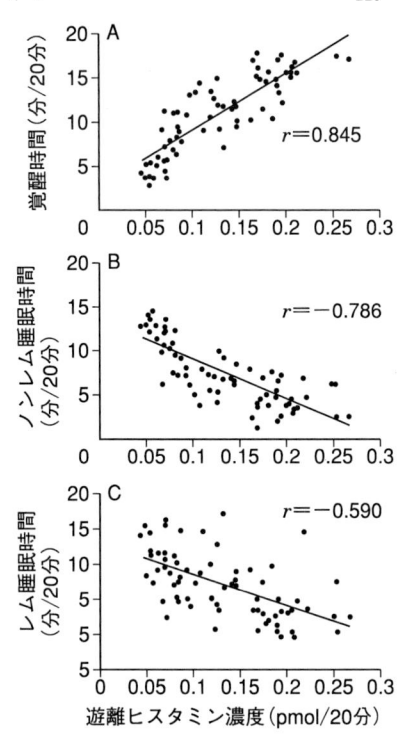

図2 大脳皮質の遊離ヒスタミン濃度と覚醒およびノンレム睡眠との相関[2]

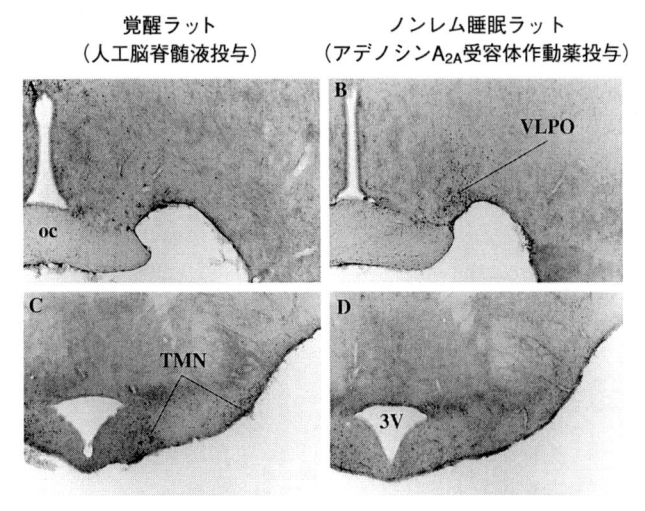

図3 睡眠覚醒に伴う睡眠中枢（VLPO）とヒスタミン系覚醒中枢（TMN）におけるc-Fos蛋白質の変動[4]

6. リズム障害

91 概日リズム睡眠障害，時差型（時差症候群）
—— Circadian Rhythm Sleep Disorder, Jet Lag Type (Jet Lag Syndrome)

概日リズム睡眠障害，時差型（時差症候群）は，4～5時間以上の時差時間帯をフライトしたときの心身の不調な状態を示す．この症候群は，自然に放置しても数日内に消失するが，パフォーマンスの低下を生じ，事故などの社会的問題と関連する．時差型は，体内の概日リズムが外界の生活時間とずれて生じる外的脱同調と，体内の概日リズム同士のなかでずれる内的脱同調，さらにフライト中に生じる断眠が症状形成に関係する．

時差型の症状は，航空乗務員対象に行った調査によると，症状ありと回答した者が227人（88.3%）で，症状なしと解答した者は25人（9.7%）であった（表1）．訴えの多かった睡眠障害と眠気を合わせた睡眠覚醒障害は，84%にみられている．睡眠障害の型では，夜間覚醒が52.0%，入眠困難が30.9%，その他（熟眠感なし，眠気，覚醒困難）と続き，睡眠の持続性が障害されていた．時差症状は，いくつかの要因により影響を受ける．ヒトの生体リズムのフリーランニング周期が24時間より長いため，フライトの方向は大きな影響力をもつ．西行きフライトより東行きフライトで時差症状は強くなり，睡眠ポリグラフ検査では，REM睡眠の出現が減少する．また，50歳以上の高齢者では，若年者より症状が強く出現する．性格も時差症状に関係し，神経質な人や内向的な人では，時差症状が長く続きやすい．また，時差地の再同調には，順行性再同調と逆行性再同調があり，後者では時差症状が遷延し，重症化しやすい．具体的には日本から時差が8時間（マイナス16時間）あるアメリカ西海岸へフライトする場合，通常は生体リズムを8時間位相前進させて現地の生活時間に順行性再同調するが，一部の人は生体リズムを16時間位相後退させる方向で逆行性再同調する場合があるので注意を要する（図1）．

治療は，時差のある地域で数日以上滞在する場合は，睡眠や活動，食事などできる限り同調因子を現地の生活時間帯に合わせることが重要である．積極的に時差地に再同調を促す手段としては，2500ルックス以上の高照度光照射とメラトニンの服用の効果が確認されている．高照度光は，主観的な朝方に浴びると位相前進が，主観的な夕方に浴びると位相後退が期待できる．時差地での再同調を促すため，現地の太陽光（曇りの日でも3000ルックス以上の照度）を利用するか，不適切な時間帯の太陽光の遮光が有効である．メラトニンは，高照度光と逆転した位相反応を示すため，位相前進を促す場合は主観的夕方に，位相後退を期待する場合は主観的朝方に，0.5mgから3mgの服用が勧められる．メラトニンはホルモンの一種であり，妊娠の可能性のある若い女性への投与は避ける．どちらにしても，時間を考慮した適切な照射や投与の場合は，両者の併用により再同調が促進される（表2）．さらにフィールド実験では，メラトニン投与により逆行性再同調を防止する可能性が認められている．時差症状には，断眠も関係するため，短時間型の睡眠薬の服用も有効である．しかし，アルコールの併用は，記憶障害などを生じることがあるため，十分に注意する必要がある（100「脱同調症候群」参照）．　　（高橋敏治）

文献
1) 佐々木三男：睡眠の科学（鳥居鎮夫編），pp. 149-183, 朝倉書店，1984.
2) Takahashi, T. et al.: Psychiat. Clin. Neurosci., 54, 377-378, 2000.

表1 パイロットにおける時差ぼけ症状と発生率[1]

	時差症状	人数	%
1	睡眠障害	173	67.3
2	日中の眠気	43	16.7
3	精神作業能力低下	37	14.4
4	疲労感	27	10.5
5	食欲低下	26	10.1
6	ぼんやりする	24	9.3
7	頭重感	15	5.8
8	胃腸障害	11	4.3
9	目の疲れ	6	2.3
10	その他（覚醒困難，吐き気，いらいらなど）	8	3.1

時差症状がある　227人（88.3%）　　（$n=257$）
時差症状がない　25人（9.7%）
無記入　　　　　5人（1.9%）

表2 メラトニン3mg服用の有無による血中メラトニンリズムの位相変化（分）（Takahashi, 2000[2]）から改変）

メラトニンリズムの位相	メラトニン服用なし	メラトニン現地20時服用	位相の大きさの差
上昇位相	336	411	75
ピーク位相	326	402	76
下降位相	331	393	62

ロサンゼルス5日目の採血結果，2～4日目は屋外で太陽光を浴びている．

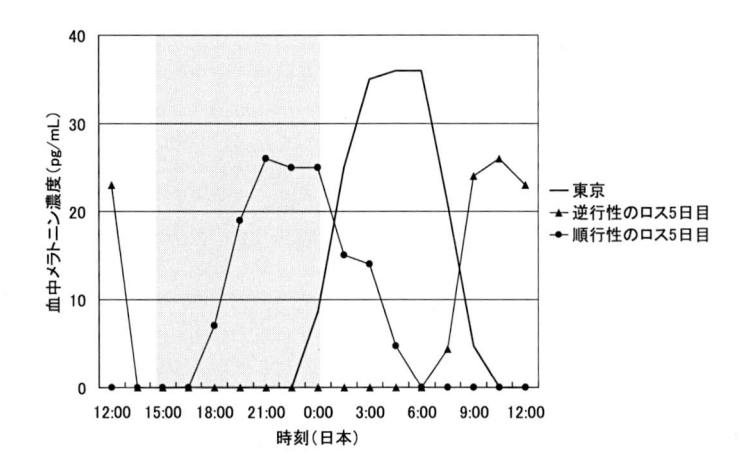

図1 順行性再同調と逆行性再同調の血中メラトニンリズムの変化（Takahashi, 2000[2]）より改変）
点線部分がアメリカ西海岸ロサンゼルスの睡眠時間帯である．東京でのメラトニンリズムは，フライト後には，大部分は順行性に図の左側へ位相前進して再同調するが，一部は逆行性に図の右側へ位相後退して再同調した．順行性は時差8時間を，逆行性は時差16時間を解消する再同調となるため，逆行性の場合の時差の症状は持続し，重症化する．

92 交代勤務 —— Shift Work

　交代勤務につくと，働く時間帯はその日によって，あるいは数日のうちに大幅に変わる．これに伴って，睡眠をはじめとした生活のあらゆる時間帯も移動する．わが国の企業のなかで，交代勤務を採用する企業は過去30年間をみると15〜20%である（図1）．

　交代勤務による問題は多岐にわたる．しかも，夜勤を含む場合，その影響は大きくなる．第1に，勤務中に眠気が高まり，生産性や安全が損なわれやすくなる（図2）．体内時計は昼間に活動し，夜間に休息（睡眠）をとれるように心身を調節する．この機能は強固なため，労働の時間帯が昼間から夜間に急に移っても，それにすぐには適応できない．夜勤明けの昼間にとらざるを得ない睡眠は質と量が低下する．その結果，回復は不十分となり，睡眠負債も蓄積する．

　交代勤務は種々の健康障害を招きやすい[3]．心筋梗塞や高血圧など心血管系の疾患，便秘や十二指腸潰瘍など消化器系の障害，糖尿病など代謝・内分泌系の障害は交代勤務と関連する．近年，悪性腫瘍（とくに乳がん，大腸がん）と夜勤との関連が示唆されている．これらのがんリスクの上昇は夜勤時の室内光曝露によってメラトニンの分泌が抑制され，ひいてはその抗腫瘍作用が減弱したことによると説明されている．だが，交代勤務の健康影響は多数の要因がかかわりながら現れるため[3]，この仮説は厳密に検証される必要がある．

　上述したように，交代勤務者は不眠と過剰な眠気をしばしば経験する．だからといって，それをすぐに疾患としてとらえてよいのだろうか．睡眠関連疾患国際分類第2版には概日リズム睡眠障害，交代勤務型（circadian rhythm sleep disorders, shift work type）がすでに含まれている．しかし，Bibliography（文献）に原著論文が1つも含まれていない事実をみると，十分なエビデンスに基づいた採択か，定かではない．

　安全と健康の問題に加えて，交代勤務は社会や家庭での生活に支障を生じやすい．社会は概して昼型で週末余暇を指向しているために，交代勤務者は友人や家族との時間，地域活動への参加などを犠牲にせざるを得ない場合が多い．このことは生活の質にかかわる重要な問題である．

　交代勤務に伴う諸問題は適切な対策によって軽減できる．たとえば，交代勤務者に向けた睡眠衛生や安全健康プログラムの提供，勤務スケジュールの調整，勤務前・勤務中の仮眠，高照度光の活用，作業工程の見直し，薬物の利用などがあげられる．具体的な対策の考案，実行，評価，そして改善は会社が一方的に行うのではなく，職場の関係者が自主的に参加して行うほうが効果的である．

　交代勤務は現代社会を維持するために必須であり，今後増えることはあっても，減る可能性はほとんどないであろう．時間生物学的研究の成果が交代勤務者に利益を与えることが期待されている．　　（高橋正也）

文　献
1) 厚生労働省：賃金労働時間制度等総合調査，1975-1999，就労条件総合調査，2001.
2) Folkard, S. et al.: *Ind. Health.*, **43**, 20-23, 2005.
3) Knutsson, A.: *Occup. Med. (Lond).*, **53**, 103-108., 2003.

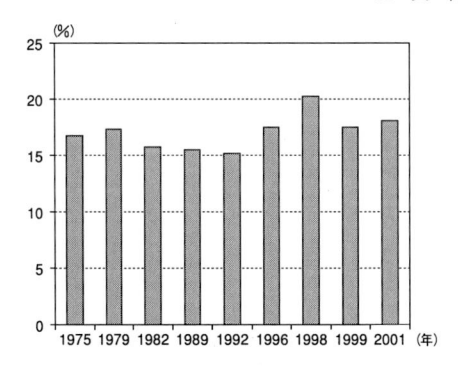

図1 交代勤務（含夜勤）を採用するわが国の企業の割合[1]

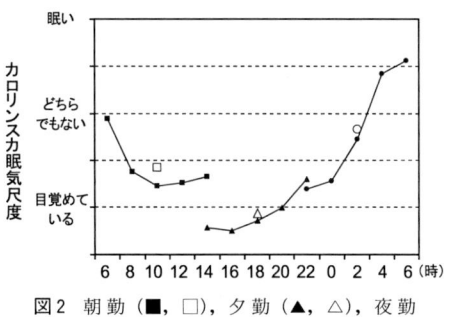

図2 朝勤（■，□），夕勤（▲，△），夜勤（●，○）中の自覚的眠気[2]
白抜きのシンボルは各勤務における自覚的眠気の平均値を示す．

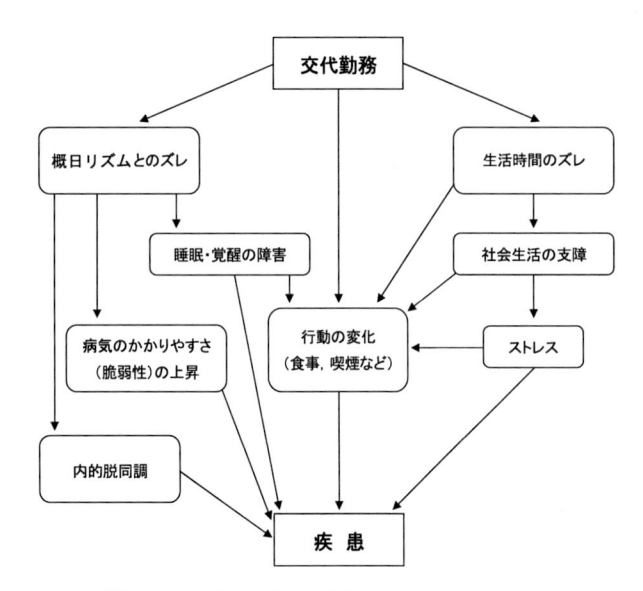

図3 交代勤務と疾患との関連を説明するモデルの例[3]

93 概日リズム睡眠障害，睡眠相前進型（睡眠相前進症候群）
—— Circadian Rhythm Sleep Disorder, Advanced Sleep Phase Type (Advanced Sleep Phase Syndrome, ASPS)

望ましい時刻よりも朝は早すぎる時刻に目覚め，夕方や夜早すぎる時刻に眠くなる疾患である．典型的な症例では，午後6〜9時の間に入眠し，朝2〜5時の間に覚醒する．睡眠時間帯のみでなく，体温リズムやメラトニンの分泌リズムも健常人に比べて前進している．患者は早朝から目覚めて眠れない，あるいは夜早い時刻から強い眠気が生じると訴える．仕事などで入眠時刻が遅くなっても早朝に覚醒するため，睡眠不足になることがある．早朝覚醒があるため，うつ病と誤診されることがある．

根本的原因は不明だが，概日リズム周期が短い，光照射により概日リズムを後退させる機構が障害されている，あるいは光照射により概日リズムを前進させる力が強い，などの可能性が考えられる．少なくとも一部の睡眠相前進型患者では，概日リズム周期が短縮（同年齢・性別の健常者の概日リズム周期の平均が24.2時間のところ，家族性睡眠相前進型の一例では23.3時間の例が報告されている）している．朝早く覚醒するため，概日リズムの位相が前進する時間帯に強い光を浴びることになり，さらに位相が前進するという悪循環に陥ると考えられている．

常染色体性優性遺伝様式で家族性に発症する家系が複数報告されている．うち2家系からは，原因遺伝子が同定された．最初に同定されたのは，時計遺伝子であるPer2遺伝子の662番目のセリンがグリシンに変わる変異（S 662 G 変異）で，このアミノ酸の変化により，PER 2蛋白がカゼインキナーゼ1イプシロンなどによるリン酸化を受けにくくなり，概日リズム周期が変化することが明らかになった[1]．別の家系ではカゼインキナーゼ1デルタのT 22 A変異が発見され，やはり時計蛋白のリン酸化が低下することが原因で概日リズム周期が短縮すると考えられた[2]．いずれの多型も1家系から発見されたのみで，他の家系からは見つかっていない．家族性睡眠相前進型には，複数の異なる原因遺伝子が存在する．

中年以降の発症が多い（1％程度という報告もある）が，これは加齢により概日リズム周期が短縮し，症状が顕在化するためと考えられる．

治療法としては，1日数時間ずつ入眠・覚醒の時刻を早め，望ましい時刻に入眠・覚醒の時刻が一致してから睡眠時刻を固定する時間療法，夜早い時刻に高照度光に曝露して概日リズムの位相を後退させる方法などが試みられている．いずれも効果的だが，長期にわたり治療を継続するのが難しい．起床時にメラトニンを服用し，睡眠相を後退させる治療法も理論的に可能だが，まだ十分な研究データに欠けることと，メラトニンによる眠気が出現する可能性があることが問題点である．

まれな疾患と考えられていたが，睡眠相前進型の症状は睡眠相後退型などに比べ社会的に容認されやすいため，問題が表面化しない潜在患者数が多いのではないかと考えられている． 　　　　　　（海老澤　尚）

文献
1) Wijnen, H. et al.: Ann. Med., **34**, 386-393, 2002.
2) Xu Y. et al.: Nature, **434**, 640-644, 2005.

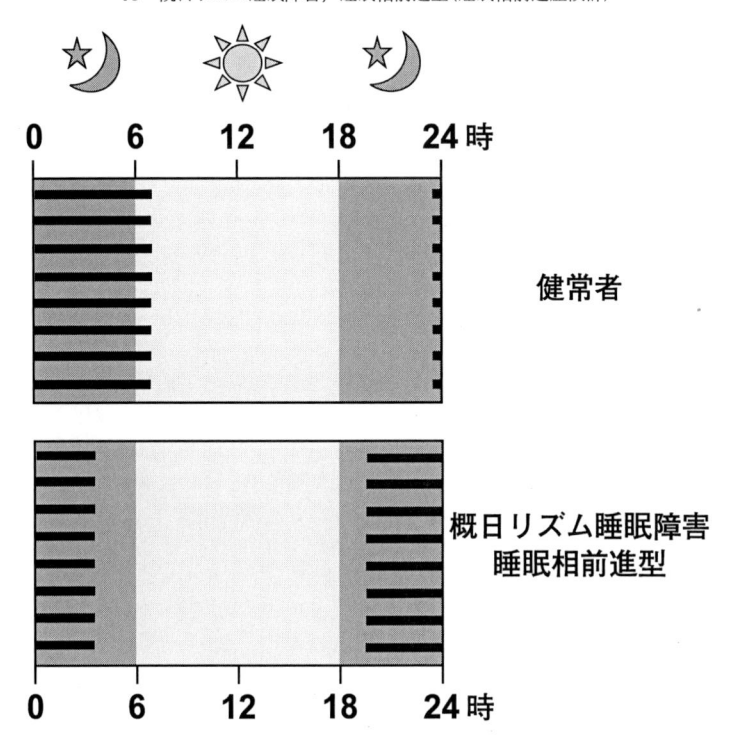

93 概日リズム睡眠障害, 睡眠相前進型(睡眠相前進症候群)

図1 健常者と睡眠相前進型患者の睡眠パターンの比較
太い横棒は, 睡眠時間を表す.

94 概日リズム睡眠障害，睡眠相後退型（睡眠相後退症候群）
―― Circadian Rhythm Sleep Disorder, Delayed Sleep Phase Type (Delayed Sleep Phase Syndrome, DSPS)

　概日リズム睡眠障害，睡眠相後退型（睡眠相後退症候群，DSPS）では社会的に要求される，あるいは本人の希望する時間帯に睡眠が取れないことが最も問題となる（図1）．不適切な時間帯に睡眠が起こる結果として覚醒も不適切な時間帯に生じることになる．表1にICSD-Ⅱによる睡眠相後退型診断基準を示した．具体的に睡眠相後退型の臨床特徴を述べれば生体時計のリズム位相と外界の明暗サイクルのリズム位相とがずれてしまい，睡眠をとる時間帯が午前3～4時頃から正午頃にまで後退してしまい病的な「宵っ張りの朝寝坊状態」に陥ってしまうのが主症状である（図2）．しかし睡眠相が遅れていることが許される条件下では正常な睡眠が可能であり，精神運動機能にも問題を生じないことになる．ただし，睡眠相後退型により朝社会的に望まれる時刻に覚醒できない場合には，欠勤や常習的な遅刻を生じることになり学校や仕事を継続することが困難になる．このため会社の同僚や上司，あるいは家族から怠け者，意欲がない，精神病ではないか等の偏見をもってみられてしまう場合も多い．また，睡眠相後退型患者が学校や会社のため午前7時前後に覚醒しなくてはならないと仮定すると，彼らの睡眠時間は4時間程度にまで短縮してしまうことになる．日中の眠気は前夜の睡眠時間が4時間以下に減少すると急激に高まることが知られており，睡眠相後退型患者が社会生活に適応するためには常に睡眠時間不足による日中の過度の眠気を抱えながら仕事や学業を行うことになる．

　睡眠相後退型の発生機序としては生体時計の機能異常が推定されている．すなわち，これまでの時間生物学的研究により，ヒトの睡眠・覚醒リズムは外界の明暗周期に依存した2次的な現象ではなく，生体内に存在する生体時計により制御された1次的現象であり，生体時計のもつ固有の周期は外界の明暗サイクル（地球の自転による）より長い約25時間であることが明らかになっている．また，生体時計は1つではなく，少なくとも睡眠覚醒リズム系を制御する時計機構と体温，メラトニンリズム系を制御する時計機構との2種類が存在することも明らかにされている[1]（図3）．つまり，われわれは毎日同調因子を用いて生体時計の位相を1時間ずつ前進させることにより24時間周期の外界の明暗周期に同調した生活を過ごしているのである．生体リズムの同調因子としては対人接触などの社会的同調因子以上に光が重要な因子であることが知られており，ヒトにおける生体リズムの光同調は光に対する位相反応曲線に従って達成され，主観的朝（休息期終了直後）の光によりリズム位相の前進が，主観的午後の光により後退が生じるとされている[2]．こうした特性をもつ生体時計の機能障害（とくに位相前進能）により睡眠覚醒リズムが望ましい時間帯から慢性的にずれてしまう病態が睡眠相後退型である．しかし臨床的にみると睡眠相後退型は必ずしも均一な疾患ではなく，明確な時計機構の異常が推定される場合から社会的あるいは環境的な原因が考えられる場合まで存在する．

　睡眠相後退型の治療は以下の通りである．
　① 高照度光療法：　一般的な高照度光療法では2500～3500ルックスの高照度光を早朝の一定時刻に2時間程度照射する．
　② メラトニン，ビタミンB_{12}：　睡眠相後退型などの睡眠覚醒リズム障害に対しては望ましい入眠時刻の1～2時間前に1～3

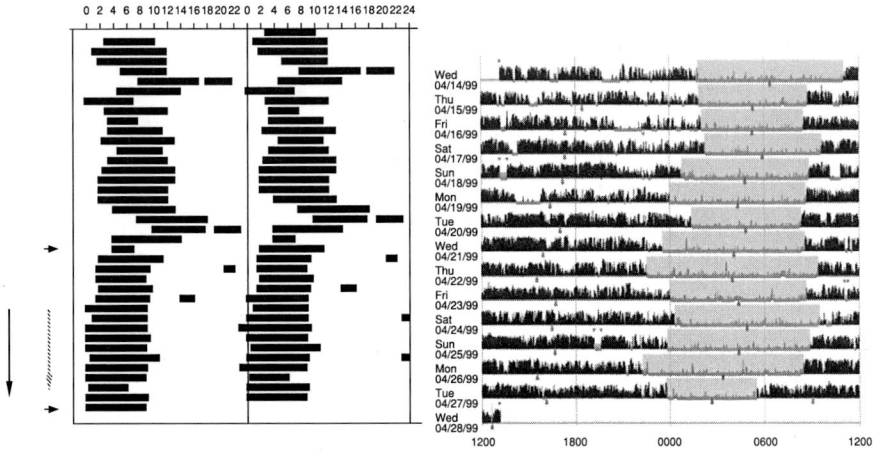

図1 睡眠日誌とアクチグラフ（Actigraph）による睡眠覚醒周期の変化
カテゴリーA：症例M. K. 30歳男性．

表1 概日リズム睡眠障害，睡眠相後退型（circadian rhythm sleep disorder, delayed sleep phase type）

A 主たる睡眠相が望まれる時刻帯に比較して遅れている．望む時刻に入眠し覚醒できないとの訴えが認められる．
B 患者の好む睡眠覚醒スケジュールが許される場合には正常な睡眠が可能であり，睡眠・覚醒の周期も24時間である．
C 最低1週間の睡眠日誌，アクチグラフ検査により睡眠相の後退が確認される．
　注：加えて直腸温の最下点，メラトニン分泌開始時刻などの遅れが参考となる．
D 患者の呈する病態は他の疾患では説明されない．

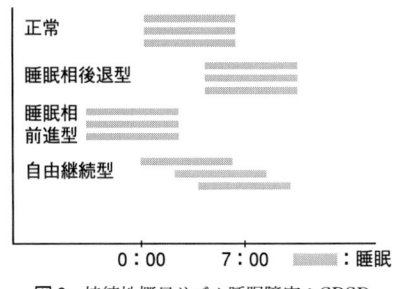

図2 持続性概日リズム睡眠障害：CRSD

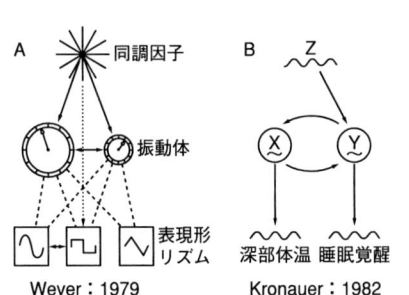

図3 生体時計：多振動体仮説[1]

mgのメラトニンを投与するのが一般的とされている．ビタミンB_{12}の投与方法としては1500〜3000 mgを経口投与するのが一般的である．

③時間療法：　入眠時刻を1日3時間程度ずつ遅らせていき，約1週間で望ましい入眠時刻に固定させるのが一般的な手法である．

(伊藤　洋)

文　献

1) Wever, R. A.: *The Circadian System of Man.: Results of Experiments Under Temporal Isolation Units.*, Springer-Verlag, 1979.
2) Honma, K. et al.: *Experienta*, **43**, 1205-1207, 1987.

95 概日リズム睡眠障害，自由継続型(非24時間睡眠覚醒症候群)
── Circadian Rhythm Sleep Disorder, Free-Running Type (Non-24)

1. 特徴

ヒトの生体リズムは生物時計によって駆動され，本来24時間よりやや長い約25時間の周期で刻まれる．しかし，外部環境は地球の自転により1日24時間のリズムで変化しており，生物時計は25時間の周期を外界の24時間の環境変化に同調させる機能をもつ．光や食事，運動，仕事，学校など様々な刺激（同調因子）により毎日このずれを修正しているため，睡眠・覚醒リズムも通常，24時間の周期となっている．

概日リズム睡眠障害，自由継続型（非24時間睡眠覚醒症候群）では，通常の24時間周期の環境にもかかわらず，入眠と覚醒の時刻が毎日1～2時間ずつ遅れ，睡眠覚醒リズムが24時間より長い周期を示す．初期の報告では全盲など視力障害者に多いとされたが，現在は視力障害のない人にも多くみられることがわかってきている．1日中室内に閉じこもっている者や社会的理由や長期の休暇などで昼夜逆転生活を送った後に，引き続いて出現することがある．いずれの場合にも，生体時計の同調機構が正常に機能しないため内因性リズムがそのまま出現し，自由継続型が起こると考えられている．

毎日1～2時間ずつ入眠・覚醒時刻が遅れていくので，周期的に完全に昼夜逆転する時期が約1カ月おきに出現する．睡眠時間帯が定まらないために，深刻な社会的不適応をきたす．患者自身が一定の時刻に就寝・覚醒しようと努力する場合，周期的に不眠や覚醒困難として自覚される．昼間に睡眠時間帯が出現する時期は社会生活，学校生活に大きな支障をきたし，日中無理に覚醒していても眠気や注意力・集中力低下，易疲労感，倦怠感などの症状に悩まされる．これらの症状のため慢性疲労症候群と診断され，睡眠薬や抗うつ薬を投与されることも少なくない．

2. 鑑別診断

中学生・高校生といった思春期の子どもたちが自由継続型を発症すると，登校に支障をきたし，いわゆる不登校と診断され，カウンセリングのみで対応される場合があるので注意が必要である．周期的な入眠困難などの症状を見逃さないことが重要である．また，うつ病，回避性の人格障害，統合失調症などで家に閉じこもり，明暗刺激や社会的接触が乏しくなり，2次性に自由継続型を呈していることもあるため，背後に精神疾患がないか鑑別する必要がある．さらに睡眠相後退型（睡眠相後退症候群）（項目94）との区別がつきにくい場合も多く，これらの疾患は同じ病態によると考えられる．自由継続型の診断は患者に睡眠日誌（就床時刻と入眠時刻，覚醒時刻と起床時刻）を1カ月ほど記録してもらうことで可能である．診断基準は表1の通りである．

3. 治療法

睡眠相後退型と同様，自由継続型の治療法は生活指導，高照度光療法が効果的である．軽症の場合は，規則的に朝の一定時刻に太陽光を浴びるよう生活指導を行う．重症の場合は入眠時刻が望ましい時刻になる数日前から，希望する起床時刻に高照度光療法（1～2時間）を開始する．たとえば，24時に入眠し，翌朝7時に起床したい場合は，入眠時刻が21時頃（入眠したい時刻の約3時間前）になってきた頃，翌朝7時から2時間程度の高照度光療法を始める．入眠時刻が固定できたら，高照度光療法開始時刻を少しずつ早めて，希望時刻に

図1 自由継続型の睡眠記録および症例[3]
〔睡眠記録〕睡眠覚醒周期が25.1時間を示す．規則的に入眠が遅れていく時期が20日ほど続くと，非常に乱れた時期が10日ほど出現するというパターンを約30日の周期で繰り返している．

〔症例〕（30歳・男性）高校時代から時々徹夜をしていた．卒業後，コンピュータオペレータとして就職．この頃より入眠と覚醒時刻が毎日1時間ずつ遅れることに気づいた．時に昼夜がまったく逆転し，昼間に出勤することが困難な状態も生じたので，上司と相談し，フレックスタイムで勤務することにした．しかし，社会生活上不便をきたすことも多く，治療を希望して来院．患者が記録した睡眠日誌から，睡眠覚醒リズムの周期は25.1時間であることがわかった．高照度光療法（照度3000ルックス，6〜8時に照射）で24時間に同調して生活できるようになった．

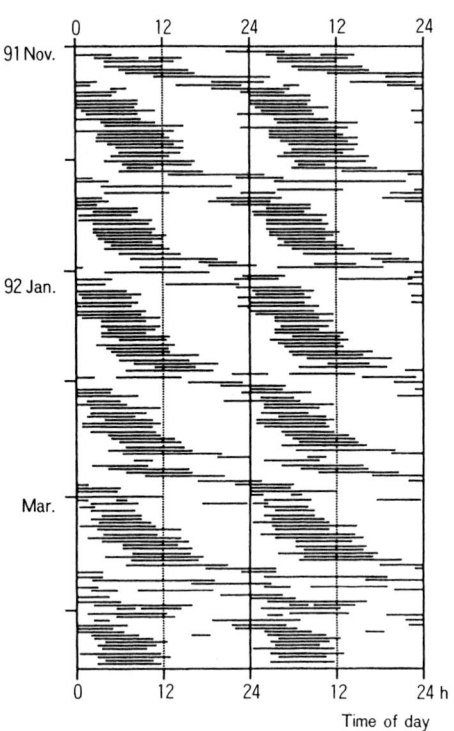

表1 概日リズム睡眠障害，自由継続型診断基準（ICSD-IIによる）

A.	24時間明暗サイクルと内因性の睡眠覚醒リズムがずれているために，不眠や日中の眠気を訴える
B.	少なくとも7日間の睡眠日誌かアクチグラフィー（携帯型行動記録計）の記録で，毎日の睡眠・覚醒パターンが24時間より長い周期で後退していることが示されている
C.	睡眠障害が他の通常の睡眠障害や身体疾患，神経疾患，精神疾患，薬物使用や他の物質使用によるものではない

入眠・起床できるように調整する．
ほかに，メラトニンやビタミンB_{12}，短時間あるいは超短時間のベンゾジアゼピン系睡眠薬が有効とされるが，光療法と併用することが多い． （大川匡子）

文 献

1) 大川匡子他編：臨床睡眠医学，朝倉書店，1999.
2) 内山 真編：睡眠障害の対応と治療ガイドライン，じほう，2002.
3) 内山 真・大川匡子：呼吸と循環，45(9)，871-877, 1997.

96 昼夜逆転

—— Night Awake and Day Sleep

　昼夜逆転とは，入眠時刻が明け方以降になり翌日の夕方頃まで眠っている場合に一般的に用いられる表現である．昼夜逆転は学生の夏休みなど長期休暇中によくみられ，進学や就職などに伴う生活環境の変化などが誘因になることもある．その状態が続くと，不登校や休職などの社会的な問題を引き起こす．また，裁量労働制の導入，生産性の上昇などのために，労働者の夜勤勤務も増え昼夜逆転状態となっている場合も多い．そのため睡眠障害などの健康問題が出現し，最悪の場合産業事故にもつながっている．表1に昼夜逆転が生じる原因をあげた．

　リズム位相性の乱れが生じ，昼夜逆転が生じる疾患として概日リズム睡眠障害，時差型（時差症候群），交代勤務型（交代勤務による睡眠障害），睡眠相後退型（睡眠相後退症候群）（図1），自由継続型（非24時間睡眠覚醒症候群），不規則睡眠覚醒型（不規則型睡眠覚醒パターン）などがある（表2）．内因性生体リズムに逆らった時間に睡眠をとろうとするために生じる睡眠障害には時差型，交代勤務型がある．また内因性生体リズムと外界の明暗周期が適切な同調関係を保てないために，睡眠覚醒スケジュールが望ましい時間帯から慢性的にずれてしまう睡眠障害には睡眠相後退型，自由継続型と不規則睡眠覚醒型などがある．

　昼夜逆転状態にあるときに，昼間，無理に覚醒していると，集中困難，作業能率の低下，頭痛，不安，焦燥感，抑うつ状態，眠気，疲労感，胃腸障害が出現する．これらの症状は生体リズムが生活時間とずれているために引き起こされる内的脱同調によるものである．また，夜間には入眠困難，中途覚醒，熟眠困難が慢性的にみられる．

高齢者の不規則睡眠覚醒型の場合は夜間せん妄などを伴う場合も多い．

　検査方法としては患者本人に毎日睡眠日誌をつけてもらう．あるいは携帯型活動量測定装置（アクチウォッチ）により客観的に平均入眠時刻，平均覚醒時刻，平均睡眠時間，日中・夜間の活動量などを測定する．また直腸温などの深部体温の連続測定や血中メラトニンリズムの測定などにより生体リズムの位相がずれていることを確認することもできる．

　治療は薬物療法と非薬物療法に分けられ，薬物療法にはメラトニン，ベンゾジアゼピン系薬物やビタミンB_{12}などを使用する．メラトニンには位相前進作用，直接的催眠作用などがあり，ビタミンB_{12}にはメラトニン分泌抑制反応を増強する作用と深部体温を上昇させる作用がある．一方，非薬物療法としては，時間療法，同調因子を強化する方法，心理社会的治療などがあげられる．同調因子を強化する方法としては高照度光療法（望ましい睡眠覚醒周期に高照度光（2500ルックス以上）を照射する）や食事，運動，入浴などを決められた時間に行いメリハリのある生活を指導する．

（高橋正洋・山田尚登）

文献

1) 粥川裕平他：睡眠相後退症候群と非24時間睡眠覚醒症候群．臨床医のための睡眠・覚醒障害ハンドブック（大川匡子，内山　真編），pp.87-92，メディカルレビュー社，2002.
2) 内山　真：概日リズム睡眠障害．睡眠障害の対応と治療ガイドライン，pp.179-196，じほう，2002.
3) 有藤平八郎・高橋正也他：産業事故と睡眠障害．睡眠学（眠りの科学・医歯薬学・社会学），pp.157-168，じほう，2003.

表1 昼夜逆転が生じる原因

1. 交代，夜勤勤務（看護師，トラック・タクシー運転手，工場勤務者など）
2. 概日リズム睡眠障害，時差型（航空乗務員，一般旅行者）
3. ライフスタイルの変化（睡眠時間の短縮，就寝時間の遅れなど）
4. 様々なストレス（いじめ，失業など）
5. 加齢
6. 精神疾患（統合失調症，うつ病，人格障害など）
7. 身体疾患（認知症，パーキンソン病など）

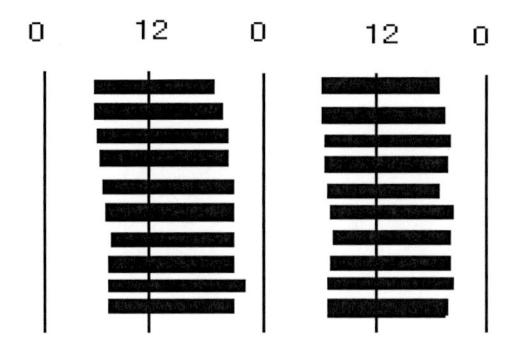

図1 昼夜逆転を示す DSPS の睡眠パターン
横軸は1日の時間経過，縦軸は日数，棒線は睡眠を表す．入眠は午前6時以降，起床は夕方で昼夜逆転の睡眠パターンを示す．

表2 昼夜逆転が生じる概日リズム睡眠障害
(Circadian Rhythm Sleep Disorder)

- 時差型（時差障害）Jet Lag Type
- 交替勤務型（交替勤務性障害）Shift Work Type
- 睡眠相後退型（睡眠相後退障害）Delayed Sleep Phase Type (Delayed Sleep Phase Disorder)
- 自由継続型（非同調型）Free-Running type (Nonentrained Type)
- 不規則睡眠覚醒型（不規則睡眠覚醒リズム）Irregular Sleep-Wake Type (Irregular Sleep-Wake Rhythm)

97 季節性うつ病
—— Seasonal Affective Disorders, SAD

　季節性うつ病は，専門的には季節性感情障害 (seasonal affective disorders：SAD) とよばれ，多くは秋から冬にかけてうつ状態を示し，春から夏にかけては寛解または軽躁状態となるうつ病の一群をいう．1984年，アメリカの Rosenthal らは，季節関連性が極めて濃密な感情障害を SAD とした[1]．表1に診断基準を示す．その後，夏にうつ状態となり，冬に寛解ないし躁転する夏型 SAD の存在が確認され，秋から冬に限定されていたうつ病エピソードの季節限定事項が外れた．

　SAD の発症頻度には緯度依存性が認められ，カナダ国境に近い高緯度の州では人口10万人に対して SAD は約100人，メキシコ湾岸の低緯度の州では人口10万人に対し SAD は6人以下である．日本での発症頻度は，緯度や気温よりむしろ日照時間に依存する．

　表2に日本とアメリカでの報告例を示す[2]．その特徴は，女性に多く，発症年齢が低く，悲哀感・不安・焦燥感などの感情障害を訴える者が多い．日本では，活動性の低下・社会的ひきこもり・就労困難といった行動抑制障害が必発で，RDC (research diagnostic criteria) 診断では，単極性障害が多いが，アメリカではむしろ双極II型障害が多い．非定型随伴症状としては，過眠・過食・炭水化物飢餓の3症状があり，ひと冬で10kg以上体重が増加するケースもある．

　SAD には，高照度光を使った光療法が有効である．光療法は，一般には数千～1万ルックス程度の光が用いられ，光は網膜を介して中枢神経に伝えられ抗うつ効果を発揮する．光は早朝に照射すると最も高い効果が得られるとされているが，日中や夕刻の照射でも効果が得られる．照射時間は，2時間が一般的である．図1に筆者が行った朝の光療法の結果を示す[3]．5例中3例に著明な改善を認めた．効果発現に要する時間は約3日で，日本では，とくに過眠・過食といった症状を強くもっている患者に，より光療法が効果的である．また，光療法は SAD 以外のうつ病にも有効である．光療法の重篤な副作用の報告はないが，抗うつ薬に比べ効果発現期間が短いため，躁うつ病における躁病の発病に気をつけなければならない．高照度光には，抗うつ効果のほかに，夜間のメラトニン分泌を抑制する効果，生体リズムの位相を変化させる効果がある．抗うつ効果が，メラトニン分泌や生体時計を介して発現しているか否かは不明である．

　SAD の発症が日の長さに関与していることから，光療法の作用機序に関してはいくつかの作業仮説がたてられている．光療法の抗うつ効果はメラトニンの分泌期間を短縮させることにより発現する（メラトニン仮説），網膜に到達するフォトンそのものに抗うつ効果がある（フォトン仮説），遅延した生体リズムが SAD の原因である（位相変位仮説），光療法の治療効果がセロトニンを介して発現される（セロトニン仮説）などがある．また最近では，光が生体時計を介して脳と副腎皮質のコルチコステロンを増加させ抗うつ効果を発揮させるとの報告もある．

（遠藤拓郎）

文献
1) Rosenthal, N. E. et al.：Arch. Gen. Psychiatry, 41, 72-80, 1984.
2) Takahashi, K. et al：J. Affect. Disord., 21, 57-65, 1991.
3) Endo, T.：Jikeikai Med. J., 40, 295-307, 1993.

表1 Rosenthalの診断基準[1]とDSM-IV (Diagnostic and Statistical Manual of Psgohiatric Disorders 4th ed) の感情障害：季節型の診断基準

Rosenthalの診断基準
(1) RDCに基づく大感情障害の既往がある．
(2) 少なくとも，連続した2年間の秋または冬にうつ病になり，それに引き続く春または夏に寛解した．
(3) その他のAxis Iの精神障害がない．
(4) たとえば，仕事上のストレスといった，気分・行動の季節性変動を招く，明確に季節変動する心理社会的要因がない．

DSM-IVの感情障害：季節型の診断基準
A. 双極I型障害，双極II型障害または大うつ病性障害，反復性における大うつ病エピソードの発症と，1年のうちの特定の時期との間に規則的な時間的関係があった（季節に関連した心理社会的ストレス因子の明らかな影響が存在する場合は含めないこと）．
B. 完全寛解（あるいは，抑うつから躁または軽躁への転換）も1年のうちの特定の時期に起こる．
C. 最近2年間に，基準AおよびBに定義される時間的な季節的関係を示す大うつ病エピソードが2回起こっており，同じ期間内に非季節性大うつ病エピソードは起きていない．
D. （上述の）季節性大うつ病エピソードは，その人の生涯に生じたことのある非季節性大うつ病エピソードの数を十分上回っている．

表2 SADの日米の報告例[2]

	日本(n=46)	アメリカ(n=246)
男女比	1：1.4	1：4.6**
年齢(歳)	35.5	38.0
初発年齢(歳)	26.5	22.0
うつ状態の持続週数	20	23
感情障害		
悲哀感	80%	96%
不安	93%	87%
焦燥感	78%	86%
行動抑制障害		
活動性の低下	100%	95%
社会的ひきこもり	100%	93%
就労困難	100%	86%
RDC診断		
双極I型障害	8.6%	7%
双極II型障害	28.6%	81%*
単極型障害	63.8%	12%*
食欲　増加	42%	71%*
減少	23%	18%
体重　増加	54%	76%
減少	23%	10%*
炭水化物飢餓	60%	72%
睡眠　過眠	74%	83%

*$p<0.05$, **$p<0.01$.

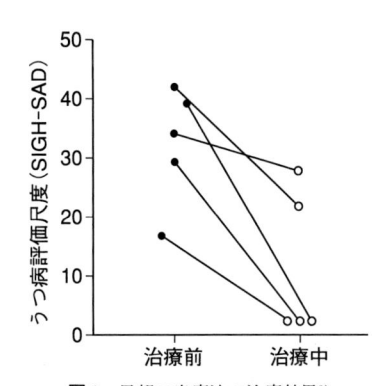

図1 早朝の光療法の治療効果[3]
5例中3例に著明な改善を認めた．

98 概日リズム睡眠障害,不規則睡眠覚醒型(不規則型睡眠・覚醒パターン)
—— Circadian Rhythm Sleep Disorder, Irregular Sleep-Wake Type (Irregular Sleep-Wake Pattern)

ヒトの睡眠覚醒リズムは日中の活動期,夜間の睡眠期と2相性に保たれているが,新生児期や老年期では,生理的な変化として多相性の睡眠パターンをとることが知られている.一方,出生時や幼児期に中枢神経障害を認めた場合や老人で脳機能障害のある患者が昼夜のメリハリのない環境で生活した場合に,概日リズムが失われ多相性の睡眠覚醒リズムを発症する症例が報告されている[1].

症状としては,日中の覚醒困難,集中力低下,夜間の不眠,行動異常などが認められる.図1は88歳入院中の血管性痴呆男性例のアクチグラフによる3週間の活動量を表したものである.夜間頻回に覚醒し,日中は眠気や昼寝が認められ,不規則な睡眠覚醒パターンを呈した.診断には睡眠日誌が有用であるが,睡眠日誌の作成が困難な場合にはアクチグラフによる活動量の推移をみて診断することも可能である.表1に睡眠障害国際分類(ICSD-II)による診断基準を示す.

病態生理としては,早川が簡潔にまとめている[2].第1に環境の変化や身体疾患などにより臥床がちとなり,光や社会的接触など同調因子の影響を十分に受けられない場合,次いで,様々な原因により夜間の睡眠が妨げられ,睡眠不足を補うために日中の睡眠が多くなる場合,そして第3として,生物時計の機能的あるいは器質的障害により内因性の周期が失われている場合に不規則な睡眠覚醒パターンが発生すると述べている.器質性脳障害の高度な場合にたとえば痴呆高齢者や重症脳障害児などで,ホルモンや体温リズムが失われることが指摘されている.最近では,定型抗精神病薬であるハロペリドールを長期間服用していた統合失調症あるいはジルドゥラトゥレ症候群でも不規則な睡眠覚醒パターンが認められ,薬剤を非定型抗精神病薬であるクロザピンの使用に切り替えたり,リスペリドンとメラトニンの併用を試みたところ睡眠覚醒リズムが規則的になった[3]との報告がある.薬剤の関与も念頭にいれる必要があるかもしれない.

治療法としては,ビタミンB_{12}の投与や,高照度光療法に加えて,社会的同調因子の強化により,夜間睡眠ならびに日中の精神機能の改善を試みる方法がある.福田らは,先の高齢男性に3週間,昼食時1時間の高照度光付加(5000ルックス,12時~13時)を行い,看護者による働きかけを試みた[4].その結果,図2に示すように活動量に昼夜のメリハリが出現してきた.光附加による睡眠の改善で,日中の覚醒度が上昇し,周囲の働きかけにも応えることができるようになったため,さらに昼夜のメリハリが強化されたと考えられる.薬物療法としては,ハロペリドールが主として夜間せん妄に用いられていたが,最近では非定型抗精神病薬である,クエチアピン,ペロスピロン,リスペリドンなどが用いられ,効果をあげている. (香坂雅子)

文献
1) Okawa, M. et al.: *J. Neurol.*, 233, 274-282, 1986.
2) 早川達郎:臨床睡眠医学(太田龍朗他編), pp.205-207, 朝倉書店, 1999.
3) Ayalon, L. et al.: *Chronobiol Int.*, 19, 947-959, 2002.
4) 福田紀子:入院高齢者の快適な睡眠確保に関する基礎的な研究.平成12~13年度科学研究費補助金基盤研究C2研究成果報告書, 2002.

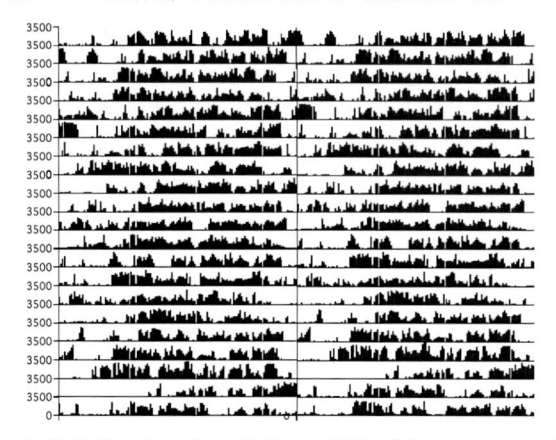

図1 88歳男性例の10分ごとの活動量，3週間をダブルプロット法で示す[4]
横軸は0時から24時までを表す．

表1 概日リズム睡眠障害，不規則睡眠覚醒型診断基準（ICSD-IIによる）

A 慢性的な不眠や日中の眠気を訴える
B 少なくとも7日間の睡眠日誌かアクチグラフィ（携帯型行動記録計）の記録で，24時間以内に3回以上の睡眠エピソードが示されている
C 睡眠障害が他の通常の睡眠障害や身体疾患，神経疾患，精神疾患，薬物使用や他の物質使用によるものではない

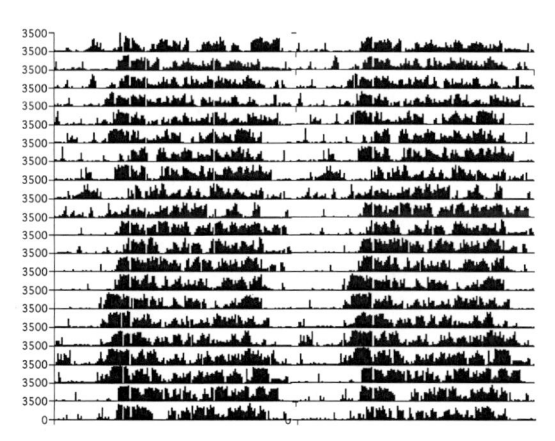

図2 同男性の光付加2週目，3週目，終了後1週目の10分ごとの活動量をダブルプロット法で示す[4]

99 脱同調症候群
—— Desynchronosis Syndrome

脱同調症候群（desynchronosis syndrome）とは，時差ぼけ（概日リズム睡眠障害，時差型（時差症候群））を意味する名称を，1973年，Beljanらが米国の航空宇宙医学会において統括した名称である[1]．時差ぼけとは，異なる時間帯域への高速移動（航空機による海外旅行）に伴い急激な外界リズムの変化が生じることにより，体内時計と到着地の生活時間のずれが発生し，そのずれが引き起こす一時的な心身機能の不調和状態をいう．時差ぼけにみられる症状は，睡眠障害，日中の眠気や疲労感，精神作業能力の低下，食欲低下，頭重感，胃腸障害などがある．

航空機の発明および海外渡航への利用の発展によりみられるようになった時差ぼけという現象は，1932年にPostが初めて自ら8日間の世界旅行を行った際の心身状態の変化について報告した．以後1950年代から本格的な研究が始まり，Strugholdは時差がリズム障害を生じることを指摘し，「非同調化」という概念で論じた．さらに1970年代以降は，航空機の大型化や長距離飛行が行われ時差研究も発展した．そして時差ぼけを表す名称もjet-fatigue, time zone fatigue, phase-shift syndrome, jet-age blue, jet syndrome, jet lag, jet lag syndromeなどの様々な呼び方をされた．「脱同調症候群」として一時は統括されたものの，最近では，睡眠障害国際分類（The Internal Classification of Sleep Disorders : ICSD）において，時間帯域変化（時差）症候群（time zone change [jet lag] syndrome）という名称が採用され，さらにICSD-IIでは，概日リズム睡眠障害，時差型（Circadian Rhythm Sleep Disorder, Jet lag type（Jet lag disorder））という名称に変更された．「脱同調」という言葉は，そもそも異なるリズム機構間の同調が崩れることを意味する．Weverらの提唱する2振動体モデルによると，体内時計には2つの振動体が存在し，強い振動体に支配されるリズム（レム睡眠，深部体温，メラトニン分泌）と弱い振動体に支配されるリズム（睡眠覚醒リズム，成長ホルモン分泌）からなるとされる（図1）．そして同調条件下において各リズムは，お互いに適切な位相角差を維持してリズムを刻んでいる．しかし，時差によって「脱同調」が生じると外界の明暗サイクルと体内リズムの間のずれ（外的脱同調（external desychoronization）），また，体内リズム同士間の位相角差にずれ（内的脱同調（internal desychronization））が生じる．時差ではまず外的脱同調を生じるが，その後体内リズムを外界リズムにあわせようとする同調の過程が起こる．その際，強い振動体に支配されるリズムと弱い振動体に支配されるリズムでは，再同調に要する時間（速度）が異なるため，内的脱同調が発生する（図2）．つまり弱い振動体に支配されたリズムは早期に外界リズムと再同調する一方，強い振動体によるリズムは再同調速度が遅く（位相前進の場合は1日に30分から1時間程度，位相後退は2～3時間程度），また時差の状況によっては，再同調する向きが異なる場合もあるため，同調に至るまでの間，同調条件下とは異なった位相角差となる．時差ぼけはこれら外的および内的脱同調に加え，機内の減圧・低酸素，睡眠不足，過労が関与している．時差ぼけの短期解消法はこれら成因に基づき，①高照度光照射，②メラトニン，③睡眠薬，④ビタミン

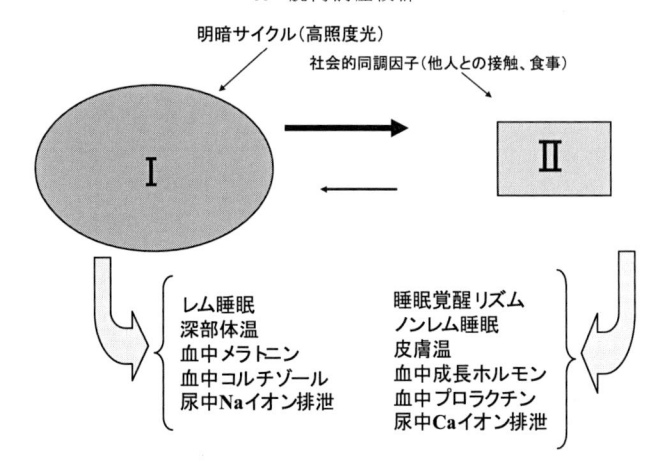

図1 ヒト体内時計の2振動体仮説[2]

明暗サイクル(高照度光)
社会的同調因子(他人との接触、食事)

Ⅰ：強い振動体
- レム睡眠
- 深部体温
- 血中メラトニン
- 血中コルチゾール
- 尿中Naイオン排泄

Ⅱ：弱い振動体
- 睡眠覚醒リズム
- ノンレム睡眠
- 皮膚温
- 血中成長ホルモン
- 血中プロラクチン
- 尿中Caイオン排泄

図2 時差シミュレーション実験にみられる内的脱同調[2]
対象は25歳男性．隔離実験室にて実験開始10日目より外界リズムを6時間前進させた（東方飛行）．その結果，睡眠覚醒リズム（白と黒のライン）は早期に同調したのに対し，深部体温リズム（△▽もしくは▲▼）は18時間遅延し，1週間後にようやく同調が完了している．22日目より外界リズムを6時間後退させたところ（西方飛行），東方飛行と同様に深部体温リズムは実験終了時にようやく再同調している．

B_{12}，⑤渡航時の睡眠覚醒スケジュールの工夫など検討されている．最近，Takahashi らはロサンゼルスへの東方飛行において，外因性メラトニンの投与を行い，強い振動体により制御されマスキングの影響が少ない内因性メラトニンリズムの再同調促進作用を報告した[3]（91「概日リズム睡眠障害，時差型（時差症候群）」参照）．

(小曽根基裕・青木 亮)

文献

1) 佐々木三男：睡眠の科学（鳥居鎮夫編），pp. 149-183, 朝倉書店，1984.
2) Wever, R. A.：*The Circadian System of Man*, Springer-Verlag, 1979.
3) Takahashi, T. *et al.*：*Psychiatry Clin. Neurosci.*, 56(3), 301-302, 2002.

100 高照度光療法

—— Bright Light Therapy, BLT

　高照度光療法（BLT）は，眼から入る高照度光がもつ概日リズム位相前進あるいは後退作用，覚醒作用などを利用して，様々な疾患に対して行われる治療法である．ほとんどの国で医療保険適応にならないが，スイスでは冬季うつ病に対するBLTが保険適応となっている．

　ヒトを含めた哺乳類では，視神経から周囲の明暗の情報が視床下部の体内時計（視交叉上核）に入力されており，地球の自転に体内時計を同調させることで，それぞれの種に最適な活動・休息の概日リズムをつくり出している．まったく視覚がないのに，高照度光により体内時計を同調できる視覚障害者がみられる．動物実験により，視交叉上核への明暗情報伝達には視細胞以外の光受容体がかかわっていることが確認されている．体内時計のさし示す時刻により，主観的夜に高照度光を浴びると体内時計が遅れ，主観的朝に高照度光を浴びると体内時計が進む．この概日リズム変位作用は，460 nm付近の光（青緑色の光）が最も強いといわれている．概日リズム位相が望ましいスケジュールからずれてしまうことで生じる概日リズム睡眠障害では，この光の位相変位作用に基づいてBLTを行う．

　脳器質疾患や全身状態が悪化した際にせん妄とよばれる興奮を伴った意識障害が出現することがあり，夜間に症状が強いことが多く，医療や介助の妨げとなる．ICUのような昼夜の明暗のメリハリがない環境ではせん妄が起こりやすい．日中にBLTを行うと，照射後の覚醒度が上がり，意識障害が改善し，夜の睡眠と日中の覚醒のメリハリがついてくる．

　冬季うつ病は，毎年秋から春先に駆けてうつ状態が出現する．体内時計は日長時間の変化から，季節の変化を先取りし，秋から冬の準備を始める．冬季うつ病はこの季節適応の障害によると考えられており，日長時間を延長する形でBLTを行うと症状が改善する．BLTは，朝の方が有効であるという意見と，朝でも夕方でも効果には差がないという意見がある．また，季節性のないうつ病でもBLTが有効であるという結果が得られており，高照度光自体に抗うつ作用があるという可能性もある．

　太陽光線による照度は非常に強く，屋外では晴れた日で10万ルックス，曇りの日でも1万ルックス以上である．屋内では窓際以外では照度は低く，明るいオフィスで500～1000ルックス程度，一般家屋では数百ルックス以下である．太陽光線を利用してBLTを行う場合には，屋外で30分程度過ごすだけで十分な効果がある．視力障害の原因となるので，直接太陽を見ないようにし，紫外線による白内障や皮膚障害を防止するため，帽子や日焼け止めを使用するようにする．人工照明を用いる場合は2500ルックス以上の照度を得ることができる光照射装置を用い，30分～1時間程度は照射装置の前で過ごす必要がある．光源が小さく，光源周囲との光度のコントラストが強いほどまぶしく感じ，頭痛・眼精疲労の原因となる．光照射装置は光源の面積がなるべく広く，ちらつきのないものを用いる．壁面や天井が一様な照度をもつ装置が理想的であるが，大量の熱が発生するため，専用の冷却装置が必要となる．

〔田ヶ谷浩邦〕

文　献
1) Honma, K. *et al.*：*J. Biol. Rhythms*, 18, 261-270, 2003.

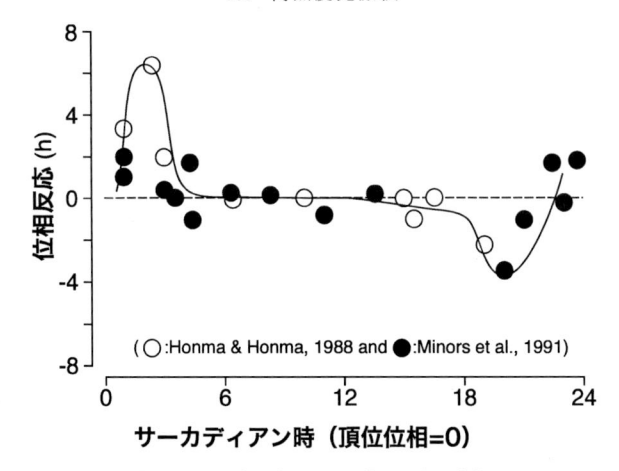

図1　ヒトの高照度光による位相反応の変化[1]
隔離実験室内で概日リズムがフリーランしている被験者に高照度光パルスを与えたときの位相反応である．横軸は概日リズム位相（頂位位相=0，通常の生活を送っているヒトでは頂位位相は午前3～5時頃），縦軸は高照度光による位相の前進あるいは後退．頂位位相の後数時間のうちに高照度光を浴びると概日リズム位相が前進し，頂位位相の前数時間のうちに高照度光を浴びると概日リズム位相が後退する．

図2　高照度光照射装置の例
国立精神・神経センター精神保健研究所精神生理部の睡眠生体リズム治療研究ユニットに設置されている高照度光照射装置である．壁面に設置され，15000ルックスまで無段階で調節することができる．

2) Kavakli, I. H. and Sancar, A.：Mol. Interv., 2, 484-492. 2002.
3) McColl, S. H. and Veitch, J.：Psychol. Med., 31, 949-964, 2001.

101 メラトニン

—— Melatonin

　メラトニンはインドール骨格をもつホルモンであり,哺乳類では主に松果体においてトリプトファンより生合成される(図1).この生合成および分泌は暗期に亢進し明期に抑制される顕著な日周リズムを示す.健常成人の血中内因性メラトニン濃度は,明期に10 pg/mL以下であり暗期に50～100 pg/mL($1 pg = 10^{-12} g$)程度に上昇する.このリズムは視交叉上核(SCN)に存在する体内時計により主に制御されており,暗期に松果体細胞がSCNからアドレナリンβ_1刺激を受け,メラトニン合成を律速するN-アセチルトランスファーゼが誘導される結果,メラトニン合成が亢進する.メラトニンは古くから様々な臓器に外界の明暗情報を伝える機能をもつと考えられてきた.さらに近年では体内時計の位相調節機能,免疫賦活機能,抗酸化作用を指摘する報告もされているが,その機能にはまだ不明な点も多い.またメラトニンリズム異常と,全盲などの視力障害,加齢,様々な疾病との関連を指摘する報告も多い.

　哺乳類の体内時計は視神経からの光情報の入力により,外界の明暗周期に同調するとされる.視神経の変性によりこの入力系が障害されたヒトの体内時計は外界の明暗周期に同調できず,その結果メラトニン動態を含め様々な生体リズムに異常をきたすと考えられている.

　メラトニンの合成分泌量は加齢に伴い減少し,リズムの振幅が減衰すると報告されており,この原因は体内時計の機能低下や松果体細胞のメラトニン合成能低下などが考えられている.また加齢に伴い,体温,様々なホルモンの分泌,免疫機能,睡眠覚醒など種々の生理現象が示す日周リズムも減弱することが知られる.メラトニンは外界の明暗サイクルを様々な組織に伝達していると考えられており,メラトニン合成分泌量の低下とこれら生理機能のリズムの減弱は密接に関連しているとされる.

　内因性メラトニンの動態異常を認める疾患は,睡眠障害,神経変性疾患,精神疾患,がんなどが報告されている(表1).これらの疾患においては,不眠や他のホルモン分泌リズムの異常などの生体リズム障害を認めるという報告も多い.これらの疾患における生体リズム障害の発現とメラトニン動態異常には密接な関連があると考えられているが,メラトニン動態異常発現のメカニズムについて詳細は不明な点が多く,今後の研究の進展が待たれる.

　前述したメラトニンの生理作用に注目し,治療薬としてメラトニンを投与する検討も行われている.リズム障害を示す疾患やシフトワーカー等の時差ぼけ症状の治療において生体リズムを正常に戻すことを目的として,患者にメラトニンを投与する臨床試験が行われてきた.投与によって睡眠の質が改善するなど,生体リズムを正常に戻す効果の報告もあるが,その効果は投与時刻や量などに大きく依存するため,的確に投薬設計を行う必要がある.また近年メラトニン受容体選択的な作動薬が睡眠導入剤として市販され,睡眠障害の治療に適用されつつある.受容体特異的な薬剤は多様な作用をもつ生理物質と比べ受容体選択的な作用を増強できると考えられ,メラトニンがもつリズム伝達機能や体内時計の位相調節機能を特異的に高めると期待でき,その治療成績の蓄積が待たれる.

〔冨田辰之介〕

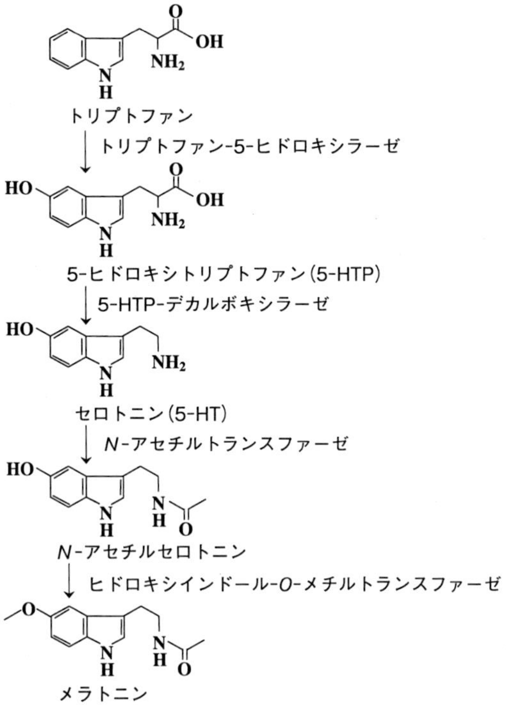

図1 メラトニンの生合成経路

文献

メラトニンの生理,病体生理を俯瞰する近年の文献として,以下を紹介する.
1) Claustrat, B. et al.: *Sleep Med. Rev.*, 9, 11-24, 2005.

表1 メラトニンの動態異常が報告される疾患例

精神疾患	季節性感情障害 躁うつ病 単極性うつ病 統合失調症
神経変性疾患	アルツハイマー病 パーキンソン病 脆弱性X症候群
睡眠障害	概日リズム睡眠障害,睡眠相前進型(睡眠相前進症候群) 同,睡眠相後退型(睡眠相後退症候群) 同,自由継続型(非24時間睡眠覚醒症候群)
がん	乳がん 子宮頸がん 前立腺がん 肺がん

102 ビタミン B_{12} —— Vitamin B_{12}

　生物時計の分子機構に関する研究の発展はめざましい．しかし，現在においても，ヒトの睡眠覚醒リズム障害はその原因や発現機序にまだ不明な部分が多く，かつ，その治療は困難を伴うことが多い．とくに，概日リズム睡眠障害，自由継続型 (circadian rhythm disorder, free-running type, 非24時間睡眠覚醒症候群) や睡眠相後退型 (delayed sleep phase type, 睡眠相後退症候群) は通常の社会生活に適応できないという問題を生じる．

　不眠症に一般的に有効である睡眠導入薬は睡眠覚醒リズム障害に対しては通常，効果がなかった．そこで，Czeisler らによって提唱された時間療法（項目103参照）が睡眠相後退型に施行され，治療効果が報告されたが，多くの症例で治療効果が持続しないという問題点があった．

　文献上，ビタミン B_{12}（以下 B_{12}）が初めて用いられたのは甲状腺機能低下症を伴う自由継続型の症例である[1]．そこではシアノ B_{12} が用いられた．わが国では筆者らがメチル B_{12} による自由継続型の治療成功例を最初に報告した[2]．その後，わが国では自由継続型に加え症例の多い睡眠相後退型にも B_{12} が用いられ，有効例が報告された．

　また，わが国ではメチル型 B_{12} による自由継続型および睡眠相後退型への二重盲検法での治験が他施設で行われたが，睡眠改善の効果は一部認められたものの，リズム障害自体への統計的に有意な効果は認められなかった．初期の報告は，B_{12} 単独による治療であったが，その後，B_{12} 単独による治療では，自由継続型および睡眠相後退型ともに無効である症例が多かったことから，概日リズム睡眠障害への B_{12} の効果は比較的に弱いものであると推察される．

　最近の概日リズム睡眠障害の治療においては，他の治療手段（入院，時間療法，高照度光療法，メラトニン，超短時間型睡眠導入薬など），とくに高照度光療法と組み合わされて行われるようになっている．

　概日リズム睡眠障害への B_{12} 治療効果の発現機序はまだまだ不明な点が多い．概日リズム障害患者の血中の B_{12} 濃度を調べたものでは，基準値に満たないのは例外的であり，悪性貧血もなく，B_{12} 欠乏症の原因（表1）となるものも通常は認められない．

　ヒトの概日リズムに対する B_{12} の効果の発現機序に関する研究は少ない．メチル B_{12} 0.5 mg あるいは溶媒のみを12:30に11日間静脈注射を行った後にメチル B_{12} 6 mg を7日間服用させ，その条件を交差させ，7:00 の高照度光曝露（2500ルックス，3時間）による血漿メラトニンリズムの変化をみた研究では，メチル B_{12} を注射した条件時のみ，メラトニンリズムの有意な位相前進が見られた[3]．

　メチル B_{12} は概日リズム振動子の光感受性を上昇させることによって，内因性の睡眠覚醒リズムを24時間に調整することを助けていると推察される． （杉田義郎）

文献

1) Kamgar-Parsi, B. et al.: Sleep, 6, 257-264, 1983.
2) 杉田義郎：臨床時間生物学（高橋三郎他編），pp.213-224, 朝倉書店，1990.
3) Hashimoto, S. et al.: Neurosci. Lett., 220, 129-132, 1996.
4) 日本ビタミン学会編：ビタミンの事典，朝倉書店，1996.

図1 ビタミン B_{12} と関連化合物の構造と名称

側鎖 (a)～(e) および (g) が COOH になったもので，コビル酸，コビンアミド，コバミドに対応するものをそれぞれ，コビリン酸，コビン酸，コバム酸とよぶ．ビタミン B_{12} 類またはコバラミンとよばれる狭義のビタミン B_{12} はシアノ B_{12} をさす．これは生体から B_{12} 類を効率よく抽出する目的でシアンを用いるために生成する人工産物である．B_{12} 類は生体内に取り込まれると活性型（補酵素型）であるアデノシル B_{12} とメチル B_{12} に変換され，補酵素として働く．

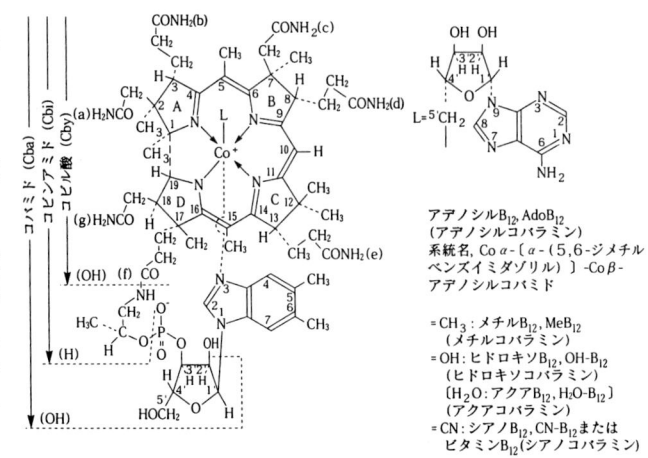

アデノシルB_{12}, AdoB_{12}
（アデノシルコバラミン）
系統名, Co α-〔α-(5,6-ジメチルベンズイミダゾリル)〕-Co β-アデノシルコバミド

= CH_3：メチルB_{12}, MeB_{12}
（メチルコバラミン）
= OH：ヒドロキソB_{12}, OH-B_{12}
（ヒドロキソコバラミン）
〔H_2O：アクアB_{12}, H_2O-B_{12}
（アクアコバラミン）
= CN：シアノB_{12}, CN-B_{12} または
ビタミンB_{12}（シアノコバラミン）

表1 ビタミン B_{12} 欠乏症の原因[4]

I. ビタミン B_{12} 摂取の不足
  菜食主義者
II. 内因子分泌の低下
  1. 悪性貧血
  2. 胃切除後（全摘除・部分切除後）
  3. 胃粘膜障害
III. 小腸における吸収障害
  1. B_{12} の競合的吸収障害
  ・小腸盲腸症候群
  ・小腸狭窄，吻合
  ・憩室形成
  ・広節裂頭条虫症
  2. 吸収部位の異常
  ・ゾリンジャー-エリソン症候群
  ・慢性膵炎
  ・薬物競合作用
IV. 先天的欠損や異常のあるもの
  1. 欠損症
    異常内因子症，TcII 欠損症，イメルンド-グレースベック症候群
  2. 代謝異常のあるもの
  ・B_{12}（デオキシアデノシル B_{12} やメチル B_{12}）生成異常
  ・B_{12} 代謝酵素の生成異常

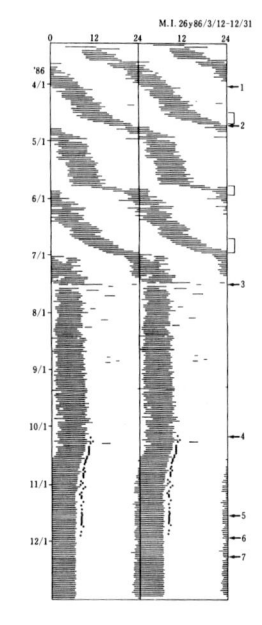

図2 概日リズム睡眠障害，自由継続型患者の睡眠覚醒サイクル[2]

ダブルプロットで示す．細い横線は睡眠の時間帯を示す．矢印1：B_{12} 1mg/日の投与開始．矢印2：B_{12} 2mg/日の投与開始．矢印3：入院日．矢印4：午前中の日光浴の開始．矢印5：B_{12} 偽薬投与開始．矢印6：日光浴の中止．矢印7：B_{12} 偽薬の投与中止．〕印は患者がスケジュールに合せるために，自主的に睡眠相を遅延させた期間を示す．●印は日光浴をした時刻を示す．

103　時間療法

—— Chronotherapy

様々な病気の発症や症状の出現に，日内変動や季節変動がある．医学治療に「時間」の概念を取り入れ，人々がより良い健康を保ち，病気の発症を防ぐための工夫をすることが望まれる．このように時間を考慮した治療は時間療法とよばれる．

1. 生活習慣における時間療法

時計遺伝子と生活習慣病とのかかわりを示すいくつもの事例が，次々に明らかにされている．朝，グレープフルーツの香りをかぐと，脳にある体内時計が刺激され，交感神経活動が亢進し，褐色脂肪を燃やし，体重を減らすらしい．一方，就寝前のラベンダーの香りは，体内時計を介して副交感神経を賦活し，快適な眠りを誘う．就寝前に食事を摂ると，時計遺伝子が活性化され，脂肪細胞が増えることが証明された．生活習慣病を予防するには，まずは生体リズムを整えることが必要なようである．

2. 病気の発症頻度が高い時間帯を考慮した時間療法

心筋梗塞・脳卒中・急死等は朝方に多い．そのため，循環器疾患の発症を予防するには「時間」を考慮した治療を欠かすことができない（107「循環器とリズム」参照）．

3. 症状や所見が悪化する時間帯を考慮した時間療法

気管支喘息（112「喘息とリズム」参照）の症状は夜間から早朝に増悪する．それゆえ，症状が増悪する時間帯に薬効をあげる工夫が必要である．このような立場からの時間療法は，以下の疾患にも適用される．関節リウマチの痛みやこわばりは，深夜から早朝にかけて強く現れる．アトピー性皮膚炎のかゆみは，夜間に増悪することが多い．アレルギー性鼻炎は早朝に症状発現することが多い．眼圧にも日内変動があり，人の眼圧は日中に高く，夜間に低下する．その日内変動に合わせた注意深い症状コントロールが望まれる．

血圧には明瞭な日内変動があり，最近，仮面高血圧という概念が注目されている．仮面高血圧とは，2002年にPickeringが提唱した概念であり，診察室血圧は正常血圧であるが，日常の場の血圧が高血圧である場合をいう．脳卒中や心筋梗塞等の心血管系疾病発症を合併するリスクが，持続性高血圧の患者と同頻度である．

筆者らは7日間ABPから，血圧の1週間変動性を評価した．その結果，早朝血圧と血圧のモーニングサージに月曜の血圧上昇（マンデーサージ）がみられることを見いだした（図1）．心血管系事故が月曜日に多いとの疫学調査があり，血圧モーニングサージが月曜日に大きいことは，その一因として，重要な役割を担っているのかもしれない．

とはいえ，7日間連続のABP記録は，必ずしも容易ではない．家庭血圧（HBP）を数週間連続して記録すれば，早朝血圧のマンデーサージの再現性を評価することも可能である．基準化された家庭血圧測定（表1）により，家庭血圧降圧目標値を指標として，高血圧を管理・治療していくことが，治療の質を高めるのに有用である．

4. 投薬時刻により異なる薬物の効果

副作用の程度が大きい制がん剤では，その時間治療が注目されている（105「がんと時計」参照）．制がん剤の効果は，がん細胞の増殖状態と細胞周期によって異なる．効果を増強し，副作用を軽減することを目的として，細胞動態の日内変動に合わせた投薬のタイミングが重要である．

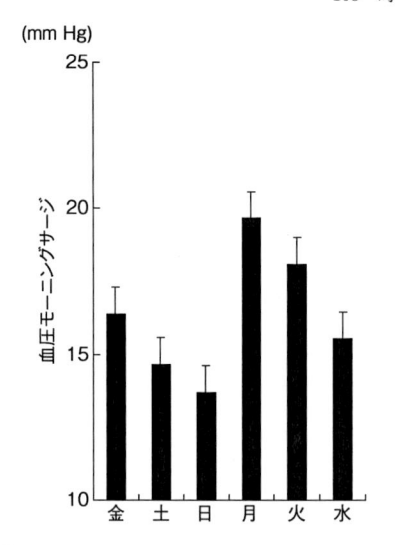

図1 血圧モーニングサージに観察されるマンデーサージ[1]
血圧のモーニングサージには1週間の変動性があり、月曜日に最大である。

表1 家庭血圧（HBP）の正しい測り方
1. 朝と夜の2回計測する．朝は，起床後すぐ，排尿をすませてから．夜は就寝前，排尿をすませてから．
2. 座った姿勢で図る．
3. マンシェットは利き腕と反対側（右利きの人は，左腕）の上腕に巻く．手首用，指用の家庭血圧計は使用しない．
4. マンシェットを巻いた後，しゃべらず心静かに2分待つ．その後，血圧計の自動ボタンを押し，測定する．計測は，原則的には，1度だけでよい．
5. 朝は，服薬前であるから，血圧が高くでやすい．夜は，たとえ飲酒後であっても，入浴後であっても，就寝前とする．朝の血圧も夜の血圧も 135/85 mmHg を超える場合は，高血圧状態である．
6. 朝の2週間の平均値を計算し，その値が 135/85 mmHg 以上の場合に，高血圧と診断される．朝だけ，135/85 mmHg 以上の場合は，早朝高血圧（あるいは，仮面高血圧ともいう）と診断される．
7. 脈拍の2週間の平均値が 70 拍以上の場合は，頻脈であり，脈拍数を遅くするための治療の変更が必要である．

5. 生体リズムを調節する薬物の効果

インターフェロン，メラトニン，就眠薬等の種々の薬物が，体内時計に作用し生体リズムの位相を変化させることが明らかにされている．時間療法の新しい展開が期待される（104「薬物とリズム」参照）．

6. フィールド医学

「リハビリテーション（rehabilitation）」とは，文字通り「機能（ability）」を再びという意味である．しかし，脳卒中で一度失った手脚の機能を，取り戻すことは至難の技である．それよりも，「機能（ability）」を「保つ（preserve）」することのほうが，格段に重要であり，「プリハビリテーション（prehabilitation）」と呼んでいる．

「プリハビリテーション」の概念は，対象が必ずしも病人とは限らない．たとえば，地域住民にフィールド医学検診を行い，病気の要因になる要素を抽出し，「未病」に介入していくことが特徴である．また，地域に即した医学的介入をすることも必要である．人は皆，風土や文化が異なる背景のなかで生活している．正しく診断し，適切に治療するためには，文化人類学的な立場で総合的に未病をみつめることこそが肝要であろう．時計遺伝子研究という要素還元論的アプローチと，複雑なシステムとして生命をみつめるフィールド医学を，並行して駆使し，「健康と疾病」をみつめていくことが大切である．　　（大塚邦明）

文献

1) Murakami, S. et al.: Am. J. Hypertens., 17(12), 1179-1183, 2004.

104 薬物とリズム
—— Drug and Biological Rhythm

21世紀を迎え,社会の少子化および高齢化が進むなかで,集団の医療から個の医療へとその重点が移りつつある。こうした状況のなかで,投薬時刻により薬の効き方が大きく異なることがわかってきた(時間薬理学, chronopharmacology)[1,2,3]。最近では,医薬品の添付文書などに服薬時刻が明示されるに至っている。また生体リズムを考慮した時間制御型DDS (drug delivery system)の開発,服薬時刻により処方内容を変更した製剤の開発,生体リズム調整薬の開発が進められている。その背景には時計遺伝子に関する研究の発展があげられる。体内時計の本体は,視神経が交差する視交叉上核(suprachiasmatic nucleus: SCN)に位置し,時計遺伝子により制御されている(図1)。時計遺伝子の機能と役割が生理学的側面より明らかにされつつあるが,今後の重要な課題として臨床応用があげられる。そこで,時間薬理学および時間治療の現状と今後の展開について紹介する。

1. 生体リズムと薬効

起床時に副腎皮質ホルモンの急激な上昇により,われわれは眠りから覚めて行動できるように身体の態勢が準備される。引き続き交感神経の活動が活発になり,眠りにつく頃には副交感神経の活動が活発になる。またホルモン分泌や神経活動の日周リズムと関連して様々な疾患に日周リズムが認められる(図2)。添付文書などに至適投薬時刻が記載されている医薬品として降圧薬,高脂血症治療薬,気管支喘息治療薬,副腎皮質ホルモン,利尿薬,消化性潰瘍治療薬,睡眠薬などがある。たとえば,喘息治療に用いるテオフィリンは,発作の起こりやすい夜間から早朝に薬物濃度が上昇するように工夫した製剤が使用されている。高血圧治療に用いるベラパミルは,狭心症および早朝の血圧上昇を予防する目的で,就寝前に投与して早朝の効果を期待する製剤が使用されている。高脂血症治療薬のHMG-CoA還元酵素阻害剤は,コレステロールの生合成が夜間に高まることを考慮して,夕方に投与されている。ステロイド剤の投与に際しては,本来生体に備わっているコルチゾールの日周リズムを崩さないよう午前大量,午後少量といった投薬設計が利用されている。一方で,疾患症状の日周リズムの存在の有無にかかわらず多くの薬物の効果や副作用が,投薬時刻により異なることが知られている。その機序としてレセプター機能,神経伝達物質などの生体の感受性や吸収,分布,代謝,排泄などの薬物動態の日周リズムが関与している(図3)。さらに,薬物動態の日周リズムの機序として肝機能,腎機能,薬物結合蛋白量,胃内pH,薬物の胃内通過時間などの日周リズムが関与している(図4)。

2. 生体リズムとTDM

薬物療法の個別化は,治療医学の重要な課題の1つである。この1つの回答として登場したのが, TDM (therapeutic drug monitoring)であり,臨床薬物動態学の理論に基づき投与量・投与間隔を科学的に調節することが可能になってきた。TDM対象薬物のテオフィリン,バルプロ酸,アミノグリコシド系抗生剤などの薬物動態値は有意な日周リズムを示す。このように薬物動態値に日周リズムの認められる薬物に関して,日中と夜間それぞれの薬物動態値を考慮することにより投薬設計の精度を向上できる。以上,薬物動態に日周リズムの認められるTDM対象薬物では,ルーチ

環境の周期的変化

光
温度
食事
社会的要因 など

生体内時計

・視交叉上核（SCN）　・時計遺伝子（Clock gene）

Clock
Bmal1
Per
Cry など

DNA合成
蛋白合成
・エネルギー代謝

明期　暗期

生体機能の日周リズム

交感神経
コルチゾール分泌
体温 など

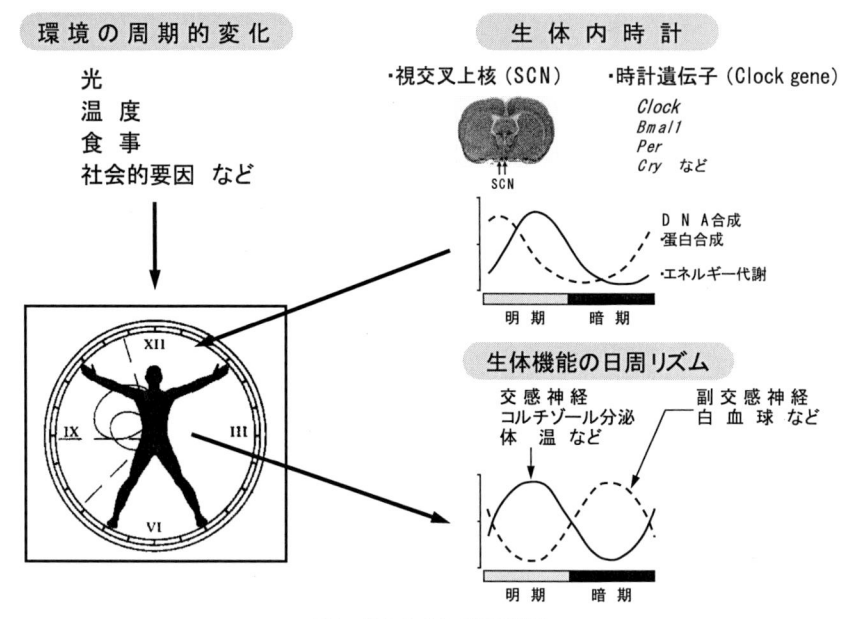

副交感神経
白血球 など

明期　暗期

図1　生体リズムの制御機構

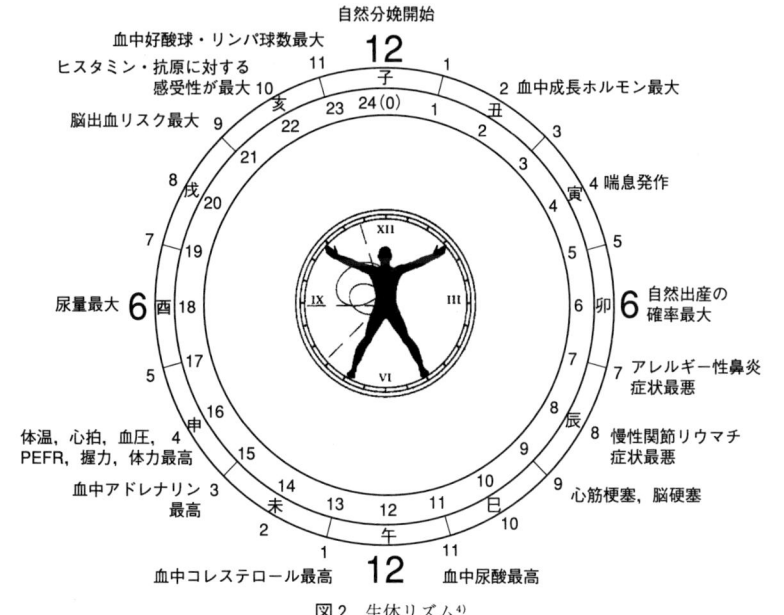

自然分娩開始
血中好酸球・リンパ球数最大
ヒスタミン・抗原に対する感受性が最大
脳出血リスク最大
2 血中成長ホルモン最大
4 喘息発作
尿量最大
自然出産の確率最大
7 アレルギー性鼻炎症状最悪
8 慢性関節リウマチ症状最悪
体温、心拍、血圧、PEFR、握力、体力最高
心筋梗塞、脳硬塞
血中アドレナリン最高
血中コレステロール最高
血中尿酸最高

図2　生体リズム[4]

ンの血中濃度を"読む"作業や,薬物動態値の推定や血中濃度予測などの予測作業において注意が必要である.

3. 生体リズム障害と生体リズム調整薬

生体リズムは,生活パターン,治療状況,疾患の症状など様々な要因により影響される.たとえば,通常の食事リズムにあわせて栄養液を昼間投与した場合,コルチゾールは朝最高値,夜最低値を示す.一方,栄養液を夜間投与あるいは1日中連続投与した場合には,コルチゾールの日周リズムは変容する.またインターフェロン(IFN)の副作用として,うつ状態,不眠などが報告されているが,その機序としてコルチゾールおよびリンパ球数などの生体リズムが変容することが一部関与している.メラトニンは松果体から分泌されるホルモンであり睡眠障害などの生体リズム障害に対し有効性が確認されている.

4. 生体リズムとDDS

時間により注入速度を変えることのできるクロノポンプが使用されている.経口剤としては,夕食後に投与して夜間の喘息発作予防効果を期待するテオフィリン徐放錠が使用されている.また狭心症・早朝血圧上昇予防には,就寝前に投与して早朝の効果を期待するベラパミルを含む遅延・持続放出錠が使用されている.

5. 服薬時刻により処方内容を変更した製剤

効果の増強および副作用の軽減を目ざし,服薬時刻により処方内容が異なる製剤の開発が進められている.

6. 時間治療の今後の展開

時間生物学的研究を基盤に生体リズムを考慮した創薬・育薬・医薬品適正使用に関する研究・治療が活発化してきた.しかし,時間治療のさらなる展開を図るには,これまで蓄積された時間薬理学的所見を体系化していく必要がある.また時計遺伝子の機能と役割が生理学的側面より明らかにされつつあるが,今後以下の検討が必要である.①薬物活性の日周リズムの成因を体内時計の分子機構の側面から解析し,それらを生体リズムマーカーとした時間薬物送達方法の開発.②新規副作用(時計遺伝子の変容)を探索し,それを克服するための時間薬物送達方法の開発.③積極的に生体リズム(生体内環境)を操作することによる新規時間薬物送達方法の開発.以上の検討を通して,生体リズムマーカーのモニタリング,薬物誘発リズム障害の防止および生体リズムの操作を基盤にした新規時間薬物送達方法の構築が効率よく行われることが期待される.

以上のように,生体は体内時計の階層構造をうまく利用し,ホメオスタシスを維持している.生理的ホメオスタシスや薬効に日周リズムが存在することが,時間薬理学の基盤になっている.従来より行われている1日2回あるいは3回均等分割する投薬設計を,生体リズムを考慮して治療効果が望まれる時間帯に高用量,不必要な時間帯には投与量を減量するといった試みだけでも医薬品適正使用の向上につながるであろう.薬物療法の最終ゴールが治療の個別化であるとすれば,個々の生体リズムにマッチした至適投薬設計を構築することが必要不可欠といえるであろう. (大戸茂弘)

文献

1) 大戸茂弘:薬学雑誌, **122**(12), 1059-1080, 2002.
2) Ohdo, S.: *Drug Metab. Pharmacokinet.*, **22**(1), 3-14, 2007.
3) Ohdo, S. *et al.*: *Nature Medicine*, **7**(3), 356-360, 2001.
4) Reinberg, A. *et al.*: *Biological Rhythms and Medicine*, Springer-Verlag, 1983.

104 薬物とリズム

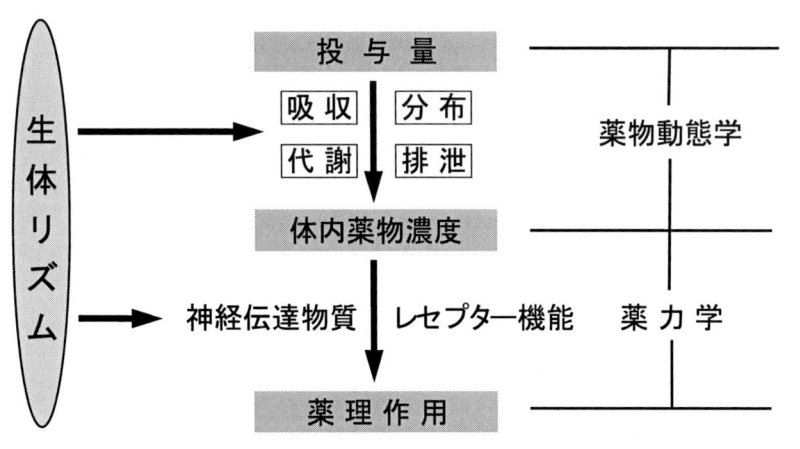

図3 生体リズムと薬理作用発現の関連性

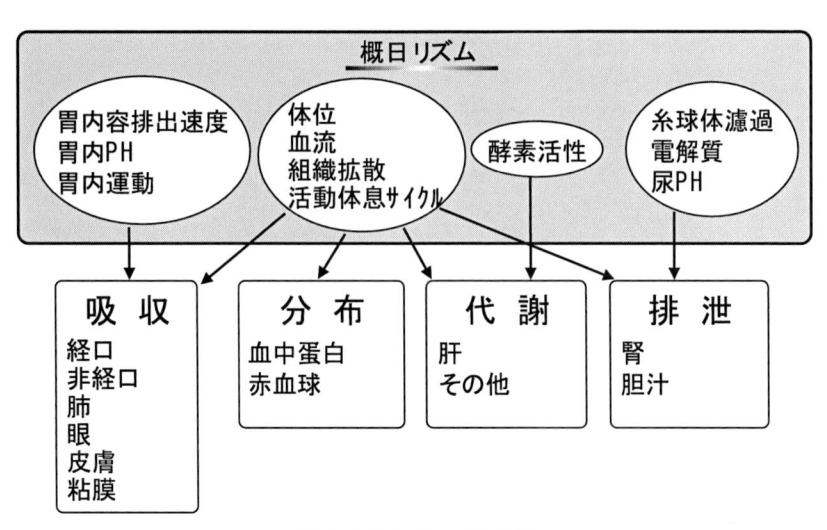

図4 生体リズムと薬物動態

105 がんと時計

—— Cancer and Circadian Clock

　古くから「体内リズムが狂うとがんにかかりやすくなる」可能性が多くの疫学的調査によって指摘されていた。交代制勤務者や国際線の客室乗務員など体内リズムに逆らう作業をする人たちに肺がん，前立腺がん，乳がん，大腸・直腸がんの発症リスクが高くなるといわれている。その主原因はメラトニンではないかと考えられていた。メラトニンは主として松果体により合成される抗酸化物質で，がん細胞の分裂を抑える効果は今までのところ不明である。

　体内リズムとがんとの相関に鍵を握る分子の探索は体内時計分子メカニズムが明らかになってから，がん化機構（細胞周期異常）とがん増殖機構の両面から研究が進んだ[1]。

　2002年，Fuらのグループが時計遺伝子 Per2 のノックアウトマウスにγ線照射すると，腫瘍発症が高くなることを示した[1]。これは Per2 遺伝子が壊れると c-myc の転写が活性化し，その結果 p53 の発現が低下することが原因ではないかと説明されている。つまり，体内時計遺伝子が細胞周期制御因子を制御して増殖そのものを制御していると考えられる。また，細胞周期制御キナーゼ wee1 の転写活性を時計分子 CLOCK/BMAL が直接制御していることが報告され，体内時計の破壊が細胞周期異常を生み出し，がん化へとつながるという仮説が提唱された（図1）。ところが，概日時計リズム異常をもつ Cry ダブルノックアウトマウスで同様のγ線照射による腫瘍発症実験が行われたが，腫瘍発症率や細胞周期への大きな影響は観察されなかった。

　最近になって時計分子が細胞周期を制御するメカニズムについて2つの報告が続いた。2005年，タイムレス（Timeless）分子が Cry2, Per2, Chk1, ATR, ATRIP と複合体を形成し，S期のチェックポイントを制御していることが明らかとなった（図2）。さらに2006年，Per1 遺伝子をがん細胞に過剰発現するとDNA障害によるアポトーシスを促進し，逆に Per1 発現を抑制するとアポトーシスが抑制されることが報告された。Per1 は細胞周期制御分子 ATM や Chk2 と直接相互作用して，p53 の発現を上昇させてアポトーシスを誘導したり，細胞周期の制御因子の発現パターンを変化させたりする。この Per1 の機能を反映するかのように，がん組織における Per1 の発現量が低下するとも報告されている（図2）。このように体内時計分子が一方では細胞周期制御分子であることで，体内リズム異常とがん化の関連性が生み出されるのかもしれない。

　がん増殖に影響を与える様々な成長因子が体内で日周変動することから，がん増殖も体内時計により制御を受けると考えられる。体内時計の中枢である視交叉上核を破壊して体内リズムが消失したマウスにがんを接種すると，正常マウスに比べてがん増殖活性が高くなる。また，時差ぼけで体内リズムがほぼ破壊されてしまったマウスでは，コントロールマウスに比べ腫瘍増殖能が高いことが明らかになった。この現象は，疫学的調査より得られたシフトワーカにおける発がんリスクの高値との関連を示すものかもしれない。がん細胞は休息期に活発に分裂増殖するといわれている。腫瘍増殖に重要な成長因子 VEGF の発現は時計分子 PER2 により直接転写制御され，休息期に VEGF が上昇する仕組みが備わっている（図1）。リズム異常はこのような

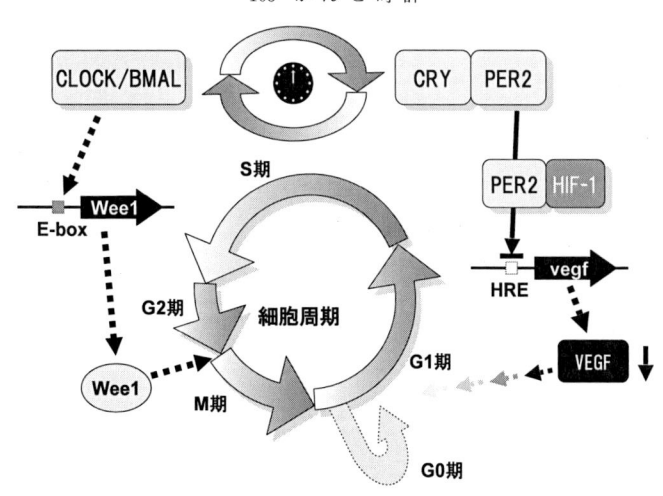

図1 細胞周期チェックポイントにかかわる時計分子の機能

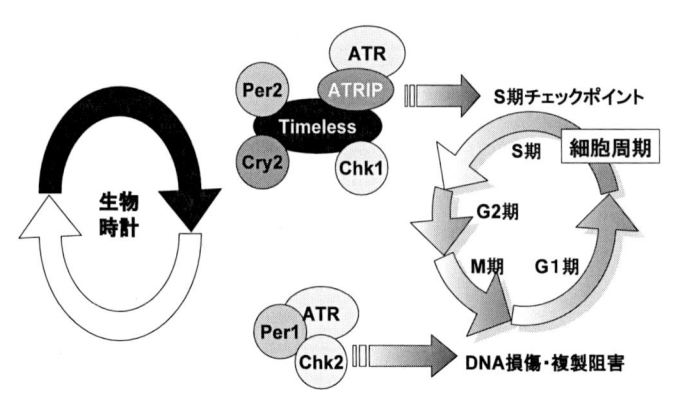

図2 細胞周期と生物時計をつなぐ分子複合体

増殖因子群の規則正しい発現を乱し，がん増殖を増長するものと思われる．

このような基盤研究をもとに，近年抗がん剤の時間治療に関する論文がいくつか報告されている．血管新生がさかんになる休息期に抗がん剤（血管新生阻害剤）を投与するとその制がん効果が大きい．また，抗がん剤シクロホスホアミドの投与はマウスの場合，夜間に投与するほうが副作用が軽減されることが報告された． （宮崎　歴）

文　献
1) Ishida, N. : Neuroscience Res., 57, 483-490, 2007.
2) Fu, L. et al. : Cell., 111, 41-50, 2002.
3) Gery, S. et al. : Molecular Cell, 22, 375-382, 2006.
4) Filipski, E. et al. : Cancer Res., 64, 7879-7885, 2004.

106 糖尿病
―― Diabetes Mellitus

ここ10年ほどで糖尿病の罹患率が大幅に増え，患者数は約700万人，糖尿病が疑われる症例が1400万人に達した．一方，高血圧患者は約3600万人で，この両者を合併している人が多いことが注目されている．

1. 自律神経機能・心拍変動

糖尿病例で心拍変動の低下が観察されることは，数多くの研究で確認されている（図1）．心拍変動の低下は糖尿病性の自律神経障害の最も鋭敏な指標と考えられており，臨床的にニューロパチーが現れる前から，すでに心拍変動の低下が観察され，自律神経障害が明らかになると，さらに心拍変動の低下は強くなる．2000年に報告された"The Framingham Heart Study"[1]でも糖尿病患者のSDNN，LF成分，HF成分が低下していることが報告されている（図2）．また，糖尿病患者に観察される心拍変動の低下は，運動やアンジオテンシン変換酵素（ACE）阻害薬で改善することが報告されている．

2. 時計遺伝子の変異とメタボリック症候群

最近，医学は飛躍的に進歩し，CTやMRIを用いれば，われわれのからだのなかをつぶさに診ることができるようになった．その結果，「健康か，病気か」の区別がはなはだ困難になってきた．たとえば，60歳を過ぎた人が脳のMRIを撮ると，いわゆる小さな脳梗塞像が，1つや2つみられる．自覚症状はないので，本人は健康そのものと思っている．そこで，医学界では，「健康とは何か，病気とは何か」を，もう一度問い直す必要性に迫られてきた．ここに改めて登場したのが，「未病」の概念である．健康か病気かの2元論ではなく，2つは連続したものであり，その中間が未病であるというわけである．肥満，脂質異常症，高血圧，脂肪肝等がこれに相当する．なかでも最近注目されているのが，メタボリック症候群である．メタボリック症候群があると，心筋梗塞等で死亡する確率が3.8倍にもなることが明らかにされている．

また最近の研究成果から，生体リズムの乱れが，メタボリック症候群の原因であることが明らかにされた[2]．時計遺伝子（clock）に異常のあるマウスが，睡眠覚醒や活動・摂食のリズムに異常がみられるだけではなく，生後7〜8カ月でメタボリック症候群になることが報告された．この報告によると，このマウスの時計遺伝子の24時間変動に，リズム異常が観察され，活動休息リズムも乱れている．それだけではなく，遺伝子異常のないマウスに比べて，血液中の中性脂肪とコレステロールが，それぞれ20.6％と15.6％も高く，血糖値も23.8％も高いこと，高脂肪食で飼育すると，普通食の場合よりも，コレステロールや中性脂肪，血糖の上昇の程度が，いっそう大きくなることが報告されている．

この時計遺伝子異常のマウスでは，血液中のレプチンが35.3％も高値で，睡眠中のオレキシン濃度が低いことをつきとめ，時計遺伝子（clock）の異常が，食欲の調節障害をもたらしているのであろうと推測している．時計機構が睡眠や食欲といった生活スタイルに関与していることを示している．

3. 糖代謝を統御する生体時計

永井は，ラットでの実験結果から，ヒトでは視交叉上核から糖代謝関連臓器への，

自律神経支配により活動期に副交感神経が，休息期には交感神経が優位になるリズムが存在する，と推測している[2]．自律神経活動のリズムが，休息期の糖質の利用を減らし，脂質の利用を高め，活動期にはその逆の現象を引き起こす．耐糖能には上記のようなリズムがあるため，夜間の摂食は血糖値が下がりにくいと考察している．最近，糖尿病を合併する高血圧の増加が注目されている．糖尿病と高血圧の合併は心血管事故の発症が高頻度であるため，現在，高血圧と糖尿病の専門医が協力してその治療にあたっているが，今後は，時間医学に専門の医師の協力が必要であろう．

(大塚邦明)

文献

1) Singh, J. P. et al.：*Am. J. Cardiol.*, 86, 309-312, 2000.
2) Turek, F. W. et al.：*Science*, 308, 1043-1045, 2005.
3) 永井克也：糖尿病とリズム．時間診療学（田村康二編），永井書店，pp.200-210, 2001.

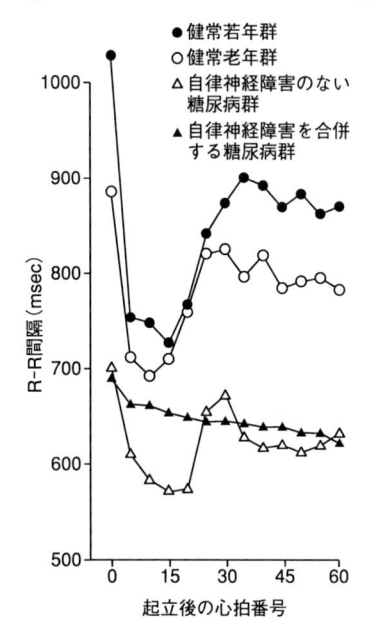

図1 糖尿病例で心拍変動の低下
起立に伴う心電図 R-R 間隔の変動．糖尿病例では健常者に比し，起立前から心拍数が多く，起立に伴う心拍の変動性が小さい．自律神経障害のある糖尿病例では起立に伴う心拍の増加（図ではR-R 間隔の減少）がほとんどみられない．

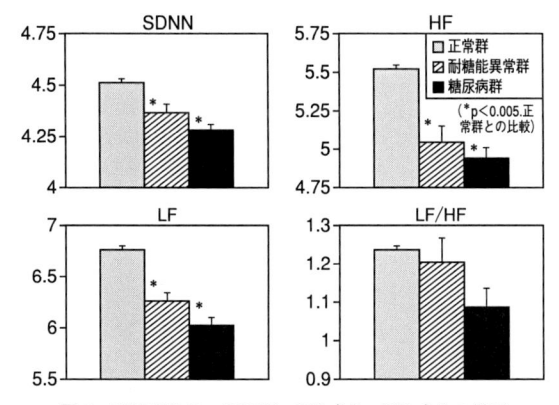

図2 糖尿病患者の SDNN，LF 成分，HF 成分の低下
縦軸の心拍変動各指標の単位は対数表示．心拍変動の低下は，糖尿病発症前の耐糖能異常群でもすでに明らかであり，糖尿病群ではその程度はさらに大きい（*$p<0.0005$；正常群との比較）．

107 循環器とリズム
―― Cardiovascular System and Rhythm

　体内時計の中枢である視交叉上核からは，視床下部の自律神経中枢へ神経線維が放散している．そして体内時計は自律神経活動やカテコールアミン，副腎皮質ホルモン分泌などの概日リズムを調節することにより，血圧や心拍数などの循環機能の概日リズムを調節している．

　循環機能が日内変動を呈する結果，循環器疾患の好発時間に概日リズムがみられる．表1のように不整脈の発現，持続，停止時間，虚血性心疾患の発症時間，脳血管疾患の発症時間には明らかな概日リズムが認められる[1]．心筋梗塞が早朝に多く発症する原因については，いくつか提唱されている（表2）．まず早朝に交感神経の活動性が亢進することにより，血圧，心拍数，心筋収縮力が上昇し心筋の酸素需要が増加する一方，冠動脈の血管抵抗が上がることにより冠血流量が減少し，需要と供給のバランスが崩れることがあげられる．さらに早朝に血液凝固能が亢進することも一因として考えられている．これは血小板凝集能の亢進と，線溶系の活性低下によることが示唆されている．多くの血液凝固因子，線溶系因子のなかでプラスミノーゲンアクチベーターインヒビター1（PAI-1）の蛋白量あるいはその活性値が明らかに日内変動を呈することが知られている[2]．

　通常血圧は日中に上昇し夜間に下降する基本的な波と，時々刻々変化する波が合成された複雑な変動パターンを呈する．基本的なリズムは体内時計によって制御される自律神経活動や，カテコールアミン，レニン・アンジオテシンなどのホルモン分泌の日内変動により形成される．この基本的な変動パターンに，睡眠覚醒リズム，体位，精神身体活動，明暗，食事，気温など様々な要因が影響を及ぼしている．最近24時間血圧計や家庭血圧計の普及により血圧の日内変動パターンが詳細に検討されるようになった．通常血圧は日中に上昇し夜間に下降するが（dipper），夜間の降圧が少ないタイプ（non-dipper），逆に夜間に血圧が上昇するタイプ（riser），夜間過度の降圧を呈するタイプ（extreme-dipper）も存在する．dipper以外の血圧変動パターンを呈する例では循環器系疾患の発症が多いが，日内変動パターンの異常が動脈硬化等の臓器障害の原因なのか結果なのかについてはまだ結論が得られていない．また，早朝に血圧が異常に上昇する早朝高血圧を呈する患者が多く存在することが判明した．日中の血圧が正常でも，早朝高血圧が存在する場合は循環器疾患の発症頻度が高いことが示されており，いかに早朝高血圧をターゲットにした降圧療法を行うかが注目されている．

　血圧や冠動脈の攣縮による狭心症は，血管の収縮が関与している．血管の収縮性は日内変動を呈し，それは主に自律神経活動や血中のホルモン濃度の日内変動で説明されるが，動脈の感受性自体にも日内変動があることが示されている．ラットの大動脈を体外に取り出しその収縮力を測定する実験で，明期に取り出した大動脈と，暗期に取り出した大動脈では血管内皮依存性の血管弛緩反応性が異なることが示された．また心筋のイオンチャネルの発現自体が日内変動を呈し，これが不整脈発症時間と関連する可能性も提唱されている．

　体内時計は中枢のみでなく末梢組織にも存在することが明らかになっている[3]．循環器系においても例外ではなく，心臓，腎臓，大動脈，さらに循環器系を構成する心

表1 概日リズムが明らかな循環器疾患

疾患		好発時間
不整脈	心房細動,	夜間
	心室頻拍, 心室細動,	早朝
虚血性心疾患	急性冠症候群(心筋梗塞,	早朝
	不安定狭心症, 突然死)	
	冠動脈スパスム	早朝
高血圧	モーニングサージ	早朝上昇
脳血管疾患	脳梗塞	早朝
	クモ膜下出血	昼間

表2 急性心筋梗塞早朝発症の機序

1. 交感神経系の亢進	酸素需要の増加
	血圧上昇, 心拍数増加,
	心筋収縮増強
	酸素供給の低下
	冠血管抵抗の増加
2. 血液凝固能の亢進	線溶系の低下
	PAI-1 活性の増加
	血小板凝集能の亢進

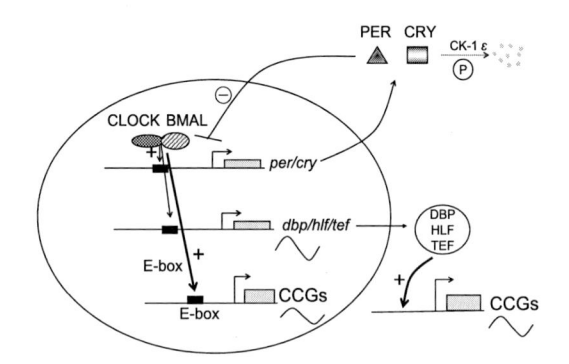

図1 末梢体内時計による時計出力遺伝子の制御

末梢体内時計が直接または Dbp などの転写因子を介して PAI-I 遺伝子などの発現の日内変動を制御し, 循環機能の概日リズムに関与している可能性がある. CCG (Clock controlled Gene): 時計遺伝子によって制御される遺伝子群.

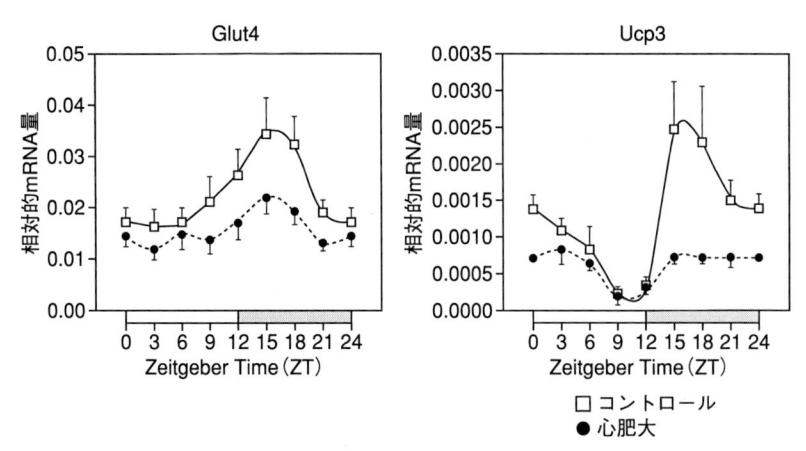

図2 肥大心では遺伝子発現の概日リズムが障害されている (Young et al., 2001[4]) より改変して引用)
コントロールマウスの心臓では Glut 4 や Upc 3 などの遺伝子発現が概日リズムを呈するが肥大した心筋ではこの概日リズムが障害されている.

筋細胞，血管内皮細胞，血管平滑筋細胞自体にも末梢体内時計が存在する．時差ぼけからの解消には数日を要することは身をもって体験するところである．これは視交叉上核の位相は光により比較的短時間で修正されるが，末梢の体内時計の位相が修正されるのに時間を要するためと考えられる．マウスの実験では心臓の体内時計は約1日で位相が修正されており，心臓は末梢体内時計のなかでは最も早くリセットされる臓器のようである．

心臓や血管などの末梢組織での体内時計の存在は示されたものの，その意義はまだ完全には確立していない．マイクロアレイを用いて心臓や大動脈で概日リズムを呈する遺伝子のプロファイルを検討した研究により，全遺伝子のなかで約5〜10％程度はその発現が概日リズムを呈することが示された．これらは，液性因子や神経により調節されているものもあるが，少なくともその一部は末梢体内時計により直接調節されている可能性がある．循環系では，末梢体内時計がPAI-1遺伝子やNa^+/H^+交換輸送体の1つであるNHE3遺伝子発現の日内変動を直接制御している可能性が示されており，中枢の体内時計のみでなく末梢体内時計も循環機能の概日リズムに関与しているものと考えられる（図1）．

高血圧，動脈硬化，心肥大，心不全などの循環器疾患の際に末梢臓器の体内時計は変調をきたすようである．ラットで心肥大を作成すると，心臓での時計遺伝子の振幅，位相自体は変わらないが，その下流にあるDbpなどの転写因子，さらにはその下流にある糖代謝に関連する遺伝子群の日内変動の振幅が減弱していた（図2）．また食塩感受性に高血圧を来すDahlラットでは，食塩負荷した際に心臓や腎臓でPer 2，Bmal 1，Dbpなどの振幅が小さくなっていた．これは単に臓器障害の結果，遺伝子発現の制御が障害されたとも考えられるが，逆に体内時計が変調することが，本来適応現象である遺伝子発現の概日リズムの破綻につながり，臓器障害をさらに助長している可能性も考えられ，今後の研究が期待される領域である（図3）．

夜間シフトワーカーに心血管系イベントが多いことが知られている[5]（図4）．動物実験では心筋症自然発症ハムスターを，1週間ごとに明暗のサイクルを逆転した環境で飼育すると，明暗のサイクルを固定して飼育したものに比較して寿命が11％短縮していた．またレニンを過剰発現するトランスジェニックラットを22時間の明暗サイクルで飼育すると，血圧がさらに上昇し短命であった．このように体内時計と環境が一致しないことが心血管系リスクをあげている一因と考えられる．

従来，様々な生理機能や，疾患の好発時間，治療への反応性，副作用の現れ方に日内変動があることが臨床的に知られていたが，そのメカニズムはほとんど明らかにされていなかった．体内時計の変調，また体内時計と生活習慣とのずれが循環器病の発症，増悪にどのように関連しているか明らかにすることは概日リズムを考慮した予防法，さらに時間に即した治療法の開発に結びつくことが期待される． （前村浩二）

文献

1) Muller, J.E. et al.：*N. Engl. J. Med.*, **313**, 1315-1322, 1985.
2) Andreotti, F. and Kluft, C.：*Chronobiol. Int.*, **8**, 336-351, 1991.
3) Sakamoto, K. et al.：*J. Biol. Chem.*, **273**, 27039-27042, 1998.
4) Young, M.E. et al.：*Circ. Res.*, **89**, 1199-1208, 2001.
5) Fujino, Y. et al.：*Am. J. Epidemiol.*, **164**, 128-135, 2006.

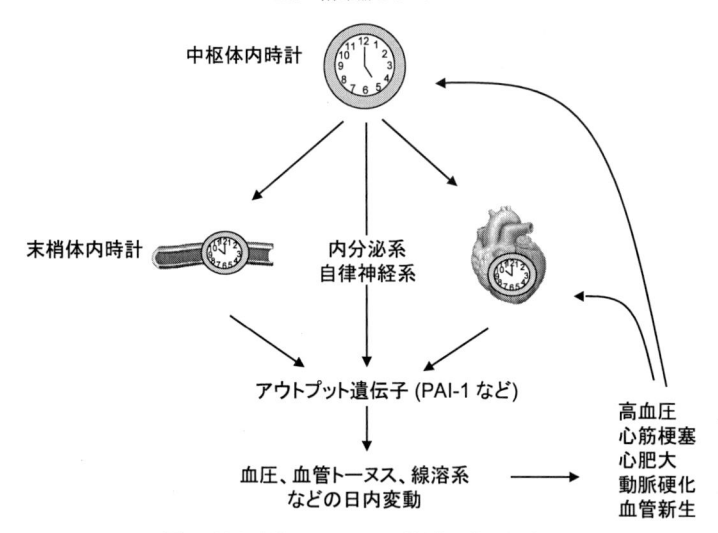

図3 体内時計による循環器系機能調節の模式図

中枢体内時計は，自律神経系や内分泌系を介して循環器系の遺伝子発現を調節する一方，各組織の末梢体内時計を同期させると考えられる．末梢体内時計は循環器系機能にかかわる遺伝子発現の日内変動を調節しており，それらが様々な疾患の発症に関与している可能性がある．さらに，様々な疾患による臓器障害が中枢あるいは末梢体内時計の変調をきたす可能性がある．

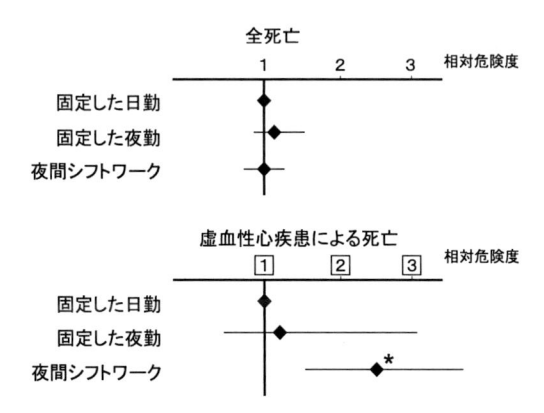

図4 シフトワーカーでの虚血性心疾患死の相対危険度（Fujino *et al.*, 2006[5]）より作図）

日中のみの労働者，夜間固定の労働者，シフトワーカー間で，総死亡の相対危険度には有意差はなかったものの，虚血性心疾患による死亡の相対危険度はシフトワーカーで有意に高かった．＊：$p=0.002$．

108 認知症とせん妄

—— Dementia and Delirium

　認知症（痴呆）とは，いったん発達した知能が後天的な器質的脳障害（脳の変性，血管障害，腫瘍，外傷，など）によって永続的，不可逆的に低下した状態である．認知症では，種々の認知機能（記憶，思考，見当識，理解，計算，学習能力，言語，判断など）の障害のみならず，感情，意欲，人格の変化などが出現する．意識障害はない．わが国における認知症の有病率は4.1〜8.8％であり，高齢になるにつれて上昇する．

　せん妄とは，覚醒にかかわる神経機構の機能障害によって，全般的な認知機能が一過性に障害される意識障害である．その発症には，認知症などの脳疾患や身体疾患，薬物など，様々な因子が関与する．せん妄は，急性・亜急性に発症し，症状の日内変動を示しながら，一過性・可逆性の経過をとることが多い．せん妄は総合病院入院患者の約20％にみられ，その発生率は加齢とともに増加する[1]．

　認知症とせん妄は，いずれも認知機能の障害を示すこと，老年期の認知症患者では22〜89％と高率にせん妄を合併すること，および，せん妄の既往がある高齢者ではその後の認知症の発生率が高くなること，などの理由から，両者の間には共通する病態生理が存在すると考えられる．

　アルツハイマー病（Alzheimer disease：AD）は，老年期認知症の約半数を占め，認知症の代表的疾患である．ADでは，脳内のアセチルコリン（ACh）合成酵素であるコリンアセチルトランスフェラーゼ活性の低下や前脳基底部マイネルト核におけるACh作動性ニューロンの脱落がみられることから，脳内ACh系神経伝達の障害が重要な要因と考えられている．また，その治療薬としてアセチルコリンエステラーゼ阻害薬が用いられている．

　脳内ACh系神経伝達の障害は，せん妄の発現においても重要な要因の1つである．すなわち，覚醒にかかわる神経機構（中脳橋網様核からの上行性脳幹網様体賦活系背側路・腹側路）においてACh系神経伝達は重要な役割を果たしているため，ACh系神経伝達の障害は覚醒レベルの低下を招くと考えられる．事実，中枢性抗コリン作用のある種々の薬物によってせん妄は誘発されやすく[3]（central anticholinergic syndrome），また，せん妄に対してアセチルコリンエステラーゼ阻害薬が有効な症例も報告されている（図1）．

　AD患者では，睡眠障害・睡眠覚醒リズム障害（不眠，夜間の不眠と日中の眠気など）が合併しやすい．こうしたリズム障害が，ADにおけるせん妄の初期段階の症状のこともある．AD患者では，このほかにも，メラトニン分泌における日内変動の振幅低下などの生体リズムの障害が認められる．AD脳では視交叉上核の総細胞数の著しい減少がみられることから，こうした生体リズムの障害に生物時計機構の障害が関与していると考えられる．

　睡眠障害・睡眠覚醒リズム障害は，せん妄の診断基準における重要な症状であるとともに（表1），せん妄を発現させる要因の1つとみなされている．前述したように，認知症もせん妄の要因の1つである．したがって，認知症に睡眠障害・睡眠覚醒リズム障害が合併するとせん妄がさらに発症しやすくなる．

　認知症およびせん妄の治療では，睡眠障害・睡眠覚醒リズム障害に対する時間生物学的治療が重要である．とくに午前中の高

せん妄出現時

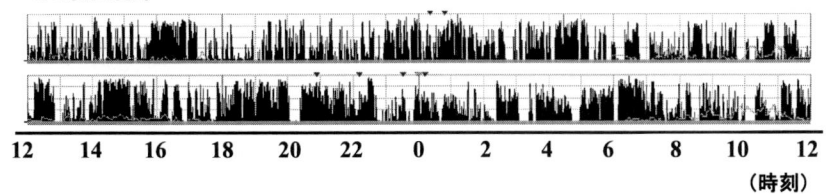

せん妄消失時

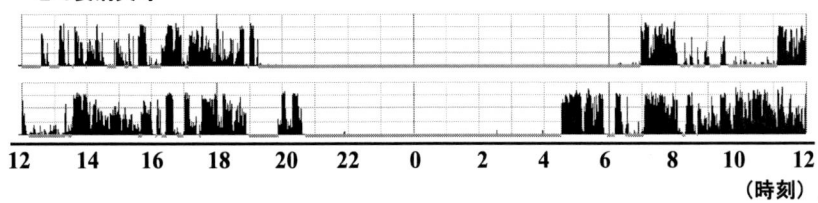

図1 せん妄出現時，および，せん妄消失時のアクティグラム所見
86歳，女性（診断名：アルツハイマー病）．せん妄出現時は日中と夜間の活動量に明らかな差異がなく，一定の睡眠覚醒リズムは認められなかった（上段）．アセチルコリンエステラーゼ阻害薬（塩酸ドネペジル）の投与によってせん妄は消失し，睡眠覚醒リズムも回復した（下段）．
上段はせん妄出現時，下段はせん妄消失時のそれぞれ連続48時間記録である．横軸は時刻，縦軸は単位時間当たりの活動量を示す．

照度光照射は，日中の覚醒水準を上昇させるとともに生体リズムを正常化させると考えられており，その有効性が報告されている．　　　　　　　　　　（田村義之・千葉　茂）

文　献

1) 千葉　茂・田村義之：老年精神医学雑誌，**15**，1033-1039，2004.
2) 田村義之・千葉　茂：サーカディアンリズム睡眠障害の臨床（千葉　茂・本間研一編著），pp.75-80，新興医学出版社，2003.
3) Tamura, Y. et al.: *Brain Res.*, **1115**(1), 194-199, 2006.

表1　せん妄の臨床的特徴（ICD-10-DCRに基づいて一部改変）[2]

(1) 意識混濁を伴う（周囲に対する認識が障害され，注意を集中・持続・転導させる能力が低下する）
(2) 認知障害を伴う（遠隔記憶は比較的保たれるが，即時記憶および近時記憶が障害されるとともに，時間や場所，人物の見当識が障害される）
(3) 精神運動障害を伴う（寡動から多動への急激な変化，反応時間の延長，会話の増加や減少，あるいは驚愕反応の増強がみられる）
(4) 睡眠障害や睡眠覚醒周期の障害を伴う（不眠や日中の眠気，昼夜逆転，夜間せん妄，悪夢がみられる．悪夢が覚醒後の錯覚や幻覚として残ることがある）
(5) 急激に発症し，症状の日内変動を示す

典型的なせん妄では，抑うつ・不安・恐怖・易刺激性・多幸・無欲性・困惑などの情緒障害や，知覚障害（錯覚あるいは幻覚で視覚性が多い），一過性の妄想がみられるが，これらの症状はせん妄の診断に特異的な症状ではない．

109 気分障害

—— Mood Disorder

　気分障害では早朝覚醒，症状の日内変動，発症の季節性，病相の周期的な出現などがみられるが，こういった特徴からその病態生理に生体リズムの異常が関与している可能性が考えられてきた．
　従来から体温，メラトニン，コルチゾールなど概日変動がみられる生物学的指標が気分障害患者で健常者と比較して変化するかどうかを調べる研究がさかんに行われた．そうしたなか，概日リズムの障害が気分障害の成因であると仮定する仮説がいくつか提出された．
　脱同調仮説は，レム睡眠，体温，コルチゾール分泌などを支配し内因性が強い強振動体と，睡眠覚醒サイクルを支配し環境刺激に影響されやすい弱振動体の周期が異なるとき，これら2つの位相が一致したときに躁状態に，逆転したときにうつ状態になるというものである（ビート仮説，図1）．位相前進仮説は，強振動体の位相が弱振動体の位相に比べて前進しているとするものである（図2）．位相不安定仮説は位相の前進あるいは後退といった不安定さを病因として仮定する．振幅低下仮説は，たとえばうつ病患者において夜間のメラトニン上昇が弱まっているなど，概日リズムの振幅が減少しているとするものである．
　これらの仮説を支持する研究がみられる一方で，否定的な研究もあり，決定的に証明されたものはない．また，概日リズム障害が気分障害の発生機序を構成するものなのか，気分障害から2次的に生じたものであるのかについても一致した見解には至っていない．
　治療の面では，上記のような仮説に基づいて時間治療学的に治療を行う試みが行われている．このような治療法としては断眠療法，位相後退/前進療法，高照度光療法などがあげられる．これらは生体リズムの位相を操作することによって，治療効果を期待するものである．また，炭酸リチウムには生体リズムの周期を延長させる効果があるが，これが気分障害に対するリチウムの作用機序であるとする考え方もある．
　近年，*period* 遺伝子をはじめとする時計遺伝子の発見や生物時計の分子ネットワークの解明が進行するにつれ，時計遺伝子と気分障害の関連が注目されるようになり，気分障害の原因の候補遺伝子として時計遺伝子の多型を解析する試みも行われている．また，概日リズムの変異を気分障害の遺伝子解析をするうえで有益な表現型(endophenotype)ととらえ，遺伝学的な研究を進めようとする動きもある．
　気分障害の時間生物学的研究を困難にしている要因としては，ヒトでは概日時計の中枢である視交叉上核に直接アプローチする研究が困難であること，採血や直腸温の測定は，被験者の身体的・精神的負担が大きく，短い間隔で長期間にわたって測定を行うことが困難なことなどがあげられ，研究を進めるうえではこのような点に留意することが必要であろう．

〔玉置寿男・山田和男〕

文献

1) 山田尚登：*Clinic. Neurosci.*, **18**, 1196-1198, 2000.
2) Hader, A. *et al.*：*Ann. Med.*, **37**, 196-205, 2005.
3) 山田尚登ほか：精神医学, **31**, 41-49, 1989.
4) Kripke, D. F. *et al.*：*Biol. Psychiatry*, **13**, 335-351, 1978.
5) Wehr, T. A. and Goodwin, F. K.：*American Handbook of Psychiatry, Second Edition (Volume VII)* (Arieti, S. and Brodie, H. K. H. eds.), pp.46-74, Basic Book Inc, 1981.

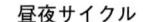

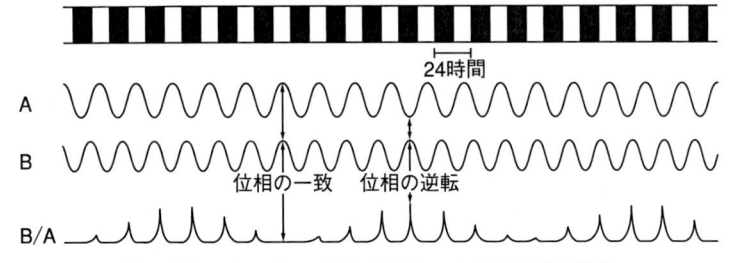

図1 躁うつ病のビート仮説（Kripke, 1978[4]より改変引用）
周期の異なる2つのリズムの位相が一致したときと逆転したときに躁・うつの両極の状態が出現するとする仮説。

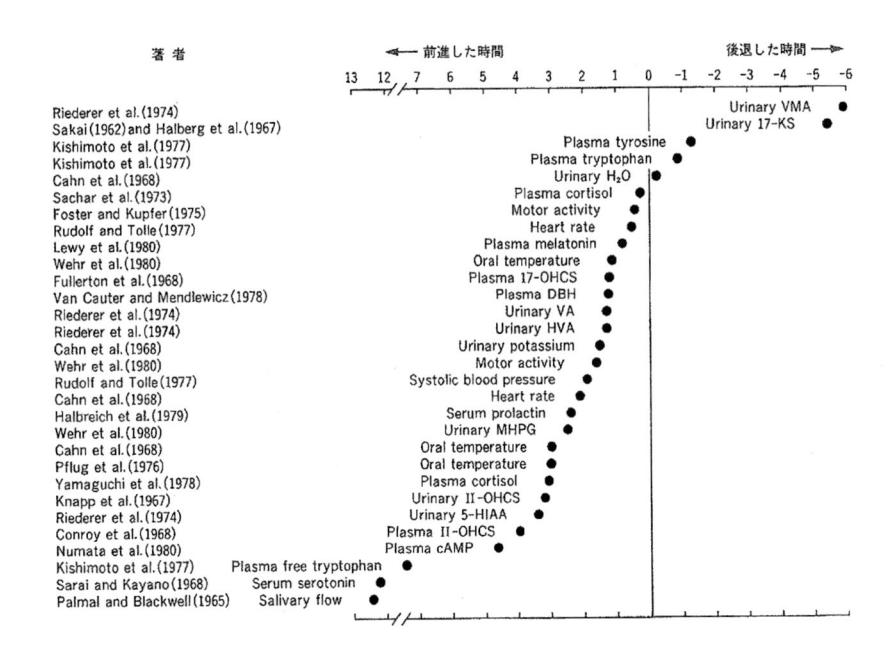

著者	前進した時間 ←	後退した時間 →
	13 12 / 7 6 5 4 3 2 1 0	-1 -2 -3 -4 -5 -6
Riederer et al.(1974)		Urinary VMA
Sakai(1962)and Halberg et al.(1967)		Urinary 17-KS
Kishimoto et al.(1977)	Plasma tyrosine	
Kishimoto et al.(1977)	Plasma tryptophan	
Cahn et al.(1968)	Urinary H₂O	
Sachar et al.(1973)	Plasma cortisol	
Foster and Kupfer(1975)	Motor activity	
Rudolf and Tolle(1977)	Heart rate	
Lewy et al.(1980)	Plasma melatonin	
Wehr et al.(1980)	Oral temperature	
Fullerton et al.(1968)	Plasma 17-OHCS	
Van Cauter and Mendlewicz(1978)	Plasma DBH	
Riederer et al.(1974)	Urinary VA	
Riederer et al.(1974)	Urinary HVA	
Cahn et al.(1968)	Urinary potassium	
Wehr et al.(1980)	Motor activity	
Rudolf and Tolle(1977)	Systolic blood pressure	
Cahn et al.(1968)	Heart rate	
Halbreich et al.(1979)	Serum prolactin	
Wehr et al.(1980)	Urinary MHPG	
Cahn et al.(1968)	Oral temperature	
Pflug et al.(1976)	Oral temperature	
Yamaguchi et al.(1978)	Plasma cortisol	
Knapp et al.(1967)	Urinary II-OHCS	
Riederer et al.(1974)	Urinary 5-HIAA	
Conroy et al.(1968)	Plasma II-OHCS	
Numata et al.(1980)	Plasma cAMP	
Kishimoto et al.(1977)	Plasma free tryptophan	
Sarai and Kayano(1968)	Serum serotonin	
Palmai and Blackwell(1965)	Salivary flow	

図2 うつ病の位相前進仮説（Wehr, 1981[5]より改変引用）
対照のリズム位相を0としたときの患者の位相を示している。うつ病では位相が前進しているとする報告が多い。

110　自律神経障害とリズム
—— Failure of Autonomic Nervous System and its Rhythm

　われわれが健康で過ごすためには，自律神経系が安定したリズムをつくって変動している必要がある．健康な人は，日中は交感神経優位で夜間は副交感神経優位のきれいなリズムをつくっている（図1）．ここでは交感神経刺激物質であるアドレナリンとノルアドレナリンの血中濃度を測定している．このようなリズムで生活している人たちは，日中やる気が出て仕事がはかどり，夕方からは休息に入り夜間はぐっすり眠ることができる．

　ここには示さないが，アドレナリンやノルアドレナリンの日内リズムに従って連動する因子が多い．自律神経の支配下にある脈拍，血圧，血糖，体温などである．いずれの因子も日中の交感神経優位のとき上昇し，夜間の副交感神経優位のとき下降する．このようなリズムが障害を受けてリズムが乱されることがある．われわれがストレスを受けた場合である．

　ここではマウスに拘束ストレスをかけたときのデータを示した（図2）．ストレスによって体温の下降と血糖の上昇が起こっている．拘束から開放されるとこれらの値は正常へと向かう．弱い拘束（soft）はマウスに慣れをもたらし，途中から血糖の正常化が始まっているのがわかる．そもそも，ストレスは交感神経緊張をもたらすのであるがストレスが強い場合は交感神経緊張が強く起こり細動脈の収縮などにより，ついには低体温がもたらされる．

　このように自律神経障害の最大の原因はストレスである．その結果，自律神経失調症や更年期障害が誘発される．糖尿病も同様である．糖尿病の発症を運動不足や食べ過ぎだけに求めると本当の原因に迫れない．冷えで苦しむ人も多いが図2をみると本当の原因が見えてくるであろう．

　東洋医学では冷えは万病のもとといわれているが，ストレス以外にも低体温がくることがある（図3）．図の右側にあるように，ゆったりしすぎた副交感神経過剰優位の生き方でも低体温がくるからである．代謝熱や筋肉からの発熱が低下してこの状態がつくられる．疲れやすく精神的には無気力となる．国が豊かになると，こちら側の低体温症例が多くなる．図の左はストレスによる低体温の仕組みを表している．長時間労働や，心の悩み，薬の飲みすぎがこの状態をつくる．

　今日の日本では，自律神経障害を起こす特異な状況ができている．子どもや若者を中心とした年代にみられる夜更かしである．夜更かしは交感神経優位の状態がしだいに夜のほうにシフトしていくことである．この生活習慣が続くと夜中の1時や2時に就寝してそこから副交感神経優位状態が始まる．そして，朝起床時もこの状態のまま，つまり眠いまま学校へ行くことになる．

　朝食が摂れない，午前中授業で眠ってしまうという流れに入る．今日，日本の子どもにみられる無気力は夜更かしによって自律神経のリズムがシフトしてしまったことに多く起因している．　　　　　（安保　徹）

文献
1) Suzuki, S. et al.：Clin. Exp. Immunol., **110**, 500, 1997.

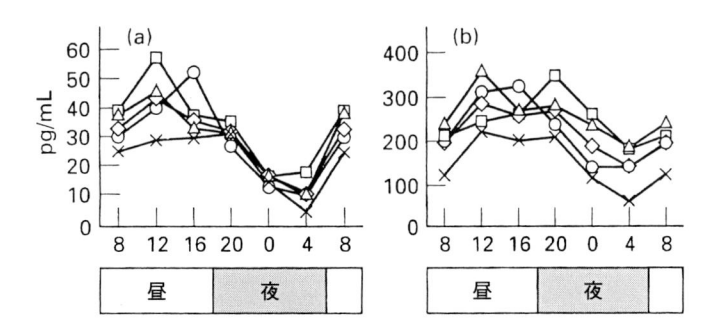

図1 血中アドレナリン (a), ノルアドレナリン (b) の日内リズム

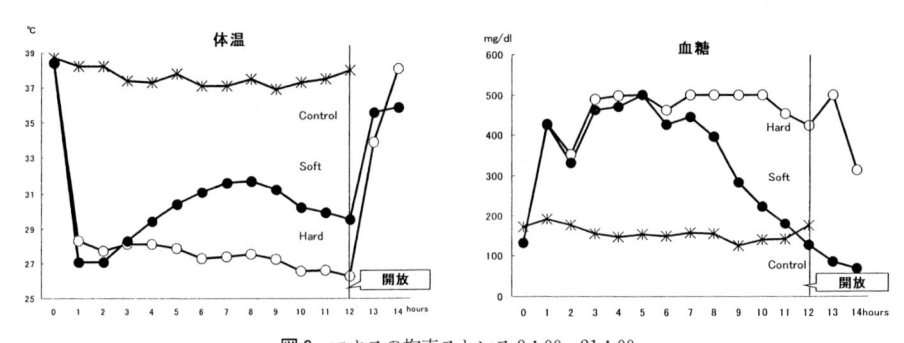

図2 マウスの拘束ストレス 9:00〜21:00

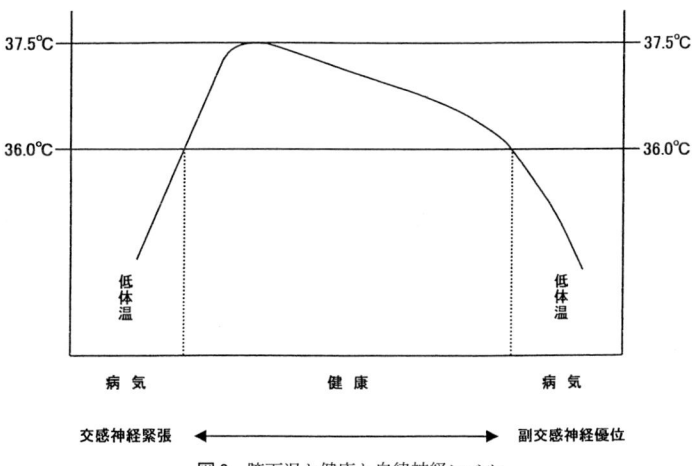

図3 腋下温と健康と自律神経レベル

111 月経前緊張症
—— Premenstrual Syndrome, PMS

　女性には性ホルモンの変化によって月経周期が生じることが知られている（図1）。これらの変動に伴って，様々な身体・精神症状がみられる。たとえば，月経の始まる前には，いらいらする，気分が沈む，下腹部痛などの症状がみられる。さらに，女性における性ホルモンの変動は，注意や記憶などの認知機能に影響を与えることが知られている。また，Kimuraらは，テストステロンレベルの低い男性とテストステロンレベルの高い女性は相対的に空間認知能力に優れるとしている（図2）。

　ところで，Frankが女性の性周期に伴う性ホルモンの変化と身体・精神機能の変動を結びつけ，月経前緊張症（premenstrual tension）と名づけた。その後，Greenらが，premenstrual syndrome（PMS）という名称を提唱した。これは性周期に伴って出現する身体・精神症状が，月経が始まる直前の数日前にひどくなり，月経が始まるとともに消失することをいう。研究によっては，約80%の女性がPMSの症状を示すといわれている。さらに，極端にPMSの症状が現れて，日常生活に支障をきたす場合があり，月経前不機嫌性障害（PMDD）といわれ，PMSを示す女性のうち5%には適切な治療が必要とされている。

　PMSの症状としては，身体症状として，浮腫，悪心，食欲不振などの消化器症状，関節痛，筋肉痛，乳房腫脹，疼痛などの乳房症状，体重増加，にきび，吹き出物などの増加が知られている。さらに，精神症状としては，焦燥感，うつ症状，集中力の低下，絶望感，易疲労感，不安，睡眠障害などがある。さらに，月経前の女性は，記憶などの認知機能が低下し，学校の成績や知能テストの成績が低下すること，仕事中のミスや事故が増加すること，犯罪行為や事故が増加することなどが指摘されている。

　PMSの原因は，はっきりとわかっていないが，水分貯留説，卵巣ホルモン失調説，下垂体後葉ホルモン説，オピオイドペプチド説，精神的因子説など様々な原因仮説が提唱されている。一方，このようなPMSの症状の軽減を図るために様々な試みがなされている。たとえば，炭水化物を多く含む食品を摂取し，カフェイン，アルコール，塩分，糖分を控えめにするといった食事療法や浮腫などに対して利尿剤の投与，痛みに対して鎮痛剤，精神安定剤，そして男性ホルモンとエストロゲンの合剤を投与するといったホルモン療法である。また，PSM症状を悪化させる要因としてのストレスに注目し，ストレスマネジメントとして睡眠のとり方の工夫，規則的な運動，ヨガや瞑想，リラクゼーションの活用，入浴法や趣味に時間をとること，マッサージなどが提案されている。さらに，心理療法的なアプローチとしては，主にPMSの痛みに対して認知行動療法の有効性が確認されている。　　　　　（元村直靖）

文献
1) 元村直靖他：心身医学, 36, 405-409, 1996.
2) 元村直靖：医学の歩み, 184, 1998.
3) 茅島江子他：第4章看護学から見たPMS, PMS研究—月経こころからだ—（松本清一監修），1995.
4) 武井裕子・中村有里：臨床婦人科産科, 59(7), 968-971, 2005.

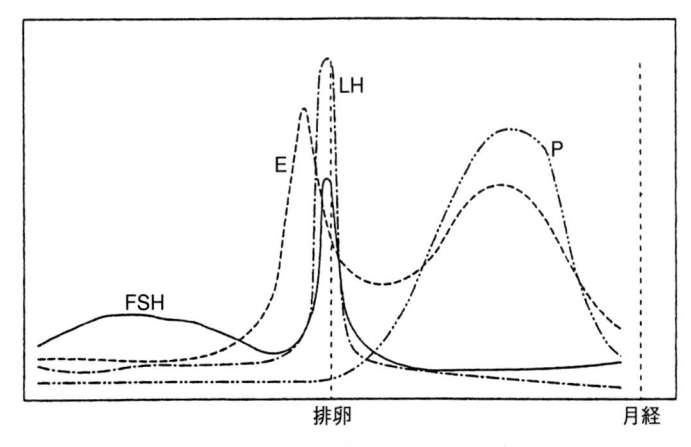

図1 ヒトの排卵周期におけるホルモン量の変化の模式図[2]
P：プロゲステロン，E：エストロゲン，LH：黄体化ホルモン，FSH：卵胞刺激ホルモン．

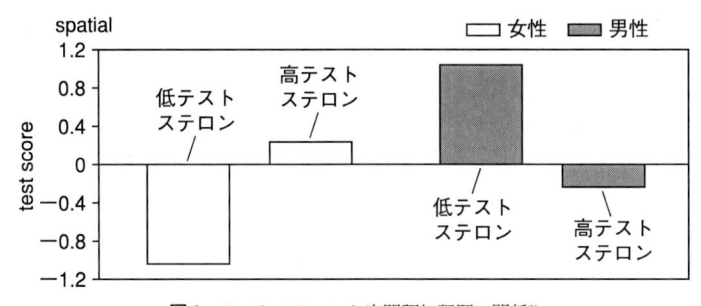

図2 テストステロンと空間認知課題の関係[2]

112 喘息とリズム

—— Asthma and Rhythm

　喘息は気道の慢性炎症と種々の程度の気道狭窄と気道過敏性，臨床的には繰り返し起こる咳，喘鳴，呼吸困難で特徴づけられる疾患である．気道炎症には，好酸球，T細胞，肥満細胞などの多くの細胞と種々の液性因子が関与する．疾患とリズムを考えるうえで喘息は極めて興味深い疾患である．喘息症状の出現は午前4時を中心として夜10時から朝7時の間に集中している（図1）．また，現在年間3000数百人といわれる喘息死の多くが夜間に発生している．夜間に症状を伴う喘息を夜間発作型喘息（nocturnal asthma）とよぶが，これは特殊な喘息を示すものではなく，多くの喘息患者で一般的に認められる病態である．またヒトの呼吸機能には明らかな日内変動が認められ，朝4時を最低，夕方4時が最高となる正弦曲線を描く．喘息ではこの変動率が大きく，早朝における肺機能の低下をとくにモーニングディップ（morning dip）とよんでいる（図2）．

　夜間に喘息症状が出現しやすい理由として以下の要因が考えられている．①アレルゲン曝露：　睡眠の際に寝具などのダニやハウスダストなどを吸入することで喘息症状が惹起される．②体温の低下・気道の冷却：　睡眠により約1℃の体温低下が起こること，および夜間の気温低下で気道収縮が起こりやすくなる．③気道の過分泌：　夜間に気道分泌が増加することと，気道の線毛運動が夜間に低下することで気道内の分泌物貯留が増え，気道狭窄が起こる．④胃・食道逆流：　夜間睡眠時に食道内への胃液の逆流が起こり，迷走神経反射により気道収縮が起こる．また胃液などを気道内に誤嚥することで気道収縮が起こる．⑤睡眠：　睡眠自体が気道収縮の一因となる．⑥自律神経：　夜間に副交感神経機能が亢進し，また非アドレナリン非コリン作動性神経機能が低下し気道収縮が起こる．⑦気道の反応性：　ヒスタミンなどの気道収縮物質に対する反応性は日中よりも夜間に亢進する．⑧血中成分（図3）：　気道炎症に深くかかわる好酸球が午前4時に最も増加すること，血中ヒスタミン濃度が夜間に増加すること，血中コルチゾールが午前0時に最も低下すること，気管支拡張作用をもつ血中アドレナリンが深夜から午前4時にかけて低下すること，β受容体の数や機能が午前4時に最も低下すること．

　喘息治療で最も重要な薬剤は抗炎症薬である吸入ステロイド薬であり，これと気管支拡張薬等の併用療法が一般的である．薬剤の投与にあたっては，モーニングディップを改善するような投与法，すなわち時間治療（chronotherapy）が重要である．多くの薬剤が深夜から早朝にかけて最大の薬効を発揮するよう長時間作用型として設計され，眠前に使用されることが多い．

　　　　　　　　　　　　　（西川圭一）

文　献
1) Dethlefsen, U. *et al.*: *Klin. Med.*, **80**, 44-48, 1985.
2) Martin, R. J. *et al.*: *Nocturnal Asthma*, pp. 71-115, Futura publishing, 1993.
3) Barnes, P. J.: *Biological Rhythms in clinical Practice* (Arendt, J., Minors, D. S., Waterhouse, J. M. eds.), pp.71-82, Wright, 1989.

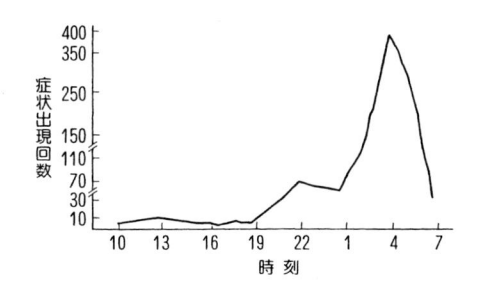

図1 喘息症状の時間別出現回数[1]
約3000人の喘息患者の症状出現時間をみると，午前4時をピークとして圧倒的に夜間に多い．

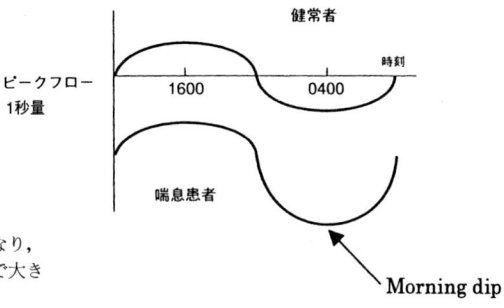

図2 肺機能の日内変動[2]
健常者，喘息患者ともに午前4時に最低となり，午後4時に最高を示す．変動率は喘息患者で大きい．

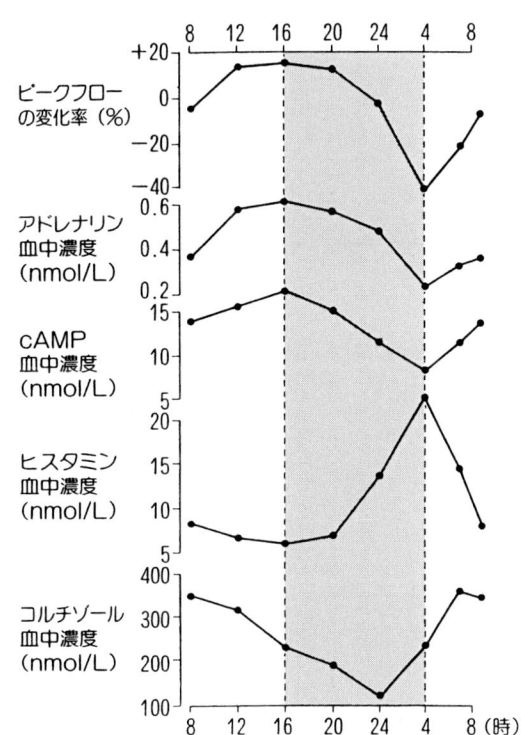

図3 肺機能および各種血中成分の日内変動[3]
気道拡張作用のあるアドレナリン，サイクリックAMP，コルチゾールの血中濃度は深夜0時から午前4時にかけて最も低くなる．また気道収縮作用のあるヒスタミンの血中濃度は朝4時に最も高くなる．結果として肺機能（ピークフロー）は午前4時に最も低値となる．

7. ヒトとリズム

113 光環境 —— Light Environment

　光は網膜から視神経を経由して脳に達し，明るさや色彩の感覚（視覚）をもたらすほか，視覚とは異なる経路で視交叉上核に達する光の情報が，概日リズム調整，覚醒水準上昇，夜間メラトニン分泌抑制などの非視覚的生理作用（non-visual physiological effects）をもたらすという多くの知見が得られている．一般に，光環境（light environment）とは，太陽や人工照明などの発光体から放射される光，あるいはその光が物体に当たり反射される光の空間的時間的な分布状態を意味し，構成要素として，明るさ（照度），照度分布，影，まぶしさ，光の色合いなどがあげられるが，時間生物学との関連においては，非視覚的生理作用の方向や大きさに影響を与える要素として，照度（illuminance），分光分布（spectral distribution），光が目に入る時間帯がとくに重要であると考えられる．

　人間は昼行性動物であり，太陽光を強力な物理的同調因子（Zeitgeber）として，その概日システム（circadian system）を進化の過程で確立したとされる．一方，人類は100万年以上前から「火」を人工光源として利用してきたが，燈具の発光能力は小さく，約1000年前の燈具を試作して実測評価すると，5W白熱灯の1/5程度の発光能力であった．文学資料などから推測した当時の睡眠習慣として，天文薄明（astronomical twilight）の頃に起床していたことから，夜明けの漸増自然光が同調因子であったと推察される．

　電力による発光技術は，白熱灯，蛍光灯，発光ダイオード（LED）などの段階を経て，発光効率化が進んできた．蛍光灯普及の段階までについて，一般的な室内推定照度の変遷[1]を図1に示すが，最近100年間の増大が顕著である．電気照明の分光分布も変遷し，電球色以外の蛍光灯や白色LEDのうち青色LEDと黄色蛍光体との組み合わせで構成される光源では，非視覚的生理作用が大きいとされる青色波長成分（440〜490 nm）の増大が顕著である（図2）．

　白熱灯も電力も貴重品であった時代には目に入る青色波長成分の量が少なく，夜間のメラトニン抑制や概日リズム位相後退の心配はなかったと推察される．1960年代以降，電力安定供給や蛍光灯普及などによって発光量も青色波長成分も増大し，夜間の室内でこれらの非視覚的生理作用が生じうる光環境になったことが懸念される．一方，室内が明るくなったといえども屋外の1/100程度にすぎないので，現代の生活様式によっては，昼間屋外での受光量が激減し，昼夜光環境の明暗比率が10未満の場合や24時間周期性が確保されない場合もありうる．このような光環境の激変に生物としての適応が追いつかず，同調因子が弱体化し，概日振動の減衰や睡眠覚醒リズム異常などの弊害が懸念される．

　対応策として，目に入る光量および青色波長成分について，昼間の不足を補い夜間の過剰を減らし光環境同調因子を強化するよう制御することが基本で，このような調光制御の考え方[2]を図3に示す．（小山恵美）

文　献

1) 小山恵美：繊維機械学会誌, 59(7), 375-379, 2006.
2) 小山恵美他：環境生理学（本間研一・彼末一之編著），pp.390-404, 北海道大学出版会, 2007.
3) 小山恵美他：Bio Industry, 23(7), 36-41, 2006.
4) 小山恵美他：睡眠環境学（鳥居鎮夫編），pp.127-146, 朝倉書店, 1999.

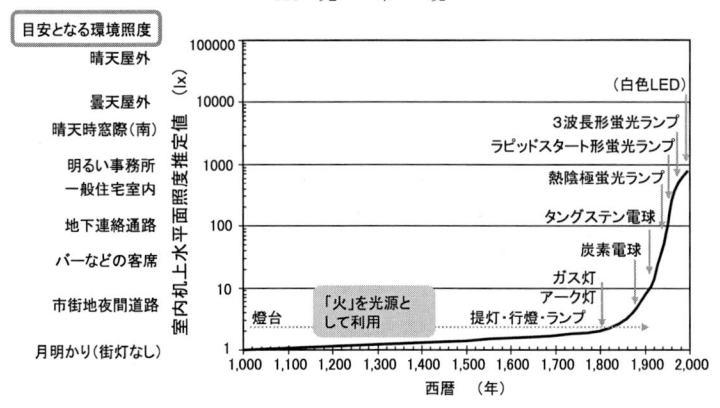

図1 人工光源による室内照明能力（机上水平面照度の推定値）の変遷（小山，2006[1])を一部修正）
夜間室内照度の変遷（蛍光灯の普及時期までについて）を燈火実測例や電力・発光効率などから推定した．21世紀初頭までの1000年間に明るさが1000倍近く増大しただけでなく，電気照明が普及し始めた最近の100年間で約100倍という劇的な変遷をしたと推測される．
照度軸目盛の左側には，目安となる環境照度の計測場所を参考として示す．また，人工光源が実用化されたおおよその年代を光源の種類とともに矢印で示す（白色LEDの矢印は年代のみ対応）．

図2 人工光源の分光分布特性（分光放射照度）の例[1])
水平面照度50ルックスを得た地点における分光放射照度の計測例．分光放射照度の単位は，W/m^2あるいは$\mu W/cm^2$を用いることが多いが，照度軸の数値をみやすくするため，ここでは$\mu W/m^2$を用いた．夜間メラトニン抑制などの非視覚系生理作用が大きいと考えられる青色波長成分（440〜490 nm，グレー塗りつぶし部分）の分光放射照度積算値は，白熱灯に対して，昼白色蛍光灯で約3倍，白色LED（青色LEDに黄色蛍光体を組み合わせる発光方式の場合）では5倍を超える．

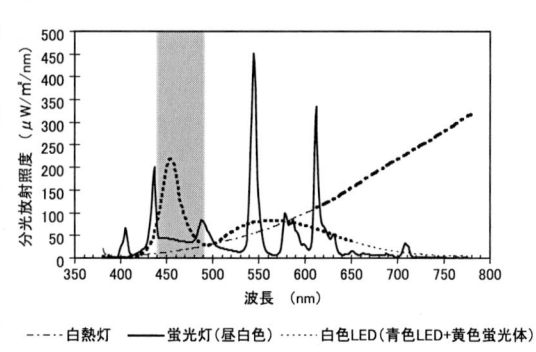

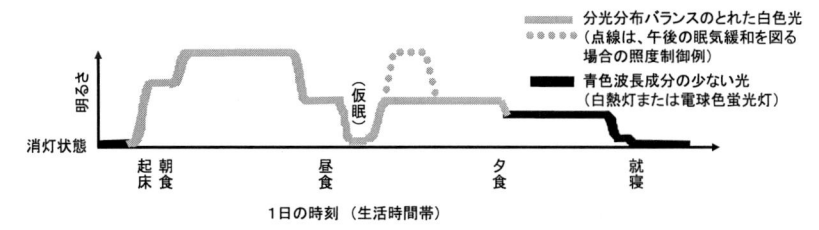

図3 概日リズムを考慮した調光手法の概念図（小山他，2006[3])を修正）
光の生理的覚醒作用と概日リズム調整作用を考慮して，1日の生活時間帯に適合した光環境を整備する必要がある．昼間はできるだけ明るくするとともに青色波長成分を増やさせ，夜間就寝前と就寝中は極力暗くするとともに青色波長成分を減弱させるという考え方を基本とし，1日の時間帯を起床前後，昼間覚醒中（午前・午後），夜間活動時，就寝直前，就寝中，というような大まかな区分に分けて調光するのが実用的である．また，睡眠と覚醒の移行期には光の特性を徐々に変化させることが望ましい．光源分光分布の制御は，現時点では光源の色温度（単位：K）を変える手法が実用的である．

114 メラトニン光抑制試験
—— Test of Melatonin Suppression by Light

　松果体から分泌されるホルモンであるメラトニンの分泌は夜間に高く分泌されるという概日リズム変動を示し,ヒトの概日リズムを同調させる役割を果たしている.メラトニン分泌は高照度光により抑制されることが知られ,しかも用量反応関係があることが報告されている.Lewyらの初期の研究では2500ルックス以上の照度でないとメラトニン分泌は抑制されないと考えられていたが,最近の研究によれば,数百ルックス程度の室内光の照度でも抑制されることがありうることが報告されている.光によるメラトニン抑制には個人差があると考えられており,日中の光曝露量,季節性変動,季節性感情障害,概日リズム睡眠障害；睡眠相後退型(睡眠相後退症候群)などが個人差に関連しているものと推測されている.また,ヒトのメラトニン概日リズムは睡眠習慣と関連していることも報告されている.

　メラトニン光抑制試験は,高照度光曝露によりメラトニン分泌が暗条件下(dim light)あるいは曝露前の量と比較して何％の抑制を受けるかを調べるものである.研究目的により曝露開始時刻,照度,光曝露時間は必ずしも一様ではなく,標準化された曝露条件があるわけではない.たとえば,Kayumovらの最近の交代性勤務を想定した研究では,交代勤務時間に対応する20時から翌朝8時までの間に高照度光(800ルックス)を被験者に曝露している.一方,樋口・本橋らの研究グループは健常成人を対象に睡眠習慣と光によるメラトニン抑制の関係を調べる目的で,Aokiらの報告をもとに,暗条件下の唾液中メラトニン濃度のピーク(頂点位相)の時刻を概日リズム位相(circadian phase)のマーカーとし,ピーク時刻の2時間前から高照度光(1000ルックス)を2時間曝露した後でメラトニンの抑制率を測定している.

　樋口・本橋らの報告したメラトニン光抑制試験を図1〜3に具体的に例示する.図1は夜間の高照度光曝露によるメラトニン抑制試験の基礎的事項を示している.光曝露条件下でのメラトニンの抑制率｛(光曝露直前のメラトニン濃度−光曝露2時間後のメラトニン濃度)/光曝露直前のメラトニン濃度｝×100を計算する.

　図2は17人の男性成人のメラトニン濃度の変化を示した.メラトニン抑制率には個人差が認められ,2人のデータは抑制が認められなかった.この2人の平均のメラトニン抑制率(2時間値)は62.9％であった.

　図3はメラトニン抑制率と被験者の平日の就寝時刻を示したものである(図2と同じデータ).高照度曝露によるメラトニン抑制が起きなかった者が2人いた.この2人を除くと,メラトニン抑制率と就寝時刻には有意な関連が認められなかった.

　メラトニン光抑制試験はヒトの生体リズムに対する光環境要因の影響を評価するためのテストである.応用面では,交代性勤務の適応能,シフトの改善方法,概日リズム睡眠障害；時差型(時差症候群)の治療などへの具体的方策の提言に結びつく可能性があり,さらなる研究の進展が望まれる.
　　　　　　　　　　　　　　(本橋　豊)

文献
1) Higuchi, S. et al. : J. Physiol. Anthropl. Appl. Human Sci., 24, 419-423, 2005.
2) Kayumov, L. et al. : J. Clin. Endocrinol. Metab. 90, 2775-2761, 2005.
3) Aoki, H. et al. : Chronobiol. Int., 18, 263-271, 2001.

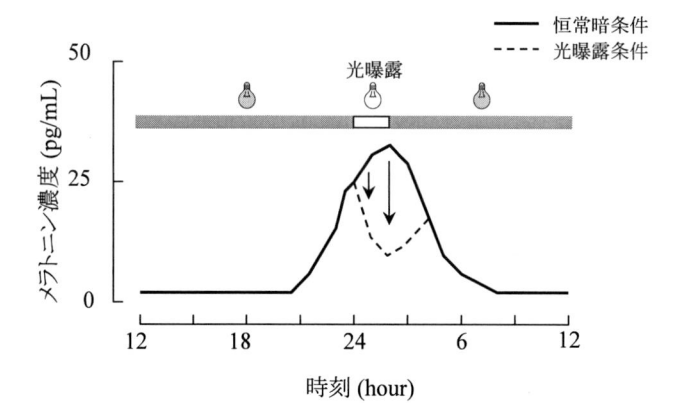

図1 メラトニン光抑制試験の基礎的事項

光曝露条件により，メラトニン分泌抑制が起きることを模式的に示している．

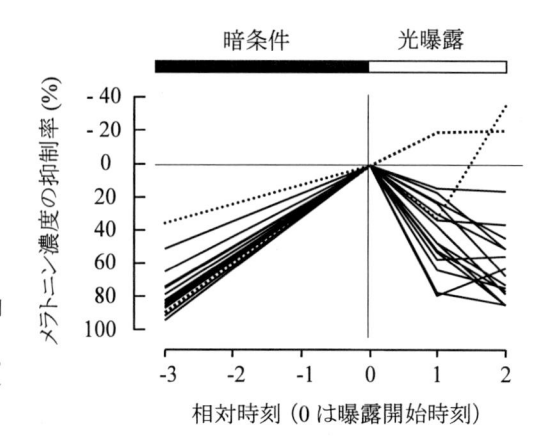

図2 曝露に対するメラトニン濃度の抑制率[1]

17人の被験者の結果を示す．個人差があることがわかる．光曝露によりメラトニン濃度が抑制されない者が2人いる．

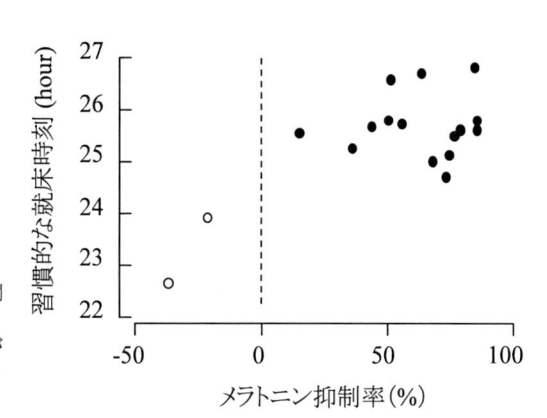

図3 就寝時刻とメラトニンの抑制率の関係[1]

平日，週末のいずれにおいても就寝時刻が遅い者ほどメラトニン抑制率が大きいことがわかる．

115　24時間型社会

—— 24 Hours Society

　体内時計を基本とするヒトの生体リズムにとって，24時間型社会の到来は"時計合わせ因子"＝同調因子として重要な"光環境"や社会的・心理的因子の大きな変化を意味する．コンビニエンスストア（以下コンビニ）やテレビの夜間利用は「主観的夜の前半に光を浴びる」ことになり，体内時計の位相が遅れる（後ろにシフトする）危険性がある[1]．

　地球上の様々な場所での出来事が同時集約的にBBCやCNNなどで世界中に報道される現代，まさに24時間体制で情報が飛び交い，世界経済が動く．それに合わせて人間も時差を飛び越えて行き交い，夜間勤務もあたりまえの時代となった．一方，人間は約4万年前のクロマニョン人（われわれ人間の直接の祖先）の進化以来，約25時間の周期をもった体内時計を昼間活動するように24時間の外的環境（とくに明暗サイクル）に時計合わせ（同調）する生理機能を発達させ今に至っている．

　文明の発達による24時間型化に対し，これまで長く遺伝子に定着させてきた昼行性の生理機能が簡単に変容し，現代に適応できる筈がない．その結果として，交代制勤務や夜勤を含む変則勤務や時差のある場所への旅行後に起こる時差症候群（時差ぼけ）などによる様々な健康障害やそれに伴う重大事故などが起こり易くなる．

1. 24時間型社会と健康

　24時間型社会によって，日本社会全体が夜更かしによる短時間睡眠となっている．2006年の統計では日本人成人の平均睡眠時間はついに6時間台となった．夜更かし社会の人間の睡眠不足はどのような健康上の問題が生じるのだろう．兼板らによる日本人対象の大規模疫学調査[2]などによって，7時間の睡眠時間をピークにそれより睡眠時間が長くなっても，短くなっても，糖尿病，高血圧，中性脂肪，HDLコレステロール，虚血性心疾患，うつ症状などリスクが明確に高まり，とくに5時間を切る短時間睡眠者のリスクは大変大きい．

2. 時差症候群

　24時間型社会では世界中瞬時に電子メールなどやりとりができ，航空機路線の発達と，航空運賃の価格競争による低下により，時差のある場所へ航空機で移動する人間の数は増えている．ここで問題となるのが，時差ぼけ＝時差症候群である．人間の体内時計は約25時間周期の主時計（自律神経の交代などを支配）と約2日の周期をもつ第2時計（睡眠覚醒リズムを支配）からなっているが普段は明暗サイクルなど環境の24時間サイクルに同調している．時差のある場所（とくに東向き）へ飛行機で移動すると，睡眠覚醒のサイクルはもともと約2日もの長い周期をもっているので旅行先の時間にすぐに合わせられるが，主時計のほうは位相変動が急には起こらないので，移動後しばらく，2つの体内時計の位相が合わない状態＝内的脱同調を招いてしまう．これが，睡眠障害，胃腸障害，イライラや気分の落ち込みなど心の健康度の低下につながる．

3. 交代制勤務（シフトワーク）

　24時間型社会では，コンビニ，ファミリーレストラン（ファミレス），ネットカフェなど24時間営業の店が珍しくない．そこで働く人々の多くは交代制勤務となる．看護師や石油プラントで働く労働者など，交代制勤務者で最も問題になるのが，夜勤である．昼勤，夕勤，夜勤（3交代）または，日勤と夜勤（2交代）を繰り返す

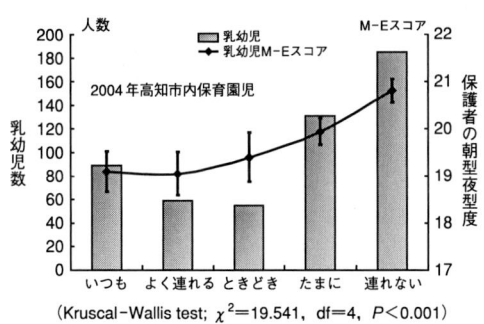

図1 日没後も営業する店への乳幼児の同伴と子どものM-Eスコア
(Kruscal-Wallis; $\chi^2=19.541$, df=4, $P<0.001$)

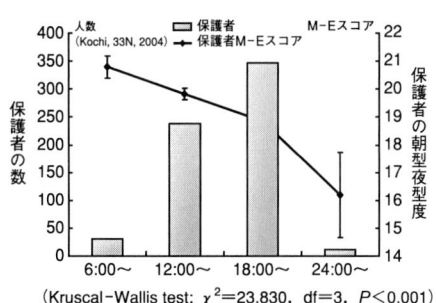

図2 保護者（95%が母親）が携帯を使用する時間帯と保護者のM-Eスコア＝朝型夜型度の関係
(Kruscal-Wallis test; $\chi^2=23.830$, df=3, $P<0.001$)

厳しい勤務態勢では，ストレスのかかる夜勤の後充分に休息を取る必要がある．たとえば，昼勤6日間と休日の後，夕勤と夜勤を3日ずつ行い，明け休日，休日の後また日勤に戻るという体制が考えられる．これは勤務者の体内時計の位相を勤務時間帯に合わせて遅らせる意図がある．しかし，この場合，睡眠覚醒リズムを支配する第2時計のみが勤務時間帯に合わせて位相後退していくが，主時計はついていけず，常に内的脱同調を起こしている状況となる．これでは，精神衛生の悪化や精神疾患を招くおそれがある．これに対し看護師の職場で最近よく採用されているのは変則2交代制である．たとえば，10時から18時までの日勤と，18時から10時までの夜勤，明休日，休日を繰り返すパターンだ．この場合，体内時計の位相を動かさないために，夜勤中，普段の入眠時刻付近で約90分のアンカー（錨）睡眠をとる．さらに，不足しがちなレム睡眠を確保するため，レム睡眠が多く出現する早朝にも仮眠をとれば，ストレスは軽減される．

4. 24時間型社会と学童

夜間の携帯電話の使用やインターネットの普及による夜間のパソコン使用やゲーム機によるゲーム遊びが今後ますます日本の学童や思春期の生徒の間で広がっていくことは間違いない．急速に進展する24時間型社会の影響を受ける子どもたちは，いわゆる主観的夜の前半に，短波長光（青い光など）を多く含んだ光（たとえば蛍光灯光，パソコンデイスプレイ画面）を長時間浴びる危険がある．また携帯やテレビからの電磁波に夜間曝露し，心理的に高い覚醒・興奮状態にある．これらのことが彼らの体内時計の位相を遅らせたり，入眠物質であるメラトニンの血中濃度を下げ，睡眠健康を悪化させる可能性がある[3]．

1) **コンビニ**： 2001年の高知県内の小都市部中学生（約500人）の調査によると，週に2，3回コンビニを利用する子どもは約30%で，4，5回以上は約10%だった．この割合は年々増え続けている．コンビニを利用する中学生のうち，日没後暗くなってから利用する生徒は約40%にのぼり，そのうち21時以降の遅い時間帯に利用する中学生は37%に達した（2001年調査）．コンビニを日没後に利用すると昼間や朝の利用者に比較して夜型（Torsvall&オングストローム kerstedt (1980) 版朝型-夜型質問紙による）になり，睡眠時間が短くなった．また，1回当たりのコンビニの利用時間が15分を超えたり，週当たりのコンビニの利用頻度が高くなるほど，睡眠時間が短くなった．

日本中コンビニが増加するなか，われわれの生活とは切っても切り離せない存在となっている．しかし，主観的夜の前半にコンビニに滞在するのは，まるで2000〜2500ルックスの"パルス光"を浴びるようなもので，子どもたちの体内時計の位相を後退させ，睡眠不足を招くおそれがある．とりわけ乳幼児は光への反応が敏感になるようである．高知市の乳幼児0〜6歳児を対象に調査した2004年度の調査によれば，保護者が夜間営業の店（コンビニ，ファミレス，貸しビデオ店など）に子どもを同伴させる頻度が高いほど，その乳幼児は極端に夜型になっている（図1）．

コンビニの影響は顧客のみにとどまらない．コンビニに勤務する従業員の体内時計にも少なからず影響している．コンビニで夜間勤務を長期間（3年以上）行っている男子大学生3人（20歳代前半）を研究協力者とし，自室の照明を蛍光灯から白熱灯に変え，彼らの日周リズムに及ぼす影響を調べた．実験期間は蛍光灯1期（2週間），白熱灯期（3週間），蛍光灯2期（2週間）とした．3人とも，普段自室には蛍光灯を使っており，蛍光灯期には昼間眠気が強く，体温も上がらなかったが，白熱灯期には眠気と体温（腋下温）の日内変動が大きくなり，昼間の眠気が改善され，昼間の体温上昇もみられた．しかし，予想とは逆に，色温度の低い白熱灯期に，かえって夜間唾液メラトニン濃度が下がる反応が3人中2人にみられた．この反応は，コンビニでの夜間勤務による，夜間高照度光への慢性的長期暴露と何らかの関係があると考えられる．コンビニで長期勤務することで，体内時計のリズムの振幅が低くなり，また夜間の光暴露によるメラトニン反応に何らかの異常をきたす危険性がある．

2）携帯電話： 今や携帯電話（携帯）は世界中に普及し，日本の大学生で持たない人はほとんどいないくらいである．2004年度高知市内某公立中学校の調査でも，女性の約68%が自分専用の携帯を所持し，男性の所持率（35%）を大きく上回っている．2001年の調査では男女とも20%であったので，ここ数年の間，特に女子中学生の間で大幅に普及率が伸びている．総務省が2005年4月28日に発表した携帯電話・PHS加入者数資料によると，2005年3月末時点の日本の契約者数総数は8665万8645人で人口普及率を見ると67.9%である．契約者増加率は減少傾向にあるものの，人口には乳幼児も含まれているので，実質的にはもっと高い割合となる．2001年時の高知市内データによると，携帯を所持する女子中学生の77%が携帯を毎日使用していたが，男子中学生では約55%だった．利用時間のピークは男子と女子でそれぞれ18〜21時，21〜24時であり，女子中学生が深夜友人と携帯でやり取りしている場面が想像できる．携帯を利用する女子中学生の25.5%が1時間以上の利用者で，5分以内の利用者は29.4%に対し，男子利用者の45.5%が5分以内で1時間以上利用する生徒は数%だった．1998年以降，2004年現在もまだ進行している高知市内女子中学生の夜型化の原因の1つに携帯の夜間使用が考えられる．携帯を毎日利用する中学生はそうでない生徒より夜型であり，就寝時刻や起床時刻が遅くなる．また携帯を夜間遅くまで，長い時間利用する女子中学生はそうでない生徒より夜型であった（2006年）．

乳幼児をもつ保護者約700人（高知市）の2004年調査では，携帯を使う時間帯が遅くなるほど，保護者自身が夜型になり（図2），子どもたちの睡眠習慣に間接的に影響を及ぼしている．乳幼児の朝型夜型度とその保護者（回答者の95%は母親）の朝型夜型度には高い正の相関があるからだ（ピアソンの相関分析：$r=0.408$, $P<0.001$）．

携帯の夜間利用が体内時計の位相を遅らせると考えられる．携帯のディスプレイか

らの光，携帯の電磁波，心理的に高い覚醒度や興奮度などが因子として考えられる．携帯の発する電磁波を被験者に夜間暴露させると，夜間の血中メラトニン（夜間から早朝まで，血液中の濃度が高く維持される．入眠や睡眠の維持に働くという説が有力）濃度が抑えられたという報告もある[4]．

3) **テレビ深夜番組と DVT 作業（パソコン，テレビゲーム）**： テレビの番組が23時で終了していた時代は遠い昔である．たとえば2006年2月26日新聞テレビ欄を見ると，NHK総合テレビは完全24時間放映だし（教育テレビは2時10分〜5時00分まで放映休止），民放各局も深夜2時50分〜3時00分くらいから4時30分くらいまで，約2時間弱だけ，放映を休んでいるところが多い．このようにほぼ24時間放映のなかで，深夜番組の視聴の実態を高知市中学生（2001年度）でみると，約68％の生徒が23時以降の深夜テレビを視聴しており，そのうち，週2〜3回以上視聴が52％，週4，5回以上が31％，毎日が18％に達した．深夜テレビを視聴する頻度が高いほど，夜型であった．毎日深夜テレビを視聴する中学生の朝型夜型度は12ポイントであり，極端に夜型であった．深夜番組を視聴する中学生はそうでない生徒より，起床困難や入眠困難を訴える頻度が高く，学校での居眠り，だるさ・疲れ，イライラ感などもより高い頻度で現れた．深夜番組を毎日のように視聴している中学生は主観的評価で"位相後退"を頻繁に訴えていた．自室の照明を暗くして，テレビのデイスプレイを見ると部屋が明るい場合より，夜型化の効果は大きかった．Higuchiらによれば，大学生の夜間パソコン利用がメラトニン分泌を減らし，睡眠脳波にも影響を及ぼす[5]．

中学生（2004年度高知市調査）では，テレビゲームやパソコンなどのDVT作業の頻度が高かったり，1回の利用時間が長くなるほど，就床時刻の後退に伴う睡眠時間の短縮だけでなく，気分の落ち込みやイライラの頻度が高くなるなど，彼らの精神衛生は悪かった．

テレビやパソコンのデイスプレイからの光や電磁波，心理的興奮などが体内時計の位相後退に働き，その際，日周リズムの基礎となっている2振動体（1つは体温など，自律神経の交代を支配し，もう1つは睡眠覚醒リズムを支配している）の間で"内的脱同調"を引き起こすことや，夜型化による睡眠不足そのものによって精神衛生を悪くしているものと推論できる．

24時間型社会の進展は，乳幼児の場合，保護者のライフスタイルの変化を通して確実に子どもたちの睡眠健康や精神衛生を悪化させる．また年齢を問わず（幼児でさえ），子どもたちがDVT作業，深夜テレビ，携帯，コンビニなど夜間・深夜営業店などから影響を受け，知らず知らずのうちに夜型化やそれに伴う精神衛生の悪化に見舞われる危険性がある．これからの時代，子どもたちを取り巻くあらゆる生活環境を（子どもたち自身も含め）社会全体で意識することが，子どもたちの健全な生活リズムと睡眠健康を確保していく第一歩となる．

〈原田哲夫〉

文 献

1) Honma, K. and Honma, S.：*Jap. J. Psychiat. Neurol.*, **42**, 167-168, 1998.
2) Kaneita, Y. *et al.*：*J. Clin. Psychiatry*, **67**, 196-203, 2006.
3) Harada, T. *et al.*：*Sleep and Hypnosis*, **4**, 150-154, 2002.
4) Jarupat, S. *et al.*：*J. Physiol. Anthropol.*, **22**, 61-63, 2002.
5) Higuchi, S. *et al.*：*J. Appl. Physiol.*, **94**, 1773-1776, 2003.

116 不登校
—— School Phobia (with Intractable Sleep Disorder)

　不登校は，自分自身でも納得できる明確な理由をもたないまま毎日の学校・社会生活を規則通りに繰り返すことができない自己矛盾状態である．具体的には朝起きたとき，気分が悪い，吐き気や頭痛などの不調から再び眠る，あるいは何となく登校できないなど，学校開始時間に心身活動準備がまったく整わない．午後にかけて少しずつ元気が出てくる，あるいは夕方になってやっと活力が戻るなど日常活動時間が後方へシフトする．すなわち，個人の生活時計と社会生活時計との間の「ずれ」が根本的な問題であることがわかってきた．原因とおぼしき生活背景は千差万別で多彩であるが，すべて「不安・緊張の持続」をもたらす共通性をもっており，このストレス状態が脳内の時計機構を動かし睡眠の質の低下をもたらす．結果として脳の興奮性を沈静化することができず，脳機能の低下を引き起こす．

　睡眠はヒト体内の時計機構によって24時間周期で営まれている．この時計機構の混乱は，これまで時差ぼけ状態以外には知られていなかったが，現代夜型生活を背景として，様々なストレスが体内時計にしばしば「ずれ」を生じさせることが明らかになってきた．この体内時計の「ずれ」は昼夜逆転傾向を示す睡眠問題として現れることが多く，日常生活に多大な支障をきたす．近年著しく増加した乳幼児における睡眠障害は，脳の発育に多大な悪影響を与えるとともに成人に至るまで持ち越してしまう危険性が報告されている．一方，成人においては思考力の低下，混乱など脳機能に大きな悪影響を及ぼし，社会生産性の低下や不注意に基づく交通事故の原因になることが知られてきた．100万人を越える「社会的引きこもり」状態と，その若年型ともいえる不登校状態の80～90％に，年余にわたる昼夜逆転傾向を伴う難治性睡眠障害が認められる．不登校状態は一般に「不登校児」とよばれ小学生，中学生のみが報道され注目されているが，実際には年齢が上がるほど増加し高校生で推定5％，大学生に至っては推定5～7％程度の不登校状態が留年・休学・退学という形で存在する事実を認識する必要がある．したがって，初期におけるメンタルヘルスケアと予防が極めて重要である．

　子どもたちの慢性疲労症候群としての不登校は，夜遅くまで頑張る夜型生活と起床時間がもとのままであることから，トータル睡眠時間が削られ慢性の睡眠不足へと進むことにより始まる．生き生きとした脳機能は元気な脳機能による良質の眠りによってもたらされる．慢性的な睡眠不足はホメオスタシス機構によっても補充できなくなり，睡眠覚醒リズムが破綻し，結果として低下した脳機能は情報処理力を落とす．自分でも何が起こっているか理解できない自己矛盾状態のまま不登校状態が完成する（図1）．三池らは「不登校・引きこもり」が様々な医学・生理学的異常を背景としており，慢性疲労症候群と密接に関連していることを報告し，高度の医療が必要であると強調してきた[1]．この治療の基本は，すべての生体リズム混乱あるいは平坦化（睡眠覚醒，ホルモン分泌，体温調節など，図2）をいかに調整しメリハリを戻すかにかかっており，高照度光治療が効果をあげている．
　　　　　　　　　　　　　　　（三池輝久）

文献
1) Miike, T. et al.: Brain Dev. 2004, 442-447, 2004.

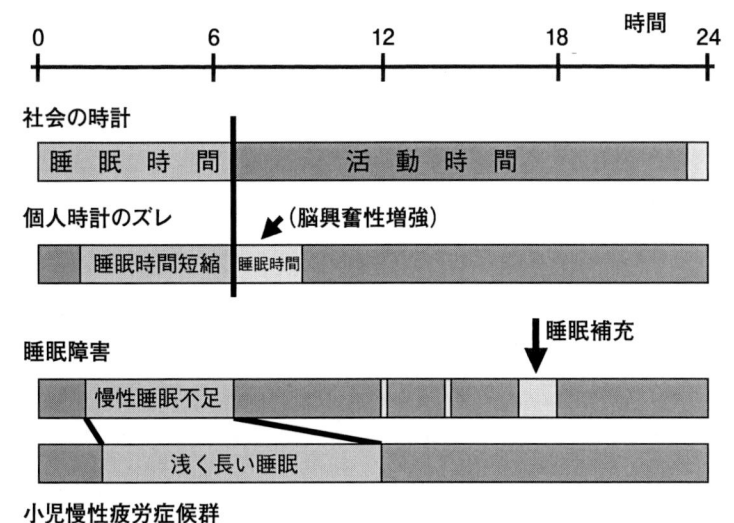

図1 個人時計と社会時計のずれ

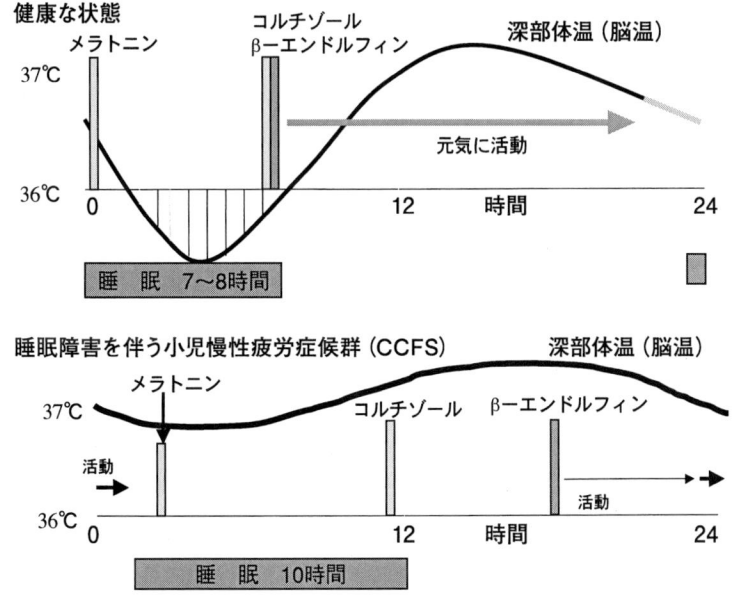

図2 小児慢性疲労症候群における生体リズムの混乱・平坦化

117 朝型―夜型 —— Morningness-Eveningness

"*Principles and practice of sleep medicine*"第4版の索引には，morningness（朝型）もeveningness（夜型）も見当たらない．1999年発行の臨床睡眠医学では「日周変動のピークが早いものを朝型（morning type），遅いものを夜型（evening type）と呼ぶ」とあるが，明確な定義は示されていない．臨床的な評価尺度としてはMEQ（morningness‐eveningness questionnaire）スコアやCSM（composite scale of morningness）があり，前者には19項目からなる日本語版がある．

典型的な朝型は概日リズム睡眠障害，睡眠相前進型（睡眠相前進症候群）で認め，Satohらによると，起床・就床時刻の平均時刻は4時55分，20時45分で対照群（6時13分，23時16分）よりも明らかに早い[1]．睡眠相前進型では時計遺伝子の異常も報告されているが，大多数のヒトでは生体時計の周期は24時間よりも長いことが知られている．通常のヒトの生体時計機能では夜型に傾きやすいことがうかがわれる．

糖質コルチコイドはストレス暴露に際し，視床下部-下垂体-副腎皮質系が賦活されることで放出されるが，生体が生命活動を維持するうえでこの放出は不可欠である．森本によると，血中コルチゾールのピークはいわゆる朝型では朝に高く，夕に低いが，いわゆる夜型では朝と夕に2つのピークを呈するという[2]（図1）．筆者は1歳6カ月～3歳の幼児9人でコルチコステロイド代謝物（17 OHCS）の朝の尿中排泄濃度を夜の就床時刻，朝の起床時刻との関連で検討した．午後10時前に就床した33検体の平均は0.95 mg/mgクレアチニンで，午後10時以降に就床した26検体の平均0.75よりも有意に高値であった．また午前8時前に起床した29検体の平均は0.98 mg/mgクレアチニンで，午前8時以降に起床した30検体の平均0.75よりもこれも有意に高値であった．つまり早起き早寝（朝型）の場合が，夜ふかし朝寝坊（夜型）の場合よりも朝の尿中17 OHCS濃度が高かった．

Monkらピッツバーグ大学のグループは成人100人でCSMの得点を生活リズムの規則性との関連で検討，朝型のほうが夜型よりも生活リズムが規則的であることを報告した[3]．このグループは生活リズムの規則性の高い被験者が，規則性が低い被験者よりも夜間の体温低下の度合いが大きいことから，規則性が高いほど概日リズムがよりよく機能していること，さらに生活リズムの規則性が高いほど眠りに関する悩みが少ないことも報告している．筆者はアクチウォッチで測定した昼間の活動量を，起床・就床時刻との関連で検討し，起床時刻が早い群が遅い群よりもその日の活動量が有意に多く，また就床時刻が早い群ほど遅い群よりも，その日の昼間の活動量が多いことを認めた（図2）．これらの報告からすると朝型でヒトは夜型よりもより機能的に行動できる可能性を想定できる．

今後，社会の24時間化がいっそう進行しよう．そのような社会情勢のなかにあって，朝型夜型の生物学的背景の詳細がさらに解析され，24時間社会でヒトがより快適に休息し，機能的に活動できる社会が実現できることを望みたい． 〔神山　潤〕

文　献
1) Satoh, K. et al.：*Sleep*, 26, 416-417, 2003.
2) 森本靖彦：ホルモンと臨床, 26, 339-349, 1978.
3) Monk, T. H. et al.：*Chronobiolo Int.*, 21, 435-443, 2004.

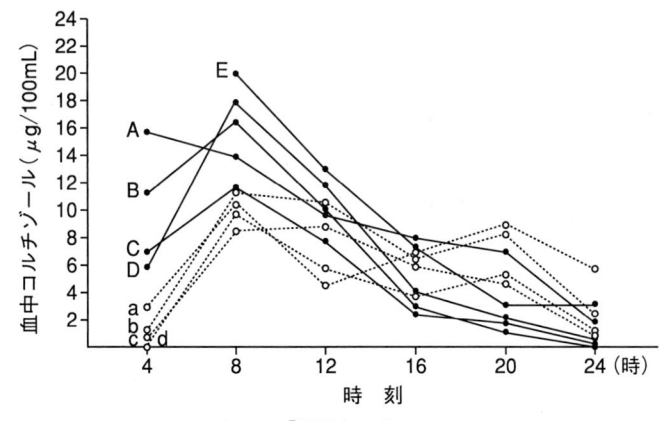

図1 いわゆる「朝型」の人と「夜型」の人における血中コルチゾールの日内リズムの相違

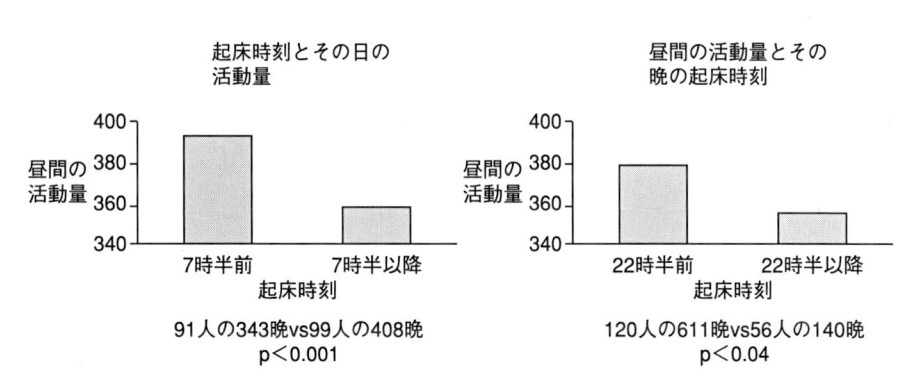

●——● いわゆる「朝型」の人
(A:65F, B:31M, C:40M, D:20M, E:56M)

○┄┄┄○ いわゆる「夜型」の人
(a:36M, b:39F, C:28M, d:40M)

図2 早く起きると昼間は元気,タップリ動くと早く寝る(足立区,2002〜2004年)

起床時刻とその日の活動量
7時半前 / 7時半以降
91人の343晩vs99人の408晩
p<0.001

昼間の活動量とその晩の起床時刻
22時半前 / 22時半以降
120人の611晩vs56人の140晩
p<0.04

118 サマータイム
—— Summer Time（英），Daylight Saving Time（米）

夏季に地方時間を1時間進めるサマータイム制度の導入は，第1次世界大戦中ドイツで1916年4月30日から10月1日まで，同じくイギリスが同年5月21日から10月1日まで採用したのが始まりである．アメリカ合衆国では1918年，1919年に各7カ月間，夏時間が導入されたが不評のため廃止されている．その後サマータイム制度は第2次世界大戦中に資源節約目的で復活し現在では欧米をはじめ，世界50カ国以上で導入されている．実施の方法は，基本的には現地時間4月最終日曜日午前2時から10月最終日曜日午前2時までの間，時計を進める方式が主に使われる．1987年からは開始が4月第1日曜日になった．

しかしながら，サマータイムは今や様々な面での再検討が必要とされている．サマータイム制度を実施していたがすでに廃止した国は，日本，韓国，中国，オーストラリア北部・西部，コロンビア，モロッコ，アルゼンチンである．また長い間サマータイム制度を実施しているフランスではこの制度を見直す方向で検討がなされている．その理由は，サマータイム制度によって得られる恩恵よりも弊害が大きいということからである．なかでもこの制度が健康に及ぼす影響についての懸念も表面化し，組織立った制度見直しの方向に専門的検討が必要となっている．

睡眠専門施設によるフィールド研究の結果[1,2]]によれば，春のサマータイム実施後の睡眠変化は，平均覚醒時刻の遅れが目立ち，1週間でも同調していない．この春の変化後の覚醒困難は朝の気分に影響し，眠気，ぼんやり感，集中困難などの変動を伴っている．秋のサマータイム制度終了後の変化は，覚醒時間の前進がみられるも軽度でそれも1～2日で少なくなっている．また朝の気分は，覚醒感がよく，気分も安定している．朝の計算能力は，変化前より高まっており，これは朝の気分安定化の影響も考えられるという．

サマータイムの短期間影響についての個人差は，まだ十分明らかにされていないが，概日リズムのタイプを判定する質問表（circadian type questionnaire：CTQ）[2]を用いたサマータイム春の変化調査結果では，睡眠習慣へのこだわり度R（rigidity of sleep habits）と睡眠障害の程度を示すd（disruption data）との間に有意の正相関がみられ，眠気を克服する能力V（vigorous；ability to overcome drowsiness）とdとの間にも負の相関がみられた．つまり，睡眠習慣へのこだわりが大きいほど，また眠気を抑える能力が低い人ほど，睡眠障害の程度は有意に大きい．この結果は，自分の睡眠習慣へのこだわりが強い人と眠気を押さえる能力の低い人は，サマータイム（春の変化）への適応が弱いということを示唆している．

これらの変化は，たとえ時間が1時間の前進であってもそれが連続して続くため，それへの適応過程で問題が生じている．この時間のずれが連続している間に，睡眠のタイミングだけでなく，概日リズム自体に影響が及ぶことは否定できない．図1は睡眠相後退症状を繰り返している48歳の男性患者の睡眠覚醒記録である．治療により現在睡眠位相は前進してきており会社に間に合う午前8時起床時刻へはもう一息で届きそうである．この人にまたさらに，それも突然起床時間を1時間前進させなければならないサマータイム制度は患者を突き放すような大きな負担となりリズム障害の再

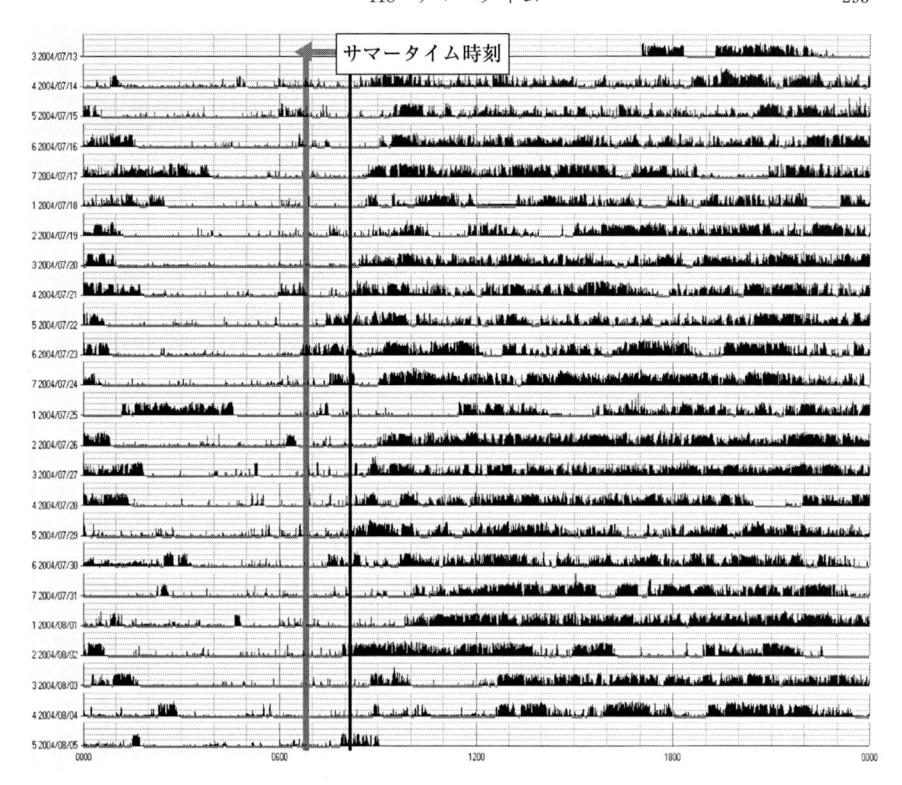

図1 概日リズム睡眠障害，睡眠相後退型（睡眠相後退症候群）患者の連続睡眠・活動記録
時計型小型高感度加速度センサー（アメリカ A.M.I 社製活動計マイクロミニ RR 型）活動計を非利き腕に時計感覚で装着し，較正された加速度圧を正確に計測し活動量を記録した．記録中の活動が低下している部分は睡眠時間帯を示している．これまでの治療により睡眠位相は前進してきて会社に間に合う午前8時起床時刻へはもう一息で届きそうである．しかしサマータイム制度により起床しなければいけない時刻はさらに1時間が前進する（太い縦線）．この1時間前進はこの患者には大きな負担になる．

発につながりかねない．

春のサマータイム制度が睡眠・睡眠覚醒リズムに及ぼす変化としては下記のようである．

① 覚醒時間が変化前の平均覚醒時刻より遅れる．それに伴い気分の変動や精神作業能力影響も生じる．この変化は少なくとも一週間以上は継続する．

② この変化の受け方は，個人差があり人によっては日中の活動に影響する．睡眠習慣にこだわる人，日中の眠気に弱い人は時刻変化をきっかけにして睡眠障害を起こす可能性が高い．

③ この変化は，概日リズム睡眠覚醒障害の人にとって，1時間であろうと時刻が前進することは，治療を困難にする要素となりやすい．

(佐々木三男)

文 献

1) Monk, T. H. and Folkard, S.：*Nature*, 261, 688-689, 1976.
2) Monk, T. H. and Aplin, L. C.：*Ergonomics*, 23, 167-178, 1980.

119 老化と概日時計
—— Aging of Circadian System

　概日リズム表現型には多くの生物種で特徴的な加齢変化が生じる．それらは生物時計の主座である視交叉上核（suprachiasmatic nucleus：SCN）および同調機能，末梢効果器を含めたリズム発振・入力・出力に関連する生理システム群の老化の総体として出現する．以下にげっ歯類およびヒトでみられる加齢変化について概説する．

1. リズム振幅
　げっ歯類では行動，体温，メラトニン，性ホルモン分泌など広範な生理機能リズムで振幅低下が生じる．活動・休止リズムの振幅低下が最も顕著であり，活動期における行動量減少や休止期における覚醒行動により著しい多相化と断片化が生じる．ヒトでも徐波睡眠の減少，中途覚醒の増加，午睡の増加などにより睡眠覚醒リズムが平坦化する．同時に，メラトニン，糖質コルチコイド，体熱制御，電解質代謝など種々の生理機能リズムに振幅低下が生じる．一方で，いわゆる健常高齢者（superhealthy elderly）では少なくとも70歳代まではリズム振幅の低下を認めないとする報告もある．高齢者の概日リズム振幅には生来性もしくは環境要因に起因する大きな個人差があることを示唆している．

2. フリーランニング周期 τ
　ハムスターとラットの活動・休止リズムの τ は短縮し，逆にマウスでは延長する．一方で，ハムスターを生涯飼育して τ を厳密に継時評価した研究では有意な τ の加齢変化を認めなかった．ヒト τ についても短縮するという報告とそれを否定するものがある．最近の研究では，若年者と高齢者の τ はともに24.18時間であり，極めて24時間に近似しかつ加齢変化を認めなかったという．

3. リズム位相および同調能
　加齢に伴い τ が短縮するハムスターでは，活動・休止リズムの明暗環境への同調位相が前進する．また，明暗サイクルを前方にシフトさせた際の新規位相への活動・休止リズムの再同調速度は加齢群で速くなり，逆に後方シフト時の再同調速度は遅くなる．加齢に伴い τ が延長するマウスでは逆の現象が起こる．ヒトでも加齢に伴い朝型指向性が強まり，夕刻以降の早い時刻から覚醒水準が低下し，就床・入眠および覚醒時刻も早まる．女性でより位相前進傾向が強い．しかしながら前述のごとくヒト τ の加齢変化はあったとしてもごくわずかであり，高齢者で認められる同調位相の前進を説明できるほど大きいものではない．さらに高齢者では高照度光に対する位相前進反応が減弱するとされる．すなわち，τ および光位相反応の加齢変化のいずれによっても高齢者での睡眠および生物時計位相の前進を十分に説明できない．

4. 視交叉上核機能
　げっ歯類のSCNでは加齢に伴いVIP mRNA転写リズム振幅の低下，グルコース利用率の低下，ニューロン発火頻度の減少，光位相反応の減弱などが知られている．げっ歯類SCN内のバソプレッシンおよびVIP細胞数の減少が報告されているが，より最近の脳定位法を用いた組織病理研究によれば，1〜30カ月齢までのウィスター系ラットのSCNでは神経細胞およびアストロサイトの総数や形態学的変化を認めなかったという．ヒトSCNについてはオランダのグループが80歳超群における総細胞数およびバソプレッシン細胞数の減少を報告している．このことは逆に70歳代まではSCNの形態学的変化が乏しいこ

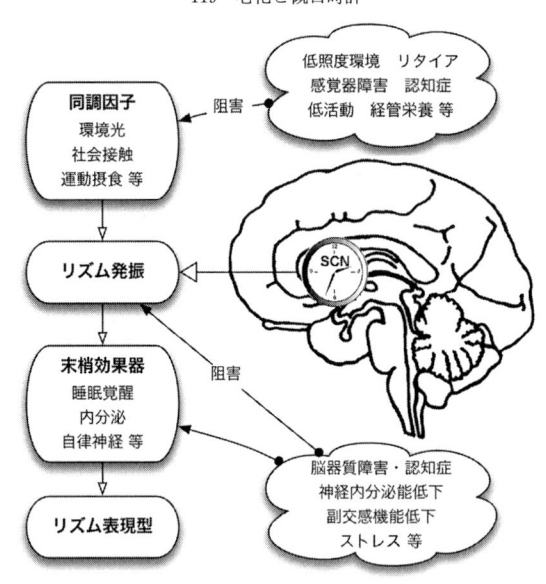

図1 生理機能リズムの発現と加齢による交絡要因

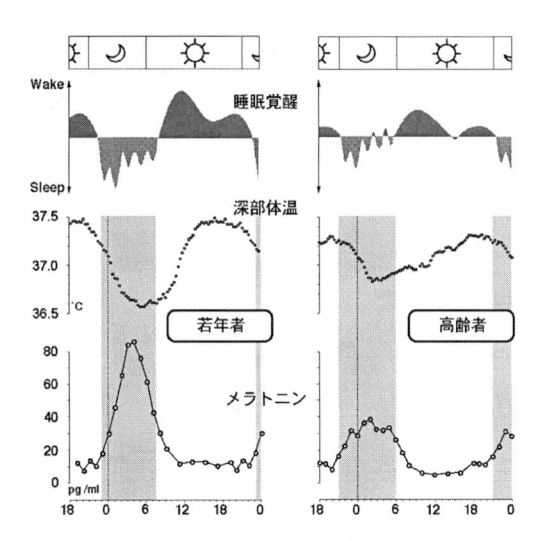

図2 睡眠覚醒，深部体温，メラトニン分泌リズムの加齢変化

とを示しており，健常高齢者の概日リズムでは τ や振幅に大きな加齢変化を認めないとする複数の知見と合致する．一方，アルツハイマー病ではSCN内のバソプレッシンやニューロテンシン（neurotensin）含有細胞の容積および総数が著しく減少する．

（三島和夫）

120 発達期の時計
―― Developmental Change in Biological Clock

　早期産児の活動リズムの観察や超音波スキャンにより，胎児期のリズムの形成に関する研究が行われている．在胎20週の胎児の活動はランダムに近いが，在胎30週前後には眼球運動が毎分1〜4回の規則的な周期で生じるようになる．それまでバラバラに生じていた各種の生理学的なパラメータが在胎32週になってまとまりをみせるようになり，いわゆる behavioral states を形成するようになる．この時期には2種類の脳波パターンを区別することができる．1つは徐波群発が間欠的に生じ，その間に比較的不活発な状態がはさまれているパターンで，後に満期産乳児の静睡眠（quiet sleep，成人のノンレム睡眠に相当）へと発展していく．2つ目は，徐波が優勢で，様々な周波数の混在する持続的なパターンで，後には覚醒や動睡眠（active sleep，成人のREM睡眠に相当）に発展していく．35週で典型的な動睡眠，37週で典型的な静睡眠が現れるようになる．

　新生児は顕著な睡眠覚醒概日リズムを示さず，1日当たり16〜17時間を睡眠に費やす．その後，睡眠は夜間に，覚醒は昼間に集中するようになり，生後6カ月頃には顕著な睡眠覚醒概日リズムを呈するようになる．しかし，睡眠覚醒概日リズムがいつ顕著化するかについては，少数の乳児を対象としたり視察判定をもとにしていたりなど，決定的なデータがなく明確ではなかった．FukudaとIshiharaは10人の満期産児のデータに周期解析と多変量解析を適用し，生後7週目（2カ月の終わり）にほとんどの乳児が睡眠覚醒概日リズムの顕著化を示すことを明らかにした[1]（図1）．この時期は，社会的微笑反応や円滑性追跡眼球運動，玩具の操作や喃語が出現したり，睡眠脳波も変化（交代性脳波（trace alternant）パターンの消失，動睡眠から睡眠が開始しなくなる，睡眠紡錘波の出現等）することが知られている．これら認知・行動上の変化は，この時期の急激な中枢神経系の変化を背景としていると考えられる．Fukudaらは，早期産児2人（出産時在胎週数29週）の睡眠覚醒リズムの発達を満期産児と比較し，両者とも在胎後約46週（満期産児で生後約7週に相当）で睡眠覚醒概日リズムが顕著化していたことから，生後2カ月の終わり頃の睡眠覚醒概日リズムの顕著化が受胎を契機としていることを示唆している[2]．

　乳児期に夜間への睡眠の集中が完成した後，幼児期には夜間睡眠は顕著な変化を示さない．かわって昼間睡眠（昼寝）が顕著な変化を示し，生後半年から1年には，午前と午後の2回生じていた昼寝が，2歳には午後の1回となり，3歳から6歳にかけて徐々に昼寝は消失していき，小学生になる頃には，ほとんどの子どもが昼寝をとらなくなる（図2）．その後，児童期には睡眠は顕著な変化を示さないが，思春期の開始とともに就床時刻が後退し，日中の眠気が増加するようになる（図3）．（福田一彦）

文　献
1) Fukuda, K. and Ishihara, K : *Biol. Rhythm Res.*, 28, 94-103, 1997.
2) Fukuda, K. *et al.* : *Sleep*, 28, A 95, 2005.
3) 掘　忠雄編：眠りたいけど眠れない，昭和堂，2001.
4) Weissbluth, M. : *Sleep*, 18, 82-87, 1995.
5) Fukuda, K. and Ishihara, K : *Psychiatry Clin. Neurosci.*, 55, 231-232, 2001.

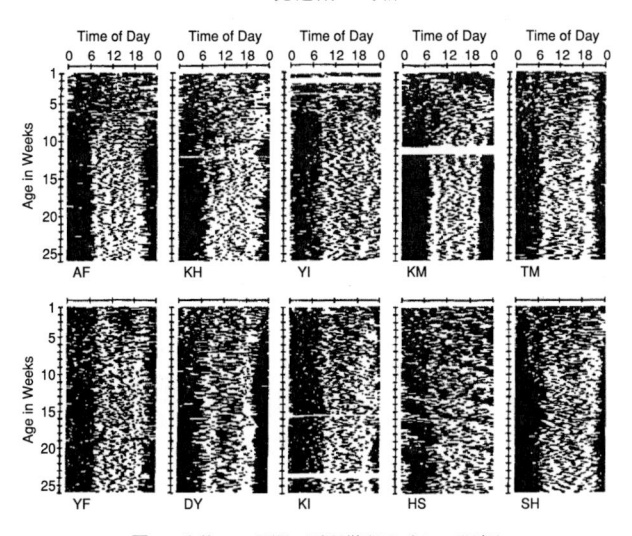

図1 生後6カ月間の睡眠覚醒リズムの発達[1]

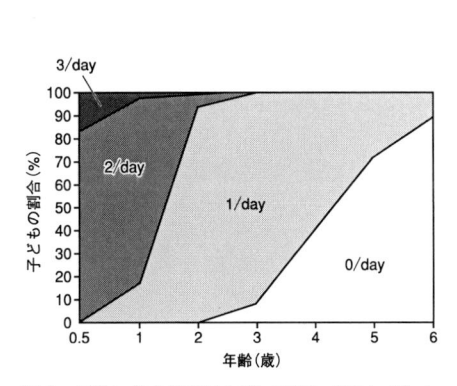

図2 年齢に伴う昼寝の回数の変化（Weissbluth, 1995[4]）に基づいて作図）

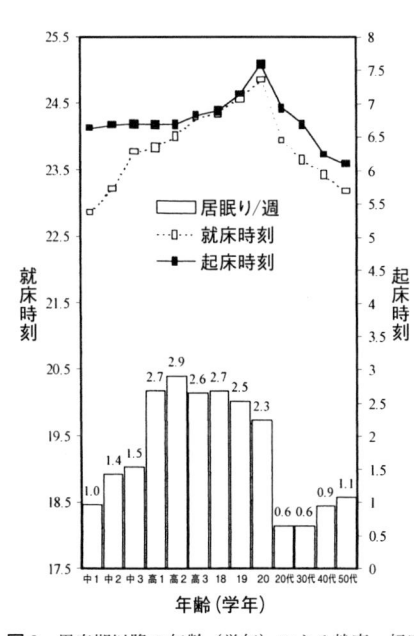

図3 思春期以降の年齢（学年）による就床，起床時刻の変化（18歳から20歳は大学生のデータ）
Fukuda and Ishihara, 2001[5] より引用および一部変更.

121 レム-ノンレムサイクル
—— REM-NonREM Cycle

　ヒトを含む哺乳動物にはレム（rapid eye movement：REM）睡眠とノンレム（non rapid eye movement：NonREM）睡眠が存在する．1953年にAserinskyとKleitmanによるレム睡眠の発見により[1]，それまで1つと考えられていた睡眠に2つの異なる状態があることが明らかにされた．レム睡眠とノンレム睡眠の出現には一定の周期があり，これがレム-ノンレムサイクルである．

　ノンレム睡眠は脳の前方にある前脳基底部や視索前野が重要で，レム睡眠は脳の後方にある脳幹部の中脳橋被蓋部位が重要であると考えられている．睡眠覚醒調節には，時刻に依存しないで覚醒時間の長さによって睡眠の質と量が決定されるホメオスタシス現象と，生物時計による1日を周期とした時刻依存性の睡眠覚醒リズムがある．ラットやマウスは24時間周期の人工照明下で飼育すると睡眠覚醒の日周リズムを示し，明期にレム睡眠やノンレム睡眠が多発する夜行性を示すが，暗期にもレム睡眠やノンレム睡眠は出現する．ラットの視交叉上核を破壊すると24時間のリズムは消失し，睡眠と覚醒が数時間の周期で交互に出現するウルトラディアンリズムを示す．ヒトの睡眠では，24時間周期の睡眠覚醒リズムと，24時間より短く約2時間周期のBRAC（basic rest-activity cycle）とよばれるリズムが存在する[2]．BRACを駆動する機構の存在部位や詳しいメカニズムについては不明であるが，ヒトの夜間睡眠はこのBRACにより約90分周期のレム-ノンレムサイクルが形成されると考えられている．

　レム睡眠およびノンレム睡眠は脳波，眼球運動，筋電図を記録する睡眠ポリグラフによって判定される．ヒトのノンレム睡眠は1段階から睡眠深度が深くなるにつれて4段階まで判定される（図1）．レム睡眠は脳波からみると睡眠の第1段階と類似であるが，急速眼球運動と筋緊張の消失を伴う．夜間の睡眠ではノンレム睡眠と交代してレム睡眠が繰り返し約90分のサイクルで出現し[3]（図2），成人の場合レム-ノンレムサイクルは1晩に4〜5回繰り返される．入眠後の第1サイクルでは高振幅徐波（デルタ波）を多く含む睡眠段階3，4の深いノンレム睡眠の出現率が高く，レム睡眠の持続時間は短い．第2サイクルはレム睡眠から次にレム睡眠の始まるまでとするが，レム睡眠の持続時間が少しずつ長くなり，デルタ波を多く含む深いノンレム睡眠の出現率が低下してくる．明け方の第5サイクルまでくると睡眠段階3，4のノンレム睡眠はほとんど観察されなくなり，持続時間の長いレム睡眠が出現する．つまり，レム-ノンレムサイクルの第1から第5サイクルまで少しずつ睡眠構築は変動し一夜の睡眠を終えることになる． 　　　（本多和樹）

文献

1) Aserinsky, N. and Kleitman, N.：*Science*, 118, 273-274, 1953.
2) Kleitman, N.：*Sleep*, 5(4), 311-317, 1982.
3) 小林敏孝：臨床時間生物学（高橋三郎他編），pp.90-101, 朝倉書店，1989.

121 レム-ノンレムサイクル

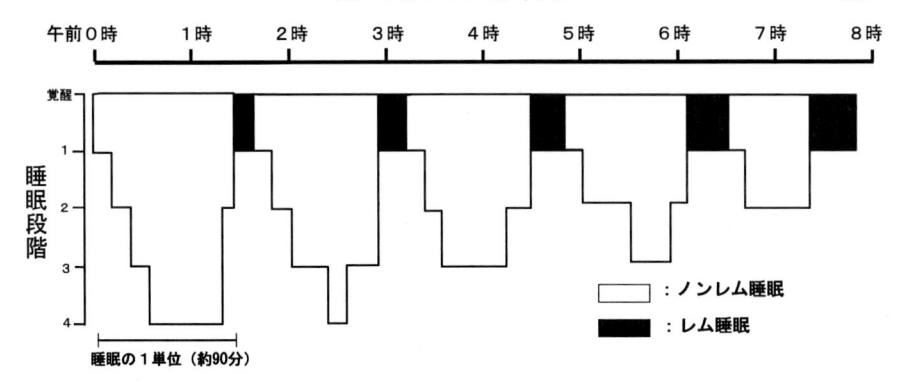

図1 ヒトの1晩の睡眠経過図

ヒトの1晩の眠りでは，入眠するとまずノンレム睡眠が出現して睡眠段階は1, 2, 3, 4と次第に深くなり，約90分のレム潜時でレム睡眠が出現する．その後レム睡眠とノンレム睡眠は約90分で1単位となりレム-ノンレムサイクルを形成し，成人の場合1晩で4〜5回繰り返す．

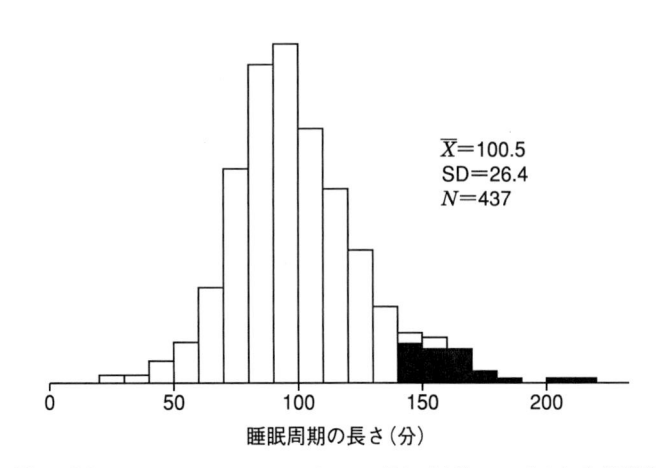

$\overline{X}$=100.5
SD=26.4
N=437

図2 成人におけるレム-ノンレムサイクルの長さ（小林，1989[3]より改変引用）

122 性差とリズム
—— Sexual Differences in Human Circadian Rhythm

　男性では睡眠や生物時計に影響を与える性ホルモン（テストステロン）の分泌は，老化によって徐々に減少するが，個体間のばらつきも多く，生涯を通してあまり変動しない．一方，女性では，睡眠や生物時計に影響を与える性ホルモン（エストロゲンとプロゲステロン）にライフサイクル（初潮～閉経，妊娠～出産）や月経周期に伴う変動があるため，睡眠等のリズムに性差が生じる．

1. 月経周期に伴う睡眠構造の変化

　女性ホルモン（エストロゲン，プロゲステロン）は図1のように，月経周期に伴って変動する．それに伴って，睡眠構造が変化することが知られている．黄体期でレム（rapid eye movement：REM）睡眠のオンセットが早まることや，黄体後期に中途覚醒が増加するということが報告されている．また，夜間のSWS（slow wave sleep）は，月経周期に伴って変化しないという報告が多いが，睡眠剥奪後，24時間睡眠構造を調べると，黄体期には日中のSWSが増加することがわかる．このことは，黄体期の睡眠の問題が夜間の睡眠障害によるだけでなく，日中の眠気にも原因があることが示唆されている．

2. 月経周期に伴う睡眠・覚醒リズムの変化

　睡眠リズムも個体差が多いことが報告されている．しかし，血中メラトニン濃度の日内変動を調べた研究者はすべて，月経周期によってメラトニンリズムが変化しないことを報告している．

3. 月経前緊張症と睡眠構造

　月経前緊張症（PMS）は黄体後期（月経前5～7日）頃から精神的症状や身体的症状が出現し，月経開始とともに消失する疾患だが，睡眠障害（悪夢，不眠，過眠）を訴えることが多い．PMS患者と健常女性の卵胞中期と黄体中期における睡眠脳波を比べると，PMS患者はレム睡眠が有意に短く，SWSが少ない．しかし，PMS患者のレム睡眠の減少やSWSの減少は，他の症状のように卵胞期と黄体期の差がみられないことを報告している．以上のことから，PMS患者の睡眠障害は他の症状のように黄体後期に限定されるのではなく，月経周期全般に観察されることがわかる．一方，抑うつ症状の認められるPMS患者では黄体後期のレム潜時延長，レム睡眠短縮が観察されるが，これは抑うつ気分の強さと相関していることから，レム潜時の延長はうつ状態を示していると考察えられている．

4. 月経前緊張症と睡眠覚醒リズム

　睡眠剥奪療法や高照度光療法がPMSに効果があることから，PMSに生物時計の異常があることが示唆されていた．最近，長期的に睡眠覚醒リズムを測定することによって，PMSの少なくとも一部には，月経周期に伴って睡眠位相の前進や後退がみられることが報告されている． 〔篠原一之〕

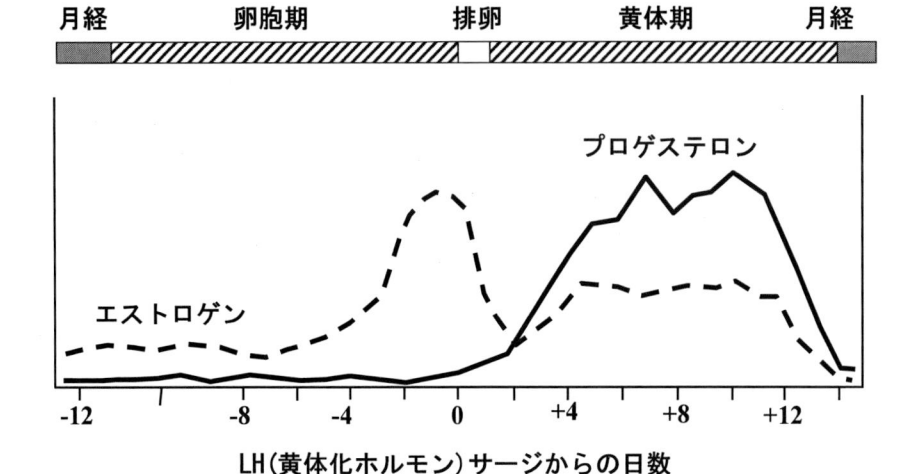

図1 月経周期に伴う女性ホルモンの変動
実線はエストロゲンを,破線はプロゲステロンを示す.

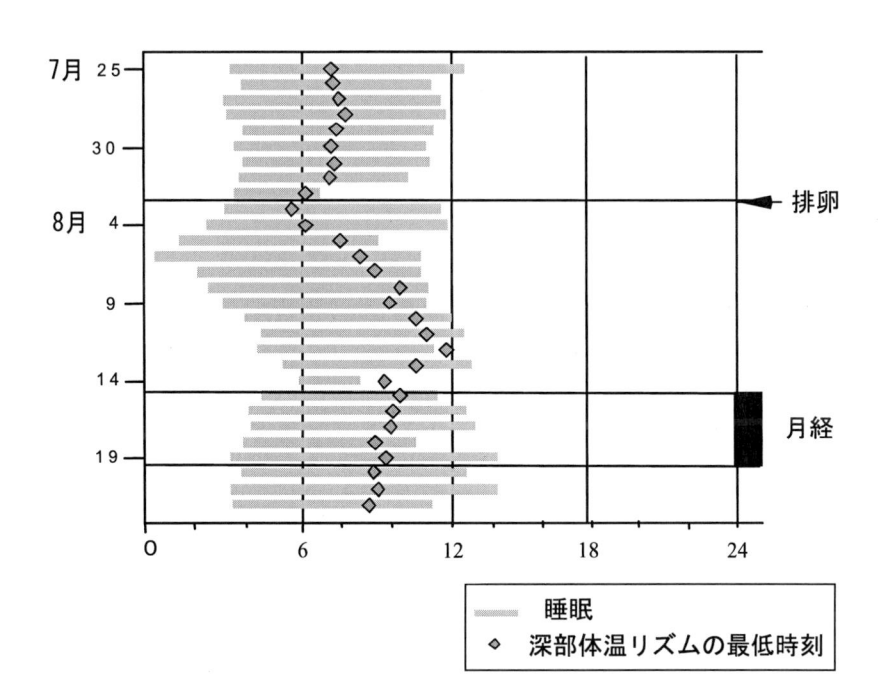

図2 月経前緊張症の睡眠パターンの一例
深部体温リズムと睡眠リズムが卵胞期に前進し,黄体期に後退した.また,黄体期には深部体温リズムと睡眠リズムの脱同調が認められる.

123 運動と概日リズム
―― Physical Exercise and Circadian Rhythm

　概日リズムの同調因子としては光が最も重要である．一方，光以外のリズム同調因子も知られており，運動もその1つであるが，運動の効果には種差が認められる．夜行性のげっ歯類では，明暗サイクルの位相変位の際に，一定時刻に輪回し運動を負荷すると，新しい明暗サイクルへの概日リズムの再同調が促進される．輪回し運動の概日リズムに対する効果は時刻依存性で，位相前進に作用する時刻と位相後退に作用する時刻がある[1]．ヒトでは，光をまったく感受しない視覚障害者でも，概日リズムは昼夜変化に同調できることから，光以外の因子が同調因子として作用しており，運動もその1つと考えられている．特定時刻に行う運動がヒトの血中メラトニンリズム位相に影響することが知られている．夜間の運動は翌日のメラトニンリズム位相を後退させるという報告がある[2]（図1）．また，夕刻の運動は位相を前進させるとの報告があるが[2]，これに否定的な実験もある[3]．一方，夜間に光，運動，あるいは光と運動を併用してリズム位相の変化が調べられているが，運動は光ほどの効果はなく，光と併用させても，その効果は光単独の場合と比較して増すことはない．また，特定時刻に繰り返し行う運動の効果も調べられている．睡眠時間を9時間後退させ，覚醒8時間後に運動を行うスケジュールを7日間繰り返すと，概日リズムが位相後退するという報告がある[4]．運動の時間帯は，睡眠時間を後退させる以前は午前4時から6時にあたり，通常の睡眠時間に運動を行っている．一方，睡眠時間帯を毎日20分ずつ前進させ，23時間40分周期の強制睡眠スケジュール下で日中に運動を行うと，概日リズムの位相が前進する[3]．運動の効果は運動する時間帯によって異なると考えられる．メラトニンが分泌している主観的夜に運動を行うと概日リズムは位相後退するが，メラトニンが分泌していない主観的昼に運動を行うと位相前進する（図2）．運動がヒトの概日リズムに何らかの影響を与えることは確からしいが，運動に伴って変化する多くの生理機能，たとえば体温上昇，心循環系の変化，覚醒レベルの上昇など，何が概日リズムに作用しているのかは不明である．また，運動効果が直接生物時計に作用しているのか，睡眠覚醒リズムに対する作用を介しているのかも今後の問題である．このように，運動の概日リズム同調メカニズムは不明であるが，南極の冬や宇宙ステーション，隔離実験室など光が十分得られない特殊環境下においては，身体運動により概日リズムが安定することが報告されており，リズム障害の治療に応用が期待できる．また，視覚障害者や高齢者のリズム障害を改善させる方法として，運動を取り入れることも可能である．

〔宮﨑俊彦〕

文　献
1) Mrosovsky, N. and Salmon, P.A.：*Nature*, **330**, 372-373, 1987.
2) Buxton, M. *et al.*：*Am. J. Physiol. Regul. Integr. Comp. Physiol.*, **284**, R714-R724, 2003.
3) Miyazaki, T. *et al.*：*Am. J. Physiol. Regul. Integr. Comp. Physiol.*, **281**, R197-R205, 2001.
4) Barger, L.K. *et al.*：*Am. J. Physiol. Regul. Integr. Comp. Physiol.*, **286**, R1077-R1084, 2004.

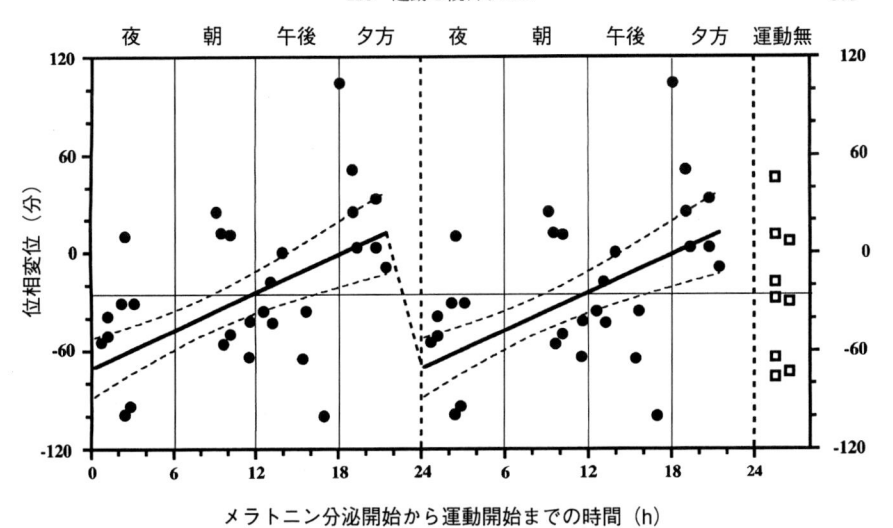

図1 運動の位相反応曲線[2]

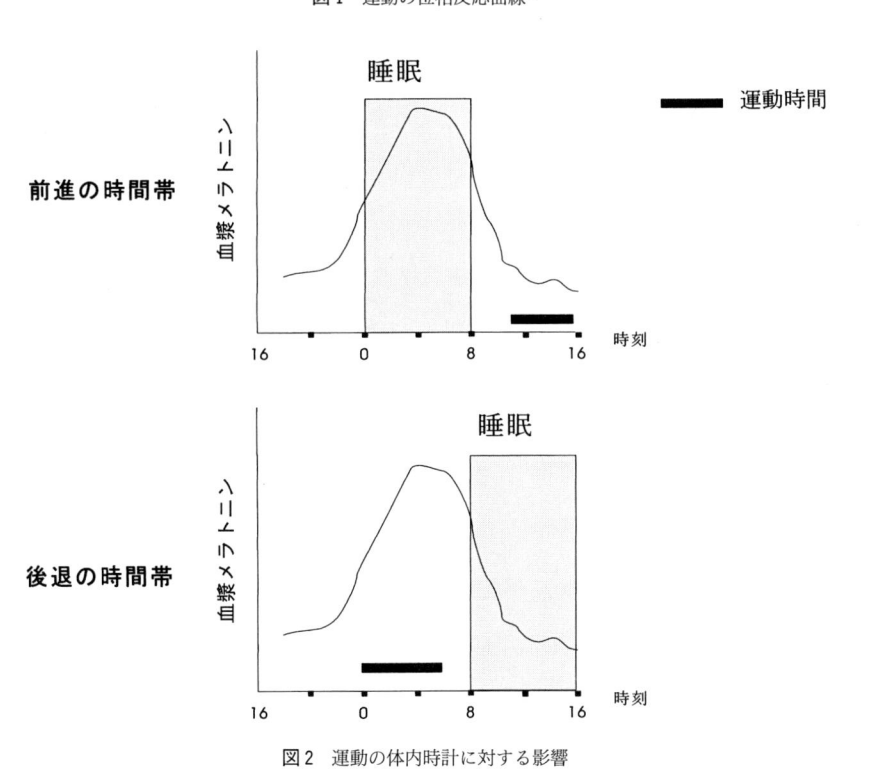

図2 運動の体内時計に対する影響

124 事故とリズム
―― Accidents and Biological Rhythm

約24時間周期の概日リズム（circadian rhythm）は原始的な生物からヒトに至るまで認められる普遍的生命現象であり，地球の自転によって生じる照度変化に適応するために進化してきた機能である．このリズムを駆動する生物時計は光受容体と密接に関連しており，ヒトでは視床下部の視交叉上核に存在すると考えられている．この生物時計は概日リズムを発振する機能ないし網膜に入った光の入力を，網膜視床下部投射を介して受け取ることによって，発振機能のリズムを外界の明暗リズムに同調させる機能を有している．

交代制勤務では夜勤などの勤務スケジュールに合わせ，強制的に睡眠覚醒リズムを変化させたり逆転させたりする必要が生じるが，すぐには同調することができない（外的脱同調）．また，恒常性の弱い睡眠覚醒リズムは勤務スケジュールに同調することができたとしても恒常性の強い深部体温リズムやメラトニンリズム等の生体リズムとの間に内的脱同調が生じる．交代勤務者の居眠りの頻度は日中のみの勤務者と比較して極めて高く，交通事故や医療事故，産業事故の発生との関連が指摘されている．

覚醒度や作業能率には日内変動が認められるが，これは概日リズムの影響を受けているからにほかならない．主観的覚醒度および作業能率が1日のうちで最も低下するのは深部体温リズムの最低点すなわちメラトニン濃度の最高点の直後であることが知られている．（図1）このことから，夜勤中には深部体温リズムが最低点を迎えるため覚醒度と作業能率の低下が認められることは明らかである．この概日リズムによる覚醒度や作業能率の変動が，居眠りによる事故と密接に関連していると考えられている．

居眠り事故の発生時刻から生体リズムと事故の関連についてみてみると，居眠り事故は交通量の比較的少ない午前2～6時と午後2～4時に集中して現れることが特徴的である．（図2）これらの時間帯は眠気のリズムのうち，周期24時間の概日リズムと周期12時間の，半概日リズム（cicasemidian rhythm）のピークに相当しており生体リズムによる制御の可能性が推測される．

運転者の眠気について「強い眠気におそわれた時刻」を検討した報告（図3）によると，トラックや一般乗用車では午後2時と午前4時に強い眠気が出現しているが，これは前述の居眠り事故の発生時刻とほぼ一致しており，このことからも2つの生体リズムの関与が考えられる．一方，バスとタクシーでは，10時，12時，午後2時にピークが認められ，2時間周期のウルトラディアンリズム（ultradian rhythm）の関与が推測される．午前10時から午後2時は交通量や乗客の少ない単調な環境であり，乗客がいるため自由に休憩がとれない環境である．このような環境下では，内因性のリズムに支配されやすい．これに対し，ある程度自由に休憩もとれ，運行経路も一定でない非退屈環境のトラックや一般乗用車では，ウルトラディアンリズムはマスキング効果を受け，覆い隠され午後2時と午前4時の強い眠気だけが自覚されたと説明しうる．以上から居眠り事故の発生の危険性はこれら3つの生体リズムによって支配され，その合成曲線上を変動している可能性が示唆されている．

交通事故以外にも産業事故や医療事故など生体リズムとの関連が疑われているもの

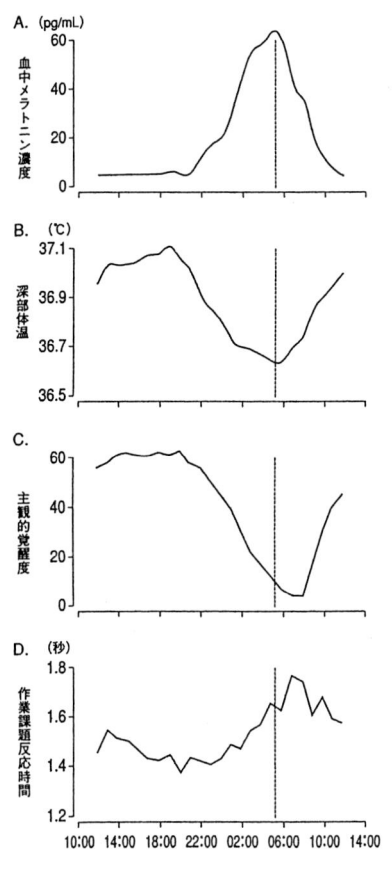

図1 血中メラトニン濃度，深部体温，主観的覚醒度および作業課題反応時間の日内変動[1]

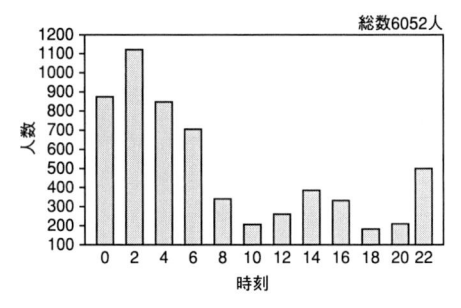

図2 居眠り事故の発生時刻[2]

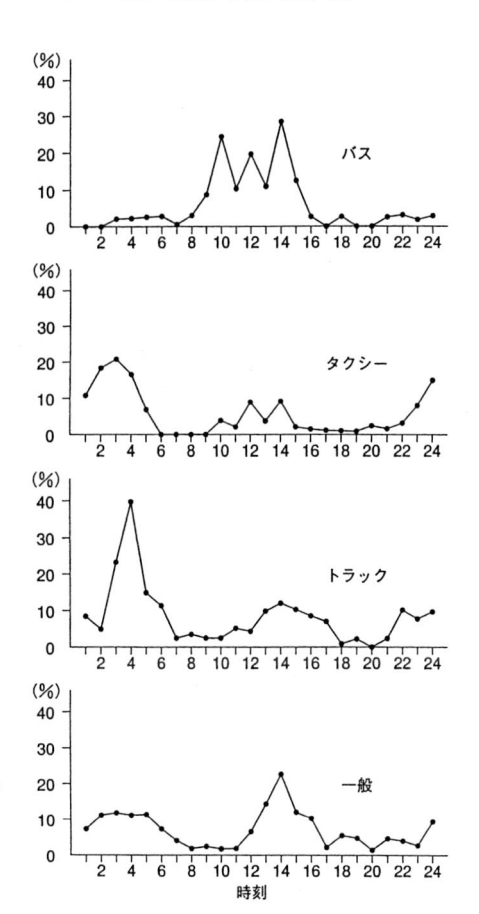

図3 運転者が強い眠気におそわれた時刻[3]

は多い，しかしながらその研究はいまだ緒についたばかりであり系統的な研究は少ない．本分野の発展が急務である．

(鈴木健修・大井田　隆)

文献

1) 田村義之・千葉　茂：サーカディアンリズム睡眠障害の臨床（千葉　茂・本間研一編），pp.46-55，新興医学出版社，2003.
2) Milter, M. A. *et al.*：*Sleep*, 11, 100-109, 1988.
3) 丸山康則：時間生物学ハンドブック（千葉喜彦・高橋清久編），pp.470-478，朝倉書店，1991.

125 食事とリズム
―― Feeding and Biological Rhythm

1. 食事(摂食)行動の概日リズム(circadian rhythms and feeding)

食事は食欲により左右される行動であるが,睡眠あるいは覚醒状態,外環境での餌の摂取可能性も食事行動(摂食行動)に強く影響を及ぼす.血糖値やエネルギー代謝の影響による空腹・満腹感(信号)により触発あるいは抑制される摂食行動は,哺乳類では視床下部外側野(lateral hypothalamus:LH,空腹中枢)と視床下部腹内側核(ventromedial hypothalamus:VMH,満腹中枢)に神経中枢が存在するとされる.一方で,食事(摂食行動)のタイミングや時間当たりの摂取量は,自由摂食の場合には明瞭な概日リズムを示す.また,食欲亢進ホルモンであるグレリン(ghrelin)は,絶食下でも習慣的食事時刻に対応し増減する概日リズムを示すことがヒトで報告されており,インスリン活性も朝食直後に高い概日リズムを示す.げっ歯類では,活動期である暗期に摂食行動や飲水行動が集中する.とくに,暗期の開始直後および終了直前にピークを示す.図1は,光条件と給餌条件を変えたときのラットの摂食行動パターンである[1].摂食行動の概日リズムは,光を同調因子とする視交叉上核による支配が主であるが,肝に存在する概日時計は摂食行動を同調因子とし[2],食事の概日リズムも摂食行動が強い同調因子となっている.一方で,睡眠不足や概日リズムの異常により摂食行動や代謝リズムが変容し,肥満やメタボリック症候群の発症リスクを上昇させることが報告[3]されている.

2. 食事(摂食)行動と概年リズム(circannual rhythm and feeding)

食事の摂取量と関係の深い体重には,季節により変動のあることが知られている.図2に,日本の男女668人の気分,人付きあい,睡眠量および体重の季節性変動を示す.体重は春に減少し秋口から増加に転じ,冬期に最も増加する.季節性感情障害の冬型の臨床特徴にみられる冬に睡眠時間が延長し,糖分や炭水化物に対する嗜好性が増大し,食欲が亢進して体重が増加するなどの特徴とよく一致する.ヒトの消化管における糖質の消化・吸収にも季節変化が存在し,冬期に低下することが知られている.一方で,野外での食事行動の四季の変動には,外環境での摂食可能性も強く影響する.図3は,フィンランドコウモリの行動の年変動を示したものである[3].夜行性であるコウモリは暖かい期間には夜間に摂食行動が集中するが,夜間に昆虫の活動が鈍る寒い時期には,明期にも摂食行動を示す.摂食行動にも概年リズムが存在し,消化酵素活性にも季節性変動がみられるが,摂食行動は外環境の様々な要因に大きく左右され概年リズムは修飾される.

(白川修一郎)

文献

1) Brinkhof, M. W. *et al.*: Forced dissociation of food-and light-entrainable circadian rhythms of rats in a skeleton photoperiod. *Physiology & Behavior* 65, pp.225-231, 1998.
2) Stokkan, KA. *et al.*: *Science*, 291, 490-493, 2001.
3) Pearson, H: *Nature*, 443, 261-263, 2006.
4) Daan, S.: Adaptive strategies in behavior. *Biological Rhythms. Handbook of Behavioral Neurobiology* (Aschoff, J. ed.), pp.275-298, Plenum, 1981.

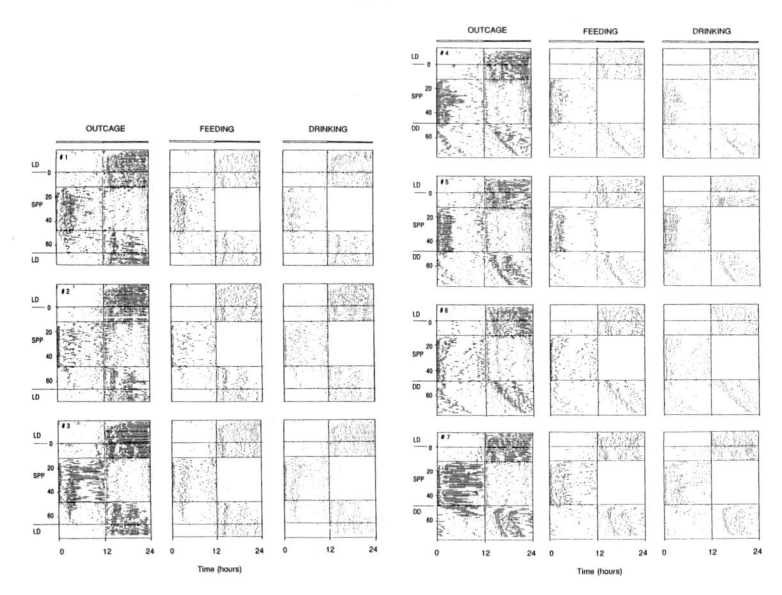

図1 摂食行動の概日リズムと制限給餌及び光条件への同調[1]

12時間明暗サイクルと枠光周期（Day 0）の自由摂食条件では，暗期あるいは主観的暗期に摂食行動が集中する．枠光周期で，明期（非活動期）に制限給餌（Day 13-48）を行うと摂食・飲水行動は明期開始直後と終了直前に移行する．その後，自由摂食（Day 49-66）に戻すと，摂食・飲水行動の大部分は暗期に戻り集中するが，明期開始直後にも摂食行動が自由継続状態で残る（図1左）．同様の現象が，枠光周期での明期制限給餌後の恒暗条件下（DD）でも主観的明期に認められる（図1右）．

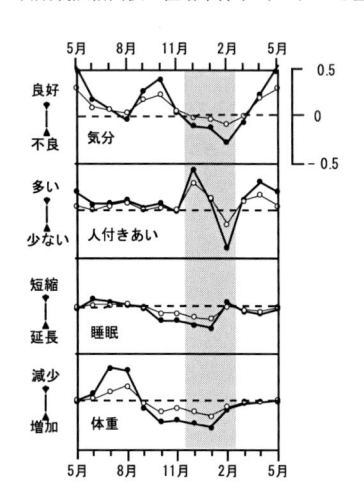

図2 気分，人付きあい，睡眠量，体重の季節性変動
黒丸で示した者は，高季節性変動を示す集団で，人口のほぼ13％である．

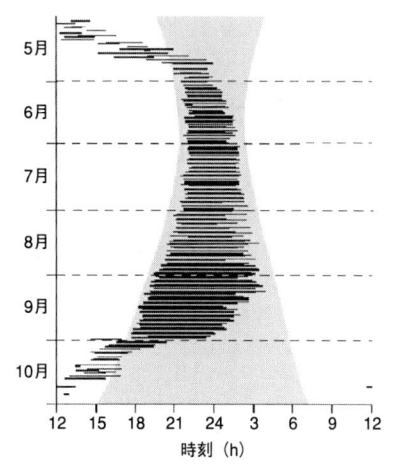

図3 フィンランドコウモリの摂食行動の年変動[4]
黒横棒は，フィンランドコウモリの活動時間を，影の部分は夜の期間を示す．

126 睡眠薬とリズム
──── Hypnotics and Biological Rythm

　不眠症の薬物治療では，ベンゾジアゼピン系睡眠薬あるいは，ゾピクロンやゾルピデムのようにベンゾジアゼピンの化学構造をもたない非ベンゾジアゼピン系睡眠薬が用いられる．いずれもシナプスに存在するGABA・ベンゾジアゼピン受容体（以下ベンゾジアゼピン受容体）に作用するため，まとめてベンゾジアゼピン受容体作動薬とよばれることが多い．

　ベンゾジアゼピン受容体は，α, β, γ のサブユニットから構成されサブユニットの組み合わせにより，中枢には2種類の受容体（ω1受容体とω2受容体）が存在する．ω1受容体はα1サブユニットを含み，主に催眠・鎮静作用に関与し，ω2受容体はα2, α3, α5のいずれかのサブユニットを含み，主に抗不安作用，筋弛緩作用と関連すると考えられている．したがって，睡眠薬としての催眠作用は，ω1受容体に対する作用である．

　げっ歯類においては，ベンゾジアゼピン系睡眠薬のトリアゾラムが，投与時刻依存的に行動リズムの位相を変化させることが報告されている．主観的昼にトリアゾラムを注射するとハムスターの輪回し行動リズムの位相前進がみられる．同様の効果が，ブロチゾラムでもみられ，背景にはベンゾジアゼピン受容体作動薬の概日ペースメーカーを介した時間生物学的作用が存在することが考えられている．

　臨床で睡眠薬として多く使用されているベンゾジアゼピン受容体作動薬が概日リズム位相に影響を与えるかを検討したものがいくつかある．これまでのところ，臨床用量を就寝前に投与する条件において，概日ペースメーカーの位相や振幅に対して直接的な時間生物学的影響はないと考えられている．ベンゾジアゼピン系睡眠薬であるトリアゾラムを健常成人の就寝時に投与した実験では，睡眠に関しては，睡眠潜時および中途覚醒の短縮がみられ，メラトニン，コルチゾール，成長ホルモンの分泌リズムには変化がみられなかった．睡眠と関連して分泌されるホルモンであるプロラクチンの血中濃度のみ上昇した．非ベンゾジアゼピン睡眠薬であるゾルピデムを就寝前に投与した場合も同様で，終夜睡眠ポリグラフ検査において徐波睡眠の上昇がみられたが，コルチゾール，メラトニン，甲状腺刺激ホルモン（TSH），成長ホルモン（GH）のプロフィールは変化しなかった．プロラクチン血中濃度の上昇が認められた．

　ベンゾジアゼピン受容体作動薬は急性のスケジュールシフトに睡眠を順応させる作用をもつ．経験的に時差地域に移動した際の不眠に対して効果が認められている．Buxtonらは，実験室において西回りに8時間の時差を超えた条件をつくり，8時間後退した睡眠覚醒スケジュールへの順応に，就寝時のベンゾジアゼピン系睡眠薬であるトリアゾラム投与が有効かについて二重盲験法を用いて調べた．この結果，トリアゾラムは，睡眠を改善させ，再同調を促進した．このとき，コルチゾルリズムの位相の変化は，プラセボとトリアゾラム投与で変わらなかった．すなわち，ベンゾジアゼピン受容体作動薬の急性スケジュールシフトに睡眠を順応させる作用は，少なくとも概日ペースメーカーに対する直接的位相変位作用によるものとは考えにくい．

（内山　真）

文　献
1) Copinschi, G. et al : Sleep, 13, 232-244, 1990.
2) Copinschi, G. et al : Sleep, 18, 417-424, 1995.

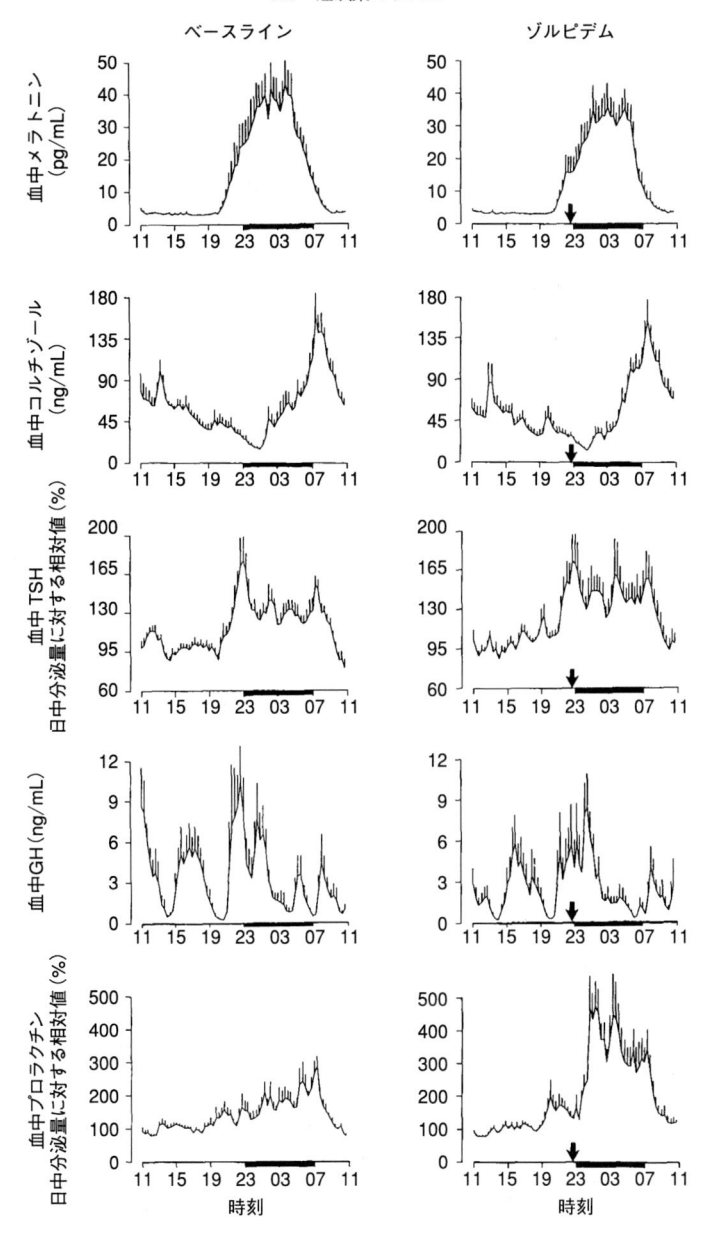

図1 就寝時にゾルピデムを投与した際の血中メラトニン，コルチゾール，TSH，GH，プロラクチンの変化（Copinschi，1995[2]）を改変）

3）Turek F. W. and Losee-Olson, S.：*Nature*, 321, 167-168, 1986.

4）Yokota, S. I. *et al*：*Br. J. Pharmacol*, 131, 1739-1747, 2000.

127 衣服と女性のリズム —— Clothing and Rhythm in the Female

衣服による皮膚圧迫は人体生理に大きな影響を与える。たとえば，唾液分泌量を抑制する，同じ食べ物を摂取しても排便量を減少させる，消化吸収機能を悪化させる，唾液中の夜間のメラトニン分泌量や尿中の昼夜を通してノルアドレナリン分泌量を抑制する。以上のことを考慮すると，月経周期が皮膚圧迫を起こすような衣服を着用すれば，影響を受けることも十分考えられる。また，排卵後，約 0.5°C，体温が上昇することが知られている。この排卵後の体温の上昇は皮膚圧迫により影響されるであろうか。

1. 月経周期に対する衣服による皮膚圧迫の影響

33 人の青年女子が 1 年間にわたり，12 月から翌年 3 月までの最初の 4 カ月間はファンデーション，パンティストッキング，パンツまたはスカート，さらに T シャツまたはブラウス，セータとガーディガン。これらの着用を Tight-1 と呼称した。次の 4 月から 7 月の 4 カ月間は，同じ青年女子はできるだけルース衣服を着用するよう指示された。ブラジャーやガードルも体型よりひと回り大きめのものを着用した。ある女性はブラジャー，ガードルも着用しなかった。これらの着衣を Loose と呼称した。8 月から 11 月の最後の 4 カ月間は同じ女性が Tight-1 に比べ，ブラジャーやガードルはひと回りきついものを着用するなど，できるだけタイトな衣服着用を指示された。これらの着用を Tight-2 と呼称した。

図 1 は月経が起こった最初の日を Tight-1, Loose, Tight-2 の衣服条件で個々の被験者で比較してある。本図から，月経は Loose 条件では規則的に発生していることと，Tight-1，Tight-2 条件では不規則に起こっていることは明らかである。月経周期は Tight-1, Loose, Tight-2 の衣服条件ではそれぞれ，44.2±14.9 日（平均値±標準偏差），30.4±3.0 日，47.4±22.7 日であった。月経は Loose 条件では正常であり，Tight-1, Tight-2 では極端に長くなる。標準偏差が Tight-1, Tight-2 条件で大きいことは注目すべきである。月経が不安定であったことを示している。月経が発生しなかった月も Tight-1, Tight-2 では 38 月，40 月もあり，Loose の 6 月よりはるかに多い。月経が 40 日以上の長い周期を示した被験者の数も Tight-1, Tight-2 では 25 人，29 人，Loose では 10 人であった。

2. 排卵後の体温上昇に対する衣服による皮膚圧迫の影響

排卵後，約 0.5°C の体温上昇が起こることはよく知られている。この体温上昇に衣服による皮膚圧迫は何か影響を与えるのであろうか。香港在住の健康な若い 8 人の OL を被験者として観察を行った。最初の 4 カ月間は Loose な衣服，次の 4 カ月間は Tight な衣服，最後の 4 カ月間は再び Loose な衣服を昼間 12 時間，着用した。目覚め時にベットのなかで口腔温を測定した。排卵時は尿中プロゲステロンが最低値を示し，上昇に転じる前日を排卵日とした。Loose な衣服着用時には排卵後，0.5°C の口腔温の上昇が観察されたが，タイトな衣服を着用すると，排卵後の上昇は 0.2°C しかなく，有意に上昇は抑制された。最も考えられる生理的理由は，卵胞から分泌されるプロゲステロンが衣服による皮膚圧迫のために減少し，体温調節のセットポイントのレベルが低くなることであろう。

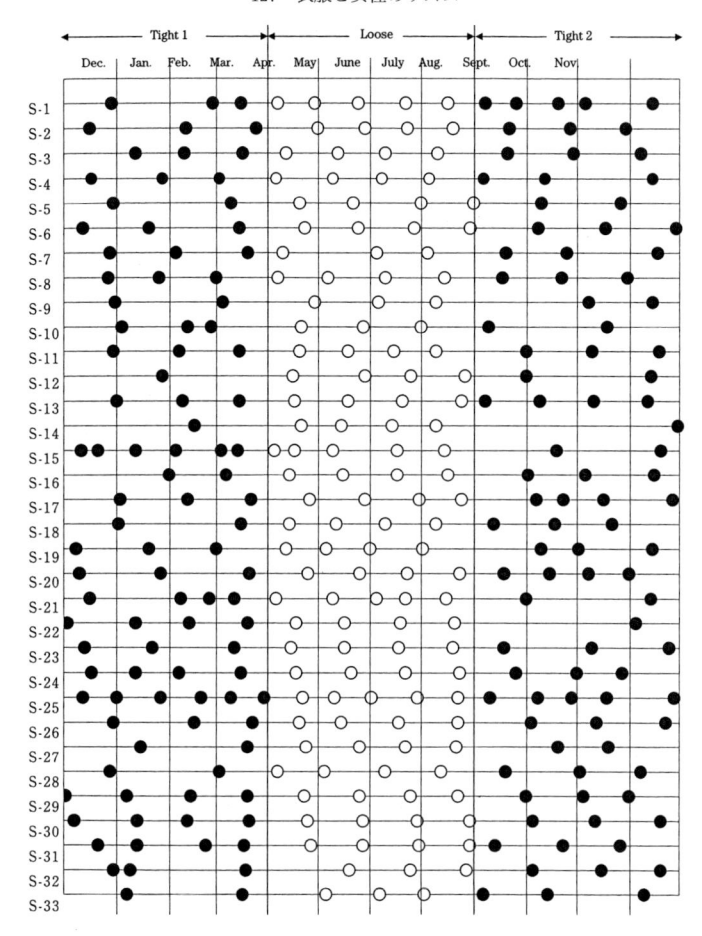

図1 衣服による皮膚圧迫実験の結果

プロゲステロン，エストロゲン，黄体形成ホルモン，卵胞刺激ホルモンが衣服による皮膚圧迫によりどう影響されるかの研究が今後必要であろう． (登倉尋實)

文 献

1) Kikufuji, N. and Tokura, H : *Biol. Rhythm Res.*, **33**, 279-285, 2002.
2) Mrosovsky, N. : *Rheostasis : The Physiology of Changes.*, Oxford University Press, 1990.
3) Nakayama, T. *et al.* : *Nature*, **258**, 80, 1975.

128 宇宙と生体リズム
—— Space and Circadian Rhythm

宇宙ステーションなどの宇宙空間は，微小重力，放射線，超短周期の昼夜変化などで特徴づけられる．生体リズムに関係する環境因子としては，人工的な生活スケジュールとそれに伴う照度変化，固定した人間関係が想定される．とくに，スペースシャトルや宇宙ステーション内の照度は低く，数十ルックスから明るい場所でも数百ルックス程度であり，宇宙は低照度環境といえる．このような環境条件下で想定される生体リズムは，睡眠覚醒リズムの社会的同調と概日リズムのフリーランによる内的脱同調の発生である．微少重力がヒトの生物時計にどの程度作用するかは不明であるが，植物（アカパンカビ）の実験結果をみると大きな影響はないようである[1]．宇宙飛行士の約半数は飛行中に睡眠障害を訴え，睡眠薬を服用しているといわれているが，睡眠障害の原因には生物時計の機能不全が関与しているかもしれない．

これまで，宇宙でヒトの生体リズムを測定した報告では，携帯型速度センサー（アクチウォッチ）による行動リズム，呑込型体温センサーによる深部体温リズム，唾液中のメラトニンリズムがあるが，短期間の測定なので宇宙環境に特徴的な変化は抽出されていない．むしろ，宇宙飛行（例：スペースシャトル）の日程の関係から，飛行士の1日の長さが24時間よりも若干短く設定されるなど，必ずしもヒトの生物時計の機能を考慮した計画は立てられていなかった．一方，宇宙ステーションを模倣した長期間の地上実験（低照度閉鎖環境実験）がロシアや日本などで行われている．

ロシアで行われた長期閉鎖実験（SFIN-KSS 99）は，国際宇宙ステーションにおける長期滞在を想定して，1999年7月からほぼ9カ月間にわたり行われた[2]．その主たる目的は，長期閉鎖環境滞在による精神心理的健康状態の評価，運動対策法，ハイビジョンカメラ利用の検討であったが，日本人を含めた国際的なメンバー4人が参加した閉鎖実験（110日）では睡眠覚醒リズムも調査対象とされた．閉鎖環境の照度は50～300ルックスである．その結果，睡眠覚醒リズムに関していえば，日中の昼寝時間の延長（平均約1時間）と夜間睡眠時間の短縮，リズム位相の1～2時間の後退と不安定化であった（図1）．

日本では90日間にわたる閉鎖環境実験（ELM-90）が2003（平成15）年から2004年にかけて行われた[3]．この実験では，低照度環境下において概日リズムの内的脱同調が発生するかどうか，さらに閉鎖環境下における概日リズムの変化と精神心理機能との相互関係をみることに主眼がおかれた．その結果，時間的に厳密に統制された生活スケジュール下でも，概日リズムの内的脱同調が生じた（図2）． 　　（本間研一）

文献
1) Ferraro, J.S. et al. : Aviat. Space Environ. Med., 66, 1079-1085, 1995
2) 宇宙開発事業団：ロシア長期閉鎖実験に関する成果報告書，2002（平成14）年7月
3) (財) 日本宇宙フォーラム，宇宙航空研究開発機構：宇宙環境利用に関する公募地上研究・平成15年度終了テーマ研究成果報告書，pp. 144-145，2004（平成16）年8月．
4) 水野 康ほか：ロシア長期閉鎖実験における睡眠/覚醒リズム変化．宇宙航空環境医学，39，65-67，2002．

128 宇宙と生体リズム

1800　　　　0000　　　　0600　　　　1200　　　　1800

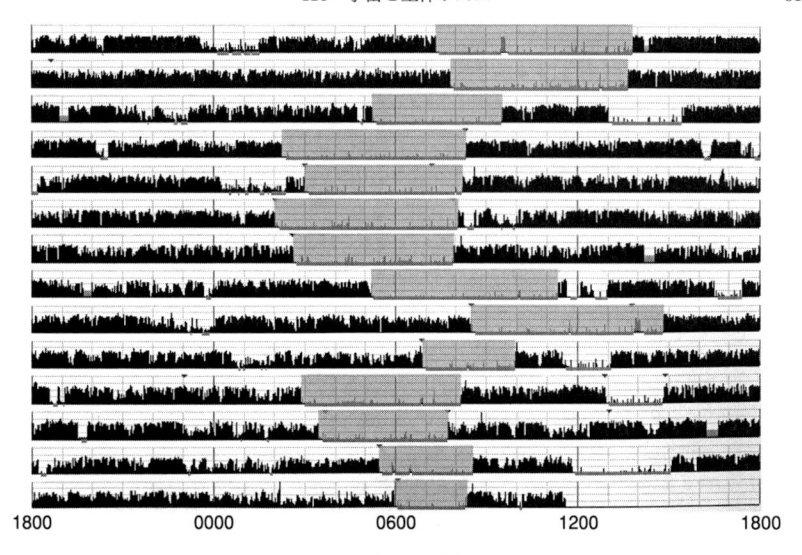

1日の時刻（時）

図1　長期閉鎖環境実験で観察された睡眠覚醒リズムの不安定化[2]

1日の時刻（時）

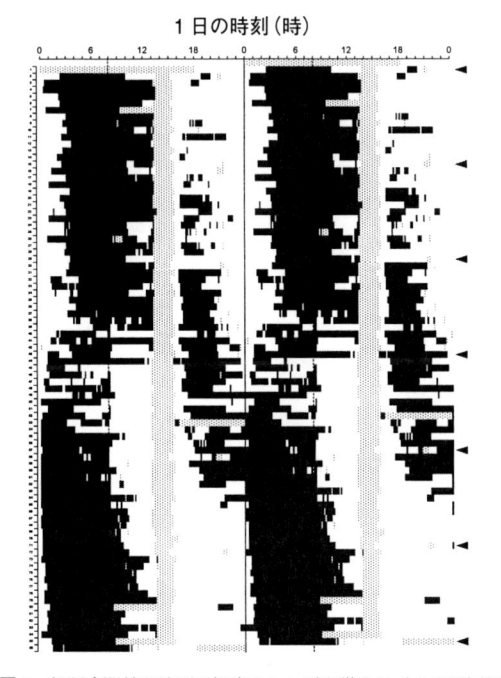

図2　低照度閉鎖環境下で観察された睡眠覚醒リズムの脱同調

129 南極におけるヒト概日リズム
—— Human Circadian Rhythm in Antarctica

南極大陸はヒトの生活の場としては，地球上で最も厳しい場所の1つであるが，その気象的，地理的特異性から生体反応の研究には理想的である．筆者は南極大陸ドームふじ観測拠点（標高4000m，南緯77度，以下ドーム）で13カ月生活し，暗夜期と白夜期を含む極端な日長変化，高所の低酸素，極地の低温を経験した．そこで，このような状況下におけるヒトの生体反応について検討した．

気候： 冬季は，外気温は$-60°C$以下，太陽放射エネルギー量は$0 MJ/m^2$，被検者が実際に浴びた照度は0～300ルックスであった．夏期は，外気温は$-30°C$，放射エネルギー量は$40 MJ/m^2$，照度は10万ルックスに達した（図1）．

睡眠リズム： 被験者YKとKYは，位相（睡眠覚醒の中点），睡眠時間ともに年間を通じて変化しなかった．BEを除く他の被験者は，冬に位相が後退し夏に前進する傾向がみられたが，睡眠時間は変化しなかった（図2）．

メラトニンリズム： 夜間分泌帯のピークの位相は暗夜期の訪れとともに徐々に後退，太陽の復活後前進し，年間を通じて有意なリズムの位相変化を認めた（$p<0.0001$，図3）．

概日リズム位相の季節変動： メラトニンと睡眠リズムの位相の季節変動をみると，メラトニンリズムは冬に位相が4時間後退したが，睡眠リズムの位相は年間を通じて変化しなかった（図4）．

南極圏においてメラトニンの概日リズムに明らかな季節変動を認めたが，睡眠覚醒リズムには認めなかった．メラトニンリズムは4.1時間（ドームで1.3時間）冬に位相が後退した．同様の季節変動は高緯度の極域で観察されており，ヒトの概日リズムは高照度光に依存するので，概日リズムの季節変動は日長変化の季節変動にほぼ依存すると考えられる．ドームでは白夜期には4カ月間太陽が沈まず，夏の屋外照度は10万ルックスに達する．暗夜期は4カ月間太陽が昇らず冬は漆黒の世界となる．このような極端な日長変化を有する南極であるにもかかわらず，中緯度地域が約2時間であるのに比し[1]位相変動は4時間とさほど大きくない．これは南極では過酷な環境のため，行動範囲の多くが屋内に制限され，そのため南極の日長変化の影響が減弱されている可能性があることを示す．一方，睡眠覚醒リズムには季節変動を認めなかった．概日リズムのペースメーカーとして考えられる第1は高照度光であるが，そのペースメーカーが，明暗周期と異なる社会的因子に依存するか，また同調するかが，かねてより議論されている．今回の南極での被験者においては，睡眠覚醒リズムは主に基地での労働スケジュールに影響された．他方，メラトニンの概日リズムは日長変化の影響をより強く受けた．厳しい労働スケジュールは日長変化の影響に拮抗する可能性があると考えられた． （米山重人）

文献

1) 本間研一ほか：*Circadian Clocks from Cell to Human*, pp.97-109, 北海道大学出版，1992.

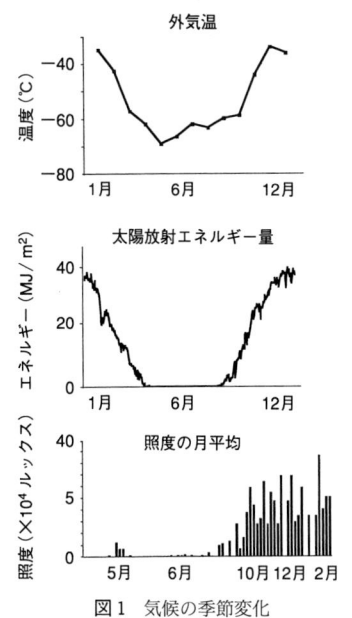

図1 気候の季節変化
上段は外気温，中段は太陽放射エネルギー量，下段は照度の月平均を示す．

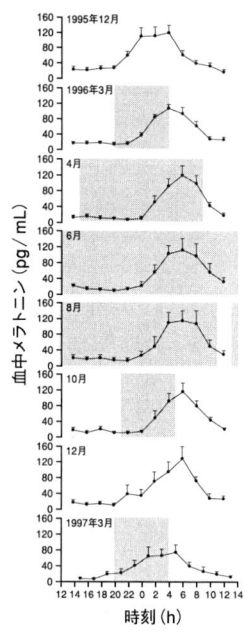

図3 血中メラトニン濃度の季節変動
影を付した部分は太陽の昇らない暗夜期を示す．

図2 被験者9人の睡眠覚醒サイクル
横棒は入眠覚醒を結んだ睡眠時間，影を付した部分は太陽の昇らない暗夜期を示す．

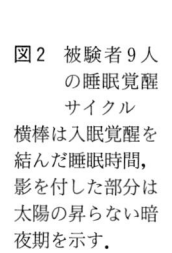

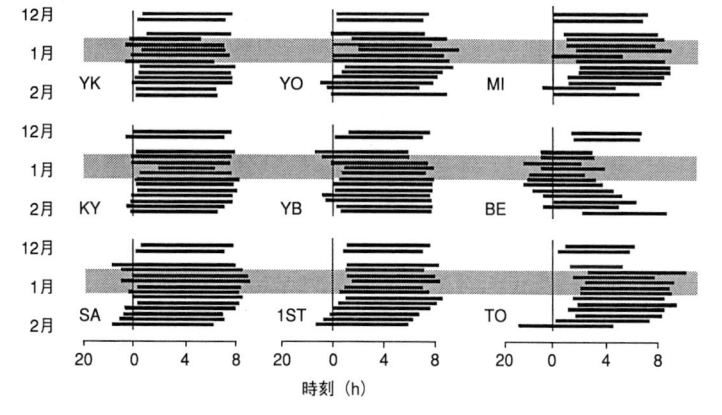

図4 メラトニンと睡眠リズムの季節変動
左図はメラトニンリズムのピークの位相，右図は睡眠の中点の位相を示す．

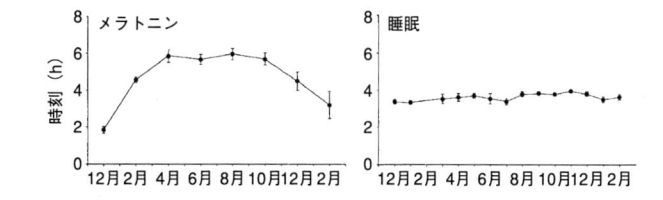

索 引

数字のイタリック体は，項目として説明されているページを示す．

■あ 行

アイランド 90
青色光受容体 120
アカパンカビ 18, *120*
アクチグラフ 246
アクトグラフ *76*
アクトグラム 78, 136
アクロフェース 36
朝型 *292*
アショフの法則 *48*, 98
アトピー性皮膚炎 256
アトラクタ 176
アリルアルキルアミン N-アセチルトランスフェラーゼ 150
アルツハイマー病 270
暗条件下メラトニンリズム 114
暗パルス 104, 222

育薬 260
移行期 44
位相 34, 112
位相角 56
位相(角)差 34, 62, 100
位相後退 304
位相前進 296, 304
位相前進仮説 10, 272
位相転移曲線 104
位相反応 14
位相反応曲線 14, 32, 44, 54, 104, 112, 238
位相不安定仮説 10, 272
位相マップ *112*
1型PRC 45
居眠り事故 306

衣服 312
イメージング 94
医薬品適正使用 260
インキュベーター 78
インサイチューハイブリダイゼーション法 145
飲水行動 76

羽化リズム 14
ウスグロショウジョウバエ 14
宇宙 314
宇宙ステーション 314
うつ病 68, 272
ウルトラディアンリズム 306
運動 304

液性出力 215
塩基性ヘリックス・ループ・ヘリックスドメイン 198
遠心性神経繊維 215

オオモンシロチョウ 108
オレキシン *224*
温度係数 46
温度サイクル 106
温度パルス *106*
温度補償性 8, 14, 32, 46, *208*

■か 行

概月周リズム 26, *30*
概日光受容分子 202
概日地形図 110
概日時計 220
概日リズム 4, 70, 72, 84
概日リズム異常 10
概日リズム睡眠障害 250

概日リズム睡眠障害，時差型 232, 248
概日リズム睡眠障害，自由継続型 10, *240*, 254
概日リズム睡眠障害，睡眠相後退型 10, 116, *238*, 242, 295
概日リズム睡眠障害，睡眠相前進型 10, *236*
概日リズム睡眠障害，不規則睡眠覚醒型 246
階層構造 158
外側膝状体 146, 147, 156
概潮汐リズム *28*
外的脱同調 248
外的符合モデル 16, 110
回転輪 76
χ二乗ペリオドグラム 34, 81
概年リズム *32*, 98
概半月周リズム 26, 30
概48時間リズム 60
覚醒困難 240
覚醒物質 228
核内受容体 *204*
隔離実験室 140
過剰な眠気 234
過食 244
花成 *190*
花成ホルモン 190
可塑性 6
活動期 36
活動リズム 134
カップリング 164
家庭血圧 256
過眠 244
仮面高血圧 256
加齢 252

320　　　　　　　　　　　索　　引

加齢変化　296
がん　*262*
眼圧　256
環境適応　*6*
間接投射　162
関節リウマチ　256
完全光周期　56, *96*
緩和振動体　174

キイロショウジョウバエ　18, 192
気管支喘息　256
季節行動　*178*
季節性うつ病　*244*
季節性感情障害　10, 244, 308
季節繁殖　24
季節変動　42, 316
気分障害　*272*
逆遺伝学　132
給餌性概日リズム　168
給餌性リズム　168
急速眼球運動　82
休息期　36
共生クロレラ　122
許容時間帯　16
近交系マウス　84

クリプトクロム　160, 202
グルココルチコイド受容体　204
グルコース　64
グルタミン酸　62, 162
グレリン　308
クロマチン　218
クロレラ　122

携帯電話　288
血圧　266
月経周期　24, 302, 312
月経前緊張症　*276*, 302
月経前不機嫌性障害　276
月周リズム　30
げっ歯類　*136*
血清ショック　*216*

結節乳頭核　228
血中コルチゾール　292
血中ホルモン　*86*
血糖　274
ゲート　16
原因遺伝子　236
健康障害　234

コア　144
コアフィードバックループ　186
恒暗条件　50, 98
抗うつ作用　250
恒温動物　70
交感神経　274
光周性　8, *52*, 108, 130, 188
光周性花成誘導　190
光周性反応　16, 131, 178
光周反応曲線　52
光受容体　*160*, 190
恒常条件　38, *98*
甲状腺機能低下症　254
甲状腺ホルモン　25
高照度光　232, 236, 244, 254
高照度光照射　270
高照度光治療　290
高照度光曝露　284
高照度光付加　246
高照度光療法　238, 240, *250*
恒星月　30
交代(制)勤務　*234*, 286
光電型　76
好発時間帯　10
好発時刻　112
恒明条件　50, 98
好明相/好暗相　110
コオロギ　42, *130*
小型魚　132
ゴキブリ　42
コサイナー法　80, 112
骨格光周期　96
コルチゾール　86, 310
コンスタントルーチン　*114*, 116

コンビニ　287

■さ 行

最適余弦曲線　112
再同調　175, 232, 248
細胞外単ユニット活動電位　92
細胞周期　158, 262
サーカディアン時刻　36
朔望月　30
サークルマップ　175
サマータイム　*294*

シアノB_{12}　254
シアノバクテリア　18, *194*
シェル　144
時間隔離実験　*118*
時間生物学　*2*
時間治療　278
時間薬理学　12, 258
時間療法　239, 254, *256*
色素拡散ホルモン様ペプチド　131
シクロオキシゲナーゼ　226
事故　*306*
視交叉上核　2, 10, 70, 72, 90, 92, *144*, 156, 158, 164, 166, 168, 172, 214, 258, 264, 268, 296
視交叉上核性概日リズム　168
自己相関　92
視索前野　147
時差症候群　*232*, 248, 286
時差症状　58
視察法　80
時差ぼけ　248
思春期　298
視床下部　70, 86, *156*
視床下部背内側核　146
視床室傍核　147
疾患　252
室傍核下部領域　146
自発発火活動　166
シフト実験　*66*

索　引

シフトワーカー　268
シフトワーク　286
社会ゲノム学　182
社会性昆虫　*182*
周期　34
周期長　46
周期的制限給餌　168
自由継続　54
集光性リズム　122
就床時刻　298
従属振動体　170
集団リズム　*14*
就眠運動　76
主観的朝　238
主観的明期（暗期）　36
主振動体　170
出力系　188,*214*
順遺伝学　132
循環器　*266*
視葉　28,130
松果体　*148*,178
ショウジョウバエ　*128*
照度　48,282
視葉時計　131
食事　*308*
食欲亢進ホルモン　308
自律神経　266
自律神経系　274
自律神経障害　264,*274*
自律振動体　54
進化　8
心筋梗塞　256,266
神経細胞接着分子　206
振動体　14,28
心拍変動　264
振幅　34,112
振幅低下　296
振幅低下仮説　10,*272*
深部体温　68,114

水圧サイクル　28
睡眠覚醒リズム　238,246,290,304
睡眠経過図　82

睡眠構築指数　82
睡眠効率　82
睡眠習慣　294
睡眠障害　232
睡眠深度　82
睡眠相後退症候群　10,116,*238*,242,*295*
睡眠相前進症候群　10,*236*
睡眠中枢　226
睡眠脳波　*82*
睡眠負債　234
睡眠ポリグラフ　116,300
睡眠ポリグラフィ　82
睡眠薬　*310*
ストレス　274
スプリッティング　38,164

生活習慣病　256
制がん剤　256
制限給餌　158
性差　302
生殖行動　178
生殖周期　24
生殖年周期　26
生殖リズム　24,*26*
静睡眠　298
生体時計　238
生体リズム　238,252,260,306
静置器官培養　166
正中縫線核　147
成長ホルモン　310
生物時計　2,70,72,114,186,300
生物時計遺伝子　*18*
接合活性リズム　122
摂餌行動　76
摂食行動　308
接着分子　*206*
ゼブラフィッシュ　106,*132*
0型PRC　44
セロトニン　131,162,212,220,224
セロトニン受容体　220
全睡眠時間　82

喘息　*278*
線虫　*124*
前頭器官　148
せん妄　250,*270*
相互相関　92
相称枠光周期　96
相対的協調　58,100,170,172
創薬　260

■た　行

体温　274
体温リズム　134,180,236
体節　22
耐糖能　265
体内時計　70,156
タウ（τ）　34,38
多振動体構造　*166*
脱同調仮説　272
脱同調症候群　248
脱同調プロトコール　116
ダブルプロット法　80,136
短日繁殖種　178
炭水化物飢餓　244
断眠　66
断眠実験　*66*

昼行性　8
中途覚醒時間　82
中脳背側縫線核　156
虫鳴活動　130
昼夜逆転　242,290
潮間帯　28
長期閉鎖実験　314
長日繁殖種　178
潮汐周期　28
頂値位相　36
鳥類　*134*
直接投射　162
チロキシン　52

定常状態　176
低照度環境　314

デキサメサゾン　64
テレビ　289
電気的出力　215
転写因子　208

冬季うつ病　250
動睡眠　298
糖代謝関連臓器　264
同調　206
同調因子　54, 62, 98, 136, 282
頭頂眼　148
同調性　8, 14, 32
糖尿病　*264*
冬眠特異的蛋白質　32
投薬時刻　256, 258
特異点　36
時計遺伝子　2, *18*, *154*, *186*, *188*, *192*, *194*, *196*, *258*
時計遺伝子異常　264
時計機構　264
時計発振系　202
ドーパミン　152
トリアゾラム　64, 222, 310
L-トリプトファン　220

な 行

内因性睡眠物質　226
内的脱同調　58, 172, 180, 242, 248
内的同調　172
内的符号モデル　110
ナルコレプシー　224
南極　*316*
ナンダ・ハマー・プロトコール　*108*
難治性睡眠障害　290

24時間型社会　*286*
2振動体仮説　*172*
日周性リズム　28
日長変化　96, 178
2プロセスモデル　174
日本時間生物学会　4

乳児期　298
入眠潜時　82
入力系　188, *212*
認知機能　276
認知症　*270*

ネガティブフィードバック　128, 210
ネガティブフィードバックループ　192

脳波覚醒反応　82
ノックアウトマウス　138, 154
ノルアドレナリン　224
ノンパラメトリック同調　44
ノンレム睡眠　70, 72, 300

は 行

背内側核　147
発光レポーター　*94*
発情周期　24
発達期　64, *298*
ハラスナイフ　90
パラメトリック同調　44
半概日リズム　306
半月周リズム　30
繁殖期　26

非SCN振動体　174
光環境　*282*
光受容体　160, 190
光照射　236
光照射装置　250
光同調経路　162
光パルス　50, 62, 96, *104*
光パルス同調　64
光療法　244
非視覚的生理作用　282
飛翔　76
ヒスタミン　228
ヒスタミン系覚醒中枢　226
ヒスタミン神経系　228
ヒスチジン脱炭酸酵素　228

非ステロイド性抗炎症剤　226
ヒストンコード　218
非線形性　176
非相称枠光周期　96
ビタミンB_{12}　238, *254*
ビート仮説　10, *272*
被時計制御遺伝子　120
5-ヒドロキシトリプタミン　220
非24時間睡眠覚醒症候群　10, *240*, *254*
ピノプシン　160
非光同調　104
皮膚圧迫　312
ヒプノグラム　82
非ベンゾジアゼピン　310
ヒポクレチン　224
ヒメマルカツオブシムシ　32
ビュニング(Bünning)仮説　16, 53, 108
ビュンソー・プロトコール　108
病気　10
昼間睡眠(昼寝)　298

ファイ(ϕ)　34
フィードバックループ　186, *210*
フォトリアーゼ　202
不規則型睡眠・覚醒パターン　246
複眼　130
副交感神経　274
副松果体　148
プサイ(ψ)　34
不登校　*290*
部分同調　58
不眠　234, 240
プラスミノーゲンアクチベーターインヒビター1　266
プリハビリテーション　257
フリーランニング　34, 38, 50, 54, 98, 140
プロスタグランジン　*226*
プロモーター　208, 218

分岐　176
分光分布　282
分散培養　166
分散分析法　80
分子ネットワーク　208
分生子形成　120
分節時計　22

ペースメーカー　128
ペリオドグラム　80
ベンゾジアゼピン　222,310

縫線核　146
歩行活動　76
ポジティブエレメント　198
ポジティブフィードバック　210
哺乳類　136,140
ホメオスタシス　174
ホルモン　86

■ま 行

マイクロスリープ　66
マイクロダイアリシス法　134
マスキング　42,136
マスキング効果　56,96,114,116
末梢体内時計　268
末梢時計　4,86,158,216
マルチ電極アレイディッシュ（法）　92,166
慢性疲労症候群　290
マンデーサージ　256

ミツバチ　182
ミドリゾウリムシ　122
未病　264

ムシモール　64,222

明暗サイクル　50,62,252
明暗周期　238
メタボリック症候群　264,308

メタンフェタミン　60,170
メタンフェタミン誘導性概日リズム　170
メラトニン　86,114,148,152,220,232,236,238,242,252,254,262,310
メラトニン動態　252
メラトニン光抑制試験　284
メラトニンリズム　134,316
メラノプシン　161

網膜　152
網膜視床下部路　144,146,162
網膜電位図　152
網膜時計　152
モーニングサージ　256
モーニングディップ　278

■や 行

夜間発作型喘息　278
薬物　258
夜行性　8

夜更かし　274
夜型　292

■ら 行

ライトサンプリング　6

リズム解析法　80
リズム同調　54
リズムパラメータ　34
リセット　216
リミットサイクル　172,176
量的形質座位　84
履歴効果　50,100
臨界（限界）日長　178
臨界日長　52

ルシフェラーゼ　94

齢差分業　182

レプチン　264
レム睡眠　70,300,302
レム-ノンレムサイクル　300
連続照明　48

老化　296

■わ 行

枠光周期　6,56,96

■欧 文

A
α/ρ　48
α/ρ 比　36
acrophase　36
active sleep　298
activity time　36
actogram　78
actograph　76
AD　270
adhesion molecule　206
advanced sleep phase syndrome　236
after effect　50,100
aging　296
AHA-1　126
Alzheimer disease　270
amplitude　34
analysis of variance　80
annual reproductive cycle　26
Aschoff, J.　118,140
Aschoff's rule　48,98
ASPS　236
asthma　278
asymmetrical skeleton photoperiod　96
ATF-2　126
attractor　176
autonomic nervous system　274
Aves　134

索 引

B
bifurcation 176
biological clock 70,72
biological rhythm 10
bioluminescence reporter 94
BLT 250
BMAL1 204
Bmal1 遺伝子 138,200
BRAC 300
bright light therapy 250
Bünning の仮説 16,53,108
Bünsow protocol 108

C
Caenorhabditis elegans 124
cancer 262
CAP 83
cardiovascular system 266
CCA1 188
CCGS 120
chromatin 218
chronobiology 2
chronopharmacology 258
chronotherapy 256,278
circabidian rhythm 60
circadian clock gene 18
circadian period 34
circadian photoreceptor 160
circadian rhythm 70
circadian rhythm sleep disorder, advanced sleep phase type 236
circadian rhythm sleep disorder, irregular sleep-wake type 246
circadian rhythm sleep disorder, jet lag type 232
circadian rhythm sleep disorder, delayed sleep phase type 238
circadian rhythm sleep disorder, free-running

type 240
circadian time 36
circadian topography 110
circalunar rhythm 26,30,32
circasemilunar rhythm 26,30
circatidal rhythm 28
circulating hormone 86
CKII(Casein kinase II) 192
CLK(Clock) 192
Clock 遺伝子 128,198
clock controlled gene 120
clock gene 186,188,192,194
complete photoperiod 56,96
compound eye 130
constant condition 98
constant routine 114
cosinor method 80
Cricket 130
critical daylength 52,178
CRY(Cryptochrme) 192
Cry 遺伝子 202
cryptochrome 160
CSM 292
CT 36
cyanobacteria 194
cyclic alternating pattern 83

D
dark pulse 104,222
daylight saving time 294
D/A 比 36
DBT(double-time) 192
DD(Dark:Dark) 50,98
DDS 258
delayed sleep phase syndrome 238
delirium 270
dementia 270
desynchronosis syndrome 248

diabetes mellitus 264
DMH 146
Drosophila 128
drug delivery system 258
DSPS 238

E
E コンポーネント 40
E 振動体 40,164
E-Box 192,198,200,218
ELISA 88
entrainment 14,54
entrainment factor 62
ENU 138
environmental adaptation 6
enzyme-linked immunosorbent assay 88
ERG 152
eveningness 292
evening oscillator 164
external coincidence model 110
external desychoronization 248

F
feedback loop 210
feeding-associated circadian rhythm 168
feeding-associated rhythm 168
flowering 190
forced desynchrony protocol 116
forward genetics 132
freerunning 38,54
frequency (frq) 120
frontal organ 148
FT 蛋白質 52

G
GABA(γ-amino butyric acid) 64,222
gate 16

索　引

ghrelin 308
GHT 212
GI-CO-FT 経路 188
glucocoricoid receptor 204
GR 204
GSK-3 126

H
Hes 7 22
histamine *228*
5-HT 220
hypnotics *310*
hypothalamus *156*

I
illuminance 282
input pathway *212*
internal coincidence model 110
internal desychronization 248, *58*, 172
internal synchronization 172
irregular sleep-wake pattern *246*

J
jet lag syndrome *232*

K
KIN-19 126
KIN-20 126
Kleitman, N. 140

L
LARK 192
lateral geniculate nucleus 146
LD(Light：Dark)比 36, *100*
LHY 188
light environment *282*
light pulse *104*
limit cycle *176*
LIN-42 124
LL(Light：Light) 50, 98

lunar rhythm 30

M
M コンポーネント 40
M 振動体 40, *164*
MAP 170
masking *42*
masking effect 56, 96
master oscillator 170
MED *92*
melatonin *252*
MEQ スコア 292
methamphetamine-induced circadian rhythm *170*
micro sleep 66
mood disorder *272*
morningness *292*
morning oscillator *164*
MUA *90*
multi-electrode array dish *92*
multi-oscillatory system *166*
multiple unit activity *90*

N
Nanda-Hamner protocol *108*
Nematode *124*
Neurospora crassa 120
NMDA 212
Non-24 *240*
non rapid eye movement 300
nonlinearity 176
non-photic entrainment 104
NonREM 300
non-visual physiological effect 282
Notch シグナル 22
NPY 162
NREM sleep *72*
nuclear receptor *204*

O
optic lobe 130
orexin *224*
output pathway *214*

P
PACAP 162
PAI-1 266
Paramecium bursaria 122
parapineal organ 148
parietal eye 148
partial entrainment 58
PAS ドメイン 196
pathways for photic entrainment *162*
PDF(Pigment dispersing factor) 192
PDP1(*Par domain protein 1*) 192
Per 186
PER(*Period*) 192
period 34
periodogram 80
Period 遺伝子 16, 128, *196*
peripheral clock *158*
Per1 138
Per1 遺伝子 216
phase 34
phase (angle) difference 34, 100
phase map *112*
phase response 14
phase response curve 14, 44, 54, 104
phase transition curve 104
photoperiodism *52*, 178
physical exercise *304*
pineal organ *148*
Pittendrigh, C.S. 14
PMDD 276
PMS *276*, 302
population rhythm *14*
PP 2 A 192
PRC 14, *44*, 54, 104

premenstrual syndrome *276*
promoter 218
prostaglandin *226*
PSA-NCAM 206

Q
QTL *84*
quantitative trait loci *84*
quiet sleep 298
Q_{10} 46

R
R＆K法 82
radio immuno assay 88
rapid eye movement 300
rat-1細胞 216
recombinant inbred strains 84
relative coordination 100, 170, 172
relaxation oscillator 174
REM 300
REM sleep *70*
REM-NonREM cycle *300*
reproductive rhythm *24*, *26*
reproductive season 26
rest time 36
retina 152
retinohypothalamic truct 144
retionoid-related orphan receptor 204
REV-ERBα 204
reverse genetics 132
RHT 144, 212
rhythm parameter *34*
RIA 88
RIS 84
RNA干渉法 130
RORα 200, 204

ROR レスポンスエレメント 200

S
SAD *244*
Saunders, D. 16
school phobia *290*
SCN 70, 92, *144*, 156, 158, 164, 168, 172, 214, 258, 296
SCN 振動体 172
seasonal affective disorder *244*
seasonal behavior *178*
segmentation clock *22*
semilunar rhythm 30
serotonin *220*
serum shock *216*
shift experiment *66*
shift work *234*
singularity point 36
skeleton photoperiod 56, *96*
slave oscillator 170
sleep deprivation 66
sleep deprivation experiment 66
sleep electroencepharograph 82
SMA-9 124
social insect *182*
sociogenomics 182
spectral distribution 282
splitting 38
SPZ 146
subparaventricular zone 146
summer time *294*
suprachiasmatic nucleus 70, *144*, 156, 166, 168, 172, 258, 296
symmetrical skeleton photoperiod 96

synchronizer 54, *62*, 98

T
T 36
T 実験 *100*
TDM 258
temperature compensation 14, *46*
temperature pulse *106*
temporal isolation *118*
test of melatonin suppression by light *284*
therapeutic drug monitoring 258
TILLING 132
TIM(*Timeless*) 192
TIM-1 124
transient period 44
Truman, J.W. 16
two oscillator hypothesis *172*

U
ultradian rhythm 306

V
VEGF 262
visual inspection 80
VRI(*Vrille*) 192

W
wee1 262
white collar 120

Z
zebrafish *132*
Zeitgeber 54, *62*, 98, 282
Zeitgeber time 36
ZT 36

編集者略歴

石田直理雄（いしだ のりお）
1955年　米国ミシガン州に生まれる
1986年　京都大学大学院医学研究科博士課程修了
現　在　産業技術総合研究所生物機能工学部門・上席研究員，
　　　　研究グループ長
　　　　医学博士

本間研一（ほんま けんいち）
1946年　北海道に生まれる
1977年　北海道大学大学院医学研究科博士課程修了
現　在　北海道大学大学院医学研究科・教授
　　　　医学博士

時間生物学事典

定価はカバーに表示

2008年5月10日　初版第1刷
2013年3月25日　　第3刷

編集者	石田直理雄	
	本間研一	
発行者	朝倉邦造	
発行所	株式会社 朝倉書店	

東京都新宿区新小川町6-29
郵便番号　162-8707
電　話　03(3260)0141
FAX　03(3260)0180
http://www.asakura.co.jp

〈検印省略〉

真興社・渡辺製本

© 2008〈無断複写・転載を禁ず〉

ISBN 978-4-254-17130-3　C 3545　Printed in Japan

JCOPY 〈(社)出版者著作権管理機構 委託出版物〉

本書の無断複写は著作権法上での例外を除き禁じられています．複写される場合は，そのつど事前に，(社)出版者著作権管理機構（電話 03-3513-6969，FAX 03-3513-6979, e-mail: info@jcopy.or.jp）の許諾を得てください．

好評の事典・辞典・ハンドブック

火山の事典（第2版）	下鶴大輔ほか 編	B5判 592頁
津波の事典	首藤伸夫ほか 編	A5判 368頁
気象ハンドブック（第3版）	新田 尚ほか 編	B5判 1032頁
恐竜イラスト百科事典	小畠郁生 監訳	A4判 260頁
古生物学事典（第2版）	日本古生物学会 編	B5判 584頁
地理情報技術ハンドブック	高阪宏行 著	A5判 512頁
地理情報科学事典	地理情報システム学会 編	A5判 548頁
微生物の事典	渡邉 信ほか 編	B5判 752頁
植物の百科事典	石井龍一ほか 編	B5判 560頁
生物の事典	石原勝敏ほか 編	B5判 560頁
環境緑化の事典	日本緑化工学会 編	B5判 496頁
環境化学の事典	指宿堯嗣ほか 編	A5判 468頁
野生動物保護の事典	野生生物保護学会 編	B5判 792頁
昆虫学大事典	三橋 淳 編	B5判 1220頁
植物栄養・肥料の事典	植物栄養・肥料の事典編集委員会 編	A5判 720頁
農芸化学の事典	鈴木昭憲ほか 編	B5判 904頁
木の大百科［解説編］・［写真編］	平井信二 著	B5判 1208頁
果実の事典	杉浦 明ほか 編	A5判 636頁
きのこハンドブック	衣川堅二郎ほか 編	A5判 472頁
森林の百科	鈴木和夫ほか 編	A5判 756頁
水産大百科事典	水産総合研究センター 編	B5判 808頁

価格・概要等は小社ホームページをご覧ください．